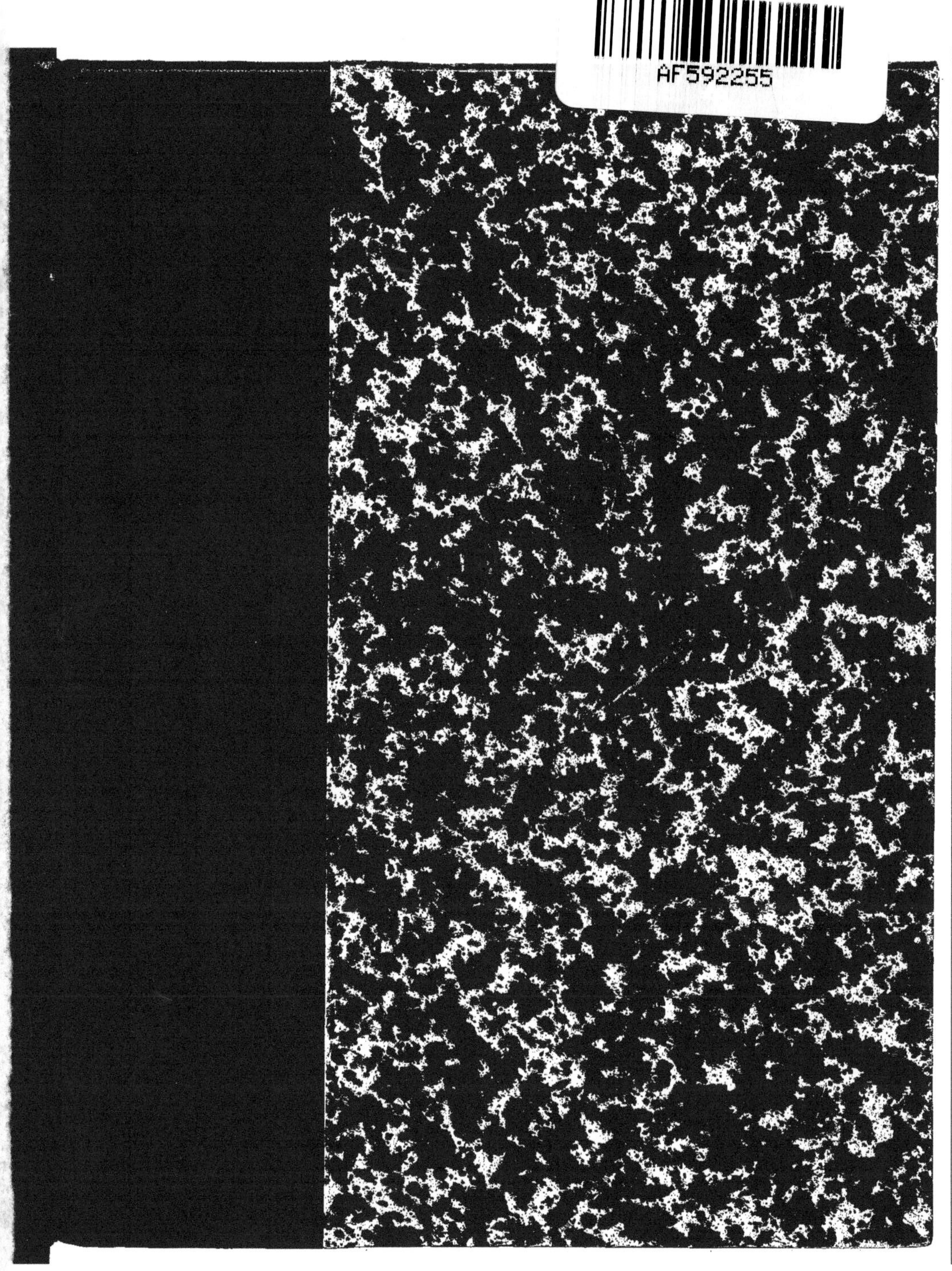

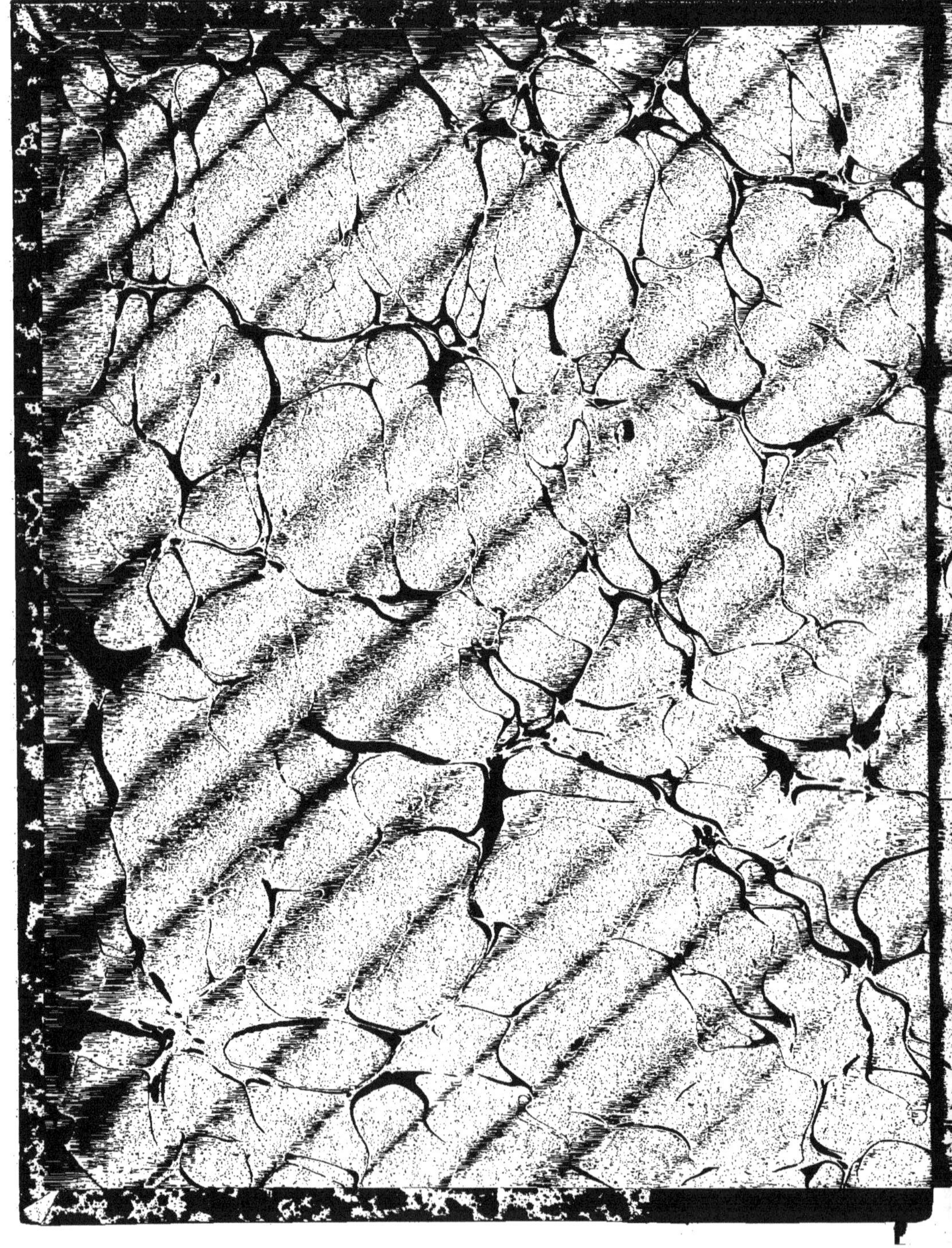

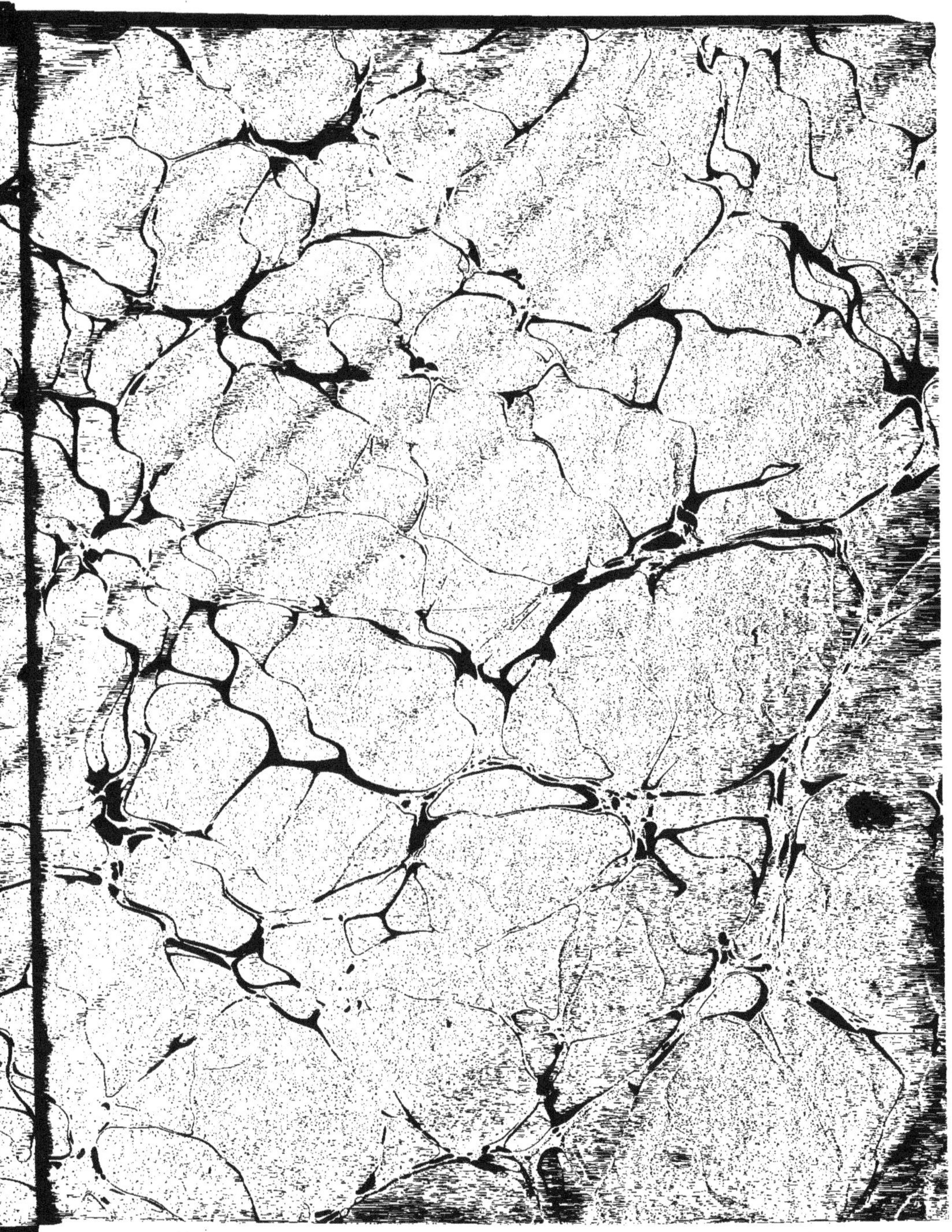

LES MEUTTES

ET

VENERIES

DE

HAUT ET PUISSANT SEIGNEUR

MESSIRE JEAN DE LIGNIVILLE

CHEVALIER

COMTE DE BEY

SEIGNEUR DE DOMBROT, DE LA BASSE VOSGE

BERLIZE, FAULCOMPIERRE

LES

MEUTTES ET VENERIES

LES
MEUTTES ET VENERIES

DE

JEAN DE LIGNIVILLE

CHEVALIER, COMTE DE BEY

INTRODUCTION ET NOTES

PAR

ERNEST JULLIEN ET HENRI GALLICE

SECONDE PARTIE

PARIS

DAMASCÈNE MORGAND

LIBRAIRE DE LA SOCIÉTÉ DES BIBLIOPHILES FRANÇOIS

55, PASSAGE DES PANORAMAS

1892

LA

MEUTTE ET VENERIE

POUR LE LIEVRE

EPISTRE AUX LECTEURS.

Les sciences ont leurs principes, par les quels l'on en donne les fondements et premiere intelligence aux enfans, ou autres qui y veullent exceller ; mais auparavant que d'en venir là, il faut parler scienment, et entendre certains termes et mots des quels l'on se sert en agissant. Or, il semble que les principes de venerie se doivent commencer par la chasse du lievre à force. A ce suject, j'ay commenté plussieurs termes de la venerie pour lievre, les quels j'ay tirez de braves autheurs, et mis en usage en plussieurs lieux. Cecy servira du langage que l'on apprend aux enfans, avant que les pousser en aucune doctrine. Ces termes aussy peuvent servir à toutes personnes, les quelles ne sont pas veneurs, pour entendre parler de venerie et en discourir, mesmes parmy les sçavants. Et de suite j'ay escrit du naturel, humeurs, façons et airs de chasse de vingt-cincq chiens chassants en meutte, qui est nombre suffisant pour bien forcer ce que l'on desire de courre et attaquer. Je ne trouve aucun moyen plus court pour les jeusnes veneurs, après avoir cognoissance des termes et theories de venerie, pour estre sçavants en la pratique et exercice, que d'apprendre et tirer intelligence du travail de ces vingt-cincq chiens, et de la difference de leurs mouvements en chassant, affin que puis après ils soyent capables d'en choisir et dresser des semblables, et de les adjuster selon les regles de la science, pour en former une meutte propre à chasser toutes sortes d'animaux que l'on at accoustumé de prendre de vive force. Que si vingt-cincq chiens sont bien tenuz, bien nourris et pansez, il y aura tousjours vingt chiens bien chassants, si donc il n'y a quelque accident extraordinaire qui aye mis la meutte en desordre. Or, celuy qui aura vingt chiens bien adjustez à la campaigne, en fort et en foible, peut attaquer et bien forcer ce qui luy plaist de chasser; et comme à la venerie deux sens doivent estre satisfaits, le sens de la veue et de l'ouïr, ce qui n'est pas en d'autres chasses, car la pluspart du temps il n'y at que la veue de satisfaite, mais vingt chiens chassants bien en corps et ensemble, les quels ont les mennées et les voix belles, cela est suffisant pour satisfaire l'ouïr, et la veue le sera à considerer tous ces chiens se pousser de l'espaulle, à qui aura les voyes de leur droict entre leurs jambes, et tourner et plier juste aux tours et contours des ruzes et voyes doublées. Les jeusnes veneurs pourront remarquer plussieurs belles curiositez et moralitez à la fin des chapitres du naturel de chascun chien en particulier, le tout tiré de braves et excellents autheurs, non pas seulement à dessein de leur apprendre à dresser des chiens ni des meuttes, mais de plus pour regler et conformer leurs actions à la vertu. Tout cela regarde directement celuy qui veult apprendre la science de venerie, affin qu'il soit homme d'honneur et de conscience; car Apollon et Diane dresserent Chiron à cest exercice, à cause de sa vertu, de sa preud'hommie, fondement de venerie admirable, veu qu'il faut de necessité estre homme de bien pour estre bon veneur. Et finalement, à la fin, l'exercice de la meutte entiere de ces vingt-cincq chiens chassants en corps y est representé. C'est la vraye science et venerie pour lievre qui rend subtils toutes sortes de veneurs, et est ce qui raffine et esveille leurs intellects en ceste science, à bien faire chasser toutes sortes de meuttes dans la perfection. C'est là les trois sujects de ma Venerie pour lievre, les quels j'ay mis par ordre, affin que s'il prennoit envie à quelqu'un, imprimeur ou autre, de les tirer des tomes et de la masse de mes escrits de venerie, pour les faire imprimer separement des autres traictez que j'en ay faits, qu'il le puisse faire aisement, sans changer l'ordre et la suitte des sujects. J'ay dedié à Dieu tous mes escrits de venerie, comme aussy ce qui en pourroit estre imprimé à part, soit la Venerie Royale, qui se doit entendre la chasse du cerf, celles du sanglier et du chevreul.

LA

MEUTTE ET VENERIE

POUR LE LIEVRE

LES TERMES DE VENERIE POUR LIEVRE,
MIS PAR ORDRE ET EN ARTICLES
PAR LE COMTE DE BEY, LES QUELS SERVENT A BIEN ET
SCIENMENT PARLER DE LA VENERIE POUR LIEVRE,
ENCOR QUE L'ON NE SOIT PAS VENEUR,
EN CINQUANTE-CINQ ARTICLES.

I

Un lievre au giste, c'est celuy qui s'est enfoncé en terre, et y a faict une forme pour demeurer le jour.

II

Lievre lancé, qui est party du giste et est debout.

III

Lievre au rut, lievre en amour; d'aucuns disent, lievre en

chaleur, lievre qui bouquine; d'autres disent, un lievre qui bourdit.

IV

Les viandis d'un lievre, c'est ce de quoy les lievres ont accoustumé de se repaistre et manger.

V

Lievre at viandé, le lievre s'est repeu, at mangé.

VI

Le lievre at ruzé, qu'il est retourné d'où il vient, sur ses mesmes pas.

VII

Lievre qui hasle, c'est celuy qui at courru et à qui les flancs battent.

VIII

Un lievre qui bat les eaux, c'est un lievre qui courre dans les lieux aquatiques et passe les rivieres.

IX

Lievre qui bondit, qui va bondissant, c'est celuy qui saute en courrant, car il ne va jamais ny le pas ny le trot; bien qu'il aille fort doucement, si est-ce que le derriere suit tousjours en sautant et à petits bonds.

X

Un lievre qui a doublé ses airres et ses voyes, c'est celuy qui a passé plusieurs fois par mesmes chemins sur ses pas.

XI

Les crottes ou repaire du lievre, c'est son fien ou excrement.

XII

Lievre relaissé, c'est un lievre qui s'est blouty et demeuré devant les chiens ou ailleurs.

XIII

Un lievre relancé, c'est celuy de la meutte qui repart devant les chiens.

XIV

Un lievre qui va d'effroy, c'est celuy qui courre de sa force.

XV

Forhuer un lievre, c'est crier après luy en termes de venerie, le monstrer aux hommes ou aux chiens, ou seulement advertir que l'on le voit.

XVI

Forhuer un lievre, pour le faire voir aux chiens, en ces termes : Hé vellelà, hé vellelà, chiens, à luy donc.

XVII

Lievre forpayzé, qui se forpayze, c'est celuy qui est hors du pays là où il a esté nourry, et fuit au rebours de son droict.

XVIII

Malices du lievre, ce sont ses tours et retours qu'il fait pour sauver sa vie.

XIX

Les voyes du lievre, c'est là où il passe en courrant.

XX

Revoir d'un lievre dans les chemins ou ailleurs, c'est revoir ses voyes ou fuittes, trois petits points ou quatre, marquez en terre dans les chemins ou ailleurs, ou bien voir la terre levée entierement, à cause qu'il a le pied vellu, et leve souvent la terre ou l'enfonce et esgrattigne.

XXI

Retourner à propos en arriere, lors que les chiens à lievre tombent en deffaut, c'est revenir promptement sur ses pas, jusques à ce que quelques chiens trouvent les voyes du retour, ruze ou double, et leur donner loisir de se rabattre et relever le deffaut.

XXII

Raprocher un lievre forlongé, c'est l'aller requerir et relancer avec les chiens tout doucement, en criant tousjours des airres sur ses pas.

XXIII

Bien chasser un lievre forlongé et qui fuit de hautes airres, c'est ne point faire de deffaut, bien qu'il y ayt longtemps que le lievre a passé, et que le sentiment est presque aneanty et esvaporé, neantmoins les chiens chassent continuellement.

XXIV

Chasser un lievre qui va de bon temps, c'est que les chiens

chassent de leur furie et vistesse, à cause qu'il ne fait que d'aller.

XXV

Chasser un lievre qui leve ses voyes ou qui emporte ses airres, c'est quand un lievre leve la terre là où il passe, qu'il paste, à cause qu'il a les pieds vellus dessous, les quels sont tout enveloppez de terre, comme s'il estoit botté.

XXVI

Forcer un lievre par les menus, c'est prendre un lievre que la meutte et les chiens n'ont courru la plus grande partie de la chasse, sinon au trot ou au pas.

XXVII

Avoir creance aux bons chiens pour lievre, c'est lors que les chiens parlent, les bien cognoistre, dire asseurement : Le lievre a donné jusques là.

XXVIII

Forhuer à toutes les veues, c'est le monstrer aux chiens autant de fois qu'il repart, autant de fois que l'on l'apperçoit se desrober des chiens.

XXIX

Prendre un lievre sans forhuer, ne le monstrer jamais aux chiens, qu'il ne soit sur ses fins ou mort.

XXX

Demesler la nuict d'un lievre, quand les chiens, la meutte demeslent, espluchent et crient par tout de ses airres, là où le lievre a viandé la nuict, qu'elle emporte les voyes en la plus-part des chemins, tours et contours, que le lievre a faits la nuict, que les chiens le font partir du giste.

XXXI

Les chiens sont en deffaut, la meutte est demeurée en deffaut, c'est quand les chiens ne peuvent plus emporter les voyes, les aires, et qu'ils n'en crient plus, qu'ils ne chassent plus.

XXXII

Relever un deffaut, c'est lors que les chiens retrouvent les voyes, qu'ils les emportent et chassent.

XXXIII

Bien prendre enceins, cernes et devants, c'est prendre par les lieux frais, aisez à chasser, affin que les chiens, la meutte trouvent le lievre passé, qu'ils se rabattent plus aisement des voyes, à droite ou bien à gauche de là où les chiens ont fait le deffaut, et prendre les tours petits, puis les eslargir et prendre garde que le lievre ne soit demeuré.

XXXIV

Le lievre est malmenné, c'est quand il n'en peut plus, que les chiens le peuvent prendre à veue, ou que les veneurs le peuvent prendre à la main.

XXXV

Un lievre qui a perdu sa couleur naturelle et est devenu noir, en venerie, c'est celuy le quel, estant malmenné et ayant courru longtemps, est dissemblable à un lievre qui part du giste; il est plus noirastre et terny de sueur par les costez, le poil plus serré et joint contre les costez humectez et mouillez; sa couleur naturelle et le lustre de son poil sont changez.

XXXVI

Un lievre qui at le dessous des pieds et des jarrests tout blanc, c'est signal et asseurance qu'il n'a pas encor courru et n'a fait traicte, et qu'il ne fait que partir du giste.

XXXVII

Un lievre qui a le dessous des pieds et des jarrets terny et jaunastre, couleur du terrain, c'est signal et cognoissance qu'il a desja fait traicte et courru quelque temps, qu'il fait beau et sec; la poudre et la terre luy ont ainsy terny le dessous des jarrets, sans les crotter.

XXXVIII

Un lievre qui at le dessous des pieds et du jarret tout crotté et les jambes mouillées, c'est un lievre qui at courru, qui a fait traitte devant les chiens, lors que le temps est mauvais, qu'il fait sale et les terres pleines de fange et de boue, qu'il fait fort mou.

XXXIX

Un lievre devenu mal fait et deffait, en venerie, c'est celuy qui a courru longtemps devant la meutte, à qui les oreilles panchent et balancent; il courre, le derriere fort haut, le devant bas, les eslans courts, les jambes toutes droictes comme si c'estoient des bastons, le dos courbé comme une chenille, et n'avance plus en ses eslans; ses mouvements si agiles et vigoureux sont esvanouis et aneantis, et sa couleur changée.

XL

Xenophon dit, en ses escrits de venerie, que le lievre se sert de ses oreilles, pour donner contrepoids à son corps en ses mouvements, tours et contours, qu'il les tourne de plat pour tourner preste, n'ayant point de queue pour se donner l'air.

XLI

Des couleurs des poils des lievres; il y en at qui paroissent marquettez de noir sur les reins, d'autres rousseastres, plussieurs sont marquez au front de poils blancs, plussieurs ne le sont pas; il s'en trouve beaucoup qui ont le bout des oreilles noir; il y en at aussy de couleur rougeastre, des gris-lavez, des gris-argentins; et semble que nature en cela a travaillé artistement, les ayant produits selon le rapport des couleurs des terreins des lieux là où ils ont esté nourriz, affin qu'ils soyent plus difficiles à voir au giste. L'on en trouve, aux montagnes des Grisons, des blancs, vers les monts de Splugue; et tient-on que c'est à cause des neiges qui y sont presque continuellement. J'en ay courru des noirs, en Lorraine, avec ma meutte; ils se trouvent au comté de Vaudemont, vers Autrey et Houdreville. Du regne de Son Altesse le vieux duc Charles, j'ay veu plussieurs fois luy presenter des lepvreaux vifs, noirs comme du gest; les vieux lievres estoient aussy noirs comme taulpes, sans aucun poil blanc.

XLII

Un lievre qui dort, c'est celuy qui est au giste en forme,

sans remuer les prunelles ny les paupieres, car ils dorment les yeux ouverts.

XLIII

Un lievre qui veille ou qui sommeille, c'est celuy qui cline et remue un peu les paupieres et remue souvent les narines. Voyez Xenophon sur ce suject, il en parle pertinemment, comme aussy du naturel des lievres.

XLIV

Forcer un lievre sans deffault, c'est prendre un lievre de grande vistesse, sans que les chiens perdent les voyes ou aires, jusques à ce qu'il soit rendu ou mort.

XLV

Forcer un lievre qui a eu un ou plusieurs deffaults, c'est prendre un lievre que les chiens ont perdu plusieurs fois les aires, que les chiens ne chassoient plus, enfin qu'ils le relançoient.

XLVI

Lievre pris à la rencontre, au gobet, c'est un lievre qui s'embarrasse dans la meutte, au partir du giste ou au lancé et relancé, et est ainsy pris des chiens mal à propos, avant qu'il soit forcé.

XLVII

Forcer un lievre de haute lutte ou d'amblée, c'est prendre un lievre que la meutte et les chiens ont tousjours chassé et courru, de leur vistesse, sans deffaut.

XLVIII

Forhuer à la mort du lievre, c'est appeller les chiens à la fin de la chasse, quand le lievre est pris.

XLIX

La curée du lievre, c'est donner tout le lievre aux chiens ou bien ne leur donner que le dedans; d'aucuns ne font qu'ensaigner le nez des chiens avec le sang du lievre. Cela est à la discretion des veneurs.

L

Deffendre la curée du lievre, c'est empescher que les chiens ne mangent le lievre ou le dedans et le sang, jusques à ce qu'il plaist au veneur de leur donner ou bien de leur laisser prendre.

LI

Le pas du lievre, c'est une herbiere comme un petit sac qu'il a au corps, qui reçoit ce qu'il mange, le quel il faut nettoyer ou jetter dehors; car si les chiens mangeoient ce qui est dedans, cela fait mal aux chiens, les degouste.

LII

Le sault du lievre, c'est un petit os qui est à la jointure de la cuisse, au devant à celle du milieu.

LIII

Brunir le nez et muffle des chiens de la curée, c'est leur ensaigner le nez, le muffle, du sang du lievre.

LIV

Le forhu du lievre, ce sont les tripailles du lievre et l'herbiere bien nettoyées, si l'on veut; sinon l'on leur donne pleines d'herbes, comme elles sont, et les faut jetter au milieu des chiens.

LV

Le rable du lievre, ce sont ses reins et sa crouppe.

LES TERMES DE VENERIE, DONT JE ME SERS ET METS EN USAGE, POUR FAIRE QUESTER, LANCER, CHASSER, REQUESTER, RELANCER ET PERCHASSER LE LIEVRE A MA MEUTTE, ET LE FORCER DE SCIENCE SANS ABBREGER, EN CINQUANTE ARTICLES.

I

Estant à la campaigne, au lieu destiné à chasser, je laisse esmanciper mes chiens en ces termes : Allons, mes valets, allons, haulo, haulo, haulo; allons donc, mes beaux, allons, chiens, allons.

II

Quelques moments après, je les esveille de nouveau : Hé, debout, plau, debout, plau, debout, debout, hé hé, hé hé, hé hé, hé hé.

III

S'il y a quelque petit costeau, quelque petite vallée : Au

vaus, trouvez donc, au vaus; trouvez, vaus, trouvez, petits, au vaus; trouve compagnon, vaus, trouve donc.

IV

Si quelque chien se rabat des aires de la nuict d'un lievre, qu'il en parle asseurement, il faut le rejouir : Hé, c'est de luy, mon valet, c'est de luy, c'est de luy, hau, hau, hau, hau.

V

Si toute la meutte en parle, qu'elle se reschauffe des voyes : Hé, vous le trouverez icy, mes beaux; vous le trouverez icy, mes valets.

VI

Si la meutte emporte les voyes, qu'elle gaigne pays : Hé, lancez, chiens, lancez, lancez le plau, lancez le courtaut.

VII

Quelque intervalle après : Hé, fais-le partir le galland, au bout, au bout, au bout.

VIII

Si l'on trouve quelque haie espaisse, quelque haie de jardins, vignes ou autres couverts : Hé, de là, chiens, de là, de là, mes valets; hé, faictes-le partir de là.

IX

Si les chiens en crient au couvert, il faut leur donner cœur, les appeller par leurs noms : A Vulcan, à Vulcan, à Saturne, à Saturne, hé, fais-le partir de là, fais-le partir de là.

X

Si l'on queste dans des bois, dans des tailles : Là dedans, chiens, là dedans, là dedans; hé, pars, pars, pied vellu, pars de là dedans; hé, lance-le de là.

XI

Mais si l'on trouvoit des bleds verds, que le lievre ait esté là longtemps, qu'il y aye viandé, comme on le cognoist aux chiens, ou bien en quelque autre lieu propre à viander, que les chiens redoublent de furie : Hé, il a viandé icy, mes valets, il a viandé icy; hé, il a bien esté icy, il a bien esté icy; hé hé, hé hé, debout.

XII

Lors que le lievre part, si les chiens ne le voyent pas, il ne faut pas forhuer, qu'il ne soit hors de veue; mais si quelque chien l'a veu partir, il faut forhuer, affin que tous les chiens le voyent; car si l'on ne forhuoit, le chien qui l'a veu prendroit trop d'advantage sur ceux qui ne l'ont pas veu. Terme de forhuer lievre : Vellelà, vellelà, vellelà.

XIII

Estant hors de la veue des chiens, il faut intimider la meute, affin qu'elle ne transporte les voyes : Hé, tout bellement, tout bellement, tout bellement, mes beaux. Hé, il s'en va, il s'en va; à luy, chiens, à luy.

XIV

Si les chiens ne l'avoient pas veu partir, il faut menner les chiens doucement, sans les eschauffer, d'où il est party : Au lit, au lit, au lit ; ou bien, Au giste, au giste, au giste.

XV

Quand les chiens sont esbranlez, que la meutte empaume bien les voyes : Hé, il est debout, il est debout, il est debout. Hé, il s'en va, mes beaux ; à luy, mes valets, à luy, compagnons, à luy.

XVI

Alors il ne faut plus parler que moderement pour embellir la chasse, et par necessité des desordres qui arriveront et des deffauts. Que si un chien est à la teste de la meutte et chasse trop furieusement, il faut l'intimider : Hé, bellement, Silvie ; bellement, Jacinthe ; bellement, Venus. Et en la sorte les intimider, ils chasseront justement.

XVII

Et si ces chiens estoient trop importuns, qu'ils barrent devant la meutte, le picqueur ira promptement devant eux les rejetter dans la meutte, ce pour quoy il doit estre bien monté ; et si quelque chien se jette à costé de la meutte : Hé, à la meutte, à la meutte, à la meutte.

XVIII

Si d'autres chiens s'amusent derriere, qu'ils n'ayent nul soing de tenir en corps de meutte : Tirez, tirez à la meutte, tirez à la meutte.

XIX

Et ainsy, sans troubler la meutte, il faut estre à soy, sans furie, jusques à quelque retour, ruze ou deffaut.

XX

Il faut souvent parler au chien qui tient la teste de la meutte, à celuy qui est le premier, l'appeller souvent par son nom : Il va là, Coridon, il va là, mon valet; hau, tous à Coridon, tous à Coridon.

XXI

Si le lievre fait un retour, que les chiens demeurent court: Hau revary, hau revari, hau revari; hé, où est-il allé, mes beaux? Hau hau, hau hau, tout bellement.

XXII

Si quelque chien redresse ce retour : Hé, tous à luy, tous à luy, tous à luy ; hé, il s'en revat là, il s'en revat là; hau, il perce, il perce; allons, allons, allons, Gailliard; allons, Saturne.

XXIII

Après si la meutte rencontre quelque lieu difficile, il faut esveiller les bons chiens : A Jerfault, à Dragon. Parlez à tous ceux qui font bien leur devoir et chassent les premiers et juste.

XXIV

Lors que les chiens, en ces lieux difficiles à chasser, fairont quelque grand deffaut, il faut prendre des devants hors des lieux là où les chiens sont demeurez; mais auparavant l'on doit demeurer derriere, si l'on juge que le droict peut estre retourné en arriere : Teau, teau, teau, hau ireva à moy; teau hau, il s'en reva à moy, teau.

XXV

Si le veneur juge que le lievre est malmenné et qu'il peut estre relaissé au bout de la ruze, il faut esgayer les chiens : Hau, il est demeuré, il est demeuré, il est demeuré; hé, il est relaissé, il est relaissé; hé, il demeure, il demeure, faictes-le repartir, mes valets.

XXVI

Quelque intervalle après : Au bout, au bout; héi repars plau, repars donc; hé, hé, héhé, relance, relance le galland.

XXVII

Le veneur ne doit pas dire tous ces termes en un moment, il faut quelque intervalle.

XXVIII

Or, si le veneur voit le lievre relaissé : Hau, hau, je le vois; hau, hau, je le vois relaissé; héi il est relaissé, mes beaux.

XXIX

Si le lievre est malmenné, le veneur le doit faire repartir à veue, que tous les chiens le voyent; mais si le veneur jugeoit que les chiens ne le puissent prendre de ceste veue, il doit tirer les chiens hors de veue, ils en chasseront plus sagement, puis forhuer ses chiens : Aga tiens, mes valets, il vient icy, il vient icy; teau, teau, vellecy allé, vellecy allé, tous à luy, tous à luy.

XXX

Quand le droict fuit des lieux aquatiques, pleins d'eau : Hau, il bat l'eau, il bat l'eau, chiens, il bat l'eau; hé, il perce là, il perce, à Coridon, à Vénus, à Diane, à Minerve.

XXXI

Le lievre relancé, s'il fuit ou courre les chemins : Il fuit la voye, chiens; hé, la voye, la voye, la voye.

XXXII

Si l'on en revoit dans les chemins, que le veneur apperçoive ces trois ou quatre petits points que le lievre fait en fuyant : Vellecy allé la voye, vellecy allé la voye, il fuit la voye, il fuit la voye.

XXXIII

Alors il ne faut parler sinon aux chiens qui chassent bien, pouser ou frapper de la houssine sur le chemin. Aga tiens, Cephale; aga tiens, Noble; aga icy, à moy la voye; il fuit la voye, il va la voye.

XXXIV

Ce desordre de chasse relevé, si les chiens s'estonnent aux voyes doublées, qui est lors qu'un lievre passe plusieurs fois un mesme chemin, il faut promptement esveiller les chiens qui chassent bien aux voyes doublées par plusieurs fois : Hau il double, il double, mes valets; à Vulcan, il double; hé, il double ses voyes, allons, allons, il perce; hé, il a doublé ses voyes, tous à luy, tous à luy.

XXXV

Si les chiens emportent les voyes : Hé, il s'en va là, il s'en reva là ; tous à luy, mes beaux.

XXXVI

Lorsque vous trouverez des herziers, des guerrests, terres nouvellement labourées, là où les chiens ne chassent de leur air accoustumé, qu'ils s'allentissent, il faut redoubler de parler aux chiens, à celuy qui est à la teste de la meutte : A Narcis, à Narcis; hé, il s'en va là, il s'en va là.

XXXVII

Quand les chemins sont secs ou poudreux, l'on y demeure souvent en deffaut; si je revois des voyes du lievre au chemin : Hé, il vat la voye. Il faut considerer et prendre garde si l'on voit point du retour au chemin, et si l'on voit du retour ou ruze : Hau revari, hau revari, hau revari, hau revari ; hé, velleci, revari à moy ; hé, il est revari icy, il at revari icy.

XXXVIII

Plus loing, si mes chiens tombent en deffaut, que je sois constraint de prendre des cernes et enceins : Hau là ira, chiens, là ira, là ira ; hé, repars de là, repars de là ; hau relance, hau relance; hé, qui le faira repartir le galland? hau reboutte-le, reboutte-le.

XXXIX

Ce desordre relevé, si mes chiens perchassent jusques en

quelque terre nouvellement fiembrée, la terre toute couverte de fumier puant, ou bien en quelque terrein là où les trouppeaux ont esté et pasturé, les chiens de mesme s'estonnent et s'allentissent; car les chiens souvent n'ayment pas les puanteurs, sinon celles des carnages qu'ils peuvent manger; les autres, ils les desdaignent, et n'y a que quelques chiens ardants qui veullent poser le nez en terre; alors il faut redoubler la voix, parler à eux resolument, à ces chiens ardants et accoustumez à chasser en tels lieux: Hé, il perce, il perce, allons à luy, allons à luy. Il ne faut parler sinon aux chiens resolus et ardants et qui ne desdaignent pas de chasser dans les puanteurs.

XL

Or, passées toutes ces difficultez de venerie, et le lievre reduit aux extremitez et forcé, s'il repart à veue, que les chiens le prennent, le veneur le prend promptement, l'oste aux chiens: Hé, bellement, bellement, chiens, il est mort, il est mort; à la mort, chiens, à la mort; hé, vellelà mort, mes beaux. Après que les chiens l'ont bien consideré, je promenne un peu les chiens et puis je jette le lievre à terre, pour leur donner du sang; et si quelque chien se monstre trop outrageux et importun pour le devorer, l'on le frappe: Hé, gare le mort, gare le mort; hé, bellement, chien, bellement.

XLI

S'il y avoit quelque chien demeuré derriere : Outre aga, aga, teau, chien; à la mort, à la mort; hé, vellelà mort.

XLII

Quand tous les chiens sont arrivez, et qu'ils n'ont plus

trop chaud, qu'ils ont un peu hallé, je leur fais donner du sang, en les caressant, principalement aux chiens qui ont bien chassé les chemins, les voyes doublées, les terreins là où les hardes de bestail ont pasturé, aussy à ceux qui ont bien chassé dans les terres nouvellement fiembrées, dans les puanteurs; l'on leur donne à lecher les mains ensaignées, teintes de sang; et si quelque chien prend la main trop furieusement, qu'il morde et blesse le veneur, il est chastié, bien battu promptement: Hé, bellement, bellement.

XLIII

Et cependant qu'ils tastent du sang, l'on parle à eux en les rejouissant: A Saturne, à Neptune, à Pluton, à Jacinthe, à Bellonne; hé, vellecy allé.

XLIV

La curée estant faite, je menne les chiens doucement à la retraicte; la meutte se met ensemble et vient à moy à ce terme: Hautte, hautte, allons, allons, chiens, teau, teau, teau, tien à moy.

XLV

Ceux qui suivent les font tirer outre : Tirez, chiens, tirez à la meutte, à la meutte.

XLVI

Si quelque chien s'escarte: Hé, où va cela; où va ce chien, où va Dragon; à la meutte.

XLVII

Quand un autre chien veut passer devant le veneur qui

est à la teste de la meutte : Hau derriere, derriere, à moy, tiens, derriere.

XLVIII

Si un chien veut demeurer derriere, ceux qui suivent parlent à luy : Tirez à la meutte, outre, outre, à la meutte.

XLIX

Estant arrivé près de la retraicte, près du village, si quelque jeusne chien bransle, va aux moutons, aux bestiaux et hardes des villages : Ha haye, ha haye, ha haye ; où va cela ; à la meutte, derriere, derriere ; tirez à la meutte.

L

Lors que l'on est arrivé devant les chenils, et la porte du chenïl, là où l'on veut mettre les chiens, ouverte : Outre, outre, au chenil, au chenil, à la paille, à la paille ; tirez à la paille.

DE LA RACE DE MES CHIENS A LIEVRE ; DE LEURS AIRS, MOUVEMENTS ET ACTIONS EN CHASSANT.

I

DE L'HUMEUR DE JOLLERT, QUI EST LE PREMIER CHIEN D'ANGLETERRE, DE LA CONTRÉE D'YORCK, VERS LE NORD, DE QUI L'ON A TIRÉ RACE EN LORRAINE.

Monsieur le milord Howard me le donna au premier voyage que je fis en Angleterre, en l'an mil six cent et six.

J'ay choisy ce chien pour tirer race, pour n'avoir jamais receu des desadvantages de ses compagnons à le forçer en sa vistesse; il estoit des plus excellents à chasser les chemins, un chien juste qui at tousjours chassé sans aucune meschanceté et sans barrer ni balancer, mais tenant les voyes au milieu des desordres. Et s'il arrivoit que les autres chiens l'emportent par furie hors de ses aires, il tournoit juste les reprendre au mesme lieu où il les avoit quittées, sans prendre devants ny d'un costé ny d'autre, comme les y dressent plussieurs veneurs. Mais cela n'a jamais esté pratiqué de moy, sinon à toute extremité et lors que les chiens ont desjà esté en arriere; car je veux que mes chiens deffacent toutes les voyes et ruzes qu'un lievre a faites, comme je fais aussy en courrant toutes sortes d'animaux à force. Et c'est pourquoy j'ay admiré la nature de ce chien, de n'avoir eu aucune malice ny ruze de celles que plussieurs vieux chiens ont accoustumé d'avoir, qui est de coupper et prendre des devants loing, pour avoir advantage lors que leur droit tourne à eux. Ils font tels effects lors qu'ils diminuent de force et de jambes. Je sçais que beaucoup de veneurs auront creance, et me representeront que la diligence de ceux qui l'ont dressé et fait chasser luy ont apporté cette sagesse. Je balanceray bien à ceste opinion, pour avoir adjusté force chiens de mauvaise nature, et les avoir fait chasser en vrays bons chiens; mais ils sont sujects à oublier leur mestier, et la malice de la race d'où ils viennent fait qu'ils ont tousjours quelque advantage sur la volonté de celuy qui les fait chasser, ce que je n'ay trouvé lors que j'ay dressé des chiens qui sont sortis de vrays bons chiens et justes; car ils plient tousjours à la volonté du veneur, pourveu qu'il travaille selon l'art, et qu'il

Des chiens de mauvaise race se desadjustent et couppent.

ne soit de l'opinion et de l'humeur de ceux qui, pour abbreger ce qu'ils courrent à force, couppent, et par consequent ils apprennent leurs chiens à coupper, en les forhuant où ils apperçoivent le retour, sans avoir patience que les chiens reviennent en arriere pour apprendre à demesler les malices de ce qu'ils chassent, et corrompent tout. Cela arrive à tels veneurs par se meffier de leur mestier, par chaleur et impatience; mais s'ils avoient patience, les chiens demesleroient tout, et trouveroient l'art si juste, qu'ils ne seroient plus en doute de prendre et forcer, pourveu que la race de leurs chiens accompagne leur science. J'ay pris plaisir à escrire du naturel des chiens qui m'ont donné du plaisir et qui m'ont bien servy, affin que les veneurs, qui seront curieux du contentement de vrays veneurs, puissent choisir telles races de chiens qui ne manquent jamais de donner plaisir à leurs maistres, pourveu qu'ils ne soyent impatients en l'art. J'ay donc tiré race de ce Jollert; il a fait des chiens très excellents, aussy j'ay pris grand soing à les faire bien nourrir. Du temps de Cyrus, d'Alexandre, de Xenophon, comme aussy des veneurs de l'antiquité, il estoit tenu pour constant que beaucoup de jeusnes chiens ne servent pas aux meuttes, pour n'avoir pas esté nourris avec soing, et disoient que par trop remplir les jeusnes chiens, que cela leur fait les jambes torses, gaste leur vigueur, les rend cagneux et tortus; faut les remplir moderement. Jeusnes veneurs, tirez quelque proffict en vostre art de venerie de ce discours, et tenez pour très asseuré que les bons jardiniers entent tousjours, soit en fente, soit en escusson, des greffes des plus excellents fruits qu'ils peuvent recouvrir, et ne font nul cas des autres communs et incognus. Ne faictes moins que les jardiniers, ne tirez jamais race des chiens incognus ou qui ont quelque deffaut; car si vous le faites, vous ne serez pas satisfaits de vostre science et serez sans plaisir. Esvitez cest inconvenient par prudence au choix des chiens, et en tous vos procedez buttez tousjours à la perfection et à la vertu, et ce sera le vray contentement de vos maistres. Vous verrez, en tous les chapitres suivants, plussieurs belles moralitez, des quelles vous pourrez faire proffict en vostre forme de vie et des procedez; mais n'expliquez pas les fictions et hierogliphiques, comme Pierius les a expliquez, le quel se trompe, d'escrire que Anubis, Mercure et autres, representez par teste de chiens, ou habillez de peau de chiens, soyent diables ou idoles; ce sont hierogliphiques, qui representent choses vrayes et mysteres sacrez, ignorez par les payens, et partant faulcement adorez. Lisez Goropius et ne vous mesprennez pas, n'adorez que Dieu.

Moralitez.

II

DE JOUELLE.

Monsieur le milord de Hée me donna Jouelle. Après avoir recognu sa façon de chasser et son humeur, je n'ay point fait difficulté de la choisir pour en tirer race avec Jollert, encor qu'à son air de chasser elle n'ayt pas eu la justesse à tenir ses voyes, comme je demande, et avoit beaucoup plus de furie à chasser le lievre qu'il n'est necessaire à ce mestier; car je desire que mes chiens à lievre chassent en mesnageant leurs voyes, et apporte toute diligence à oster à mes chiens toute leur furie, affin qu'ils puissent chasser sagement, comme il est expedient pour lievre, parce que tous chiens qui ont tant d'ardeur perdent l'advantage qu'ils avoient gaigné, à se transporter au bout des ruzes, comme j'en ay veu l'experience à la façon de chasser de plussieurs chiens et particulierement de cette lice; car il faut qu'un vray bon chien à lievre soit ambitieux de tenir les voyes, sans les outrepasser, à l'esgal que l'excellence de son sentiment luy permet. Il doit faire cest effect par cette voye et methode, et non que la furie et vistesse le portent à estre le premier, s'il n'a le sentiment entier pour l'estre et maintenir les voyes. Cela s'appelle estre de haut nez, comme je l'ay appris des plus vieux veneurs; et depuis le temps que je suis amateur de l'art, j'ay tousjours recognu que les chiens vistes courrent bien toutes sortes d'animaux à force; mais il arrive souvent sur la fin du courre que les voyes doublent, ou bien ce que l'on courre ira battant les voyes et grands chemins poudreux, ou en passant les plaines il se trouve quantité de garrests haslez de l'ardeur du soleil et de la saison. Et en ces difficultez de chasse, le bon veneur aurat entiere cognoissance de ses vrays bons chiens; car souvent il arrive qu'en tels lieux les veneurs qui croyent estre fort subtils y perdent le jugement; et les chiens de si grande vistesse, que j'appelle les esguillonneurs, attendent l'ayde du fort de la meutte, car leur fougue ne sert de rien là. Et alors le veneur aura beaucoup de contentement de voir sortir hors de sa meutte, à sa voix, ses vrays bons chiens, qui le leveront avec son ayde de ceste difficulté et fairont leurs bons coups; à quoy ne sont propres toutes sortes de chiens, pour estre quelques fois de mauvaise nature, d'autres pour n'y avoir esté dressez. Et sont, avec le change, les trois plus grandes difficultez qui arrivent à la chasse, que les chemins, voyes doublées, garests qui empeschent fort les chiens. La premiere, à cause que les voyes doublent, et qu'estant au bout des ruzes ils ne peuvent comprendre qu'elles retournent; quelques fois vous pas-

Des chiens de haut nez.

Difficultez de venerie.

sez deux ou trois fois par un mesme lieu, là vos chiens n'osent chasser et croyent desja avoir chassé cela, alors le vray bon chien tesmoigne qu'il sçait son mestier avec l'ayde de son maistre. La seconde difficulté est quand vous courrez les voyes et grands chemins, parce que, lors que vos chiens veullent appuyer leur nez sur les voyes, pour en prendre sentiment, la poudre leur entre dans les nazeaux et leur estouffe le sentiment; et alors vous voyez la subtilité de vos vieux chiens, et ceux qui seront avec vous, s'ils sont veneurs, la vostre. La troisiesme, si vous arrivez dans un grand garest, vos esguillonneurs demeureront et questeront comme des espagneuls; ceux qui sont bons chiens et moins ambitieux menageront les voyes, jusques à ce qu'ils soyent en lieu où ils puissent avoir plus de sentiment; car aux garrests, l'ardeur du soleil et la chaleur ont tant eschauffé la terre, que, lors que vos vieux chiens portent le nez sur les garrests, la chaleur et le soleil ont esvaporé la plus grande partie du sentiment de la voye; et mesme la terre est si chaude, qu'ils se bruslent le nez, à force de l'appuyer sur cette chaleur, il leur cuit et les fait feindre; ils y appuient leur nez, pour recevoir ceste vapeur qui y reste encor, si bien que l'on voit en tel lieu les chiens qui se doivent appeller de haut nez. Jouelle travaille bien sur cette difficulté de chasse; ce pourquoy j'ay fait relever la race, et ay bien voulu donner advertissement et m'esloigner de mon premier discours, affin que ceux à qui l'experience n'aura encor fait cognoistre les differents de l'art, puissent choisir des races de chiens propres pour les bien servir et donner contentement à leurs maistres, à quoy est fort propre la race de ceste lice; car la furie qu'elle avoit ne venoit point de race, mais d'avoir courru avec plussieurs meuttes et des chiens mal adjustez, comme plussieurs seigneurs choisissent des chiens vistes pour ce mestier, affin de tenir les devants par tout et particulierement à veue; et quand il m'est arrivé les difficultez, à la chasse, que j'ay deduites, Jouelle m'a bien servi. Bien est-il certain qu'à ces chiens esmancipez il faut du soing et du travail à les faire chasser dans la meutte; et auparavant qu'elle aye courru avec des chiens esgarrez et fols, elle n'avoit eu aucune malice, mais juste, le nez excellent et des plus vistes. Monsieur le milord de Hée l'avait eue de la mesme race des chiens de Sa Majesté le roy d'Angleterre, qui l'amena d'Escosse en Angleterre, à son couronnement. Elle a esté la maistresse de ma meutte trois ans; et l'ayant fait couvrir de Jollert, et n'y ayant eu nulle apparence qu'elle soit pleine au bout du terme qu'elle devoit faire ses petits, je m'en allai courre un lievre en pays où il y avoit force change, et m'opiniastrant d'en prendre, avant que recoupler, je courrus sept heures, et ma lice tousjours à la teste de ma meutte; et la mesme nuict, elle fit un chien et une lice que je tachay d'eslever, ce que j'ay fait avec diligence, affin de voir s'ils auroient force et vigueur, tellement qu'ils ont courru dedans ma meutte et se sont rendus excellents. D'aucuns tiendront ce discours suspect, pour n'estre point arrivez à point de leur lice; mais ce jour mesme que je chassois, Hubert la Motte y estoit, un des meilleurs veneurs de ce temps, qui vit faire les efforts à cette lice en chassant, et a veu reussir les petits chiens. De plus, j'ay veu une lice, à la mort d'un cerf, faire un chien, la quelle avoit fort bien courru, et n'y avoit nulle apparence qu'elle soit pleine. Les races de chiens de grands courages ne se peuvent rendre ny deffaire; il les faut donc chercher, et en faire estat en ayant rencontré, estre soigneux de

Une lice fait ses petits, en chassant.

bien maintenir et garder les vrayes races. Vrais veneurs, souvenez-vous que les anciens sages ont dit qu'il estoit plus à propos et mieux seant d'estre en la compagnie d'un chien cognu, que non pas en celle d'un homme incognu, et particulierement de celuy dont le langage est incognu. Que cela vous oblige à ne faire paroistre aux assemblées que des chiens bien recevables en la compagnie des vrays veneurs, car les anciens soulloient dire que les chiens bien choisis et bien dressez, c'est de l'invention des Dieux.

Des chiens cognuz.

III

DE BELLANDE.

Monsieur le comte de Lelley, capitaine des gardes de Sa Majesté Britannique, m'envoya Bellande. Elle estoit de vistesse mediocre, fort plaisante à voir chasser, la mennée grosse, la queste assez ardante; mais avec cette ardeur, neantmoins fort au commandement de la voix de celuy qui la faisoit chasser. Elle a chassé à son tour dans les chemins, et, lors que les voyes ont doublé, ç'a esté à elle à pousser à qui l'emporteroit. Elle avoit seulement l'advantage, quand un lievre donnoit dans un pays où il y avoit force troupeaux de bestail; comme rien n'empesche tant le sentiment du lievre, et fort peu de chiens perchassent un lievre là où les hardes des villages ont pasturé, qu'il n'y aye fort longtemps, et que l'air n'aye esvaporé cette puanteur; car le sentiment en est si fort et si desagreable aux chiens, qu'à peine portent-ils le nez en terre; et j'ay veu Bellande en parler où des hardes ne faisoient que passer, et y perchasser mollement, car il est difficile; mais je jugeois, à sa façon de travailler, en parlant quelques fois par

Des chiens qui chassent aux hardes de bestail

les menus, qu'un lievre avoit percé; et auparavant que j'ay eu cognoissance de telle race et humeur de chiens bien dressez, il m'arrivoit force deffauts, et je ne pouvois me representer pourquoy tels desordres de chasse arrivoient, veu que mesme c'estoit la plus part du temps sur la fin d'un lievre, ce qui m'en a fait faillir plussieurs. Mais depuis que j'ay recherché exactement les races des vrays bons chiens, ayant aussy cherché et recherché en Angleterre les vrais bons hommes du mestier, car il y en a là, et me despouillant de trop de furie que j'avois, et chassant avec patience et avec toute ma meutte ensemble, j'ay tousjours descouvert quelques nouveaux traits en l'art et en la façon de chasser de mes chiens; car c'est la vraye invention de cognoistre le naturel des chiens. Or, quel contentement at un bon veneur de voir reussir de sa meutte quantité de vieux chiens, qui, par leur naturel et difference de chasser selon l'aage qu'ils ont, luy donnent tousjours quelque secours nouveau pour joindre à son experience; car autant d'années qu'un chien demeurera dans une meutte, il chassera differemment, non pas d'air mais de science. Il ne peut avoir de grandes subtilitez, qu'il n'aye trois ans, et qu'il n'aye chassé dans une meutte qui at accoustumé de faire mourir tout ce qu'elle courre, sans supercherie et selon l'art. Cela me fait tousjours demeurer plus confus, de considerer une partie de nos veneurs de ce temps, qui aiment tant de courre avec desordre, qu'ils s'en vont la plus part du temps avec quatre ou cincq chiens, selon ce qu'il y en aura, qui auront rencontré un retour; cela gaste les autres chiens, et je ne puis croire qu'ils puissent avoir le mesme contentement, et jouir du plaisir de vray veneur, comme faira celuy qui aura toute sa meutte devant luy, et qui ne fait nul tort à ses chiens ny à la science. Et mesme je trouve que quand

Chiens de trois ans subtils.

j'ay toute ma meutte devant moy, il n'y a nuls chiens qui ne trouvent une difficulté de chasse à vuider, avant que ce qu'ils courrent tombe devant eux, si bien qu'il est fort aisé à juger que ceux qui ne courrent avec patience sont sujects à demeurer en deffaut; car toute une meutte est fort empeschée à fournir des chiens propres selon les difficultez des ruses qu'une beste fait, estant courrue à force, et selon les lieux et temps. Or, chassant ainsy selon l'art, les chiens fairont peu de deffauts et prendront en quelle saison que vous courriez, si ce n'est un malheur extraordinaire. Au contraire ceux qui chassent avec peu de chiens et impatiemment sont journaliers à prendre, et ne peuvent avoir que rarement des chiens comme Bellande, pour les servir aux deffauts qui arrivent souvent sur la fin, qui ne peuvent estre relevez que par des chiens dressez et adjustez avec patience, comme avoit esté cette lice. J'en ay tiré race, bien qu'elle estoit un peu ardante, et luy ay donné un chien plus lent à la queste, et plus paresseux lors que le lievre n'estoit lancé, et tellement paresseux qu'il le falloit tousjours faire tirer après ses compagnons; mais un lievre estant debout, il estoit fort viste et ne luy falloit nul solliciteur. Il faut ainsy suppleer aux deffauts de la race des chiens, affin de donner plaisir à nos maistres, à l'esgal de leur humeur et du pays là où ils se tiennent. Si c'est pays de plaines, il faut des chiens froids et lents à la queste; si c'est pays couvert, des chiens plus ardants et meslez; et de mesme comme le bon architecte s'accommode à l'esgal du site des lieux et des materiaux, pour servir son maistre dignement, soit architecture militaire ou architecture civile, ainsy le bon veneur choisira, pour tirer race, des chiens de telle humeur qu'il puisse lès faire reussir aux points de l'humeur de son

Ce qui cause les deffauts.

maistre, ou bien pour son contentement, s'il a moyen d'avoir une meutte à luy. Et je parle en la sorte, pour la necessité et affin de s'accommoder au temps; car pour dire la verité, les races franches ainsy seules, comme la nature les a données, sont bien plus plaisantes, selon les lieux propres pour elles, que ne sont pas les races meslées; mais il faut contenter les maistres, sans cela l'on ne subsiste pas. Je vous supplie d'aimer les vrays bons chiens de race. J'ay leu, dedans un vieil autheur, que Diane fut adorée, habillée en chasseresse, et à costé d'elle estoit un chien de chasse. C'est un exemple et arrest vuidez aux veneurs, pour leur apprendre qu'ils ne doivent mespriser ny desdaigner les chiens ny les habits de chasse. Finissons par Xenophon, le quel sur la fin de ses jours se retira à Sillonte, ville en la Grece, là où il estoit permis à tous les habitants d'aller à la chasse, y fit bastir une chapelle dediée à Diane, et y passa joyeusement son temps avec ses fils et amis, exerçant la venerie. L'histoire rapporte que ce fut aussy à Sillonte qu'il composa les escrits et livres que l'on a de luy; c'est là un de nos braves autheurs de venerie.

De Diane adorée comme chasseresse.

IV

DE COCART.

Cocart fut amené en Loraine par Monsieur de Potz, lors que Sa Majesté le roy de la Grande-Bretagne envoya quatre-vingtz chiens au feu duc Charles troisiesme. Or, après avoir pris plaisir à remarquer le naturel de ce chien, j'ay trouvé qu'il se pouvoit appeller vray bon chien, et qu'escrivant de sa façon de chasser, je donnerois quelque advertissement aux jeusnes veneurs, qui desireront se subtiliser en l'art de bien prendre le lievre à force; car la plus grande difficulté que j'aye recognue et qui donne le plus d'embarassement au veneur, comme j'ay dit aux autres chapitres, ce sont les grands chemins et sentiers, veu que le veneur lancera d'aucuns lievres qui ne battront jamais que les voyes, et tels lievres, s'ils se trouvent et lancent en pays couvert, où ils puissent faire force ruses et malices, ils passent deux ou trois fois par une mesme voye. Mesme j'en ay pris et bien forcé, qui avoient battu un mesme chemin cincq ou six fois, qui est donc la plus grande difficulté; car pour une fois seule que ce qui est ameutté courre un chemin, il se trouve plusieurs chiens qui empaument bien les voyes du lievre qu'ils chassent; mais lors qu'ils y retournent des autres fois, ils croient desja avoir chassé, et demeurent court, tous, le nez haut, regardant les veneurs, pour en avoir secours et recours comme à leurs maistres; et quels bons veneurs ils puissent estre, ils se trouvent fort embarassez, s'ils n'ont en leur meutte quelque chien comme Cocart, qui est le chien le plus excellent et le plus artificiel pour lievre, que j'ay jamais eu, ny veu chasser. Et lors qu'il m'est arrivé ceste difficulté de chasse, qu'un lievre battoit ses mesmes airres, et que mes chiens demeuroient courts, demandant mon ayde à leur façon, qui est de considerer celuy qui les fait chasser, pour voir le quel est son dessein, qu'il tourne à gauche ou à droite, ou s'il les veut porter en avant, afin d'estre certain si la ruse et malice est plus longue, en ce temps j'ay veu Cocart se mettre à la teste de ma meutte et chasser le mesme chemin, comme si la meutte n'y avoit jamais chassé; et comme j'ay escrit cy devant que j'ay passé cincq et six fois par mesme chemin, j'asseure aux curieux que, pour tant de fois que les voyes ayent doublé, rarement Cocart s'est es-

Des voyes doublées.

tonné, mais perchasse tousjours fermement et apporte ses compagnons au bout de telle malice, qui, après qu'ils avoient entiere cognoissance par le sentiment que les voyes estoient desembarassées et desdoublées, empaumoient leurs voyes avec autant et plus de furie qu'auparavant. Et cela m'a apporté beaucoup de contentement, de cognoistre qu'un chien de vraie bonne race, bien dressé et bien adjusté, peut avoir en son sentiment partie de l'artifice de l'art, qui doit estre la seule cause que ceux qui cognoistront telle excellence de chiens fairont plus d'estat des vraies bonnes races; car la moitié ou la plus part de nos veneurs corrompent tellement l'art, que, pour s'attribuer de la gloire et pour estre publiez bons picqueurs, ils se perdront de la compagnie et emporteront ce qu'ils courrent à force avec un chien seul; et s'ils pouvoient courre sans chiens, et servir de chiens eux-mesmes, ils le fairoient; puis ils croyent avoir bien travaillé, d'apporter le pied ou des oreilles à leur maistre, et monstrent qu'ils l'ont pris avec un chien seul, et qu'il n'y avoit qu'eux à la mort comme bons picqueurs. Ce sont des heureux hommes, de pouvoir faire les effects en ceste science, que plusieurs sont bien empeschez de faire; ils ont aussy des braves chiens, puisqu'un seul fait tout ce que plusieurs, en corps de meutte, ont grande peine de faire par les regles du mestier. A cela j'ose dire que tels veneurs n'auroient jamais eu cognoissance de l'artifice en bonté de Cocart, car il est impossible qu'un tel chien fasse de tels coups qu'à trois, quatre ou cincq ans; et pour prendre avec un chien seul, et se tirer de la presse de la meutte, il faut un esguillonneur, un chien ardant, jeusne et furieux, qui n'a nul soing s'il barre ou s'il tient ses voyes juste, mais qui a l'humeur à l'esgal de celuy qui le fait chas-

Erreur de venerie.

Des effects aux doubles.

ser, qui est fort aysé en temps frais de prendre ainsy, mais non par les chaleurs, si de hazard vous n'avez plus de bonheur que science en l'art. Ce pourquoy beaucoup de princes et de seigneurs sont fort aysez à estre distraits de la venerie, car leur condition ny l'ambition d'aucuns ne peut permettre, ny le soing de leurs affaires, à s'occuper ny à tirer la quintessence de cest art; mesme leur passion forte emporte le resouvenir de ce mestier, estants servis par tels veneurs bouillants, qui sont journaliers à donner plaisir. Pour un temps ils sont emportez à la passion de leurs veneurs et de leur aage; ils ont l'artifice et taschent que leurs maistres ne vont à la chasse qu'aux temps advantageux pour eux et pour leurs chiens. Mais si les affaires du maistre permettent qu'il soye veneur deux fois la sepmaine, il cognoistra bientost les fautes de ses veneurs, s'il en est tant soit peu subtil en cette science; et s'il est incognu de venerie, il sera rebutté, disant que c'est peine et travail sans plaisir. Voilà ce que ceux qui ne recherchent les races des vrays bons chiens apportent, et qui, pour s'attribuer plus d'honneur, corrompent cest art et science, se ruinent l'honneur et leur fortune; la quelle science, auparavant que tant d'esprits incapables du mestier s'en soyent meslez, n'estoit recherchée que pour donner plaisir et occupation aux plus grands roys de la terre; à quoy ne manqueront pas ceux qui curieusement travailleront, car à l'esgal de leur soing et travail, ils donneront plaisir à leurs maistres, et l'experience les faira exceller en l'art, et possederont en ceste science à l'esgal de ce qu'ils y auront appris et travaillé; et surtout que leur plus grande diligence soit à rechercher les vrayes bonnes races de chiens, car ils ne pourront jamais bien travailler d'eux-mesmes, si la race de

Disgrace de plusieurs veneurs.

leurs chiens n'accompagne leur science. Je sçais de beaucoup de vieux veneurs, les quels tiennent que lors qu'un seigneur dit qu'il a des bons chiens et sages, que l'on ne luy doit jamais demander s'il a des bons hommes; car pour estre sages et les races bien choisies, qui est cause de les rendre bons, cela ne peut estre, qu'un veneur n'aye toutes les parties qu'il doit avoir. Et si un seigneur se loue d'avoir des bons hommes, sans parler de ses chiens, l'on luy peut demander en quoy; car quelques fois ils seront cognoisseurs sans autre artifice, et cela seul ne peut estre capable de donner plaisir à leur maistre; car laissé-courre n'est appellé que commencement de venerie; et avant que prendre, le veneur trouvera bien d'autres difficultez, là où, s'il n'a des chiens comme Cocart, il donnera peu de plaisir à son maistre, et s'il n'est de naissance vray bon veneur, il l'aura bientost rebutté; car dans les chaleurs, si le veneur n'a esté curieux de rechercher les races des chiens excellents et qui perchassent dans les chaleurs, lors que l'on courre le cerf, ils demeurent en deffaut, si bien qu'ils sont constraints d'attendre les limiers et les voir routailler tout un jour. Il faut advoüer que c'est peu de plaisir à un grand seigneur de passer une partie du jour, à la grande ardeur du soleil et à routte des limiers. Je ne m'estonneray plus si tant de seigneurs desdaignent nostre art, estant servis par des personnes qui croient estre veneurs, mais qui n'ont qu'une partie de la science; mais je demeureray confus si, lors qu'un seigneur a tant soit peu d'inclination à la venerie et qu'il est servy selon l'art, s'il le desdaigne, car il voirat ameutter ce qu'il courre de toute sa meutte, et ses hommes s'ayder de leur science à les faire bien chasser ensemble, qui ne s'estonneront point, si ce qu'ils courrent est forlongé, et n'auront

Du plaisir des maistres.

nul soing si les limiers suivent, car leurs chiens bien adjustez perchassent bien pendant les chaleurs. Or, cela donnera beaucoup plus de plaisir au seigneur à qui ils sont, que de prendre comme des levriers et esguillonneurs ; et là, il voit la vraye science de ses hommes et leur jugement à faire demesler toutes les ruzes. Je tiens qu'il y a plus de plaisir, à voir relancer un cerf avec toute une meutte qu'avec un limier ; d'aucuns me diront qu'il est malaysé à faire, mais je replique que je parle par experience, pour l'avoir pratiqué, et leur respond que la plus part des meuttes ne le font pas, pour n'y avoir esté dressées ; mais si les veneurs y apportent le soing et la diligence que l'art demande, ils le fairont ; car les chiens courrants et les limiers, ce n'est qu'une mesme race, il n'y at aucune difference, sinon que les uns sont dressez à suivre des hautes airres et les autres ne le sont pas. Et si les veneurs ne dressent leurs meuttes à chasser de forlonge, ils seront tousjours journaliers à donner plaisir à leur maistre, et leurs chasses seront à l'esgal du temps et selon que la terre sera bonne à chasser ; mais s'ils se veullent un peu constraindre et reprimer la furie qu'ils ont à la chasse, ils apprendront à leurs meuttes à chasser de forlonge, et cognoistront leurs vieux chiens renouveller de jambes et de force, à l'esgal de l'effort que ce qu'ils courrent fait et diminue. Bref, ils verront tous les chiens, chascun à son tour, prendre le temps de faire son bon coup ; et chassant ainsy, jamais les voyes ne seront defournies, mais tousjours chassées et perchassées, tellement que ce qui sera ameutté n'aura nul lieu de repos, et faut qu'il repart tousjours. Et ne peuvent estre dressez des vrays bons chiens et justes qu'en chassant ainsy ; car infailliblement l'art est si juste qu'il faut que ce qui est courru en cette sorte, avec patience, selon l'art,

Difference du limier au chien courrant.

meure; et nulle autre supercherie, de quoy ont accoustumé d'user les mauvais veneurs, ne peut rendre une meutte bonne ny capable de faire passer le temps à un maistre, ny ne voiront jamais reussir chien comme Cocart; et quels chiens que ce soient ne seront jamais hardys ou dans le change, ou quand les voyes doublent, ou lors que vous aurez passé plussieurs fois dans un chemin, s'ils n'ont accoustumé de prendre sans supercherie, et que la patience du veneur et sa science accoustument les chiens à estre tous à la mort de ce qu'ils ont accoustumé de courre. Et tous les artifices de venerie ne pourroient dresser un chien seul comme Cocart, si l'on n'y observe les regles que j'ay deduites et apprises en Angleterre; car il n'y a meutte qui ne chasse comme je l'escrit, ou mieux; aussy Cocart y avoit esté dressé et envoyé en ces pays par excellence. Jeusnes veneurs, si vous desirez recevoir de l'honneur de vos vieux chiens en vos chasses, ayez-en un grand soing, soit à la campaigne, soit au retour. J'ay veu, dans Pline, que Alexandre faisoit porter un vieux chien à la chasse, et à un deffaut l'on le mettoit en terre, et alors il faisoit des coups de maistre; en après il estoit remporté soigneusement au logis et bien traicté. Traictez donc bien vos chiens au retour des chasses, et principalement les vieux et bons; car c'est l'action d'un vray bon veneur que d'avoir soing des chiens, et de les voir manger, après qu'ils ont fait des longues traictes et grands efforts. Ce discours tesmoigne qu'ès siecles passez il y a eu des excellents veneurs, curieux et très soigneux du plaisir de leurs maistres, exacts à faire dignement les fonctions de leurs chasses. Imitons-les, et finissons par Cyrus, le quel tire conjecture et consequence des chiens senez; après s'estre acquis la monarchie de Babilone, il prit des eunucques pour

Alexandre le Grand.

Restaurer les chiens.

ses gardes du corps, et comme les seigneurs de la court luy representoient que d'autres hommes seroient plus propres, il tire preuve par les animaux qu'ils serviront bien, allegue que les chiens chastrez n'abandonnent pourtant leurs maistres, mais gardent mieux leurs maisons que devant, vont à la chasse sans autre soing. Ainsy les hommes sont plus posez et servent mieux, quand la convoitise leur est retranchée et ostée.

V

DE BARAULT.

Lors que j'estois à Rejetton, où Sa Majesté courroit le lievre, je trouva un ami qui me donna à choisir un de ses chiens ; et les ayant considerez, je pris Barault, un chien fort grand, bien deschargé, les reins gros et la chair fort dure sur les reins, qui est une des regles que j'observe le plus, lors que j'ay le choix de quelques chiens. Il y a aussi beaucoup de particularitez à quoy je prends garde, que j'ay leues et retenues de Gaston de Foix, surnommé Phœbus, qui a escrit fort bien du naturel des chiens ; et observant ses preceptes, je ne fus point deceu en mon choix, car j'ay trouvé Barault extremement viste et chassant huict ou neuf heures. Il a tousjours poussé fermement avec ses compagnons, sans s'affoiblir, comme font chiens de mauvaise taille et race ; il a eu ceste subtilité et ruze de chasser froidement ce qu'il courroit, jusques à ce qu'il le sentoit affoiblir ; puis à l'esgal, il redoubloit de furie et faisoit nouvelles jambes, qui est la plus grande cognoissance qu'un veneur puisse avoir d'un vray bon chien, lors qu'il sçait son mestier fermement. Un veneur doit faire grand estat d'un chien de telle humeur, pour le secourrir à plusieurs desastres

Du choix des chiens.

de chasse qui arrivent, car je l'advertiray qu'un chien qui mesnage sa force et son haleine relevera la plus part des deffauts; et s'il avoit chassé à tire-collier et comme esguillonneur, lors qu'il seroit temps de faire des bons coups, il n'auroit plus de sentiment ny de force pour donner contentement aux veneurs : de sentiment, à cause qu'il a l'estomac eschauffé; de force, à cause qu'il est hors d'haleine et hors de force, et ne pourra donner nul plaisir à ceux qui le verront chasser. C'est une des plus fortes raisons qui me fait chasser avec patience, conservant à mes chiens leur force, affin que, quelque traitte que ce que je courre puisse faire, mes chiens le rapprochent; ce que tous chiens fairont aisement, n'ayant l'estomac eschauffé, et estant dressez d'un veneur subtil et qui aime à voir chasser sans desordre et selon la justesse de l'art; car Barault n'eust jamais chassé une beste forlongée avec tant de patience, pour estre un chien fort ardant, sans le secours et le soing de ceux qui l'ont dressé et fait chasser, qui, suppleant au deffaut que la race luy avoit donné d'estre trop ardant pour lievre, l'avoient reduit dans le fort de la meutte. Je luy ay veu faire à son tour force traicts de vray bon chien, et comme j'eus recognu que son vray naturel demandoit à courre une beste plus pesante et de plus grande traitte qu'un lievre, je le mis dans la meutte pour le cerf de Son Altesse le duc Henry, où il a esté mis au nombre des vrays bons chiens pour le cerf. Et ay veu pour plaisir, lors qu'il estoit necessaire et que quelqu'un de mes compagnons avoit lancé un cerf en sa queste le matin, decoupler Barault sur les brizées à midy, et l'aller requerir comme un limier fait, sans s'estonner de la chaleur, et le faire partir devant tous les compagnons de la Venerie, sans que je l'ayde que fort peu, lors que les voyes doubloient,

Barault va requerir les cerfs à la reposée.

et que le cerf revenoit sur soy, et estant lancé et donné à toute la meutte. Je laisseray juger au lecteur, s'il est vray veneur, quel secours nous avions et pouvions esperer, aux difficultez qui arrivoient en prennant un cerf de haute lutte, d'un tel chien qui avec l'ayde des veneurs pouvoit servir à toutes sortes de deffauts. Or, puisque l'ayde est tant necessaire à faire bien chasser toutes sortes de chiens, je veux advertir tous ceux qui veullent atteindre et posseder la perfection de vrays bons veneurs, et qui veullent faire reussir force chiens, comme Barault, de leur meutte, qu'ils s'examinent et soyent juges d'eux-mesmes en leur science, qu'ils voyent s'ils y travaillent selon l'art, et si la passion qu'ils ont de prendre ne corrompt point la subtilité qui est requise en cest art; que s'ils ne moderent leur furie, ils pourroient avoir tous les chiens les plus sages d'Angleterre et les mieux adjustez, qu'ils les auroient bientost esmancipez, chassant sans creance et incapables de donner nul plaisir à leurs maistres et seigneurs. Et pour estre juges d'eux-mesmes, il faut, aussitot que ce qu'ils desirent de courre et donner à leurs chiens est debout, qu'ils le fassent ameutter sans trop de furie, tous les chiens bien ensemble, et que, à tous moments ou fort souvent, ils considerent si par aucunes de leurs actions ils corrompent l'art et font tort à ce corps de meutte qui doit chasser ensemble; et se conservant ainsy la prudence, ils rallieront tousjours les chiens, et auront l'esprit temperé et arresté, pour estre juges de leurs propres causes et actions, et consulter s'ils donnent le mesme contentement à leur seigneur, qu'il doit avoir, à considerer chasser une bonne meutte; et mesme estant ainsy tout à eux, libres, sans passion ny furie, et ayant les sens capables de se reprimer, ils presteront l'oreille, affin que ce corps de menée soit tout ensemble et fasse un ton tout d'un air, qui donnera beaucoup plus de plaisir au seigneur et assistants que s'ils chassoient en file ; et alors s'il y a desordre, soit que les chiens filent, et par consequent que les voix soyent esloignées, dont l'ouïr n'en est pas agreable, il faut rallier et arrester les chiens ; car vingt chiens qui chasseront tous ensemble, l'ouïr en sera plus agreable, que s'il y en avoit cincquante qui chassent avec desordre, comme plussieurs chassent ; aussy dresseront-ils peu de chiens, comme Barault, qu'auparavant ils ne se soyent reprimez eux-mesmes. C'est avec soing, travail et peine, que les chiens se dressent ; mais apportant une parfaite diligence, l'on leur fait faire une partie de ce que l'on desire. L'on rapporte et ay leu qu'à Mont-Gibel, en Sicile, des chiens gardoient le temple de Vulcan et la saincte forest qui estoit à l'entour ; ils estoient bien dressez. Rougissons de honte, si nos chiens ne sont bien dressez et adjustez à ce que nos maistres desirent. Il se peut, puisque, par des anciens exemples et modernes, le chemin nous est facilité et poly au subject de ces chiens gardiens du temple de Vulcan et de la saincte forest. J'ay à vous dire que les bons veneurs de l'antiquité estoient devotieux, tesmoings les fils de Xenophon, qui alloient à la chasse aux cerfs, sangliers et chevreux, et les consacroient à la deesse Diane, au jour de sa feste et solemnité, en la chapelle bastie par leur pere à Sillonte.

De rallier les chiens.

Des chiens gardiens de la saincte forest.

VI

DE COMBAULT.

Le naturel de ce chien est fort timide. Or, c'est un grand soulagement à un veneur qui at un chien, dedans sa meutte, de telle nature et humeur ; car j'ay tousjours apperceu, quand j'ay chassé avec Combault, si mes chiens changeoient de voyes, et aussitost que le change estoit party, aussitost Combault se rafroidissoit et changeoit sa façon de chasser, en desdaignant ces voyes nouvelles, le quel auparavant chassoit fermement ; non pas que je luy ay veu requester le change pour lievre, car de cela je n'en dis mot ; mais seulement je diray que j'ay veu Combault se rafroidir, et alors qu'un lievre frais estoit party, il laissoit fournir les voyes aux autres chiens, et n'estoit plus à son tour à faire aucun effort. A cela il suffit que le bon veneur aye quelque cognoissance du change par la façon et air de ses chiens, affin de s'ayder de son art et se demesler du change, s'il peut, par prendre des cernes et devants. Mais pour le cerf, j'ay veu Combault, avec les chiens de Son Altesse, guarder et requester le change fermement. Et pour revenir à mon premier discours, que je n'ay eu nul chien requestant le change pour lievre, mais j'ay eu plusieurs chiens qui demeuroient court au change d'un lievre frais, en pays couvert ; je faisois rompre les autres, et Combault changeoit sa façon de chasser. Je suis tousjours plus desireux de donner quelque traict de mon art à ceux qui aiment le mestier, et à qui peut-estre l'aage ny l'experience n'auroient encore donné cette experience, et perdroient une partie de leur temps, sans jouir du vray contentement de veneur, comme j'avois fait auparavant que d'avoir cognoissance de bien prendre à force toutes sortes d'animaux. Or, estant sans passion et furie à la chasse, et ayant toute la meutte devant soy, considerant les actions de tous les chiens, à leur façon de chasser, l'on formera son dessein de se comporter, selon le desordre qui arrivera et selon les temps et

Des chiens timides ou craintifs.

lieux où l'on demeurera en deffaut; et le dessein sera formé d'un jugement asseuré, s'il se fait à l'esgal des actions des vrays bons chiens et des temps et lieux. Et si quelqu'un s'estonne comme il pourra faire ce que je luy represente, qu'il travaille selon l'art, et l'art luy en donnera assez de cognoissance et d'asseurance, et le levera de toutes les erreurs qu'il commet aux difficultez de chasse, en faisant quelques fois et souvent tort à ses chiens, faute de les bien cognoistre. Mais s'il chasse avec desordre, furie et confusion, comment les pourra-t-il cognoistre, s'en allant avec deux ou trois esguillonneurs? Ce n'est pas pour les cognoistre, faire toute une chasse sans eux; car c'est tout ce que peut faire celuy qui chasse toute l'année avec sa meutte bien ensemble, que bien cognoistre le naturel de ses chiens, et de prendre jugement asseuré à leurs actions de tous les desordres qui luy arrivent, pour les bien secourir, comme doit faire le bon veneur, pour tousjours exercer et faire reussir la vraye justesse de l'art, et non pas chasser à tire-collier sans jugement; car nul veneur ne peut bien travailler, s'il n'a cognoissance des menées et actions ou voix de tous ses chiens. Et asseure au bon veneur que nulle difficulté de chasse ne peut arriver, pour empescher à forcer ce qu'ils courrent, qu'il n'en puisse avoir cognoissance par les actions de quelqu'un de ses chiens, à leur façon de chasser. S'il les cognoist, et s'il est capable d'exercer ceste science, il s'en sçaura demesler; mais il est donc necessaire d'avoir toute la meutte devant soy, car quatre ou cincq chiens ne peuvent servir à tous les desordres qui causent les deffauts, mais serviront à quelques-uns, selon que l'aage et la science de leur maistre leur ont appris par l'exercice continuel à bien forcer ce qu'ils courrent, sans fraude et tromperie. Et je

De cognoistre les chiens.

m'estonne tousjours d'avantage, et ne puis me representer comme le temps a ainsy corrompu ceste science ; car cest exercice est donné pour servir de fuitte à tous vices, et est ce qui nous rend plus propres à souffrir toutes sortes d'impetuositez de temps et de saisons. Je me veux mal à moy-mesme, d'avoir un peu de temps aydé à corrompre cest art ; mais lors que l'exercice m'en a donné plus d'experience, j'ay recognu aussitost qu'il y avoit d'autres ressors que je ne pouvois comprendre, veu que les sciences satisfont ceux qui les exercent à l'esgal de leurs regles ; car je n'estois satisfait de mon art ny de moy, travaillant avec desordre, et je sçais que la plus part des veneurs sont comme j'estois. Que si la violence de l'aage ne m'eusse poussé, j'eusse quitté la trompe et choisy un autre exercice. Je la veux appeller ainsy trompe, car mon temps se perdoit inutilement, sans que je puisse donner plaisir à Son Altesse, et sans que je jouisse du contentement de vray veneur ; et je ne faisois reussir aucun chien, qui me levat des difficultez qui empeschent à bien forcer un lievre. Et avant de finir le discours du naturel de Combault, je veux encor plus asseurer de sa timidité en chassant, qui est, lors que j'ay courru un lievre qui battoit les boquetteaux, là où souvent les chiens lancent force renards, et s'ils ne sont bien sages et fermes à tenir les voyes qu'ils courrent, la plus part changeront, s'ils n'ont esté bien battus de longue main et accoustumez par l'exercice à ne bransler aux renards ; mais aussitost, en ces difficultez, qu'un renard venoit croiser et barrer les voyes du lievre qui estoit devant mes chiens, et encor que mes chiens ne l'ameuttent, Combault ne chassoit plus qu'à l'esgal que je le pressois de la voix ; et aussitost que ce desordre estoit passé, il chassoit fermement comme aupa-

Des chiens timides au change changent de voyes.

ravant. Xenophon, en son traicté de Venerie, nous deffend de ne pas courre les renards avec les meuttes et chiens qui chassent lievres, que cela les gaste et desadjuste entierement. Et toutes ces actions que bons chiens ont accoustumé de faire, donnent seul jugement aux bons veneurs de travailler en leur science selon le vray art; et de mesme comme il faut qu'un medecin, pour estre jugé expert en son art, ait cognoissance, en voyant le malade, des parties qu'il a offencées en l'interieur, tout de mesme il faut qu'un vray bon veneur ait telle cognoissance, à toutes les actions de ses vrays bons chiens en chassant, des malices et ruzes que ce qu'il courre fait, sans cela il est journalier à prendre; bref, le moindre desastre de chasse qui luy arrivera le faira demeurer court. Or, puisqu'il est tant necessaire qu'aux actions de nos chiens nous ayons cognoissance des ruzes qu'un cerf ou un lievre, ou toute autre beste courrue à force fait, sans que nous luy ayons veu faire, et que sans telle subtilité nous ne pouvons travailler selon l'art, je tiens qu'il est bien necessaire et du tout expedient, de nous depouiller de passion et furie pour forcer et prendre, puisque cela ne nous fait qu'empescher le mesme dessein; mais n'estant plus en ces temps à nous-mesmes, nous n'en pouvions juger la cause ny donner loisir à nos bons chiens de faire leurs bons coups, qui est le seul artifice de dresser les jeusnes chiens, affin qu'à l'esgal qu'un vieux chien s'affoiblit, un jeusne prenne la place, et la meutte demeure tousjours excellente et bien fournie. Jeusnes veneurs, ne tenez pour suspects les discours des effects des cognoissances des chiens de bonne nature, l'experience et le temps vous en resoudront. Ne trouvez estrange si les chiens ont cognoissance de leur droit; vous en trouverez les raisons claires, au traicté que

Cognoissance du droit par les actions des chiens.

j'ay fait, des Causes pourquoy les chiens ont cognoissance du change. Les chiens sont capables de cela, s'ils ne sont empeschez et emportez par furie de desordre. J'ay appris que vers les frontieres d'Escosse, il y a des chiens les quels suivent un voleur qui aura pillé et derobé en une maison; et si le voleur se mesle avec d'autres hommes, le chien ne changera point et le demeslera des autres. Alexandre Napolitain escrit qu'à Rome les chiens estoient au temple de Vulcan comme gardiens, et qu'ils n'abboyoient jamais, sinon à ceux qui y alloient pour desrober. Jeusnes veneurs, ne revoquez plus en doute les effects des vrays bons chiens, de leur cognoissance au change, cela est manifeste. Aprennez diligemment à travailler et secourir vos bons chiens.

Des chiens ont cognoissance des voleurs.

Des chiens gardiens du temple de Vulcan.

VII

DE GALLAND.

Puisque j'ay representé ce que j'ay recognu de plus excellent au naturel de Combault, je veux aussy parler de celuy de Galland, qui estoit de la mesme race, neantmoins fort differents à leur façon de chasser, ce qui se voit souvent aux chiens de mesme littée d'estre de differente humeur; mais s'ils sont de bonne race, avec cette inegalité d'humeur, cela n'empesche pas qu'ils ne soyent trouvez très excellents et qu'ils ne servent, à leur tour, à secourir les veneurs aux desastres de chasse, et selon que le naturel de la race d'où ils viennent estoit froid ou ardant. Or, le naturel de Galland est fort furieux et plein d'ardeur, et trop ambitieux pour lievre, qui le faisoit souvent barrer ses voyes en chassant, ce que je ne puis approuver ny louer. Neantmoins j'ay souffert ceste hu-

Des chiens ardants.

meur de chien dans ma meutte, à cause que je courre souvent en pays couvert, et que selon les lieux où le veneur chasse, il doit avoir quelque chien propre, ce que je fais, affin que je puisse avoir quelque plaisir en pays fort et foible, selon les contrées où je me trouve, ou que mes amis me convient à chasser pour leur contentement. Ce sont les raisons pourquoy j'ay gardé Galland dans ma meutte; et tout veneur, qui desire avoir tousjours sa meutte fournie de chiens justes, se doit bien garder de tenir telle humeur de chien, s'il ne le fait par necessité; car chien fait ainsy emancipe les plus adjustez, si le veneur n'y at un extreme soing, et mesme empesche que les jeusnes chiens nouvellement mis en la meutte n'apprennent à estre si justes; car il est tout certain que celuy qui considere exactement les actions de ses chiens, voira tousjours ses jeusnes chiens plustost suivre un chien ardant et qui s'escarte que les autres qui sont adjustez : c'est ce qui doit faire mespriser les chiens fretillants pour lievre. Mesme pour le cerf, je tiens que les chiens justes aydent plus à travailler, selon la justesse qui est requise en l'art; encor pour le cerf, les chiens justes apprennent plustost à garder le change que les chiens ardants. Je ne me transporte à l'opinion de ceux qui tiennent que ces chiens de grande fougue et fort ardants sont les plus excellents pour abbreger un cerf, et tous les autres animaux qui se prennent à force. Arrestons-nous un moment, pour voir ce que Socrate represente au suject des chiens ardants. Socrate, pour induire ses disciples ou jeusnes hommes à apprendre la vertu, leur fait voir et comprendre que les chiens les plus ardants, genereux, des plus excellentes races, violents, vigoureux et aspres à la chasse, s'ils sont bien dressez et adjustez de jeusnesse, sont excellents à forcer toutes sortes d'animaux ; mais n'ayant esté exercez par braves veneurs, ils ne servent sinon de confusion, n'obeissent à la voix de leurs maistres, sont comme sauvages. Autant en est-il des hommes, car les mieux nez, comme ils sont de grand cœur, s'ils sont bien disciplinez, deviennent sans doute les plus gens de bien et les plus utiles; mais si ces grands courages n'apprennent la vertu, s'ils n'apprennent à obeir, ils sont hautains et se perdent eux-mesmes. Retournons à nostre suject; je ne puis ceder à ce mot d'abbreger en courrant, parce que l'art ne me le peut permettre, et qu'en abbregeant ce qui courre devant une meutte bien adjustée, le contentement, du quel jouit le vray veneur, s'esvanouit trop tost, et fait tort à tous ses chiens, par le deffaut de l'humeur de celuy qui est tant ardant, et c'est le suject pour le quel je tiens tousjours pour les chiens justes, qui n'ont jamais sceu que c'est de coupper ny balancer hors de leurs voyes. Et si ce n'est pour quester un lievre, le matin, en pays où il y en a peu, et chasser en pays couvert, je les trouve dangereux à faire corrompre l'art à ceux qui n'ont encor atteint la perfection de bons veneurs; car ils se transportent aisement à l'humeur de tels chiens, qui les rend confus en ceste science. J'ay voulu donner ces advertissements aux veneurs, qui desirent rechercher les humeurs et façons de chasser des chiens, qui servent le mieux aux meuttes pour lievre, affin qu'ils les choisissent avec plus de facilité et à l'esgal du pays où ils se tiennent. Et si c'est une contrée où il y a peu de lievres, un de l'humeur de Galland les secourera fort à lancer les lievres; car j'ay lancé force lievres, que ce chien alloit requerir en la forme, et parloit tousjours, comme un limier qui va requerir un cerf à la reposée, en se rescriant tousjours et chassant par les menus

Des chiens ardants.

fort plaisament, n'eut esté qu'il balançoit; mais avec l'ayde de la voix du veneur, il tournoit juste requester d'où il s'estoit transporté. Or, le veneur at un grand contentement, de voir un chien de haut nez bien parler de la nuict d'un lievre; mais il jouit de l'art mesme et du contentement de vray veneur, quand toute sa meutte bien adjustée fait ce mesme effect, et qu'aussitost qu'un de ses chiens parle d'un lievre, aussitost toute la meutte y est portée, qui mesnage les voyes, à l'esgal du temps qu'il y a que le lievre est retiré au giste, voyant les chiens se pousser de l'espaulle, à qui sera le plus juste sur les voyes, jusques à ce qu'il soit lancé. Et c'est la vraye forme qu'un bon veneur doit exactement observer, en demeslant la nuict d'un lievre, sans souffrir parmy ses chiens ces esguillonneurs qui ne servent qu'à desbaucher les bonnes meuttes; et la plus part de nos jeusnes veneurs se laissent insensiblement porter à souffrir ces races de chiens, aussy ne font-ils pas grands effects dans les chaleurs. Je m'estonne tousjours davantage, qu'ayant l'exercice de l'art, ils n'ont nulle cognoissance de ce deffaut, qui est un des plus principaux points de la science pour bien forcer un lievre. Il faut qu'un bon veneur prenne resolution de ne tenir tel chien que par necessité du pays, et non pas que la furie et ardeur le portent à commettre ceste imprudence de venerie. Pour figure et statue que les Egyptiens ont anciennement adorées et idolatrées, pour le dieu Mercure, c'estoit une teste de chien, pour nous signifier la prudence et diligence de Mercure representées par ceste teste de chien. Entendu que l'on ne trouve animal plus prudent, accord et diligent, que le chien bien dressé et adjusté, travaillons pour les avoir tels.

Mercure adoré en teste de chien.

VIII

DU PETIT JOLLART.

Monsieur de Vitry, capitaine des gardes de Sa Majesté, me le donna, un jour que le roy me fit commandement d'aller voir chasser ses chiens pour le chevreul. Or, au naturel et à l'air de ce Jollart, j'ay recognu comme un vray chien à lievre doit chasser le nez fort près de terre, jaloux de tenir les voyes justement; et ne l'ay jamais veu coupper par ambition qu'il aye d'estre le maistre de la meutte; mais bien à l'esgal de sa force et que sa force luy permettoit, il essuioit les costes à ses compagnons sans malice ny ruze, si bien que de hautte lutte il se rendoit le maistre de la meutte; et jamais l'ardeur ne le transportoit de tant, qu'aussitost qu'il estoit au bout d'une ruze, vous ne l'eussiez veu tourner juste, comme s'il eust esté attaché à la terre. Et ce sont tels humeurs de chiens qui me font jouir du contentement de veneur; car si un de leurs compagnons est à la teste de la meutte, et qu'il plie tant soit peu hors des voyes, aussitost ils les fournissent, de façon que les voyes ne sont jamais deffournies; qui est la seule invention selon l'art, pour abbreger ce qui est devant une bonne meutte, et non estre abbregé par chiens qui couppent et malitieux, comme esguillonneurs, que beaucoup de veneurs aiment. Mais s'ils avoient eu cognoissance de plussieurs chiens comme Jollart, ils n'auroient jamais fait estat des malitieux; car un bon veneur qui a dans sa meutte un chien malitieux, il est tousjours en garde et en doute que tel chien n'use de ses malices, qui l'empeschent de travailler selon la justesse de l'art; et tout veneur qui mesprisera ce naturel de chien malitieux, et n'en tiendra en sa meutte, il diminuera de soing en chassant, et redoublera de plaisir, à cause qu'il ne corrompra point les regles de cette science, qui, estant exercée, comme nos devanciers veneurs nous l'avoient appris, pouvoit donner contentement aux esprits les plus subtils et fascheux à s'arrester aux exercices licites, et qui ont esté inventez pour les plaisirs des grands. Mais il faut que je retourne à mon premier discours, pour donner plus de satisfaction aux jeusnes veneurs; et leur veux encor donner plus de cognoissance de Jollart, et de l'humeur que j'ay recognue propre à ce chien, pour luy donner le tiltre de vray bon chien; car ce qu'il avoit de plus excellent, outre sa justesse, estoit de chasser des mieux de forlonge; car un lievre forlongé, c'estoit la plus part du temps, à son tour, à monstrer le chemin à ses compagnons, qui avec l'ayde du veneur estoient bientost au lieu du relaissé et repartis. Il faut advoüer que devant tel chien un lievre a peu de vie, si ce n'est un extreme malheur. Et j'ay autant de contentement à escrire du naturel de Jollart, que j'ay eu de plaisir à le voir parfaictement bien chasser en vray bon chien, encor que je jouissois de l'art, mesme en considerant sa justesse; mesme perchassoit des mieux dans les chaleurs, qui est très necessaire d'avoir des chiens qui ne s'estonnent dans les chaleurs, et qui parlent tousjours de ce qu'ils ont ameutté, comme font les chiens de race bien choisie; car si un seigneur at un veneur qui ait atteint la perfection de l'art, il sçaura choisir les races de chiens propres, à l'esgal de l'humeur de son seigneur et maistre, et selon le pays où ils se tiennent; et mesme doit considerer la temperature de l'air du pays, car beaucoup de chiens servent selon le pays; et alors le bon veneur doit exercer les cognoissances

Un chien juste relance son droict.

Choisir les chiens propres aux climats.

qu'il a eues en l'art, au choix des chiens, et tirer race des chiens qui accompagnent la science; car c'est un des points à quoy le veneur se doit le plus subtiliser qu'aux races des chiens; car s'il est vray veneur et disciple de Chiron, il sera capable de tel choix et d'affaires d'autre consequence, veu que les anciens disciples de Chiron, ayant fait l'apprentissage de leur vie aux exercices de venerie, ont esté capables et ont compris en après plusieurs arts et sciences, dont ils ont esté admirez non du commun, mais de tout le monde. Il faut une experience grande et avoir courru souvent en pays differents, pour faire jugement asseuré de ce que j'ay representé sur les naturels des vrays bons chiens; car si le veneur est exact en ses regles, son seigneur et maistre demeurera tousjours satisfait de luy et de ses chiens, s'il est tant soit peu veneur; et infailliblement il faut que tels chiens justes tiennent tousjours le bout du baston, pour faire tourner le reste de la meutte selon les ruzes et grandes malices; mesme vous trouverez tels chiens qui n'iront au bout des grands retours, et qui ont bien la cognoissance que les voyes doublent. Or, c'est le plus grand soulagement qu'un veneur puisse avoir, pour bien forcer ce qu'il courre, que tels chiens comme Jollart; aussy doit-il composer son humeur à la façon de chasser de tels docteurs, qui est d'estre fort froids en chassant et à leur queste. Je ne luy fais nul tort, en chassant; je l'ay quelques fois lasché par la maison, et à la campaigne il ne suivoit jamais autre que moy; ce Jollart aime grandement son maistre, il est fidele. Il n'y a pas longtemps que j'avois un chien d'Angleterre, qui s'appelloit la Müoille; ce chien estoit tellement fidele à son maistre, que jamais il ne chassoit cent pas, sans regarder derriere voir si je suivois les chiens et la chasse; et si je quittois ou estois hors de sa veue, le chien demeuroit derriere, pour empaumer les pas de mon cheval, et me venir trouver par tout où je me pouvois cacher. Il estoit tellement fidele que, bien qu'il soit de grande force et vistesse, il demeuroit des derniers de la meutte, si je n'estois fort près de luy; mais si je parlois à luy : Allons, la Müoille, alors il monstroit ses jambes et sa force, se mettoit à la teste de tous pour longtemps. Ce n'est pas sans cause que les anciens habilloient leurs dieux domestiques de la peau d'un chien, et avoient aussy un chien à leurs pieds. L'histoire, que j'ay veue, dit que c'estoit pour representer qu'ils estoient fideles à leurs maistres, soigneux gardiens des maisons, redoutables aux estrangers et gracieux aux domestiques, comme sont les chiens de bonne nature. Jeusnes veneurs, ceux qui gouvernent les chiens doivent avoir ou estre quelque chose de plus que les chiens. La fidelité est representée par le chien; le vray veneur doit tirer l'essence et quintessence de cette fidelité, et l'offrir et garder à son maistre. Finissons par quelques histoires anciennes au suject des chiens; car en tous siecles et en tous les climats du monde, l'on s'est servy des chiens, soit pour le plaisir des hommes, ou pour les autres affaires et choses concernantes la vie humaine. Je trouve, dans les escrits du seigneur de Montaigne, livre II, chapitre XII, en l'Apologie de Raymond de Sebonde, qu'aux antipodes, en leurs descouvertes, l'on y trouva des peuples qui tenoient cette fantaisie, qu'autres fois ils avoient esté submergez par l'inondation des eaux celestes, qu'il ne se sauva que peu de familles qui se jetterent dans des hautes montagnes, se mirent dans les creux des rochers, les quels creux ils boucherent, et ainsy furent sauvez du deluge; et avoient enfermé

Dieux des anciens habillez de peau de chien.

Moralité.

avec eux plussieurs sortes d'animaux; que quand les pluyes cesserent, ils mirent hors des chiens, les quels estant revenus nets et mouillez, ils jugerent que l'eau n'estoit encor gueres abbaissée; depuis, en ayant fait sortir d'autres et les voyant revenir bourbeux, ils jugerent les eaues estre retirées, et alors ils sortirent des rochers et repeuplerent le monde.

IX

DE REVEILLE.

Des chiens froids à la queste.

Affin de parler par ordre et de suicte du naturel des chiens froids, il faut que je represente celuy de Reveille, que j'ay choisy pour tirer race dont une partie de ma meutte en est sortie. Quelque veneur s'estonnera pour quel suject j'affectionne tant les chiens de telle humeur, qui ne questent jamais un lievre, ny requestent aux deffauts qu'avec l'ayde du veneur. Je replique à cela que ce sont les chiens de telle humeur qui me font travailler selon l'art, veu qu'ils attendent mon ayde et celuy des veneurs aux desastres de chasse, qui tous ensemble; et selon la cognoissance que Dieu m'a donnée en ceste science, je sçay les porter au bout des ruzes et tourner en arriere, puisqu'ils tournent à ma voix et font une partie de ce qu'il me plaist. Dieu a donné cette intelligence et faculté à tous d'apprendre, mais à pas un la science, s'il ne travaille, afin que par l'experience du travail ils ayent entiere cognoissance de la justesse de venerie, et de ce qui se peut faire en l'art pour recevoir ce vray contentement de veneur. Or, le veneur, ayant atteint la perfection du mestier par la voye de patience et prudence, il sçait faire son proffict de toutes les actions de ses chiens en chassant, puisqu'il est esloigné de toute passion et furie, qui ne servent qu'à empescher que nous n'ayons la vraye cognoissance de ce que nous ignorons encor et ignorerions à jamais, si nous ne perdons la furie. Mais les ayant perdues, si nous sommes ainsy à nous-mesmes, nous aurons l'esprit propre aux choix des races des vrays bons chiens. Et ayant pris plaisir à composer une meutte, pour chasser selon l'experience et à l'esgal de l'intelligence de venerie, je l'ay composée de deux races de chiens, les uns plus froids, les autres un peu plus ardants; non pas que l'ardeur les porte à estre chiens esmancipez, mais seulement un peu plus de fougue que les autres, à cause que je courre souvent en pays couvert; et sans cela je n'aurois que des chiens froids, qui sont les plus excellents dans les grandes plaines, car ils ne s'emportent nullement, et ce qu'ils chassent est chassé si fermement qu'ils ne barrent ny balancent jamais. C'est pourquoy j'ay tiré race de Reveille, qui ne sçavoit que c'est de quester; mais un lievre estant debout, il sçavoit prendre son temps à faire ses coups; et si ce chien estoit emporté par la furie des autres, vous le voyiez tourner au lieu où ils avoient quitté les voyes, et demesler plaisament et avec patience telle malice. C'est en chassant en la sorte, que je veux que mes chiens me fassent jouir du plaisir que je dois esperer, en courrant un lievre, selon les regles du mestier. Mais il est necessaire de me representer les raisons qui me peuvent estre alleguées, pour servir d'opposite à mon discours sur le subject des chiens paresseux. Avant que le lievre soit debout, et après m'avoir examiné en ceste science, je trouve que ce ne pourra estre autre chose, sinon qu'il y a peu de plaisir à quester un lievre avec tels chiens. Mais si vous travailliez comme je fais, qui ne desire jamais que mes chiens voyent un lievre, lors qu'il part de la forme, vous n'auriez nul

Des chiens paresseux.

soing s'ils questent bien ou mal, puisqu'il faut se servir du jugement que l'experience at apporté, pour quester les lievres selon les saisons où ils demeurent. Et bien encor que Reveille ne queste nullement, si est-ce que cela n'empesche pas que s'il tombe sur les voyes de la nuict d'un lievre, qu'il en parle bien, et qu'avec le naturel froid il ne l'aille aussy bien et mieux requerir que les autres qui sont plus ardants, parce que c'est avec plus de patience et par les menus. Tout veneur qui accoustume ses chiens à voir les lievres, autant des fois qu'ils les peuvent voir, c'est grand hazard si ses chiens chassent aussy juste que s'il ne leur monstroit pas si souvent; car ils sont si accoustumez à lever la teste qu'ils perdent du temps, à faire telles actions qui sont fort mauvaises pour chiens à lievres, car ils s'emportent, ce qui les fait barrer et coupper en chassant. Et si une meutte est dressée par veneurs qui ne donnent pas tant de veue à leurs chiens, ils chasseront beaucoup plus juste et sans s'emporter, aussy ils courreront le nez plus près de terre. Or, il faut que les veneurs soyent tousjours en guarde, s'examinent s'ils font point de tort à l'art et à leurs chiens, et se reprimer eux-mesmes des erreurs qu'ils commettent souvent, en chassant trop furieusement et sans patience; car la venerie requiert et veut que l'on travaille selon toutes les regles, qui doivent estre observées plus exactement qu'en tous autres arts; et sans cela le veneur ne sera jamais satisfait, et ne jouira du plaisir qu'il doit esperer. Je suis donc curieux d'advertir de tout ce que l'experience m'a donné, affin que je ne sois publié ingrat, et que je puisse apporter contentement à ceux qui prendront peine à lire ce que j'ay escrit du naturel de mes chiens; car c'est peu de chose d'escrire de mes chiens, si je n'escrivois en quels desastres de chasse ils peu-

Des chiens paresseux.

vent servir, et à l'esgal des lieux et pays, et chascun seul, selon les races d'où ils viennent : qui m'a semblé estre le vray moyen de travailler pour le contentement de plussieurs seigneurs et veneurs. Mais puisque j'ay tiré race de ces chiens et deduit les raisons pourquoy, la suitte de mon principal but est de dire et imprimer au cœur des veneurs, que ce n'est pas assez de tirer race des chiens, il faut qu'ils soyent en bon corps, sans cela c'est hazard si les chiens qui en sortiront ont de la force, et eslever les petits soigneusement, jusques à ce qu'ils soyent en aage pour envoyer au village, prendre guarde qu'ils n'apprennent à aller à la chasse seuls et avant que d'estre mis aux couples et au chenil. Ce sont petits soings, neantmoins de consequence au mestier; car la nourriture bonne donne la force avec la race. En après, il les faut dresser et faire entrer dans la meutte doucement et avec prudence; à cela l'invention et discretion du veneur y servent, pour les avoir tels et au point que l'on desire. L'on dit de Lycurgus qu'il fit nourrir deux jeusnes chiens de mesme portée differemment : l'un, il le fit nourrir à la cuisine, sans en sortir, avec des grands cuveaux ou plats de potage; l'autre, il le fit nourrir de sang et de venaison, et luy faisoit souvent tuer soit lievre ou chevreul; bref, il ne vivoit que de curée. Et lors que ces chiens furent grands, il fit assembler les principaux de Lacedemone, et en leur presence il fit venir ces deux jeusnes chiens d'une portée, neantmoins nourris fort differemment; et fit mettre à la veue de ces deux chiens un plat de potage et un lievre vif. Le chien qui avoit esté nourry de potage alla se mettre la teste dedans jusques aux yeux, et l'autre qui avoit accoustumé de vivre de chasse et de sang alla au lievre et le prit, et en fit curée en presence de ce peuple. Jeusnes veneurs,

Des jeunes chiens.

De Licurgus.

Moralité.

vous voyez que la nourriture, le soing et l'accoustumance ont fait cest effect. Lycurgus fit cecy, à dessein d'inciter ceux de Lacedemone à bien faire nourrir leurs enfans; car il leur dit que s'ils desiroient que leurs enfans soyent vertueux et gens de bien, qu'il falloit dez leur jeusnesse leur faire apprendre la vertu. Je represente fidelement le naturel de mes chiens, les raisons pourquoy j'en ay tiré race, de la nourriture des petits chiens; mais mon dessein passe plus outre. J'ay adjousté pour fin de ce chapitre les traicts de Lycurgus envers les Lacedemoniens, pour faire voir qu'il ne faut pas tant mespriser ny desdaigner les chiens, comme font la plus part. Les anciens et modernes s'en sont servys, tant aux choses sainctes que profanes. Tous bons veneurs doivent tirer le miel et la douceur d'une telle moralité. Faites bien nourrir vos jeusnes chiens et les dressez bien; je crois que, comme Lycurgus, vous serez après capables de regler vos actions, et de bien faire nourrir vos enfants à la vertu, et vos serviteurs et domestiques dans les devoirs que les valets et jeusnes veneurs doivent au maistre.

Moralité de la nourriture des enfans.

X

DE SOLAS.

Lors qu'il est necessaire que je choisisse, entre mes chiens, les quels ont moins de deffauts au naturel de leur race, et les ayant exactement considerez, par les efforts que je leur ay veu faire, et par le secours qu'ils m'ont donné, aux difficultez qui me sont arrivées en chassant, par l'excellence de leur sentiment, et consultant ainsy selon mon art, je trouve qu'il est necessaire, pour avoir ma meutte tousjours propre et disposée à me continuer le contentement que je reçois, comme vray veneur, en leur voyant bien forcer un lievre, de choisir les lices les plus excellentes qu'il m'est possible, et qui ont le moins de deffaut aux regles de l'art, pour rafraichir ma meutte de jeusnesse. Or, selon la cognoissance que j'ay acquise en cette science, je dois choisir Solas, l'une de celles que je fais tirer race, pour les raisons que je deduiray cy après, veu qu'il faut que le vray veneur espere de ses jeûsnes chiens le mesme secours qu'il a receu de ceux de la race d'où ils viennent, et qui l'ont le mieux servy aux temps les plus difficiles à chasser. Mais je veux donner contentement aux veneurs qui prendront peine de lire du naturel de Solas, et curieux de sçavoir pour quelle raison j'en ay tiré race, puisque c'est en quoy nous devons estre les plus exacts pour bien servir nos maistres. Je les advertiray que j'ay eu secours de Solas, en toutes sortes de temps et saisons; car si matin que j'ay esté dans mon chenil, je l'ay veue disposée à bien chasser et non journaliere comme d'aucunes lices, et si j'ay chassé dans les chaleurs, je luy ay bien veu fournir des voyes à son tour; aussy daus les chemins, elle n'attendoit l'ayde de ses compagnons, sans s'estonner des poudres ny des guarrests, et y chassoit fermement, à l'esgal des airres qu'un lievre y avoit laissées, et à l'esgal qu'il estoit forlongé; bien elle s'estonnoit un peu dans les chemins, quand un lievre les battoit plussieurs fois, mais cela ne peut estre appellé deffaut en la race d'où elle vient; car chasser plussieurs fois par mesme chemin, cela n'arrive pas que par un continuel exercice à bien forcer le lievre sans supercherie, et par l'experience et subtilité que bon chien a acquises en l'art; si bien que cela n'empesche que l'on ne puisse dire qu'un chien est vray bon chien, encor qu'il n'aye cette excellence, comme je publie de Solas, que j'ay recognue estre fort excellente pour chasser

Des lices pour races.

tousjours fort bien, sans malice. Elle m'a secourru aux deffauts, quelle saison que j'aye esté chasser, mesme l'hyver, au temps le plus difficile, lors qu'il fait verglas. J'ay esté satisfait de sa façon de chasser, en parlant tousjours d'un lievre, quel temps qu'il ayt peu faire, s'il n'a esté du tout impossible. Aux neiges, que pas un de mes chiens ne pouvoit reprendre des airres d'un lievre, je luy ay veu appuyer le nez jusques aux yeux dans les voyes, puis se rescrier et en parler fermement, qui est comme un vray bon chien doit monstrer le chemin au reste de la compagnie; et il est dangereux de chasser par la neige, au jour qu'il ne degesle pas, et qu'il fait un froid extraordinaire, car les chiens estant rafroidis, la neige leur brusle le nez et les nazeaux, et puis le poil leur tombe à cause de la gelée. Je crois que le vray veneur jouit du contentement de son art, lors qu'il voit faire des bons coups à quelqu'un de ses chiens. Et encor, pour donner plus de certitude comme Solas s'accommodoit, à sa façon de chasser, à toutes sortes de temps, je veux representer un traict que je luy ay veu faire, en presence de Monsieur de Mircour et de Monsieur de Beaufort, qui le mesme jour m'avoient fait l'honneur de venir à la chasse avec moy. Le temps estant fort pluvieux et les eaux fort desbordées, il arrive qu'un lievre estant mis sur pied devant ma meutte, l'injure du temps qu'il avoit fait ne luy peut donner secours, et voyant qu'en quel lieu il puisse ruzer touchant la terre, il n'y avoit nul lieu de repos pour luy, alors il commence à battre les eaux le long d'une prairie couverte d'eau, là où on ne voyoit que quelques rozeaux ou petites herbes; et après il passa une grande eau et va se relaisser sur le bord, de l'autre costé, dans un petit hallier où il estoit dans l'eau mesme; et aussitost ma meutte arrivée sur le bord de cette prairie, elle s'estonne

De chasser au temps difficile.

Lievre pris aux eaux.

dans les eaux; mais incontinent ce desastre de chasse arrivé, nous eusmes secours de Solas, qui se mit à la teste de la meutte et vuide ce different le long de la prairie; puis arrivant au bord de l'eau et ayant un peu consulté s'il passoit, aussitost la compagnie vit toute ma meutte passer cette eau, et Solas le prit dans le hallier qui estoit environ cincq ou six pas plus bas qu'il n'avoit entré dans l'eau. Nous n'eussions jamais creu, sans l'experience, que ce petit animal eut eu la force de passer une eau si rapide, sans aller à plus de deux cents pas plus bas qu'il n'avoit fait, qui est pour reconfirmer le vieux proverbe des vieux veneurs : Que nous apprennons toute nostre vie à estre bon veneur, et que nous voyons de jour en jour des nouveaux traicts en l'art, par la bonté, subtilité et excellence de nos chiens. Et tiens pour asseuré que tout veneur qui auroit eu Solas en sa meutte l'auroit choisie, pour en tirer race, veu que sa taille accompagnoit sa bonté; à quoy il faut estre exact et prendre guarde. Aussy son naturel est d'estre tousjours en bon corps, quel effort qu'elle aye peu faire, le rable fort gros, la chair dure et les costez ouverts, sans avoir le ventre avallé. Je veux que celles que je choisis, pour tirer race, soyent de telle taille, encor que d'aucuns choisissent des lices longues, mais non le ventre avallé. Je veux que celles que je choisis, pour tirer race, ayent les flancs larges, qui proviennent des costez ouverts comme une levriere. Je ne me trouve point deceu en tel choix, car tous chiens harpez sont volontiers vistes, et ont plus de force ès reins que les autres. J'advoüe qu'il se trouve de toute taille de fort bons chiens; mais si l'humeur du maistre est portée à leur faire faire effort trois fois la sepmaine, tous chiens n'y persistent et subsistent pas. Il faut estre subtil au choix des vrayes bonnes tailles, pour avoir des

Des tailles des lices pour races.

chiens propres aux efforts et aux grandes traittes; c'est pourquoy j'ay esté curieux, après avoir bien consideré les façons de chasser de Solas, son naturel, sa force et sa taille, d'en tirer race avec Reveille, dont j'ay escrit son naturel au chapitre cy devant. Il en est reussy des vrays bons chiens, que nous appellons chiens de race, propres à faire des grands efforts et des grandes traittes. Jeusnes veneurs, je crois vous avoir rapporté et deduit fidelement ce qui touche le naturel des chiens dont je tire race. Pour vous en faciliter la memoire, je desire quatre qualitez aux chiens ou lices, pour tirer race : le sentiment excellent, qu'ils parlent bien, la vistesse et grande force pour chasser et demeurer tout un jour debout. Pourveu qu'ils ayent ces quatre qualitez, tous poils me sont indifferents, si est-ce qu'il en faut dire quelque chose. J'ay trouvé, au livre des Idoles anciennement adorées, que la deesse Foy fut representée et adorée en la forme de deux petites figures, les quelles se tenoient par la main, et de crainte que cette deesse Foy ne fut representée en ces deux figures et statues avec les sollicitudes necessaires, l'on y adjousta un chien blanc auprès d'elle; donc les chiens blancs sont en quelque consideration de plus que ceux d'autre poil. Jeusnes veneurs, si vous n'aimez et retenez les chiens blancs, pour le moins retenez pour vostre part la fidelité representée par eux; ce n'est pas sans cause que les chiens blancs sont en grande consideration. Si je vas en France, je vois les chiens, pour le cerf, de Sa Majesté, ils sont blancs avec quelques marques orangées ou noires; si de là je passe en Angleterre, ils sont de mesme poil; mais ceux qui ont mon cœur, ce sont les blancs avec quelques marques noires. Le bon veneur n'at nulle couleur, aux races de chiens, en affection, sinon celles que son maître affectionne

Quatre qualitez aux chiens excellents.

La deesse Foy adorée avec un chien blanc près d'elle.

de plus. Le veneur curieux et sçavant aimera les chiens aux quatre qualitez cy devant dites.

XI

DE NOBLESSE.

En suitte de mon dessein, il faut dire quelque chose de Noblesse, son humeur, de sa façon de chasser, et quelle difficulté de chasse elle sçavoit vuider : c'est que je l'ay veue extremement juste, empaumant les voyes rudement en temps frais, mais non dans les chaleurs, car elle n'estoit de l'humeur de nos chiens que nous appellons de haut nez. Et pour ce sujeet, je ne la veux mettre au nombre, ny ne veux luy donner le titre de vraye bonne lice, parce que c'est un trop grand deffaut à un chien de ne chasser bien dans les chaleurs. Mais je veux representer et dire que, bien qu'un chien n'aye atteint la perfection de vray bon chien, qu'il peut bien servir dans une meutte, pourveu qu'il n'aye nulle malice et qu'il tient le fort de la meutte ; car avant que vous ayez forcé ce qui est devant vos chiens, il ne peut estre sans hazard qu'il ne batte quelque lieu frais ou bord d'estang, prairie, flacque d'eau morte et dormante, là où il y a force rozeaux et joncs, ou des ruisseaux ; et alors ce chien, de telle humeur comme Noblesse, faira son coup, veu qu'il est dans le fort de la meutte. Il me sera aussitost representé par quelque veneur subtil, que le chien qui chasse parfaictement bien dans les chaleurs, sera meilleur pour vuider ce different. Je ne suis pas ignorant en cette question, car le chien qui chasse par les chaleurs doit bien chasser par tout et emporte le tiltre de meilleur ; mais le chien qui at chassé dans la chaleur et fait

De chasser aux eaues et lieux frais ou humides.

effort, ne tirera pas beaucoup au collier avec ce chien qui a tousjours esté dans le fort de la meutte, et peut-estre il y aura plus de demie heure qu'il n'aura appuyé les voyes, ains seulement courru à son aise, tellement qu'il n'a l'estomac eschauffé et est en sa pleine force, comme s'il ne faisoit que partir de la couple et du logis ; tellement que le chien chassant dans les chaleurs et qui a fait effort, ne le peut emporter, veu qu'ils sont de mesme force, et que l'un s'est conservé dans sa force et haleine, et l'autre non. Peut-estre que ce chien qui chasse bien aux chaleurs apprehende les eaues et lieux humides, et cede volontiers à l'autre. Et pour toutes ces questions, je ne tiens pas pour les chiens qui ne chassent que par temps frais, car c'est une grande peine à un veneur qui a beaucoup de tels chiens ; il n'en doit tenir que par necessité. Mais estant sur ce suject, je suis fort aise de representer ce que j'ay appris et recognu parmy les meuttes excellentes : c'est que, lors qu'une meutte est dressée et adjustée bien ensemble, tous les chiens, de quelle humeur il s'y en puisse trouver, il n'y en aura pas un qui ne trouve son different à vuider, avant que le veneur retourne au logis. Et beaucoup de fois j'ay pris garde aux actions des bonnes meuttes ; il semble que chacun chien sçache son tour et son different à vuider, et que les autres ne font grand effort à luy oster les voyes, qu'il ne les aye tenues quelque temps. Bien se treuve-t-il de ces chiens courageux, qui ne veullent jamais ceder ; mais les grandes violences ne les accompagnent pas tout un jour, et ne durent dans une meutte, comme le chien qui sçait prendre son temps et qui est moins ambitieux. Et sera grand hazard, si ce chien tant ardant et furieux dure toute une saison en sa force, qu'il ne s'effile et perde sa force ; il sera une autre saison, avant que la pouvoir reprendre. Je ne suis pas bien satisfait de tels chiens furieux, lorsqu'il m'en arrive, et principalement pour le lievre. Encor pour le cerf, ils sont plus insupportables ; et à un cerf qui fait longue traicte, ils servent bien à ceux qui aiment à courre avec peu de chiens, mais non à moy, car je veux toute ma meutte ensemble ; et m'est advis que ceux qui courrent autrement font tant de tort à nostre art, qu'il ne m'est pas possible d'escrire de pas un traict de venerie, que la passion ne m'emporte sur ce sujeet; cela me fait sortir de mon dessein, veu le peu de plaisir qui reussit de courre avec tel desordre. Mais il est temps que je forme la conclusion que je desire rendre sur les chiens bons en temps frais. Je ne les veux du tout rejetter, lors qu'ils se rencontrent dans les meuttes pour lievre, parce que la vraye saison du lievre doit commencer à la Sainct-Michel et doit durer jusques à la fin d'avril; mais toutesfois tout depend de l'humeur de ceux à qui les meuttes sont, de commencer plus tost et finir plus tard. Et puisque ainsy est que la vraye bonne saison à courre lievre est en temps frais, que les grandes chaleurs soyent passées, je conclud que les chiens qui chassent extremement bien en temps frais servent bien dans les meuttes pour lievre, pourveu qu'ils n'ayent ny ruzes ny malices, et que leur humeur soit à attendre leur temps pour faire leur coup, comme j'ay veu souvent faire à Noblesse; car elle ne partoit jamais du fort de la meutte, pour se mettre à la teste, qu'elle n'aye peu emporter les voyes, et les empaumant fermement, sans barrer ny balancer, comme ont accoustumé de faire quantité de chiens que l'on tient dans les meuttes, qui aussitost qu'ils voyent nos bons chiens appuyer les voyes, aussitost ils viennent barrer et esguillonner les voyes à la teste de

Saison de chasser le lievre.

nos vrays bons chiens. Et cela provient du deffaut de la race d'où ils sont sortys, ou d'avoir esté mal dressez par veneurs paresseux; car le chien sorty de vraye bonne race, et bien dressé et adjusté, se tient dans le fort de la meutte, et n'entreprend qu'en temps qu'il peut chasser, ce que j'ay tousjours veu faire à Noblesse. Elle n'eut entrepris à menner la compagnie, qu'elle n'eut peu empaumer les voyes de toute sa force et vistesse, et pas un de mes autres chiens ne luy pouvoit oster les devants qu'au bout du retour ou ruze, et j'ay esté bien servy par sa grande justesse. Mesme souvent je courre les lievres en pays de futayes, là où, en quelle saison que ce soit, il y fait tousjours bon chasser, hormis en l'arriere-saison ou automne, que les feuilles tombent esparses, car à cause de l'ombrage et que le dessous est couvert d'herbes, les chiens y font des merveilles; j'ay veu Noblesse y faire ses bons coups, et tenir la teste de la meutte un grand quart d'heure, qui est beaucoup pour lievre. En ce temps, j'ay jouy du contentement que me doit faire reussir mon art, voyant chasser Noblesse fermement, et viste des jambes, qui avoit peu des compagnons à luy oster le collier, à cause de la justesse de laquelle elle plioit aux tournements des malices d'un lievre. Et avec toutes les actions qu'elle avoit bonnes en chassant, je ne la puis mettre au nombre des vrays bons chiens, puisque ne chasser bien dans les chaleurs c'est un trop grand deffaut; car peu de chiens chassent bien dans les guarrests ou les chemins, qui ne chassent bien dans les chaleurs; mais je la veux mettre au nombre des chiens qui servent bien dans toutes sortes de meuttes à lievre, à leur tour. Or, ce n'est pas sans quelque mystere, que les anciens veneurs ont nommé et appellé de leurs chiens et lices du titre de Noblesse et de Noble. Je trouve

De chasser aux futayes.

dedans les histoires, et par la voye de mes amis qui ont de l'estude, que plussieurs chiens ont fait des action veritablement nobles et notables. D'aucuns ont assisté leurs maistres dans des rencontres et combats. D'autres ont accompagné leurs maistres fidelement pendant leur vie, en leurs maladies ; et le maistre estant au tombeau, ces pauvres chiens ne mangeoient plus, en se plaignant continuellement, se laissoient aneantir et mourrir au pied du tombeau. Jeusnes veneurs, c'est une belle moralité que vous pouvez tirer de cette fidelité, la quelle se trouve parmy les chiens envers leurs maistres. Si nous rencontrons des bons maistres, il les faut bien servir fidelement, aimer et honorer pendant leur vie, et après leur decès prier Dieu pour leur repos, tant que nous aurons moyen de respirer. Toute personne qui est de la condition du service, s'il perd un maistre homme de bien et de bon exemple, accompagné de consideration et de bon naturel envers ses serviteurs, il a tout perdu, ce qui reste dans le monde ne luy est plus rien. Les Indiens ont de certains petits chiens qu'ils appellent *Alco*, les quels, quand ils vont par pays, ils portent sur leurs espaulles ou bien en leur sein ; ils ne se servent de ces chiens en autre chose, sinon pour l'amitié que ces chiens leur portent, et la compagnie continuelle qu'ils leur tiennent, quand ils sont malades ; car alors qu'un pauvre malade est delaissé en son lict la plus part du temps des domestiques, ces pauvres chiens ne les abandonnent jamais. Lisez Joseph Acosta, en son Histoire naturelle des Indiens. Aimez donc les chiens pour leur fidelité, jeusnes veneurs, et de plus aimez la venerie, à cause de son energie et de sa force ; car c'est un puissant aimant, elle attire les cœurs, comme il se justifie par l'histoire. Plussieurs Medes suivent le grand Cyrus comme

Moralité.

Moralité.

volontaires, lorsqu'il poursuit les Assyriens, sans que ces peuples luy ayent autre obligation, sinon qu'ils avoient souvent esté exercer la venerie avec Cyrus, lors qu'il estoit jeusne, nourry et eslevé auprès de son grand pere Astiages, roy de Medie. J'ay tiré cecy de Xenophon.

XII

DE GERFAULT.

J'ay eu tant de contentement en la consideration de la justesse de Gerfault en chassant, que je l'ay souvent en l'idée ; et m'est advis, par le ressouvenir de son air, que je le vois empaumer ses airres et les chasser, sans nulle malice, à toutes difficultez qui m'arrivent, chassant chevreul ou lievre. Mais puisque le vray mestier de mes chiens est à courre le lievre, et que c'est l'exercice ordinaire que je leur fais faire sept ou huict mois l'année, je veux commencer à parler de l'humeur de ce chien, en temps qu'il y avoit un lievre sur pied devant luy ; car c'est le vray moyen d'ouvrir l'alphabet de venerie, que de parler de l'air et action d'un bon chien seul, et le moyen par le quel un jeusne veneur ou autres se peuvent rendre capables et subtiliser ; car s'ils ne sçavent cognoistre l'air d'un chien seul, c'est imprudence de croire qu'ils ayent jamais cognoissance de trente chiens chassants en corps, de leur science, subtilité et bonté. Je les adverty donc d'une des parties des actions de Gerfault : je jouy de mon art, en le forhuant, et aussitost à ma voix, il vient prendre ses airres au giste d'un lievre, qui, comme un tonnerre, se rescriant de deux voix, en chassant, me donnoit asseurance des vrayes routtes que le lievre a tenues, fuiant et faisant ses malices devant ma meutte.

De chien juste et attaché aux voyes.

Et lors que j'estois sur quelque difficulté de ruze ou voyes doublées, j'ay eu mille plaisirs de voir Gerfault se reffeschir contre ces voyes doubles et les demesler jusques au bout ; et puis je l'ay veu et consideré diminuer d'ambition, ayant fait son coup, et laisser tenir le bout du baston à d'autres de ses compagnons. Il est bien vray que j'ay plusieurs chiens, dedans ma meutte, de plus grande force et vistesse, et qui l'emportent à tirer au collier; mais de soy il cede volontiers, et prend plaisir à faire des coups de vray chien de race et qui sçait fermement son mestier; et son ambition est plus tost à fournir les voyes, quand celuy qui les tenoit a plié et balancé, que d'entreprendre à estre le maistre de la compagnie. Ce sont les chiens de telle humeur qui font mourrir les lievres malitieux, par leur grande justesse et subtilité, en guardant les voyes, qu'elles ne soyent transportées ou barrées; car si un lievre malitieux est lancé devant une meutte bien adjustée et dressée de longue main par veneurs subtils, il ne se peut, si la race est bonne, qu'il n'y ait chiens subtils et adjustez contre quelque malice qu'un lievre puisse faire, et perde le jugement devant telle meutte, et ces docteurs justes ramenent les chiens à leur devoir et justesse, et faut qu'il meure, si ce n'est un desastre extraordinaire. Et n'y a, comme l'on dit, regle si generale qu'elle n'aye quelque exception, si bien qu'il en faut faillir quelqu'un; mais ce doit estre peu, si les hommes sçavent leur mestier et si les chiens sont bons; car l'art nous promet, travaillant selon ses regles, de nous faire reussir de nos meuttes chiens propres à vuider tous differents de chasse, à quoy je n'ay pas esté trompé; et les meuttes que j'ay eues entre les mains et que j'ay dressées pour moy, elles m'ont fourny des chiens propres à relever les deffauts qui m'arrivoient en chassant. Ce n'est nullement la faute de l'art, si tous les points de venerie ne reussissent comme nous le desirons; nous ne devons nous en prendre qu'à nous-mesmes, qui commettons telle erreur : une fois forhuant nos chiens hors de temps, ou forhuant imprudemment ce qu'ils courrent; tantost nous les pressons, quand il est temps et de besoing de les faire chasser en crainte. Bref, nous sommes confus en nous-mesmes, sans considerer toutes les actions de nos bons chiens, qui nous advertissent comme nous devons travailler. Enfin nostre chaleur est cause que l'on se plaind quelques fois de nostre art, mais c'est des veneurs bouillants qu'il se faut plaindre et de leur confusion en chassant, et non de la science, qui satisfait ceux qui la recherchent exactement et diligemment, pour servir exactement leurs seigneurs et maistres, ou ceux qui les y obligent, car le veneur ne peut bien travailler, s'il n'a l'esprit libre. Que s'il a quelque chose qui le travaille, il demeure assoupy, et perd le temps et le jugement qu'il doit prendre par les actions de ses vieux chiens, pour juger s'il doit faire chasser en craincte ou redoubler de furie. Voyons icy les parolles de Socrates; il dit que celuy qui endure volontairement quelque difficulté de chaud, de froid, de faim, de soif, d'autres perils et dangers, soit pour faire des actions vertueuses ou pour servir le public ou un maistre, iceluy se rejouit et prend cœur, en l'esperance qu'il at de bien faire et de meriter comme les veneurs, les quels travaillent joyeusement et avec plaisir dans plusieurs incommoditez; mais ils embrassent la temperance, avec l'esperance qu'ils ont de forcer leur droict, combien que le fruit de leur labeur soit petit, s'ils ne buttent à la vertu; mais cela estant, ils sont satisfaits d'eux-mesmes, et admirez et louez de la plus part des hommes. Retournons à Gerfault.

Or, il n'auroit esté possible que j'aye jamais pris cognoissance exacte de l'humeur de mes chiens en chassant, si, estant à la chasse, cette passion ne m'eut reformé les autres par l'inclination que j'y avois acquise de jeusnesse, en conferant et travaillant avec des excellents hommes du mestier. Et par ce moyen j'ay esté reduit, et m'a esté fort facile d'escrire de la justesse de Gerfault, et representer en quel pays de chasse je l'ay plus admiré. Ç'a esté en pays de sillons, et si j'ay eu un lievre devant ma meutte, qui aye entrepris de ne courre que les sillons, et qu'au bout des arpants de terre il aye tousjours tourné au premier sillon, ou petits sentiers que les degouts des eaux font, alors Gerfault prend son temps de faire ses bons coups, et n'y a chien si juste que quelques fois ne s'y emporte. Mais je veux asseurer que j'ay veu Gerfault si subtil et adjusté en tel pays, que je n'avois nul soing de forhuer mes chiens au retour, seulement jouir du plaisir que m'apporte mon art, à voir parfaictement bien chasser un chien à lievre le long des sillons et petits sentiers; car plussieurs chiens sont bons et bien chassants, qui ne cognoissent rien à mettre le nez dedans les sillons. Gerfault y chasse bien et semble qu'il se veut fourrer en terre, de la sorte qu'il courre bas et attaché aux voyes. J'ay eu aussy grand secours de chasse de ce chien, courrant chevreul, encor que les chiens bien justes pour lievres et retenus en chassant se trouvent un peu empeschez en pays fort; car pour courre le chevreul, l'art demande des chiens un peu plus esmancipez que pour lievres, et qui soyent hardis en pays fort; et neantmoins j'ay eu ce chien qui courroit chevreul en fort et foible fort bien, qui est contre le naturel des chiens pour lievre d'Angleterre, qui ne se desirent qu'aux plaines pour la plus part, comme sont presque tous les

De chasser aux sillons.

miens. Et si un chevreul se trouve en pays foible devant ma meutte, c'est un grand hazard s'il s'en demesle; et lors Gerfault me donne à cognoistre qu'il sçait encor un autre mestier que pour lievre, car aux differents pour chevreul, il en parle souvent. Et dernierement que je questois un lievre dans les futayes de Nonsard, un chevreul vient passer devant moy, et estant las d'avoir questé sans rien lancer, je leur fis ameutter ce chevreul, et fus fort estonné de voir Gerfault faire de si grands efforts, et jamais ne donna loisir à quelqu'un de mes chiens de trouver un retour; et nous parlions tousjours à Gerfault, qui avec l'aide de ses compagnons ne laisserent trouver nul lieu de repos à ce chevreul, et ne sceut avoir de vie que deux heures devant ma meutte. Je n'eusse jamais creu, sans l'experience, qu'une meutte à lievre fasse de si grands efforts; mais j'estois preoccupé et trompé, car une meutte à lievre bien adjustée et d'une mesme force ne peut pardonner à ce qu'elle ameutte hardiment, si ce n'est le change; encor au change, quelque chien change de façon et d'air, et donne cognoissance à son maistre de son droict, ou de ce qui luy est representé estranger et bondit nouvellement. C'est donc avec raison que Plutarque rapporte qu'une forteresse de la Grece, de la surprise de la quelle dependoit la ruine du pays, fut guardée et conservée de surprise par un petit chien de jardinier, le quel donna cognoissance de la conspiration. Vrais veneurs, vous devez aimer les chiens, les cognoistre, et ils vous donneront cognoissance du droit, ou de ce qui est estranger en l'art de venerie.

De courre chevreuil.

Un chien sauve une ville de surprise.

XIII

DE BLOÜET.

Comme en plussieurs choses il n'y a regle si infaillible qu'il n'y aye quelque exception, je l'ay experimenté en la taille de quelques chiens et particulierement à celle de Bloüet, que j'ay veu se mesurer au plus rude de mes chiens et de plus grandes jambes, le quel toutes fois n'estoit chien choisy selon toutes les regles qui se doivent observer au choix des chiens vistes, mais bien choisy pour demeurer longtemps debout aux efforts. Il estoit fort bas et fort gousseau, et chassant près de terre, qui doit estre le vray naturel des bons chiens pour lievre; et encor que d'aucuns chiens ne soyent de la bonne taille, pourveu qu'ils soyent sortis de vrays bons chiens de race et qu'ils ayent les reins forts, ils ne laissent de reussir bons et propres en quelques meuttes. Cela sera donc cause que cy après je seray plus lent à me deffaire d'aucuns de mes jeusnes chiens qui sont tardifs à bien chasser, d'autres qui se desplaisent au chenil la premiere saison qu'ils y sont mis, et ne chassent que mollement et niaisement, et mesme ne prennent plaisir à chasser. Il est bien necessaire qu'un bon veneur cognoisse de longtemps la race de ses chiens; car sans cela il luy seroit fort difficile de souffrir telle humeur de chien dans sa meutte, et se fairoit grand tort aussy de s'en deffaire au premier jugement qu'il en fairoit; car il est experimenté que tous chiens lents à prendre force sont ceux qui durent plus longtemps aux meuttes, lors qu'ils s'addonnent à bien faire, à raison que ceux qui font effort, aussytost qu'ils sont mis aux couples, ne peuvent avoir la force des reins conservée à l'esgal de celuy qui

Des tailles des chiens.

aura deux ans avant que de faire effort, comme avoit Bloüet, auparavant qu'il sceut que c'estoit de donner plaisir à son maistre à la chasse. Je puis asseurer que, la troisieme saison qu'il a courru, il s'est rendu un des plus fermes pour lievre. Cela doit assez fortifier mon discours, lors que je represente au vray veneur qu'il doit endurer de ses jeusnes chiens tirez de race, servants à tous differents de chasse, puisque celuy, du quel j'escry le naturel, s'est rendu excellent et neantmoins si tardif à prendre force et courage. Je l'ay eu, tiré de la race des chiens de Monseigneur le prince de Galles. Je ne l'ay jamais veu se hazarder de menner la compagnie, qu'il n'aye sceu fermement chasser; et un chien ne peut chasser fermement la premiere année que rarement, et la seconde il s'esmancipe; mais ceste longueur de temps, qu'il a mise à satisfaire ceux qui l'ont appris à chasser et perchasser, n'a esté perdue, car je l'ay veu chasser en vray bon chien de race jusques à six ans et presque de mesme force. Encor, outre le naturel des bons chiens à lievre d'Angleterre, qui n'aiment que les plaines, il chassoit des mieux en pays couvert, et non comme chien ardant qui chasse sautant les brandes, mais il cherche les coulées qu'un lievre fait. Je veux que mes chiens à lievre demeurent ainsy attachez sur les airres des lievres qui fuient devant eux, sans chasser en chiens esmancipez et qui chassent à bonds, comme doivent chasser les bons chiens pour le cerf et plus ardants. Mais m'est advis que, par le naturel de Bloüet et à sa taille, j'ay pour ceste fois assez donné de preuves du vieux proverbe que l'on dit: Que de toutes tailles vont levriers. Aussy de toutes tailles se trouvent de fort bons chiens, pourveu qu'il n'y aye nul deffaut d'où ils viennent, et qu'ils ne soyent du tout tant esloignez des regles qui s'observent par bons veneurs;

Chien tardif à chasser.

car au choix des tailles des chiens, c'est ce qui me rend curieux d'advertir le bon veneur de tout ce que j'ay recognu et veu reussir des chiens sortis de vraye bonne race. Ce n'est pas que je desire qu'il choisisse telle taille de chien, pour tirer race; car il faut les chiens choisis tirez d'une litée ou portée, qui veut observer tous les points. Mais je ne suis de l'opinion de beaucoup qui, aussitost qu'ils voyent un jeusne chien, en font jugement, quelques fois fort mal asseuré; car j'ay esprouvé plussieurs fois, et ay trouvé que ces chiens sortis de vraye bonne race trouvent place à chasser en toutes sortes de meuttes à leur tour, pourveu que la race d'où ils viennent aye esté de force esgale à celle de la meutte où l'on les met. Et Bloüet estoit de la meilleure race de chiens d'Angleterre, et ne s'en est esloigné de vistesse et bonté, mesme le chien de plus haut nez que veneur puisse choisir pour tous differents; car par l'excellence de son sentiment et sa justesse, il m'a fait prendre un des lievres les plus malitieux que j'aye jamais forcez, et l'avois failli deux ou trois fois, sans que je puisse m'appercevoir quel desordre de chasse estoit cause du deffaut; mais enfin Bloüet nous fit descouvrir sa subtilité. Un jour que Monsieur de Bauzey desiroit voir forcer un lievre à mes chiens, je m'en allay lancer ce compagnon, qui avoit accoustumé de mettre mes chiens en haleine sans curée; et estant debout de la forme, il quitte les plaines, et va en un grand pays de bois qui s'appelle Morma, où il avoit accoustumé de faire ses malices, et courrut fort longtemps le long d'un chemin; puis quand il eut envie de se relaisser, il doubla ses aires d'environ cent pas, et se relaissa dans l'orniere du mesme chemin; et fut si malitieux qu'il ne partit pas, encor que ma meutte chasse ses mesmes aires qu'il avoit doublées; et souffrit encor que je passe, et aussitost qu'il vit les chiens outre de luy et les picqueurs, il repartit, croyant faire sa ruze accoustumée; mais de malheur pour luy, Bloüet qui commençoit à s'affoiblir, pour les efforts qu'il avoit faits six ou sept ans, estoit demeuré à quinze ou seize pas derriere nous, qui le vit repartir, et ne fit que plier et le prendre. Or, nous avions tiré au collier le long de la plaine, qui fut cause que Bloüet manqua de force; Monsieur de Bauzey estoit après ce chien, qui eust le plaisir de le voir prendre et forhuer les chiens à la mort. Je fus fort estonné de considerer un lievre qui a encor de la force faire des si grandes malices, non pas que je m'estonne de l'avoir pris en ceste forme, car c'est chose assez accoustumiere aux meuttes à lievre d'en prendre à la rencontre. Or par l'experience, rien n'est caché en ceste science aux vrays veneurs, qui les oblige à vivre contents en leur estre, s'ils sont capables de contentement, et d'en recevoir de leur art et de leurs chiens. Les sauvages mesmes en reçoivent de leurs chiens. L'Escarbot de la Nouvelle France escrit au chapitre, de la Chasse, que les sauvages qui y habitent ne sement ny moissonnent, et mourroient de faim, sans l'aide de leurs chiens excellents à leur façon de chasse. Si ces sauvages reçoivent de la satisfaction de leurs chiens, les vrays veneurs en doivent avoir d'avantage, puisqu'ils ont plus de vertu et de science, ou doivent avoir. Et ce que ces peuples barbares font chasser à leurs chiens le plus souvent, ce sont des eslans, les quels sont approchant du naturel des cerfs, sinon qu'ils sont plus pesants et moins vistes. Finissons par un bel exemple de Xenophon, au subject de ces Barbares. Xenophon exhorte ses soldats grecs, en une retraicte, d'aller doucement, craignant que les Barbares ne soyent de l'humeur des chiens peu furieux, les quels courrent après

Ruze d'un lievre mal menné.

Chasse des hommes sauvaiges aux eslans.

ceux qui s'enfuient, les abbayent et mordent. Xenophon se sert de la cognoissance qu'il a, comme veneur, de l'humeur des chiens et en fait sa retraicte asseurée.

XIV

DE LOURDAUT.

Encor que la vraye race de mes chiens à lievre soit blanche et noire pour la plus part, si est-ce que mes lices ne laissent à porter quelque chien quelques fois de poil fort different aux autres de la mesme littée; et cela se voit par experience, qu'en une portée la plus part des lices jettent souvent un chien de poil bigearré et different qui se trouve fort excellent. Cela ne doit estonner le vray veneur, car la cause vient de longtemps, des races d'où ils ont sortis; comme par exemple, si un veneur fait alligner et couvrir une lice noire d'un chien blanc, et que tous les petits chiens qui en viendront soyent blancs, si est-ce neantmoins que ce sera grand hazard, si vous tirez race par après de ces chiens blancs sortis de lice de poil different, qu'il n'y en aye tousjours quelques uns qui tiennent de la vielle race d'où ils viennent. Je sçais que d'aucuns s'en estonnent, comme j'ay eu fait avant que l'avoir experimenté, pour me resoudre sur cette incertitude de chasse, la quelle porte souvent le vray veneur à beaucoup d'erreurs; car j'ay esté longtemps que tels chiens de poil bigearré me donnoient craincte, que mes lices n'ayent esté tenues par d'autres chiens que ceux que je leur avois fait donner. Mais sur ce different de chasse, je suis fort certain par l'experience, l'humeur, air et façon de chasser de Lourdaut, qui a le manteau noir et les jambes fauves, qui est un

Poil different de la race.

poil fort dissemblable, non en bonté, car il est fort excellent pour chiens à lievre, et si juste qu'il se transporte peu, si ce n'est par la furie des picqueurs; mais s'il est forcé et outré des chevaux, vous le voirrez tourner juste parmy la foulle des picqueurs, reprendre ses aires en arriere où il a esté pressé, et n'attend l'ayde des hommes pour tourner, mais tient de la race d'où il vient, ainsy juste. Ce m'est un extreme contentement de veneur de voir la race de mes chiens continuer en bonté, de quel poil ils soyent, comme Lourdaut qui me secourre l'hyver, aussitost que les neiges viennent. C'est le temps le plus difficile pour les chiens à chasser lievre, et comme j'ay voulu essayer à chasser à toutes sortes de temps et saisons, j'ay courru qu'il y avoit force neige; et d'autres fois j'ay chassé qu'il neigeoit si fort, que les aires estoient recouvertes et remplies; neantmoins Lourdaut est si adjusté à la terre, qu'il porte le nez jusques aux yeux dans la neige, pour en parler et donner secours à son maistre et à ses compagnons. Il faut croire que telles races de chiens nous ont esté creées et données pour le plaisir honneste et honnorable des monarques; car celuy qui est autheur de tout fait souvent reussir de la nature chose fort differente des autres, soit en beauté ou bonté, qui ne devroit estre emploiée que pour le plaisir des roys et princes, et pour le plaisir de ceux qui ont entierement toutes leurs actions honnorables, et non estre profanée par tant de faineants. Or, pour retourner à mon dessein sur le naturel de Lourdaut, je dis que je suis presque confus en mon art, à voir si bien chasser ce chien pour lievre en temps de neige; car cela surpasse, à vray dire, le naturel d'un chien à lievre, puisqu'il n'y a rien de si froid que la neige, et que chien à lievre ne chasse qu'en temps qu'il

Chasser aux neiges.

peut avoir la vapeur et le sentiment des airres. C'est chose commune aux bonnes meuttes de consulter sur des voyes rafroidies, puis les empaumer par les menus et les chasser jusques au bout. C'est un des mestiers que ma meutte fait des mieux, que de rapprocher une beste forlongée, car alors Lourdaut se fait ouïr, à tenir le bout des ruzes; mais s'il m'arrive de chasser après que la terre est gelée et pressée, et que tout soudain les voyes sont rafroidies, en ce temps je trouve des grandes difficultez à bien forcer un lievre, et presque impossible; car il se fait une croutte dure sur la neige, qui empesche le sentiment aux chiens et leur couppe les pieds. Je conseilleray plustost aux veneurs de laisser reprendre corps à leurs chiens que d'aller chasser; car beaucoup de chiens n'apprennent rien par la neige, car il n'y a que le premier, second et troisiesme chien qui peuvent reprendre des airres, tout le reste de la meutte n'a nul sentiment, tellement qu'ils y perdent le courage. Je chasse peu par tel temps, je menne seulement esgayer mes chiens, affin qu'ils ne perdent l'haleine entierement; et affin qu'ils soyent en estat, quand les neiges se passent, je leur laisse ammeutter un lievre, et au premier desastre de chasse qui arrive, je retourne au logis; car de m'opiniastrer d'avantage, je fairois tort à l'experience que j'en ay eue et à mes chiens, veu mesme que les neiges qui arrivent en ce climat sont beaucoup plus grandes qu'elles ne sont en France, et d'aucuns hyvers nous sont si rudes que les hommes se perdent dedans la neige ; et me seroit impossible de bien forcer un lievre en tel temps, car les chiens le prendroient à veue; ils ne peuvent s'arracher de la neige ny courre; et de mesme nul plaisir, quand la neige porte le lievre et est dure. En tout temps, je les menne quel-

Chasser aux neiges

De chasser aux neiges.

ques fois à la campaigne; mais par les neiges, je reçois peu de contentement, si ce n'est les premiers jours que la neige est tombée, qu'il n'y a encor nulles voyes que celles qui vont de bon temps. Les chiens cognoissent les voyes et y portent le nez; mais neantmoins la passion me fait chasser, plustost que non l'espoir de jouir du plaisir qu'une bonne meutte promet à son maistre. Je vas seulement à la campagne pour n'estre point oisif, et affin que mes chiens ne s'attristent pas trop au chenil d'estre si longtemps sans exercice; cela leur sert de promenoir. Tous temps sont propres aux vrays veneurs qui ont les meuttes en mains, car ils les cognoissent et excusent leur façon de chasser, selon les temps, bien ou mal. Mais les seigneurs n'y doivent aller que pour jouir du plaisir que l'art leur doit; et pour en jouir, le temps de neige n'est pas propre pour lievre, si ce n'est que le seigneur veuille avoir cognoissance des chiens qui sçavent se signaler dans les meuttes aux temps difficiles, comme Lourdault fait. Tels traicts de chasse ne sont propres à tous ceux qui ont des meuttes, seulement à ceux qui sont vrays veneurs, d'art, de naissance et de science; car il faut estre tel pour excuser les chiens et chasser à l'esgal des temps et saisons; aussy il faut estre vray veneur, pour donner le tiltre de bon à un vray bon chien comme Lourdault. Que les jeusnes veneurs se donnent de guarde de laisser rafroidir leurs chiens, après avoir courru, en tout temps, et particulierement au temps de neige et de glace, car ils deviennent fourbus et estropiez; mesme j'en ay veu à qui les ongles estoient gelez et se faignoient tousjours. Le veneur qui voudra considerer comme, en son art, il doit s'accommoder et se comporter à la chasse, à l'esgal des temps, saisons et difficultez, faira peu d'erreurs et proffitera en sa forme

Les chiens se gastent aux neiges.

de vie; car par ce moyen il aura pleine cognoissance qu'il se doit accommoder aux humeurs de son maistre et y regler ses actions, en temps que sa science luy permet, car sans cela il ne peut subsister. Jeusnes veneurs, lisez Goropius Becanus, en son Hermathée, livre VIe: le mesme encor, en un sien livre, intitulé *Hispanica*. Sur la fin, vous y trouverez que le chien a les qualitez que doit avoir un vray roy et prince, sçavoir : science, puissance et generosité; ce qu'ont voulu donner à entendre ceux qui ont dict que le grand Cyrus avoit esté nourri de laict de chienne; tout cecy represente la prudence. C'est une belle moralité au vray veneur, le quel aime et gouverne les chiens, pour en tirer quelque proffict. Ce n'est pas assez que d'estre nourry et eslevé en l'art de venerie et parmy les chiens, il faut avoir quelqu'une de ces qualitez representées par le chien, pour estre vray et franc veneur, comme Chiron l'estoit, qui eust vingt et un disciples, aux quels il leur apprit la venerie, avant que leur apprendre d'autres vertus excellentes et relevées; car c'estoient tous grands personnages, dont Achille, Peleus, Cephale, Meleagre, Ulysse, Diomede estoient du nombre, tous admirables en venerie.

XV

DE COMTESSE.

La memoire m'estant recente des chiens que j'ay eus de poils differents, et qui se sont trouvez propres à tenir place dans ma meutte et y servir à leur tour, il faut que je represente la vistesse et force de Comtesse, que j'ay veue bien chasser pour cerf, pour chevreul, et pour lievre non si juste. Elle a esté deux années de si grande force et vistesse, que je fus constrainct à chercher invention, pour l'affoiblir, en chassant pour lievre; car je ne puis nullement souffrir qu'un chien seul fasse de si grandes diligences devant ma meutte. Je le donne, car si je le guardois, il seroit cause que les autres chiens tireroient au collier, comme s'ils voyoient ce qu'ils courrent à veue; ce seroit avoir trop fait de tort à ma meutte, d'avoir souffert qu'un chien seul rebutte tous les autres, qui par après leur seroit impossible de tenir les voyes justement et empaumer un deffaut; car ils auroient l'estomac eschauffé d'avoir longtemps haslé à suivre cest esguillonneur, et par ce moyen demeureroient court, avec le sentiment estouffé et l'estomac eschauffé, sans qu'ils me donnent contentement. Or, un de mes plus grands plaisirs à la chasse est, en temps qu'un de mes chiens fait un deffaut et sorte des aires, de voir un de ses compagnons le redresser, affin qu'il n'y aye nul temps perdu; pour à quoy parvenir, j'ay fait faire un collier de plomb, pesant quatre livres et demie, et bien feutré, de peur qu'il ne blesse le col de ma lice. Je l'ay tousjours fait porter à la chasse, et, en temps que je faisois commencer à chasser, le valet des chiens mettoit le collier à Comtesse, qui l'a reduit par ce moyen à se mesurer avec les plus vistes, comme il faut; mesme la plus part du temps elle estoit à la teste, encor qu'elle aye son collier, mais seulement de sa longueur; et cela ne faisoit tort aux autres, veu qu'elle ne pouvoit plier hors des aires, qu'un autre ne les emporte subitement. J'eusse bien peu l'adjuster dans le fort de la meutte, comme je l'ay veu pratiquer, en Angleterre, aux meuttes des chiens pesants, avec des longes de cuir qu'ils mettent au col des chiens qui sont vistes pour les autres. Ils y en mettent trois ou quatre, quelques fois plus ou moins, à l'esgal de la

Chien qui porte quatre livres de plomb au col.

vistesse et force des chiens, et l'effect de ces longes est qu'elles font perdre temps aux chiens; quand ils veullent faire les eslans vistes, ils attrapent tousjours quelqu'une de ces longes avec les pieds de derriere. Je l'ay experimenté avec d'aucuns chiens, et mesmes après que j'avois chassé une heure ou demie heure, selon la force que je jugeois qu'il restoit aux chiens, je les dechargeois d'une longe ou deux; mais j'ay trouvé qu'aux meuttes fort vistes, un chien ne se peut aisement accommoder avec des longes et est subject à perdre courage, car ce sont deux effects fort differents et ruzes toutes differentes, puisque ce qui est courru mollement est subject et luy est aisé à faire toute sorte de malice, dont nous avons cognoissance par l'experience de l'art. Ce qui est ainsy mollement chassé est tousjours forlongé; cela estant, ce ne sont que retours, qui fait que les chiens chargez de longes y peuvent arriver à leur tour; et à ce qui est fermement ameutté, et de grandes jambes et extremement viste, le chien chargé de longes n'en sera pas; car c'est une regle infaillible, que lievre chassé de telle furie perd le jugement, et après il fuit longuement sans retour, tant que la force luy dure; et au premier relancer, il est volontiers pris à la rencontre, ou à tire-collier comme avec des levriers; et à telle meutte si viste, le chien chargé de longes n'en sera pas, et seroit à un quart de lieue loing, sans estre à la mort; et arrivant souvent de telles curées au meilleur chien que veneur puisse choisir, il sera rebutté et perdra cœur, se desdaignant de chasser. Et combien que je loue plustost de mettre aux chiens vistes le collier de plomb, pesant à l'esgal de la force du chien, que non pas les longes, pour tout cela je ne puis conseiller aux jeusnes veneurs, qui veullent estre parfaits en l'art, de faire tant de

Chien qui porte des longes.

cas de tels chiens; car volontiers ils ont plus de soing d'estre les premiers de la meutte que d'estre justes. Mais j'ay voulu, par curiosité, espreuver à mettre les chiens de si grande force à la raison, pour en donner quelque advis et advertissement, affin que les veneurs qui sont esloignez des pays où nous viennent les chiens de race puissent se servir de ce qu'ils ont tiré des leurs; car il n'y a chien si juste, qui ne jette quelques fois un chien bien esloigné de l'humeur des autres, sur qui toute la folie et fougue de la race sont tombées; ceux qui se tiennent au climat où ils ont le choix de beaucoup de chiens, ne doivent faire estat des chiens qui se tirent et s'esloignent tant de la presse des autres. Je concluray donc, s'il peut estre permis selon l'art de tenir un tel chien aux meuttes, que ce ne doit estre que ceux qui recouvrent rarement et difficilement des chiens de vraye race; et de plus, je ne l'ay pas gardée, croyant en avoir du secours à un desastre de chasse, car je ne suis pas ignorant de l'effect qu'un esguillonneur peut faire; mais comme je me tiens en un pays, où il y a quelques veneurs qui font estat des chiens de si grandes jambes, comme celle de qui j'escris le naturel, je l'ay gardée à ce dessein. Et me souvient que du temps de feu Son Altesse le vieux duc Charles, estant à Bar avec sa venerie, à la quelle j'avois l'honneur de commander, c'estoit en automne, Monsieur le prince de Phalzbourg et Monsieur de Vaubecourt avoient leurs meuttes pour chevreuls, qui firent partie d'en courre un avec leurs chiens ensemble; j'avois ma meutte à lievre avec moy, ils me proposerent aussitost si je n'en voulois pas estre avec ma meutte, et tous donnerent dès le laissé-courre, sans relais. Nous fismes descoupler à Grimonbois, proche de Bar, et aussitost un chevreul fut ameutté de quatre-vingtz chiens, qui courrut bien. Comtesse y estoit à sa bienseance; elle avoit oublié son collier au logis, car à dessein je luy avois fait oster. Je ne la garde que pour une telle assemblée, puisque les chiens justes en une telle confusion de chiens ne le gaignent nullement. Et pour contenter les veneurs, il reste que, sur le suject de Comtesse, d'escrire de la race d'où elle vient. Je l'ay tirée d'une lice de France et d'un chien d'Angleterre, la portée en fut fort excellente; car pour lievre, les chiens françois sont un peu trop ardants, et pour pays couverts, les chiens d'Angleterre sont plus froids, et par ce moyen l'ardeur et le flegme sont meslez, et le deffaut du naturel de l'un supplée à l'autre. Je me suis bien trouvé de mesler les races ainsy pour cerf et pour chevreul, mais non pour lievre; car c'est une chasse si delicate, qu'il y faut des chiens si adjustez, que je trouve qu'il n'y at pour ce mestier que les chiens de la vraye race, de quoy ils se servent en Angleterre, vers le Nord et contrée d'Yorck. Tels chiens donnent entier contentement à bien forcer un lievre, car c'est la vraye race des bons chiens à lievre de tout le monde qu'en Angleterre. J'ay eu premierement cognoissance de telle race de chiens meslez, estant en Angleterre. De tous siecles, il y at eu des veneurs qui se sont plu à mesler les races de chiens. Xenophon rapporte que de son temps il y avoit de deux races de chiens, des castors et des renardiers engendrez de l'accouplement de chiens et de renardes. J'en ay veu de l'accouplement de loups et de chiennes, ils ne valloient rien pour chasser à force. Jeusnes veneurs, considerez que de moyens il y at et de subtilitez, pour reduire et mettre à la raison de la justesse de venerie les chiens trop furieux et de meschante nature! L'on se sert de colliers de plomb, de fer, ou de longes et de cordes;

Comtesse se met à la teste de quatre-vingtz chiens.

meditez sur ce traict de venerie, puisque la venerie est toute prudence, modestie et discretion, et reglez et reprimez toutes vos actions : il ne peut sortir que toute sorte de confusion

Moralité. d'une ame meschante et desreglée. Que si vous trouvez des maistres qui vous souffrent toutes sortes de vices et d'insolence, remettez-vous en la memoire le premier mot de venerie en l'art du cognoisseur, qui dit : Va oultre; allez donc outre et cherchez la vertu, vous la trouverez familiere et amie de vostre science. Mais si vous plongez toutes vos actions en la vie insolente et desbordée, vous serez tousjours sous la main de la justice de Dieu, la quelle vous ne pouvez esviter; et par consequent prenez garde que n'ayez pour vostre part de venerie une longe ou corde au col. Vous me direz que vous estes favori de vostre maistre, peut-estre que cela vous exemptera du supplice et de la justice; mais de celle de Dieu, il ne sçauroit s'en exempter luy-mesme, tellement que vous estes sans refuge et port asseuré. Et descendant là-bas, vous serez receu et gardé par Cerberus, chien à trois testes, gardien des Enfers, le quel a esté mis à la raison par les forces et travaux d'Hercules, selon les fictions des poëtes, non toutes fois sans quelque mistere; tellement donc que par tout, les hommes et les chiens sont mis à la raison tost ou tard. Selon Xenophon, ce fut aux costes d'Heraclée, au port de Cherusiade, que Hercules descendit pour combattre le chien Cerberus.

XVI

DE MAISTRESSE.

Elle chasse bien à son tour; je luy pouvois donner titre de bonne lice, n'eust esté qu'elle appelloit à faute et hors des voyes. Et si j'avois en ma meutte le meilleur chien pour lievre, que veneur puisse choisir, et qu'il eut le manquement en son naturel que de parler hors des airres, je ne pourrois jamais en faire estat pour lievre, quand il auroit toutes les autres actions excellentes. Bien me seroit-il plus supportable pour courre une beste plus pesante, comme cerf, et de qui la façon de chasser ne doit estre si delicate, veu qu'il n'importe de chasser plus emancipé que pour lievre, si ce n'est là où il y a du change. Mais ce n'est assez de me publier ennemi des chiens grands crieurs et menteurs pour lievre; il en faut donner plus d'intelligence, et deduire aux jeusnes veneurs le peu d'utilité et proffict qu'un tel chien apporte aux meuttes à lievre ou en toutes autres; car je sçay que, parmy des veneurs experimentez, plussieurs balancent à mon opinion et d'autres non, qui est la cause que je me dois examiner en ma science, affin de ne parler legerement, et en donner les raisons avec le plus de facilité et intelligence qu'il me sera possible, pour le contentement du jeusne veneur curieux. Je veux donc l'advertir que le plus certain jugement, que je puisse avoir en un deffaut, retour et bout de ruze, c'est lors que ma meutte, appuiant les voyes, at pour sa guide un des chiens les plus justes et qui ne parlent jamais que d'asseurance; et quand son droict va à luy, et qu'il a les aires entre ses jambes, je ne suis nullement confus ny trompé. Si j'ay veu tenir le bout du baston à un tel chien, je prend mes devants asseurement, de quelle longueur et distance que je dois; car je ne puis nullement douter qu'il n'aye donné jusques là où mon chien en a parlé, s'il n'est menteur; et incontinent je tourne viste et juste, là où le jugement me porte, par l'action que j'ay veu faire au chien qui n'est pas menteur. Au contraire, si le chien

Des chiens menteurs.

parlant à faute et menteur at tenu la teste de la meutte, je suis en doute de quelle distance je dois tourner, et me fait commettre beaucoup d'erreurs; car jusques où il aura parlé, mes chiens se seront transportez. Bien quelqu'un sera difficile à s'emporter, mais tous les chiens au dessous de trois ans et qui ont encor de la fougue seront en hazard de s'estre transportez, qui est la cause qu'il n'est pas possible que le veneur puisse travailler de justesse en l'art. Et s'il fait jugement de quelle distance il doit porter ses chiens en arriere, il se trouve souvent esloigné du bon chemin et de son compte, et ne peut estre son jugement certain, puisque le chien sur le quel il l'at formé est menteur et incertain à parler sur les aires d'un lievre, veu que, chassant lievre, nous ne pouvons ayder nos chiens qu'à l'esgal de leurs actions, ou bien par hazard, en quelque lieu frais ou chemin, là où l'on en peut revoir; c'est ce que je dois sur ce point et veux representer aux courreurs de lievres. Ils ne me peuvent objecter autre chose, sinon que le parfaict veneur doit cognoistre tous ses chiens, à leurs airs et façons de faire, à chasser et perchasser, comme aussy en questant et requestant; et qu'à les considerer, les cognoissant bien, il ne sera confus et prendra les devants, de distance convenable pour empescher l'erreur, puisqu'il sçait l'air de son chien menteur et contenance, en parlant à faute ou à chasser fermement. Or, je suis bien de l'opinion de ces curieux qui, pour ne rien ignorer, veullent estre esclaircis de toutes questions. Je leur cede sur ce point, pourveu qu'ils voyent tousjours leurs chiens, leurs airs et contenance; mais il n'est pas possible à toutes les chasses. Je me veux servir des inconvenients qui arrivent, pour empescher cette veue et ce jugement qui est, qu'il n'y at si bon

Des chiens qui parlent hors des aires.

cheval qu'il ne demeure quelques fois outré, ou bien quelque grande fosse à passer, qui retarde de beaucoup le picqueur, ou bien vous chasserez en pays fort, où vous ne pouvez voir la contenance de vostre chien menteur. Et si ce retardement ou deffaut arrive, et est arrivé que vous ne puissiez juger, pour estre trop loing, quel chien est le premier, et qu'il y en aye plussieurs de menteurs dans vostre meutte, et que ce soit un de ceux-là qui aye tenu le bout du baston, en temps qu'ils tombent sur un deffaut et que vous les trouviez ne chassant plus, vous ne sçauriez les redresser, si ce n'est de hazard, sans commettre quelque erreur en l'art. Au contraire, si en une meutte à lievre il n'y at nul chien menteur, et que vous les trouviez en ce deffaut et desastre de chasse, vous sçavez asseurement, puisque vos chiens ne parlent à faute, que le lievre at donné d'asseurance jusques là où vous avez trouvé vos chiens, s'ils ont parlé jusques là; et alors vous adjustez vos cernes et enceintes, comme vous devez et selon l'art, car ce n'est pas tout que de prendre des devants à gauche ou à droict. Il n'y a si desolé et petit veneur, qui ne sçache bien que la principale regle de venerie au deffaut, c'est à faire tourner ses chiens; mais il faut estre plus deslié et subtil en cette science que cela. Nous devons sçavoir pour quelle raison nous tournons et de quelle distance; et si je suis interrogé pourquoy je tourne plustost à une main qu'à l'autre, et pourquoy je prends mes enceintes longues ou courtes, je ne puis, sans faire tort à cette science, et ne dois donner autre raison que celle que j'ay conceue aux actions des vrays bons chiens qui estoient à la teste de la meutte, et qui m'ont fait former le jugement pour le quel j'ay plustost tourné à une main qu'à l'autre, ou en arriere ou en

Inconvenient d'un chien menteur.

avant, si ce n'est que le terrein soit du tout mauvais ou difficile au sentiment du chien qui estoit le premier, lors qu'ils sont arrivez en ce terrein difficile; et si je travaille d'une autre forme ou entretiens une compagnie de veneurs, je suis incertain en mon art et en mon discours. De plus, il arrive un autre inconvenient des chiens menteurs, qui est qu'en questant et requestant des voyes forlongées, incontinent qu'ils apperçoivent bransler ou balancer un bon chien ou qui appuye fermement le nez à terre, ces chiens menteurs se rescrient et parlent aussitost, et sont cause que les bons chiens levent la teste, les quels croient que leurs compagnons menteurs relancent à veue, et fairont un eslan ou deux, pour voir que c'est. Beaucoup de chiens qui sont accoustumez de ces grands crieurs ne font grand estat de cela; mais neantmoins ils leur font perdre temps, et les voyes du lievre sont si delicates que, quelque peu de temps que le veneur perde, il luy nuira beaucoup, avant que la chasse soit finie, si c'est aux grandes chaleurs et que les chemins soyent difficiles à chasser. Mais l'hyver, il n'importe pas aux bonnes meuttes d'avoir des voyes forlongées devant eux, car ils rapprochent aisement ce qui fuit de forlonge; et cela n'est necessaire que pour lievre, les temps aisez à raprocher; car pour la chasse du cerf, il ne m'importe pas en quelle saison un cerf se forlonge, les chiens rapprochent plus facilement ce qui est pesant, et alors les grands crieurs peuvent servir souvent aux chaleurs extremes; là où les autres chiens s'en vont sans parler, ceux-là se font ouïr, qui est la seule cause que j'ay quelques fois supporté de tels chiens. Ils peuvent encor servir, n'estants les plus forts d'une meutte; ils n'y apportent pas tant de desordre, comme s'ils estoient les maistres; car s'ils estoient clefz de

Les rapproches des voyes forlongées.

meuttes, au bout des ruzes ils tireroient la compagnie par trop outre des airres, s'ils estoient chiens qui s'emportent, car à leurs voix et bruict tous s'emporteroient; mais au contraire, s'ils manquent de force et sont les plus foibles de la meutte, il arrive que les chiens s'emportent souvent de chaleur et de furie loing des airres, alors ces grands crieurs font tousjours leur bruict accoustumé, et par ce moyen ils sont cause que toute la meutte tourne et revient en arriere à eulx, qui est beaucoup de temps perdu, s'il ne va rien à eux. Et tout veneur qui ne veut chasser avec desordre pour lievre, ne doit avoir beaucoup de tels babilliards, s'ils ne sont reduits dans sa meutte, de force et de jambes, pour tenir le milieu de la foule des chiens; alors ce grand bruict qu'ils mennent donne cœur à toute l'assemblée. Ils doivent estre aussy sans malice, comme Maistresse; ce seroit trop faillir, de souffrir un chien dans une meutte avec deux imperfections. Le bon veneur ne faira cette faute, s'il peut recouvrir aisement des chiens de race, puisque c'est desordre aux meuttes que les chiens grands parleurs et menteurs. Le Roy Charles neufiesme nous apprend à n'en faire aucun estat par ces termes : « La race de mes chiens Greffiers ne crient et n'appellent jamais, qu'ils n'ayent le nez dans les voyes. » Ils font les mesmes effects, sans comparaison de l'humanité, comme les flatteurs des grands seigneurs, les grands discoureurs et charlatans : c'est par eux que tout se fait, et par leur prudence et mouvement que les maisons subsistent. Il y a plusieurs veneurs, les quels ont croyance et tiennent pour tout asseuré que ces chiens grands parleurs mangent tout ce qui fuit devant eux, et fournissent tout un jour les voyes par leur bruict. Mais pour ce tintamare, le bon veneur ne met pas son entiere esperance à ces chiens grands parleurs; son esperance est plustost fondée en quelque vieux chien sage, et à moictié ruiné des efforts qu'il a faits, et du temps qu'il a employé à bien chasser et à bien faire en sa fonction brutale. Il entend ce pauvre vieux chien, qui parlera quelques fois sur des difficultez de chasse; cette voix seule de chien asseuré fortifie plus le jugement du bon veneur que tout le bruict et le tintamare de ces babilliards, car il luy donne vraye asseurance et certitude que son droict a esté là où ce chien a parlé. Jeusnes veneurs, sur ceste consideration morale, vous pouvez grandement proffiter à regler vos parolles inconsiderées et mensongeres. Vous voyez clairement, par vostre science, la grande et belle inesgalité qui est entre la verité et le mensonge, la vertu et le vice. Tenez donc pour tout certain et asseuré que le vray bon veneur n'est pas menteur. Vous voyez mesme, par ce discours, que les chiens sont accoustumez d'estre trompez par un chien menteur, qu'ils ne font plus d'estat de sa voix. Si vous estes menteurs ou tenuz pour tels, les gens de bien ne fairont nul estat de vos parolles. Voulez-vous estre bons veneurs, soyez ennemis des chiens menteurs et du mensonge. Socrates souloit jurer par le chien, pour affirmer quelque chose, par le quel il entendoit la philosophie et vertu, qui est le contrepied du mensonge representé par le chien de Socrate. Jeusnes veneurs, prennez bien garde à ce chien, il perchassera et demeslera vostre droict.

Moralité.

XVII

DE BLONDAUT.

Je le dois mettre au nombre des chiens les plus sages et froids en chassant, que j'ay jamais eus, et qui s'espargnent le plus au premier lievre et second qui se courrent; et si l'on chasse deux fois le jour, comme je pratique quelques fois, tels chiens qui se sont conservez et espargnez, lors qu'il arrive sur les quatre ou cincq heures du soir, ils sçavent faire en ce temps leurs bons coups, et n'y a que pour eux à chasser. Je loue fort les chiens de cette humeur, pour longue traicte et pour les veneurs qui courrent six et sept lievres par jour, puisque, sur la fin du cours et de la journée, ils prennent cœur et entendent à mesconter leurs compagnons, pour se mettre à la teste; enfin ils leur monstrent qu'ils sont des fols et qu'ils ne sçavent pas fermement leur mestier, de n'avoir gardé leur force pour la fin du jour et de la chasse. Beaucoup de chiens s'accoustument à conserver leur force, entre les mains des veneurs qui chassent longtemps; à d'autres chiens, cela leur provient de race, comme j'ay eu Blondaut, d'humeur si retenue, là où il est necessaire. Je l'ay veu chasser aux vignes, si justement et avec tant de patience, que je me suis estonné à voir sa justesse; car il n'y a tel lieu, pour esprouver si un chien est ferme et franc à bien tenir le bout du baston, comme aux vignes, car un lievre ne fait que plier et barrer dans une vigne. Et si dans une meutte, il n'y a quelque chien, comme Blondaut, qui sçait plier aux airres d'un lievre qui bat les vignes, le veneur aura peu de plaisir et y desadjustera sa meutte, à cause que le chien sans patience et ardant est aussitost hors des voyes comme il les a empaumées; et le chien froid et patient chasseur plie aisement, et, lors qu'il est à la teste de la meutte, il la fait tourner, comme un pelotton ou boulle qui roulle, sur toutes les ruzes qu'un lievre fait alentour des plantes de vignes. Il faut aussy que ce chien ferme, pour exercer sa justesse, soit accompagné de la voix d'un

De chasser aux vignes.

veneur prudent, pour faire tenir les chiens ardants au milieu de la meutte et les faire chasser en craincte, et par ce moyen il aura plaisir à chasser aux vignes, et chasser doucement et en craincte, comme s'ils alloient querir un lievre de la nuict au giste, ou requerir un lievre forlongé et qui fuit de haultes airres; mais sans une telle patience, les voyes ne peuvent estre fournies au pays de vignoble. La plus part des meuttes, que j'ay veues chasser, y courrent tristement, sans plaisir, avec force deffauts; les chiens s'y escartent et relancent souvent à la rencontre, et comme nous appellons à la bilbaude, mesme ils y prennent. Ce n'est nullement chasser aux vignes selon l'art, car la meutte doit demesler les ruzes, sans s'escarter, comme font des espagneuls qui brillent à la remise d'un oiseau. Le chien courrant ne doit faire cest effect. Or, pour leur empescher ce desordre, il faut une extreme craincte aux chiens de ceux qui aiment les races ardantes. Les veneurs qui aiment les chiens de race mediocre n'ont pas un si grand soing, car la race les adjuste beaucoup; et depuis que je me suis meslé du mestier, et que j'ay consideré les races des chiens les plus propres à chasser à l'esgal des pays, je trouve que les moins ardants, et les plus francs et justes à tenir les voyes, font mourrir les lievres aux vignes, à les relancer souvent par les menus. Et selon l'art, il faut chasser de regle; ce n'est pas assez de prendre, puisque le simple païsant prend un lievre avec son mastin; mais devant nos meuttes, il doit mourrir, de science, et avoir esté chassé d'une justesse grande, si les veneurs sçavent leur mestier. Mesme pour empescher que les chiens francs chasseurs et fort adjustez ne s'emancipent, s'esgarent et desdaignent à chasser avec une humeur retenue et patiente, le veneur, aux lieux et temps difficiles pour lievre,

De chasser aux vignes.

les doit fort intimider en courrant, afin que les chiens ardants et fols, à force de les emporter, ne les rebuttent et desadjustent; car en peu de chasses un mauvais veneur aura bientost perdu un vray bon chien. Je l'appelle perdu, puisqu'il ne peut plus servir à l'esgal de la justesse de l'art. Les bons chiens se perdent aussy souvent par la furie des picqueurs à les trop presser; ou bien, quand ils voyent plier et bransler un chien ardant ou autre, ils pensent, à leurs airs, qu'il y va quelque chose à eux; ils les eschauffent fort, où il faudroit prendre ce temps, pour leur donner moins de fougue; et les faut plustost faire demeurer court que de les porter en avant avec furie. Il ne faut avoir nulle craincte de perdre temps sur cette difficulté de chasse; car si la meutte rempaume et appuie ses voyes, sans furie et desordre, elle sera longtemps sans plier et balancer; et comme un lievre commence à ruzer, cette meutte tenue en telle craincte demeure court et tourne aisement à la voix du veneur; il ne peut donc perdre temps, estant ainsy adjustée. Au contraire, s'il y a furie, c'est desordre, ce n'est plus science, tout est emancipé; toutes ces barres et enceintes, que chiens ardants ont accoustumé de faire devant leurs compagnons justes, ne servent à rien, sinon à empescher le corps de la meutte à gaigner pays; et si ces esguillonneurs n'avoient barré et emporté la meutte hors des airres, elle seroit à un quart de lieue plus loing. Or, beaucoup de veneurs, aussitost qu'ils voyent des chiens de telle humeur ardante se tirer à l'ouvert et hors de la presse de la meutte, ils les publient vrays bons chiens; mais je leur ay assez prouvé qu'ils ne vaillent du tout rien pour lievre, sinon à desbaucher les bons chiens, et empeschent qu'ils ne peuvent faire nul traict de leur mestier et bonté. Si les jeusnes veneurs veullent

De chatser sans furie.

considerer et s'examiner s'ils proffitent en l'art de bien forcer lievre, ils le pourront cognoistre fort aisement : ce sera en temps qu'ils desdaignent les chiens fols, et fairont estat des chiens sages qui demeurent, aux retours, fermes et attachez à la ruze. Il faut un long temps, avant que les jeusnes veneurs puissent gaigner cette action patiente, sur leur humeur, de reprimer et empescher, en chassant, l'ardeur qu'ils ont et celle de leurs chiens. Mais de plus, je sçay que le cœur du jeusne veneur, c'est un chien plein de fougue et de furie ; il luy faut le temps d'une longue experience et exercice journaliere, pour reprimer cette grande erreur, et faire estat des chiens comme Blondaut, qui demeure attaché et ferme, en demeslant et chassant les malices d'un lievre, jusques à ce qu'il l'ayt fait relancer du relaissé devant toute la compagnie des veneurs. A tel chien de cette humeur, l'on luy doit donner tiltre de vray bon chien, car il est sans malice et franc chasseur. Ayons donc l'ame franche, et que toutes nos actions soyent ornées et guidées par la voye honnorable et de franchise, soit à bien et fidelement servir nos maistres ou nos amis, puisqu'en la venerie c'est le premier fondement que d'etre entier et ouvert. Tous veneurs doivent considerer que les chiens courrants francs chasseurs advertissent et parlent hardiment à ce qu'ils chassent ; je conclud donc, puisque cette vertu est le vray fondement de venerie, que, pour estre vray veneur, il faut estre franc et entier à ses amis. Si vous n'estes tels, vous estes bien pires que les chiens à deux cœurs et de meschante nature. La plus part des chiens ont esté tenuz des Romains tellement francs et incorruptibles, que Plutarque rapporte, en la Vie de Scipion, que le Capitole de Rome estoit guardé de nuict par des chiens. Vous, veneurs, qui devez cognoistre le vray naturel des chiens,

Chiens guardiens du Capitole.

les dresser et adjuster, souvenez-vous de ces chiens guardiens du Capitole ; guardez fidelement les secrets, que vos amis ou autres vous ont confiez et declarez. Finissons, par Xenophon, au subject de ces chiens que l'on laschoit de nuict au Capitole. Xenophon fait une comparaison d'un soldat thessalien, nommé Boiscus, le quel, soubs pretexte d'indisposition, ne faisoit pas ce qu'un soldat est obligé de faire en ses factions. Xenophon apprit qu'il n'estoit pas indisposé pour picquorer, qu'il avoit pillé nombre de Cotioriens ; Xenophon ordonna qu'il le falloit traicter autrement que les chiens furieux : « On les attache de jour, et de nuict on les lasche ; attachez donc de nuict Boiscus, et de jour laschez-le en liberté. » Voyez comme ce grand capitaine tire quelque comparaison de la chasse ou des chiens, selon les occurrences.

XVIII

DE LADY.

Elle se pouvoit appeller clef de meutte et des plus justes ; mais j'ay recognu, à son humeur, que plusieurs lices senées hors de saison et de temps se trouvent fort journalieres à donner plaisir, et sont disposées à chasser à l'esgal des temps. Je veux attribuer ce deffaut hors de saison et d'aage à la faute du veneur, parce que les chiens que je fais sener et coupper me reussissent bien, et se trouvent tousjours des plus excellents et d'entreprise de ma meutte. Je ne blasmeray jamais un veneur qui fait coupper ou sener la moictié de sa meutte; je le loue plustost de cette humeur, cela tesmoigne qu'il se veut servir plus de deux fois la sepmaine de ses chiens. Le subject qui l'y doit encor porter, c'est que l'on a encor experimenté

Des chiens senez ou couppez.

qu'un chien sené dure une saison, d'une mesme force, plus que celuy qui ne l'est pas. Je conclud donc que c'est le traict d'un bon veneur, s'il recognoist qu'un jeusne chien doit estre fort et d'entreprise et vraiment ferme chasseur, de le faire sener, si donc il n'en desire tirer race, pour estre sa taille belle et qui surpasse la plus part des autres chiens de la meutte. Il y a beaucoup de veneurs qui font sener les chiens à six mois, et mesme à moins d'aage; et comme j'ay esté curieux d'apprendre des plus vieux que moy en cette science, ils m'ont appris, et l'ay recognu par experience, que les chiens endurent plus et ont beaucoup plus de force aux efforts et traictes que l'on leur fait faire. Alors j'ay fort esprouvé telle regle, puisque le bon veneur doit conserver, le plus qu'il luy est possible, un chien de secours aux desastres de chasse; et j'ay experimenté qu'il n'y a autre moyen, pour s'en servir longtemps, que de les sener; car de les conserver à chasser peu, ils ne vaudroient rien pour lievre ny pour tous autres animaux qui se forcent; mais j'ay voulu alleguer un inconvenient qui en reussit quelques fois, qui ne doit toutes fois oster la volonté au veneur de les sener. Je luy donne cest advertissement, afin qu'il travaille de jugement; en tout ce qu'il fait en son art, et en toutes ses actions, il doit considerer ce qui reussira bien; je veux l'asseurer, sur ce different, que, de dix chiens senez ou couppez, il n'ý en aura pas deux de mauvaise humeur, pourveu qu'il les fasse sener ou coupper jeusnes; et le plus à propos, c'est avant qu'ils ayent chassé. Le reste reussit au contentement du veneur; et souvent la mauvaise humeur qu'ils ont et la melancolie qu'ils ont au chenil sont si peu de chose, qu'elles ne nuisent pas beaucoup, comme Lady qui seulement chasse avec plus de froideur et moins ardament au changement des temps, et avec moins d'ambition de menner la compagnie qu'à d'autres temps beaux et calmes; si n'est-elle demeurée si journaliere que, quel temps qu'il puisse faire, elle ne fasse quelque bon coup, avant que le lievre se rende. Or, encor que je sois fort ennemi des chiens qui ont des mauvaises humeurs et qu'ils me soyent insupportables, si est-ce que j'ay souvent pris plaisir à luy voir serrer le fort de la meutte, et y prendre bien son temps, pour y faire un bon coup de chasse, comme si elle n'eust chassé ce jour-là que par despit des vents ou des orages; et à d'autres temps faciles à chasser, il ne luy falloit nul solliciteur pour la presser à chasser, et principalement aux temps humides comme par les brouillards, que j'ay trouvez un des temps aux quels les chiens à lievre chassent le mieux. Par tels jours, Lady y faisoit des merveilles, si les brouillards ne sont trop puants; et peu d'autres luy pouvoient oster le collier ny essuyer les costez. Je me suis fort examiné, en ma science, pour quelle raison les chiens à lievre chassent si bien par brouillards; je ne puis et ne veux donner d'autres raisons, sinon qu'aux jours de brouillards la terre est fort humectée, et toutes les herbes fort couvertes d'eaux, et par consequent les chiens d'Angleterre et du Nord y chassent bien comme les miens. Mais j'ay appris et experimenté que toutes meuttes à lievre y chassent parfaictement bien, soit chiens de France ou d'autre pays; car j'ay eu des meuttes de plusieurs races de chiens et de pays differents. Je diray donc de plus que je crois que les chiens chassent mieux le lievre par brouillards, parce que, la terre estant humide et les herbes couvertes d'eau, le lievre abbat l'eau où il passe, et que par ce moyen ils chassent fort aisement. Je m'interroge sur ce point : pourquoy les meuttes ne font pas le mesme effect par une grande rosée, puisque le lievre abbat l'eau tout de mesme.

De chasser par brouillards.

Mais je tiens tout certain que c'est à cause que la rosée est beaucoup plus froide et plus penetrante que l'eau des brouillards, qui fait qu'elle esteint une partie du sentiment des airres ; je ne puis en donner autre raison. C'est donc en ces temps fraiz, où les chiens à lievre ont accoustumé de faire des merveilles de chasse ; je suis fort accoustumé de chasser à tels jours, principalement sur le midy, que le brouillard est tombé, et que le reste du jour la terre demeure freiche et toutes les herbes. Mais ce n'est nullement le mesme effect de chasse, lors qu'il pleut ; car aussitost qu'un lievre a battu l'eau par ses voyes et fuittes, incontinent la pluie les refournit d'eau, avant que la meutte les aye chassées, si donc elle ne chasse de fort près ce qu'elle at ameutté ; et par les brouillards il tombe une eau et humidité si subtiles et douces, que cela ne fait qu'esgayer et donner cœur aux chiens. Je veux que ces aires soyent presqu'entierement refournies d'eau, Lady chasse fort plaisament par ceste humidité. Aussy sur une autre difficulté de chasse, qui arrive souvent aux bons veneurs, et leur fait faillir les lievres, elle m'en sçait relever par sa subtilité ; car ceux qui ayment à courre le matin, comme moy, reçoivent souvent desordre par leurs jeusnes chiens, sur la nuict des lievres qui ne font que se retirer au giste. Les chiens ardants et jeusnes se laissent emporter au premier sentiment d'aire qu'ils ont, bien que ce ne soit leur droit ; et comme une meutte donne là où un lievre at viandé et demeuré longtemps la nuict, cela embarasse ces chiens fols et ardants. Principalement cest accident de chasse arrive à ceux qui ayment à descoupler dez le point du jour ; ils sont subjects à recevoir ce desordre, si donc des chiens comme Lady ne les en relevent, pour y sçavoir chasser fermement, et ne faire estat d'autres voyes que de leur droit lancé et ameutté. Je prend sou-

Des voyes de la nuict.

vent plaisir à descouppler, comme le lievre se retire au giste, cela fait les chiens fort excellents, et leur donne patience à pousser des voyes par les menus; mais il faut avoir des chiens comme Lady, pour empescher le desordre que j'ay escrit, de ne changer de voye, principalement au temps des bleds verds. Si en tel temps, mes chiens tombent en deffaut, de mes jeusnes chiens balancent sur d'autres airres, mais jamais Lady ne se laisse emporter; elle parle fermement de son droict sur telle difficulté de chasse, et, alors qu'il y at un lievre debout, elle ne parlera jamais de la nuict d'un autre, si matin qu'il puisse estre, que son droit ne soit mort, ou s'il est failly, qu'elle n'aye cognoissance que l'on en veut courre un autre. J'ay fort excusé Lady, pour avoir un peu d'humeur, cela ne peut empescher de lui donner titre de vraye bonne lice; par temps fraiz, elle a tousjours gaigné ce tiltre, de haute lutte et à pis faire, sur toute la compagnie. Je luy ay bien veu chasser les chemins aussy par temps fraiz, c'est pourquoy j'ay eu grand secours d'elle aux futayes, car elle ayme fort à chasser en lieu doux; et comme j'ay escrit en un chapitre cy devant, où il est parlé du naturel de Noblesse, qui chassoit aussy volontiers aux futayes, en tels lieux leurs naturels estoient fort pareils et leurs façons à chasser. Mais comme les saisons se changent, aussy de mesmes trouvera le bon veneur quelqu'un de ses chiens, qui fairat des coups differents aux autres chiens, encor qu'ils soyent aussy bons et peut-estre meilleurs à d'autres difficultez et deffauts plus difficiles; mais ils se plaisent plus à se signaler à un temps qu'à d'autre. Or, comme j'ayme à courre dans les futayes, j'ay trouvé une grande difference à chasser, lors que les feuilles sont tombées, car les chiens n'y chassent nullement de la justesse qu'ils ont accoustumé auparavant que les bois soyent

Chasser aux futayes.

despouillez. Les raisons en sont fort aisées, il n'y a veneur qui ne le sçache : c'est que le lievre pousse les feuilles arriere, en courrant, et les retourne, qui esloigne le sentiment des voyes, et fait que les chiens balancent fort, et s'accoustument fort à balancer. En telle saison et en tel lieu, le veneur doit chasser avec grande patience, et laisser doucement perchasser ses chiens justes et sages, comme je fais. Aux futayes, j'ay recours à Lady, qui chasse de justesse et plaisament, et porte ses compagnons jusques aux lieux plus aisez, chassant au pas. Je ne trouve point qu'il y aye lieu, où les chiens à lievre soyent plus subjects à s'esmanciper et apprendre à barrer qu'aux futayes. lors que les feuilles sont à terre. Mais neantmoins il faut que les bonnes meuttes courrent par tout; et pour empescher qu'elles ne se desadjustent, je suis d'advis qu'après que le veneur aura courru une fois ou deux aux futayes, qu'il aille courre une autre chasse aux plaines, affin qu'il voye aisement quel chien s'est esmancipé, et qu'il le mette à la raison par le moyen de ses vieux docteurs de chasse, qui sont les chiens de six à sept ans et justes comme Lady. Je parle à ceux qui se tiennent en pays de futayes ; car s'ils estoient en un pays à souhait pour lievre, comme plaines, ils ne doivent jamais courre ailleurs, pour avoir des vrays bons chiens comme Lady. Vous voyez comme ceste lice sçait demesler les bonnes voyes de son droict. Jeusnes veneurs, demeslez ainsy et separez la vertu du vice ; choisissez le bien et vous esloignez des insolences, cette science vous l'apprend. Lady a eu quelque raison d'estre journaliere à bien chasser aux changements des temps, veu qu'il y at un astre nommé du nom de Chien ; elle a donc peu participer aux mutations, troublements et changements, qui se font au ciel. Elle chasse bien aux lieux fraiz, humides et aquatiques, comme la plus part des chiens font; ce n'est encor sans quelques fictions et raisons, puisque dedans la mer, les chiens y ont un beau privilege et prerogative des autres poissons et monstres marins : l'on tient que le chien marin n'est jamais touché du foudre, ny ceux qui en portent la peau. Trois choses sont exemptes d'estre touchées de la foudre, à ce que l'on tient : l'aigle au ciel, le laurier en terre et le chien en la mer. Vrays veneurs, considerez ce trait en vostre art. Comme l'aigle, considerez et invocquez vostre vray soleil; comme veneurs, les quels ont accoustumé, pendant les orages, de se mettre à l'abry et à couvert sous les rameaux, au milieu des forests, allez droit au laurier de justice, et habillez vostre conscience de la peau du chien marin, et vous ne serez jamais touchez du feu du ciel ny de celuy des enfers.

Ce qui n'est jamais touché du foudre.

XIX

DE TOLLER.

Monsieur de Potz, comme vray veneur, le quel desire de secourir les compagnons de venerie, me promit Toller, qui chassoit dans la meutte de Monseigneur le prince de Galles; je ne manquay aussitost d'envoyer, en Angleterre, querir ce chien seul; car je mourrois d'envie de voir chasser un chien qui m'estoit donné et adjusté par un bon veneur. Je ne plaigny nullement d'envoyer, en Angleterre, visiter mon ami et recevoir de luy cette liberalité d'ami; je dois l'appeler ainsy liberalité, puisqu'en me donnant Toller, il m'a donné et envoyé force traits de sa science, les quels j'ay compris et retenus, à l'humeur de chasser de Toller. Et comme les vieux veneurs tiennent que les bons hommes du mestier se dressent plus tost

Donner un vieux chien, c'est donner plusieurs traicts de venerie.

à voir chasser diversité de meuttes, pourveu qu'elles soyent bonnes, qu'ils ne font à en voir chasser une seule, de mesme j'ay esté curieux, après avoir veu chasser quantité de meuttes, de voir chasser aussy plussieurs chiens venus de diverses meuttes, affin de voir les effects qu'ils fairoient en ma meutte, et la difference qu'il y auroit à leurs airs et façons de chasser. J'ay donc receu Toller comme vray bon chien, parce que j'estois asseuré qu'à le considerer à la chasse, je fortifierois mon dessein à travailler en mon art sur quelques traits, des quels il me restoit encor quelque doute, et nul veneur ne peut s'en resoudre qu'avec le secours de quelque bon chien. Il faut que les jeusnes veneurs advoüent qu'ils proffittent beaucoup au mestier, à conferer de l'art avec des vieux veneurs; mais la science leur est beaucoup plus tost imprimée en la memoire et en l'entendement, lors qu'estant sur les fins d'une beste mal menée, ils voyent les vieux chiens faire les bons coups de leur science. Cela demeure pour fondement et impression asseurée, là où la plus part du temps les discours nous laissent en doute et avec peu de satisfaction; car je n'auroys jamais esté certain de l'humeur des chiens comme Toller, ny comme ils doivent chasser, par les discours que Monsieur de Potz m'en avoit faits, encor que ce soit un des veneurs de ce temps qui s'explique le mieux, en discourant de son art avec ceux du mestier, s'il ne m'eust envoyé Toller. Il me restoit encor quelque doute; et sur touts les points de venerie, des quels il m'avoit conferé, au subject de Toller, il louoit fort ce chien à chasser les chemins et dedans les eaux; si est-ce neantmoins qu'il se trouve souvent qu'un chien, qui ayme le frais, n'a pas le nez si subtil et affiné pour les chemins, que d'autres qui chassent par les grandes hasles. Nonobstant ceste reigle, Toller m'a fort bien servy aux chemins et me donnoit contentement; s'il arrivoit à l'embouchure ou croisement de trois ou quatre chemins, et que la meutte s'emporte dans celuy au quel le lievre n'avoit battu ou donné, Toller demeuroit court, comme s'il eut eu d'une massue sur la teste, se rescriant fort plaisament par plusieurs fois; et semble qu'il le fist à dessein, pour faire venir ses compagnons à luy; puis à mesme temps il appuie le nez à toutes ces embouchures de chemins, et, dedans celuy au quel ses aires estoient, il l'empaumoit fermement. Il faut noter, en ceste action de se rescrier, que cela avoit tourné la meutte à luy, si bien que le veneur en ce desastre de chasse n'avoit beaucoup perdu de temps, veu que ses chiens s'estoient portez à sa voix et rempaumé de mesme temps les aires, que Toller les avoit commencé de chasser. Je crois que les plus desireux de cette science seront fort aises, que je donne l'intelligence sur ce point, que Toller se recrie au bout des ruzes, sçavoir : s'il le fait de subtilité, ou bien s'il parle à faute hors des voyes. Pour parler hors des voyes et à faute, Toller n'a jamais sceu que c'est; mais comme il estoit chien de grand cœur et fort joyeux, en mesme temps qu'il arrivoit sur la malice d'un lievre, et que le veneur luy parloit en termes de l'art, comme, La voie, la voie, Toller, aussitost Toller, se rescriant, portoit le nez dans tous ces chemins, et si la meutte estoit hors des chemins, au bout de quelque ruze. Il y a grand plaisir à voir un chien de telle humeur venir à la voix de son maistre gayement, qui tesmoigne un grand cœur, se rescrier une fois ou deux, pourveu que ce soit le nez haut; pour cette action, l'on ne luy peut donner le tiltre de chien menteur, et s'il sert à tirer les autres chiens à luy. Or, si le naturel du chien ne permet qu'il puisse faire un tel trait, de science et de subtilité, il ne faut laisser de louer ceste action,

De chasser au chemin.

je veux qu'elle soit faicte par accident, puisqu'elle ne peut nuire, et peut servir à un homme subtil en l'art, mais qui considerera les chiens qui guardent fermement le change, et at pris plaisir de leur voir jouer des tours de vrais bons chiens pour le cerf, et subtil à demesler un cerf, de cerf à cerf, ou son droict d'avec des meschantes bestes, bien chasser fermement des voyes doublées, demesler force ruzes : tous ces traicts se font subtilement par vrays bons chiens bien adjustez. Or, s'il est ainsy que nous tenons et que devons croire, selon l'art, qu'ils le font de science et par subtilité, il m'est advis qu'il n'est pas hors de propos que Toller se soit recrié de subtilité, veu encor que des chiens de cette race ne desirent de chasser que dans le fort de la meutte, et sçavent attendre l'ayde de leurs compagnons, qui doit servir de conjecture aux veneurs, que ce chien peut parler, pour tirer ses compagnons à luy, puis que de mesme les loups s'advertissent l'un à l'autre, et s'appellent pour devorer ce qu'ils rencontrent à leur commodité. J'ay veu, en Angleterre, des jeusnes chiens chasser avec grande subtilité, les quels sont tirez de vrayes bonnes races à lievre, et des chiens froids, qui ne font nulles follies aux meuttes, comme nos chiens ardants ont accoustumé de faire, les premieres années qu'ils ont entré au chenil et aux couples ; de tels chiens de bonne nature peuvent faire des grands effects et subtilitez de chasse. Je suis fort curieux et exact à remarquer leurs actions à chasser, comme Toller qui se recrie le nez haut, et jamais ne parle, en chassant, que le nez près de terre, et n'est nullement menteur. Il appuie les voyes tousjours ferme, comme vray bon chien à lievre, qui chasse le nez le plus bas qu'il peut, et luy est possible. Sur ce traict, de parler le nez bas, j'adverty le veneur qu'il doit faire plus d'estat, pour chasser lievre, des races de chiens qui ont ceste humeur et naturel de parler le nez bas, que d'autres chiens qui parlent le nez haut, car ils tiennent plus longtemps le bout du baston, qui s'entend les voyes; ils tiennent cette action volontiers de la race, d'autres d'humeur, pour avoir esté dressez et adjustez avec trop de liberté et peu de crainte. Nous voyons force chiens qui ne peuvent nullement parler le nez bas, et après qu'ils ont appuié les voyes, pour en prendre le sentiment et pour les empaumer, ils se recrient et s'en iront le nez haut; à tels chiens, leur mestier seroit plustost à courre une beste plus pesante que non pas un lievre. Il y at grande difference entre ces deux naturels de chiens; celuy qui chasse, le nez bas, aux bestes pesantes, n'est si advantageux à faire les advances comme est l'autre; mais à courre lievre, le chien comme Toller, qui chasse, le nez près de terre et bas, emportera et doit emporter plustost que l'autre le tiltre de vray bon chien pour lievre; mesme il chasse bien d'un autre air par les menus, et mesnage bien mieux des voyes forlongées, car il a tousjours le nez près de terre. J'ay tiré race de Toller, pour n'avoir recognu nul deffaut en son humeur et naturel à courre le lievre, un chien qui estoit tousjours plein au chenil, encor qu'il aye chassé trois fois la sepmaine, comme chiens à lievre doivent chasser. J'ay eu grand secours de luy pour chevreul, car il se plaisoit à demesler les retours avec patience, un chien fort subtil à cognoistre les voyes doublées, et n'alloit au bout des ruzes et retours. J'ayme fort à avoir de tels docteurs de chasse, comme Toller, dans ma meutte, car il me contente souvent sur plussieurs traicts de mon art, comme à bien lancer et relancer, chasser et perchasser; bref, il sententie ce qui est chassé et ameutté. Je considere plussieurs belles actions de

Toller; il se recrie et demeure court, lors que les autres chiens s'emportent en quelque chemin, là où leur droit ne va pas, et par ceste action il les retire à luy. Si vous voulez estre vrays et francs veneurs, donnez telle exemple aux veneurs qui s'emportent, les quels quittent le vray chemin de leur science et de la vertu, pour se glisser dedans les debauches et la vie libertine; vous serez cause de les retirer au chemin qu'ils doivent tenir. Ne soyez moins louables que les loups, les quels s'advertissent pour enlever leur proye. La proye des vrays veneurs et hommes laborieux, c'est la voye de l'honneur; car en tous siecles, il y at eu tant d'excellents hommes de venerie, les quels ont suivy la voie de vertu, tellement qu'il y at peu d'hommes de bien qui ne les reverent et honorent en leur pensée, tandis que les faineants en mesdisent, ne pouvant les imiter : voyez Xenophon sur ce subject. Allez, jeusnes veneurs, à ce chemin. Toller se demesle des voyes doublées, demeslez-vous de la conversation et compagnie de ceux qui ont l'ame double et doublée de toutes sortes de vices et perfidie. Jeusnes veneurs, abhorrez la perfidie, puis que par vostre science vous estes certains que plussieurs, soit grands rois ou bien personnes de petite consideration, lors qu'ils ont esté en soupçon de quelque perfidie, et n'osant demeurer entre les bras de leurs proches ou domestiques, ils ont eu recours à des chiens pour leur guarde. Masinissa, roy de Numidie, ayant multitude d'enfans et s'en mesfiant, il avoit des chiens pour sa guarde, disant qu'ils estoient incorruptibles : voyez Valere le Grand sur ce subject, livre IXe, chapitre XIII. Servons dignement nos maistres, sinon, comme Masinissa, ils auront juste subject de preferer les chiens à nous.

XX

DE DAMOISELLE.

Entre les chiens justes, subtils à chasser, je dois mettre Damoiselle de ce nombre, pour abbreger les malices d'un lievre malmenné, et qui veut se demesler de ma meutte, par fuir et refuir sur soy, comme il arrive quelques fois sur des aires doublées, que toute une meutte s'eschauffe et prend furie, à cause que le sentiment est double. Mais ce n'est ainsy de cette lice, car à des voyes doublées, elle en a cognoissance ; et tous bons veneurs doivent sçavoir que les vieux chiens ont cognoissance des voyes doublées par retour, ou bien des voies doublées par plussieurs fois : aux voyes doublées par retour, les vieux docteurs de chasse, si l'on les laisse faire, ne vont au bout des ruzes ; mais aux autres voyes doublées qui se font, lors que ce qui fuit va par plussieurs fois sur ses mesmes airres, les vieux chiens en ont cognoissance, et demeslent et poussent cela. Tel est l'artifice des bons chiens ; car bien que les voyes ayent double sentiment, neantmoins aux doublées par retour les chiens subtils reviennent en arriere ; et aux autres voyes doublées par plussieurs fois, ils poussent et chassent en avant. Et quelques fois, si je ne suis après mes chiens, ceste lice n'iroit pas au bout de la ruze et tourneroit ; mais comme je veux que tous mes chiens se tiennent ensemble, je la fais tirer, et à ma voix elle se joint au fort de la meutte ; et si j'ay compagnie, qu'ils soyent veneurs, ils peuvent juger aisement que c'est à deux cœurs et mollement qu'elle va au bout de la malice, ne parlant plus, et regarde derriere elle celuy qui la presse et force d'aller jusques au bout du retour. Et estant là, incontinent

Des voyes doublées par plussieurs fois ou par retour.

que nous tournons, cette lice fait grande diligence à requester son droit, revenant sur soy gayement, et en parlant et poussant par les menuz ses voyes, et au contraire de plussieurs autres chiens qui se trouvent estonnez aux retours des voyes doublées : ce sont les effects des jeusnes chiens, ou vieux mal dressez ou trop ardants, et d'autres de mauvaise race. Le veneur ne se doit point estonner, si ses chiens se reschauffent fort, lors que les voyes doublent; mais comme il arrive sur la fin de ces voyes doublées, et que ses chiens sont au bout de leur science, et qu'ils demeurent court et estonnez, sans qu'il en puisse esperer ny avoir du secours, et qu'il n'aye nul chien, comme Damoiselle, pour ramener la compagnie aux dernieres voyes, je luy pardonne d'estre estonné; car il ne travaille que par hazard, et n'at recours qu'à prendre des grandes enceintes à gauche et à droit. C'est corrompre l'art, de travailler en ceste forme, que premierement l'on n'aye donné loisir à ses chiens de demesler de haute lutte cette malice; mais c'est perdre temps en vain, de parler de laisser demesler telle subtilité de chasse à des chiens les quels ne cognoissent les voyes doublées; il n'y at autre refuge que de prendre des grands devants et enceintes. Jeusnes veneurs, où estes-vous reduicts, si vous n'avez des chiens de secours et qui cognoissent les doubles ? Le veneur ne peut avoir des chiens subtils aux desastres de chasse, qu'en les exerçant aux subtilitez et aux difficultez des voyes embarassées; alors les vieux chiens se tiennent en exercice, et les jeusnes qui passent deux ans ou trois ans se dressent fort aysement, les uns pour chemins, les autres pour voyes doublées : bref, pour toute difficulté et desastre de chasse, chascun à l'esgal de son humeur et naturel. Il ne s'estonnera donc d'avantage, s'il n'at nul chien propre aux voyes doublées, si sa science ne s'estend plus

Des chiens subtils aux doubles.

loing qu'à prendre des devants à gauche ou à droict. Je chasseray bien en ceste forme, car elle est moins peinible que l'autre; mais je n'aurois nuls chiens subtils à demesler les beaux traicts de chasse, et si je ferois tort à la cognoissance que Dieu m'a donnée de cette science. Je m'emporteray encor à prendre quelque lievre en cette forme, si j'ay quelqu'un avec moy qui desire voir chasser mes chiens et qu'il n'aye nulle cognoissance de l'art de venerie; pour son respect, à un grand deffaut, je tascheray à chercher avantage, de crainte que, si je perd temps, qu'il ne s'ennuye de ne voir rien forcer. Mais si c'estoit un vray veneur, je ne fairois tels traicts ny erreurs de venerie; car il auroit plus de plaisir à voir rapprocher un lievre qui s'est forlongé par quelque grand desastre, sans que je fasse tort aux chiens à leur donner trop d'advantage, en abbregeant les ruzes et voyes doublées par enceintes et cernes. Je donne advis au veneur sur ce point, de se comporter à l'humeur de celuy à qui il voudra donner satisfaction, s'il ne doit voir chasser sa meutte qu'une fois ou deux, comme quelques estrangers qui ont ouy parler de nostre science et de prendre à force; telles personnes ne peuvent estre satisfaites que par la prise, il les faut donc satisfaire, puisque cela n'arrive souvent; et à la premiere chasse suivante, le veneur doit remedier à la faute qu'il at commise, pour tenir sa meutte en exercice et en crainte. Je veux l'advertir qu'il doit lancer un lievre, sans que ses chiens le voyent partir du giste, et le laisser forlonger d'un quart d'heure ou demie heure plus ou moins, à l'esgal du temps qu'il sçait et juge que sa meutte at accoustumé de rapprocher ce qui est devant elle, et leur laisser consulter par les menus ces voyes forlongées; et le premier chien qui fait une action mauvaise, comme de barrer ou balancer trop hors des aires, ou prendre trop loing ou à gauche ou à droit, un tel chien doit aussitost recevoir force coups de gaulles sur les reins, pour le rejetter dans la compagnie. C'est la seule reigle et invention, pour tenir les chiens en exercice de justesse pour courre toute sorte d'animaux à force; je n'ay trouvé nul autre moyen, car de leur donner des voyes qui ne fassent que partir du giste ou reposée, ou qui ne fassent que d'aller, il n'est pas possible d'en reussir des effects propres à remettre les chiens à la raison, et les empescher de courre hors de la meutte ou prendre des enceintes esloignées de leurs compagnons. Et les vrays bons chiens se desadjustent par le moyen que je deduiray encor au veneur, affin de le rendre plus affiné et subtil en ceste science, qui est que s'ils tombent sur un deffaut ou retour, et qu'ils tournent en arriere, quand un chien aura pris et prendra ses devants un peu plus loing que les autres chiens, et si ce qui fuit passe à luy, il empaume ses voyes et en parle incontinent; à ceste action, le veneur ardant et furieux tire le reste des chiens à celuy-là, et croit avoir un grand advantage et avoir fait un beau travail; en effect il y at advantage à relever ce deffaut et y en peut encor avoir à d'autres, pourveu que le chien qui fait cest effect n'aye eu la subtilité de se tirer à l'ouvert de la meutte par meschante action, et que ce soit par mesgard et non d'artifice; car si c'est d'artifice, et qu'un jeusne veneur ou autre aye permis à un chien de prendre ses enceintes esloignées du corps et fort de la meutte, et que ce chien aye pris plaisir de relever ce deffaut, à empaumer et tenir longtemps le bout du baston, sans que ses compagnons le puissent joindre qu'il n'aye fait sa bouttade et esquippée, sans doute il deviendra malitieux; et si à ceste chasse, il n'a pris ses devants que d'un arpent de terre esloigné de la meutte, sans qu'il aye esté battu, ou que

Remettre les chiens en obéissance.

Empescher les chiens de coupper.

l'on l'aye fait rejoindre dans la meutte, une autre chasse il anticipera d'advantage de plus en plus, et de vray bon chien il deviendra propre à chasser à la bilbaude, et ne vaudra plus rien pour chasser à force et selon l'art de venerie; car lors que son maistre tournera d'un costé, le chien tournera de l'autre à sa fantaisie. Or, les lievres ne se doivent prendre par de tels chiens : c'est par des chiens qui se pressent sur les aires. Peut-estre qu'il s'y trouvera quelque humeur de courreur de cerf, qui me proposera de faire courre le cerf ou chevreul à ce chien, et me dira qu'il sera propre à faire les advances, en forçant une beste plus pesante. Il y faira des coups de vray bon chien pour un temps ; mais s'il y a d'aussy rudes chasseurs que luy, quand il s'aura recognu à chasser dedans les forts, il faira encor des plus grandes malices; et s'il ne se trouve le maistre de la meutte, au premier chemin qu'il trouvera, il usera de sa subtilité à coupper ; et le veneur, qui croit chasser en corps de meutte et à l'esgal de son art, il est estonné qu'il entend un chien qui emporte son droict et le met en desordre. Si c'est un chien gardant le change, il forlonge son droict; s'il ne le garde pas, il ne sert plus de rien que d'amuser ceux qui cherchent la chasse, puisqu'à la premiere beste qu'il trouve passée, il s'en vat, et est la cause que des veneurs bouillants font tout tirer à luy et gastent tout. Je fairois tort aux veneurs qui possedent la perfection de l'art, si j'avois la croyance qu'ils s'esloignent tant du mestier, que de rompre la meutte de son droit et la porter, à la bilbaude, à ce chien couppeur qui s'en va, parce que le bon veneur ira à ce chien qui at gaigné advantage, et s'est forlongé des autres, en couppant par malice, et le faira arrester, jusques à ce que la meutte soit arrivée à luy ; mais il se gardera bien de rompre la meutte, pour la porter à ce chien le quel at

Arrester un chien qui a couppé.

couppé, car il les mettroit hors d'haleine. Il reussit souvent que le veneur qui se transporte tellement que de commettre ceste erreur de chasse, à avoir haslé ses chiens, qu'ils sont incapables de le secourrir aux desastres de chasse, pour avoir l'estomac eschauffé, et par consequent perdent le sentiment; ce sont raisons assez fortes, et qui doivent esmouvoir tous veneurs à empescher les chiens de se tirer de la presse. Je veux encor representer un grand inconvenient sur le mesme subject, pour rendre les chiens couppeurs plus odieux aux vrays veneurs : si vous courrez le lievre en pays bien peuplé, qui se reserve pour donner plaisir aux roys et princes, vos chiens qui s'escartent ne manqueront jamais à vous lancer force change et vous apporter desordre. Je l'ay experimenté en la plaine de Sainct-Nicolas, qui se reserve pour donner plaisir à Son Altesse, la quelle me permit de courre un lievre avec ma meutte, pour donner plaisir à Monseigneur le marquis de Moüy. Or, je n'avois qu'un chien seul qui se tiroit un peu de la presse, et prenoit ses devants un peu trop loing; il m'apporta ce desordre, que par plussieurs et diverses fois, à des retours, il fit partir des lievres frais et à veue devant ma meutte. Je ne m'estonne pour cela, car au plus tost qu'il me fut possible je les allay rompre, et les ramennay prendre les devants où mon droit avoit la teste tournée; et à toutes les diverses fois ma meutte rempaumoit ses voyes avec mon ayde, et me tire de ces difficultez de chasse, perchassant tousjours jusques à un buisson qui s'appelle la Vieille Garanne, où Monseigneur le marquis de Moüy ne se promettoit pas, à cause de la grande quantité de change, de le pousser hors de ce buisson. Mais incontinent je me tiens sur les advenues, pour estre asseuré quel lievre mes chiens fai-roient vuider et quitter le buisson, si ce seroit mon droict ou bien le change; car j'aymois mieux de rien prendre que de courre un lievre frais, veu que plussieurs personnes s'estoient promis et m'avoient dit que je ne pourrois forcer un lievre parmy tant de change. Il fut donc necessaire de me demesler de ce desordre de chasse, de science, ou bien de hazard ou à veue : à veue, parce que je vis ameutter un lievre frais, et le pousser hors du buisson, que j'eusse bien peu prendre aisement; mais ce n'estoit ce que j'avois promis. Je romps donc mes chiens, et de science, exerce mon art où mon droit pouvoit estre demeuré. Je lance encor d'autres lievres frais ; je fis le mesme effect qu'au premier, par plussieurs fois. Je m'opiniastre de ne rien prendre que mon droit; je requeste avec patience, selon toutes les reigles du mestier, jusques à ce que le lievre de la meutte fut relancé, le quel estoit fort aysé à recognoistre ; car il estoit venu de loing, et l'injure du temps, de la pluie et des crottes l'avoit rendu dissemblable à un lievre qui part du giste; car il estoit mouillé, crotté et de couleur noire, mal fait, comme l'on dit en terme de venerie pour lievre; il se peut dire certainement avoir esté relancé de science, et perchassé fermement par des glaces, et des lieux les plus incommodes pour lievres qu'il se peut. Or, Monseigneur le marquis de Moüy advoüa qu'il n'avoit jamais veu des chiens à lievre parler des aires, sur la glace, comme Damoiselle ; et par plussieurs fois la meutte s'estonnoit sur des contrées glacées, mais Damoiselle y perchasse au pas et fermement, comme à un lievre forlongé. Je parle avec plus d'asseurance de l'humeur de Damoiselle, puisque Monseigneur le marquis de Moüy lui a donné le tiltre de vraye bonne lice, car il est bon veneur. Or, comme j'ay dit qu'il estoit necessaire de me demesler de ce desastre de chasse, je me demesle du change à veue, et de science il fut relancé, et maintenu et fer-

Cognoissance du change pour lievre.

mement chassé par Damoiselle; neantmoins il fut pris de hazard. A cause que la nuict me pressoit, et de crainte que Monseigneur le marquis de Moüy ne reçoive l'incommodité de deux lieues de retraicte de nuict, je fis recouppler mes chiens; mais tournant pour prendre le chemin vers la retraicte, le lievre malmenné repart du relaissé en ce deffaut, au milieu de tous les chiens qui estoient desja coupplez, qui ne laisserent tous coupplez de venir aux atteintes; mais incontinent je les ayde à rompre, et les tire hors des voyes, jusques à ce qu'ils soyent descoupplez, qui puis après l'allerent prendre comme levriers. J'ay voulu escrire ce hazard de chasse, non pas que je desire que les veneurs y esperent du secours, car ils fairoient tort à l'art de venerie; mais après avoir exercé la science, ils se souviendront de ce discours, pour s'en servir comme le dernier refuge et pis aller, sans en faire aucun fondement, pour une autre occasion, et fairont tout de mesme que les habiles mondains, les quels, après avoir travaillé en une affaire avec toutes les raisons humaines, si elles ne leur reussissent heureusement, ils prendront souvent pour dernier refuge quelques voyes ou inventions, qui n'auront autre fondement que la fortune, la quelle est incertaine. Le veneur ne se fondera donc sur cette incertitude du hazard, puisque la science luy promet d'autres voyes plus asseurées, pour la quelle exercer il faut plus de temps que je n'avois; car je n'avois nulle raison de representer ce traict de hazard aux jeusnes veneurs, si ce n'estoit à dessein qu'ils y fassent quelque proffict, se corrigeant de descouppler tard; car au moindre desastre qui arrive, le temps les presse, ils n'ont le loisir de travailler de science. Il ne faut donc aller si tard à la chasse, si ce n'estoit que quelque prince desire de voir courre vos chiens, ou que ce soit la commodité du

Inconvenient de chasser tard.

maistre de chasser tard quelques fois; car à d'autres chasses, il faut remedier au temps perdu. Les veneurs ne peuvent jamais s'excuser par autres raisons, quand ils chassent tard, que le commandement du maistre qui les force; car si par plussieurs chasses, leurs chiens manquoient de plaisir, par faute de n'avoir assez de temps pour forcer ce qui est devant eux, ils les rebutteroient, et meriteroient le tiltre de mauvais veneurs, de ne sçavoir prendre les temps et heures à propos pour tenir leurs chiens en exercice. Je ne parle point aux veneurs qui le sont par maxime d'estat ou pour complaire à leurs maistres; c'est aux veneurs d'art et de science, avec les quels je confere, et à ceux qui ont pris plaisir d'atteindre la perfection de venerie, pour donner contentement aux roys et princes. Ils ne trouveront mauvais, s'il leur plaist, que je les advertisse de ce que j'ay appris de mes vieux maistres : que le bon veneur desire tousjours d'avoir quelque heure du jour de reste, après sa chasse finie, non pas que par negligence il luy faille recouppler, faute de temps pour achever de forcer ce qui estoit devant luy. Je ne veux aussy l'astreindre à descouppler à une mesme heure, car selon les occurrences et la meutte bien en exercice, il faut tesmoigner et monstrer que toutes heures sont propres, tost ou tard; mais ce ne sera coustume, et le vray veneur ne laissera pas passer une belle matinée, pour se trouver à un disner, où il sera convié par quelque veneur de compliment, et qui veut estre du mestier, de tiltre et par complaisance, et non d'effect. J'advoüe que, si on ne les contente, ils publient que l'on n'est pas homme de compagnie; mais le veneur ne tesmoigne nullement qu'il n'est de bonne humeur, pour manquer à un disné; qu'il se souvienne que lors que les chiens sont saouls et ont trop mangé, qu'ilz ne font rien qui vaille. Il y at d'autre temps pour

De chasser matin.

rendre compte de ses actions, de son humeur, et rendre ses compliments ; il ne faut nullement prendre garde à ces discours de court et de mesdisants. Le mestier de veneur est de prendre le temps propre pour tenir ses chiens en estat de donner plaisir à son maistre, sans aller chercher un disné hors de temps et mal à propos. Le vray veneur ne doit avoir nulle autre consideration que le service de son maistre ; cela estant, il aura plussieurs chiens d'entreprise, comme Damoiselle. Soyez sobres et vous figurez ce traict de venerie, que les chiens qui ont trop mangé ne peuvent donner contentement aux veneurs ; ils se couchent et demeurent contre quelque buisson ou haye. L'intemperance n'est pas propre en venerie ; depuis que le roy Artaxerces at commencé à boire, à s'enyvrer, il ne va plus à la chasse, il at negligé les veneurs et mesprisé leur exercice. « Tout cela est une grande antipathie de venerie, » dit le Grec ; que ces festins ne vous arrestent et ne vous fassent perdre le temps, que la science de venerie vous demande pour chasser selon les reigles. Vous perdez souvent du temps, à attendre les compagnies, pour leur monstrer un desjeuné à fond de cuve, comme disent nos cabarettiers ; ce n'est pas aux cabarets ny au logis, qu'il faut attendre les compagnies, c'est à la campaigne, sur les lieux destinez à chasser ; il faut donner l'heure, et l'heure passée, il faut descouppler et chasser. S'il y at du retardement, cela doit venir du commandement du maistre, et non des veneurs, car si ce retardement est du maistre, vous estes hors de coulpe et de blame, comme j'ay veu quelques fois des maistres qui s'amusoient et laissoient escouler le temps propre à chasser ; aussy ils ont rarement des chiens excellents. C'est imprudence de demander l'impossible aux sciences ; car pour travailler, il faut du temps, et n'y a que Dieu seul qui puisse tout sans nul temps limité. Que ces festins ne vous retardent donc, et soyez soigneux de gaigner le temps et l'heure par diligence et sobrieté. Vous voyez que les chiens trop pleins ne sont bons à rien; pour le moins, s'ils ne peuvent servir, ils ne peuvent nuire; mais le veneur qui va à la chasse et campaigne, le quel est intemperé à manger et boire, plein comme un sac ou tonneau, il est incapable de son art et de donner plaisir à son maistre, incapable de le servir, et en estat de faire et commettre toutes les perfidies et insolences qui ayent jamais esté inventées. La venerie et gourmandise ne s'accordent nullement, cela ne correspond point et n'a nulle simpathie. La vie du franc veneur ayant pris sa refection honeste, elle est toute labourieuse; mais la vie des gourmands, c'est la vie des pourceaux, elle est faineante. Vrays chasseurs, qui cognoissez le naturel des chiens ou devez le cognoistre, si vous avez cherché les histoires, pour apprendre quelque trait et amour des chiens, vous avez trouvé par tout plusieurs belles considerations sur ce subject, et particulierement dedans l'Histoire de venerie du seigneur Gaston de Foix, le quel rapporte qu'un nommé Aubry fut tué auprès de Paris, au bois de Livri, par un nommé Magaire, et le chien d'Aubry demeura auprès de son maistre, jusques à ce que la faim le constraignit d'aller chercher sa vie, et rapportoit du pain et de la viande, et les mettoit près de la bouche de son maistre. Ce pauvre chien devenoit maigre, pour crainte qu'il avoit que son maistre n'eust assez à manger, et le chien continua jusques à ce que le corps de son maistre fut trouvé. Quantité d'histoires disent le mesme. Comme ce chien, sois sobre en temps et lieu, et ayme ton maistre, et ne l'abandonne jamais qu'il ne soit en la terre.

De la sobrieté.

Amour et fidelité d'un chien.

XXI

DE TAMBELLE.

Je puis dire veritablement que Tambelle est viste, courageuse et de grande force. Elle s'accorde à l'humeur des veneurs, les quels desirent que leurs chiens chassent tout ce qu'ils rencontrent; car il me souvient que, courrant au haut de Lai, nous avions donné un cerf à nos chiens, qui ne portoit que les dagues, et la meutte chassant assez mollement, cela ne me fut pas agreable ny à la compagnie, tellement que je m'en allay, pour en laisser courre un autre, en attendant que l'on aye rompu la meutte et l'aye ralliée pour nous venir joindre. Je pris un limier avec quatre chiens, dont Tambelle en estoit; et comme il faisoit un grand chaud et hasle, les limiers furent incontinent hors d'haleine; et voyant que ce deduit estoit melancolique et trop loingtain, et craignant que la compagnie ne s'ennuye, mesme que je suis ennemi de routailler longtemps, je fis descouppler Tambelle avec un autre chien, les quels l'allerent requerir fermement, le firent partir de la reposée, sans balancer, chassant par les menus, comme si l'on chassoit à dessein à qui iroit plus doucement. Bien que Tambelle estoit de ma meutte à lievre, si est-ce qu'elle n'a receu nul desadvantage à chasser, lors qu'il at esté question de chasser le cerf parfaictement bien de forlonge; et en quel lieu que ce soit, temps et pays, où j'ay chassé le cerf, et qu'il est arrivé par desastre de chasse qu'un cerf s'est forlongé, jamais je ne me suis servy de limier, si j'ay mené Tambelle courre ce jour-là; donc les chiens de haut nez et qui chassent de forlonge sont les outils les mieux servants aux bons veneurs. J'ose encor dire de plus

Tambelle va requerir les cerfs à la reposée.

de Tambelle, par ce que c'est la verité, qu'ayant failly un cerf auprès de Ranzey, le lendemain, à huict heures, j'ay esté reprendre les voyes, où le soir auparavant nous avions quitté et rompu nos chiens, et là descouppler Tambelle sur ces voyes, qui alloient pour le moins de douze à treize heures, et les empaumer et chasser fermement plus d'une lieue, que nous allions tousjours au grand trot après; et puis asseurer veritablement que si nostre droict ne se fut meslé à la fin avec d'autres bestes, que je l'eusse relancé, sans me servir d'autre invention de mon art ny de limier. C'est assez signaler Tambelle au nombre des bons chiens pour le cerf; il faut donner encor quelque contentement au veneur, qui voudra sçavoir davantage de l'excellence et bonté de Tambelle en son vray mestier de courre lievre, qui est son element; car lors que je luy ay fait changer de mestier, et que je l'ay remise à la grande escolle, en quatre ou cincq chasses elle s'est readjustée à ce petit animal, qui est si leger et qui laisse ses aires si delicates, qu'il faut, en matiere de chasse, un docteur, pour en jouer et fournir les voyes doublées par plussieurs fois, comme il faut. Mais un lievre estant debout, elle s'est fort bien acquittée à demesler les voyes doublées par plussieurs fois, et alloit plus de cincquante pas sur ces aires doucement, et prennant le sentiment avec subtilité, avant que parler, par les ruzes que l'exercice continuel luy avoit acquises, estant exercée cincq ou six saisons à ce mestier; et ce qu'elle alloit si longtemps, sans parler, estoit la crainte de parler à faute, par ce que la meutte avoit donné par plussieurs fois en mesme lieu; et jamais je ne l'ay veue appeller, qu'asseurement son droict n'aye donné au mesme lieu là où elle parloit, et tenoit tousjours le nez près de terre et sur les voyes, en ces difficultez de chasse, et sans

Tambelle chasse aux voyes doublées.

faire nulle action de chien brillant ou espagneul qui est à la remise; bref, elle chassoit comme il faut que tous bons chiens chassent franchement. Que s'ils ne peuvent emporter des aires de leur vistesse, je me contente qu'ils les emportent au pas ou bien au trot; et pourveu que les voyes soyent tousjours fournies et chassées, de quel air ce soit, viste ou doucement, je suis satisfait de mes chiens. J'ay eu grand secours de Tambelle dans les eaux; car les terres estant toutes abbreuvées, et les sillons ou royes des champs estant pleins d'eau, et lors qu'un lievre courroit le long de ces eaux, comme c'est l'ordinaire, j'ay veu ma meutte s'estonner, et Tambelle fournir les voyes dedans les eaux franchement, et les porter hors des eaux. De mesme au chemin, là où il n'estoit presque possible d'avoir nulle vapeur ou sentiment des aires, je l'ay considérée allant doucement, comme par discretion, le long d'un chemin, et d'une subtilité incroyable aux jeunes veneurs, s'ils n'ont esté en Angleterre pour voir des pareils traits de chasse; et lors que le lievre alloit à gauche ou à droit de ce chemin, elle chassoit, comme auparavant, d'une vistesse grande, car à son tour elle estoit des plus fortes de ma meutte. Et me souvient d'avoir courru plussieurs fois six et sept heures, là où au commancement elle souffroit d'estre gourmandée par la grande vistesse des autres chiens, aux quels elle cedoit volontairement et pour un temps; mais après avoir chassé ce qu'il falloit pour mettre des chiens à la raison, elle les mescontoit tous de haute lutte, leur essuyant les costez et se mettant à la teste de quarante chiens, et maintenoit cest advantage souvent depuis le bois de la Malgrange jusques au haut de la montaigne d'Africque. Ceste action m'a fait admirer sa force, car mes chiens sont d'aussy grande force et vistesse que chiens que veneur puisse voir chasser, et presque de force esgale; neantmoins estant à son tour, elle maintenoit son advantage fort longtemps. Et touchant l'excellence de son chasser de forlonge, outre les actions que j'ay icy devant escrites, des quelles elle sçavoit se demesler, je diray encor de plus qu'elle m'a fort secourru l'hyver, lors qu'il desgelle un peu, et que le dessus de la terre se leve un peu; car n'ayant qu'un bien peu desgellé, là où le lievre touche, il leve et emporte la terre, et par consequent leve le sentiment de ses aires; l'on dit, en termes de l'art, qu'il emporte ses voyes, si bien qu'il faut des chiens très excellents pour maintenir telles aires; car les vieux veneurs ne peuvent ignorer, s'ils se sont exercez, que ce temps de desgelle ne soit le plus difficile à chasser. Je dis, s'ils se sont exercez; car à ceste science, l'aage n'y fait rien, il faut employer le temps à propos et avec jugement solide, n'ayant les volontez ny le jugement transportez ailleurs. Mais aussy travaillant des regles de l'art, le jeusne veneur apprendra avec quel travail les chiens de secours se dressent et s'adjustent, comme est Tambelle; car à tels temps de voyes levées et emportées, il semble que les chiens subtils chassent par discretion, veu que les voyes sont emportées et levées, et qu'ils vont par subtilité sur cette terre emportée; car les jeusnes chiens n'y chassent nullement, c'est donc les chiens comme Tambelle qui sçavent ce mestier. Elle m'at secourru au temps des desgelles, et m'at aydé à forcer beaucoup de lievres, que je n'esperois pas de prendre; car je n'estois quelques fois sorty du logis qu'à dessein de tenir mes chiens en exercice, et par l'ayde de Tambelle mes chiens ont forcé et ont eu beaucoup de plaisir. Je la veux donc mettre au nombre des vrays bons chiens et servants. Jeusnes veneurs, vous voyez par le naturel de Tambelle qu'elle sçait faire plus

De chasser aux desgelles difficile.

d'un mestier; si vous vous rendez capables de l'art de venerie, vous dresserez et adjusterez des chiens qui chasseront et forceront ce que vous desirerez; les chiens bien dressez sont capables de ce dont l'on s'en veut servir. Les Colophoniens se servoient de trouppes de chiens, pour aller à la guerre, à ce que dit Philippe Beroalde; et Pline, sur ce subject, dit que le roy des Garamantes rentra en ses Estats, dont il estoit chassé, par le moyen de deux cents chiens, qui combattirent avec luy contre ses ennemis, ce roy estant destitué d'autres forces. Tant d'autres exemples notables preuvent suffisament que les chiens bien dressez sont capables de faire plussieurs beaux traicts, et très utiles et necessaires à la vie humaine, et au plaisir et recreation honeste. Mais puisque c'est vous, veneurs, qui sçavez bien dresser les chiens, et avez ce privilege et cette preeminence par dessus les hommes d'autre profession, arrestez-vous à la moralité, sur ce subject, de la propriété et utilité des chiens envers leurs maistres; rendez-vous capables de servir vos maistres en plus d'une profession, s'il est necessaire; soit au temps de guerre, soit au temps de paix, soyez utiles à quelque chose. Xenophon publie, par ses escrits, que les veneurs hardys et vaillants ont un grand advantage sur les autres hommes, en temps de guerre; que la venerie est utile, necessaire aux gens de guerre; que l'on s'exerce à la fatigue, et que la vertu se rencontre et s'apprend dedans les lieux solitaires, dedans les deserts. C'est là que vous apprendrez encor à estre utiles à quelque autre profession, en la maison de vostre maistre. Quittez la brutalité, car ce n'est pas venerie; ayez l'ame de franc veneur, et principalement à l'imitation de sainct Hubert, apprennez à servir Dieu.

Chiens servent à la guerre et de garde au roi des Garamantes.

XXII

DE GAILLARD.

Suivant le vieux proverbe des bons veneurs, que les jeusnes chiens sont plus tost esprouvez que nourriz, je suy et exerce cette regle ; car de tous les jeusnes chiens qui reussissent d'une portée, je n'en oste pas un, que premierement ils n'ayent esté quelque temps dedans ma meutte, pour les passer par les regles de mon mestier aux choix des jeusnes chiens, à cause que la complexion des jeusnes chiens, neantmoins sortis de mesme race, est si fort differente : pour les uns bientost chassants, et d'autres qui jusques à la deuxiesme ou troisiesme année augmentent tousjours de force et de quelques traictz en leurs airs. Si est-ce que je ne peux avoir cette patience, à cause que ma meutte est composée d'un nombre de chiens que j'ay jugé estre necessaire, pour donner plaisir à un gentilhomme, sans excès ; et ce petit nombre est suffisant, estant bien adjusté ; et qu'il y en aye de tout aage propres à servir à la meutte, ils pourront courre et donner plaisir à toutes sortes de vrays veneurs. Voire, quand le roy ou souverain voudroit faire l'honneur à ce veneur que de voir courre ses chiens, il doit hardiment exercer son art, car il a nombre de chiens suffisant de vingt-quatre ou vingt-cincq, pour faire reussir et tesmoigner les effects de sa science. Mais qu'il note ce point : s'il a des chiens propres et de tout aage pour le servir aux deffauts ; car de faire comme beaucoup de nos veneurs, les quels, à une meutte, ils auront la moictié ou les deux tiers de jeusnes chiens, et s'ils entretiennent un compagnon du mestier, c'est leur element de se vanter et publier qu'ils ont une belle meutte

Ne presser trop une meutte de jeusnesse.

avec quantité de belle jeusnesse. Si ce discours s'adresse à moy par un vieux veneur, je luy represente incontinent que cela ne sympathise nullement avec son aage, et qu'auparavant que toute cette belle jeusnesse soit reduite sous la justesse de l'art, il ne luy reste plus ny force ny vigueur; et si c'est un jeusne veneur, je reparts que tant de jeusnesse ensemble ne peut nullement satisfaire un maistre, par les folies et boutades qui arrivent de la quantité de jeusnes chiens. Il se reglera donc exactement sur ce traict de bon veneur, de ne presser et fournir sa meutte de jeusnes chiens, que suivant le nombre qu'il est necessaire, et que son maistre veut avoir sa meutte composée. Cela puis après depend du jugement du bon veneur, de rafreschir la meutte de quantité de jeusnesse necessaire, affin qu'elle demeure tousjours en mesme bonté et force; pour à quoy parvenir, j'ay choisy Gaillard pour un de ceux-là qui doivent tenir place dedans ma meutte. Et comme j'ay escrit cy devant que je ne me deffais point de mes jeusnes chiens, qu'ils n'ayent esté considerez en toutes leurs actions, pour en recueillir les jugements, si est-ce que pour cela je ne trouble les vieux chiens; car la quantité des jeusnes chiens que je fais nourrir, encor que je les garde si longtemps, si est-ce qu'ils ne m'apportent nul desordre en ma meutte; car à une chasse j'en fairay menner deux ou trois, à une autre trois ou quatre et non plus, et sont tenuz en telle crainte, estant battuz, qu'ils n'osent sortir du fort de la meutte. Que les jeusnes veneurs se souviennent que je ne fais jamais battre les jeusnes chiens, s'ils ne sçavent chasser fermement, et qu'ils ne mangent la curée comme les vieux chiens; alors ils sont en estat d'estre chastiez. Jeunes veneurs, souvenez-vous que c'est comme j'ay traicté Gaillard, pour le reduire à la justesse; car sans une grande crainte, il eust brouillé, emporté et embarrassé tous mes vieux chiens, et les eust empeschez de faire leurs coups de justesse, à barrer, à balancer devant eux; et rien que la crainte ne pouvoit l'empescher de se tirer de la presse, parce qu'il estoit de la taille necessaire aux chiens d'efforts : comme la teste petite selon la proportion du chien, de moyenne longueur et plustost longue que quarrée, le col court et gros proche des espaulles, les reins de bonne longueur et larges, la harpe bien proportionnée à l'humeur d'un vray bon veneur qui at accoustumé de voir faire des efforts souvent aux chiens; la harpe est bien avallée entre les jambes de devant, et se releve en rotondité, tirant aux flancs, entre les os des hanches larges de proche de quatre doigts, qui est le signal le plus certain à demeurer longtemps debout, et deffaire ses compagnons à la fin du jour; pour le jarret, je desire fort qu'ils l'ayent droit, et que la queue vienne diminuant et finir au nœud du jarret; toutes fois j'ay veu plussieurs chiens, qui n'avoient le jarret droict ny de la proportion requise, qui pourtant ne laissoient d'estre vistes; mais pour estre beau, il faut que la cuisse soit bien troussée, et vienne diminuant en rondeur jusques au jarret, le jarret point courbé, et qu'il soit fort court, depuis le nœud jusques en terre. Avec ces signals de grande force, je veux, pour avoir place en ma meutte, qu'ils ayent la chair de dessus les reins ferme; ce n'est pas assez qu'ils l'ayent ferme, lors qu'ils sont en bon corps, mais que, lors qu'ils viennent à s'effiler et estre en mauvais corps, ce qu'il leur reste de chair proche les reins, qu'elle soit tousjours ferme et dure comme si c'estoit muscle. Or, les bons veneurs doivent choisir les jeusnes chiens pour deux raisons: la premiere, quand ils sont de taille d'estre de longue traicte,

Proportion d'un beau chien.

vistes et d'effort; l'autre, s'il y at apparence qu'ils seront de haut nez. Pour ce traict, il les faut avoir veus chasser quelque temps, pour juger quel secours de chasse l'on en doit esperer, lors qu'ils auront chassé deux saisons, le quel jugement ne se peut faire que par quelque experience et pratique, à les considerer chasser. J'ay donc choisy Gaillard ayant ces signes de force, et pour satisfaire à la seconde raison au choix des jeusnes chiens, et par quelle action je luy ay veu faire quelque traict de chien qui doit estre de haut nez et de secours pour demeurer dans ma meutte. J'auray, pour affirmer mon discours et pour tesmoigner l'humeur de Gaillard, Monsieur le marquis de Removille et Monsieur le comte de Brionne, qui par plussieurs fois ont veu chasser ma meutte à la montagne de Margeville, et luy ont veu forcer des lievres si justement, que l'on pouvoit foitter les lievres à coups de houssine, sçavoir s'ils pouvoient marcher d'advantage : c'est ainsy que je veux prendre les lievres hors des plaines, en pays couvert de vignes, et non pas à la rencontre. Or, une grande incommodité, qui est en cette montagne pour forcer, sont les quantitez de perrieres et costeaux fort pierreux, où toutes meuttes s'estonnent, si elles ne sçavent parfaitement bien chasser par les menus et avec patience; et principalement, si les chiens ne sont de haut nez et chassent bien de forlonge, ils faudront plussieurs lievres; et semble la pluspart du temps aux assistants, s'ils ne sont desliez en l'art, qu'une meutte en tels pays rudes ne vaut rien, s'ils ne l'ont veue chasser en d'autres contrées, où les chiens peuvent jouer à pis faire de leurs jambes qu'ils ne sont vistes. Je diray aux assistants, qui prennent peine à voir courre nos meuttes, que la premiere chose qu'ils doivent considerer, c'est le pays où l'on courre : comme si

De pousser les lievres à coups de houssine.

c'est plaine, que les chiens jouent fermement de leurs jambes, sans barrer ny balancer; en pays de pierres et de grandes perrieres, où les lievres se font battre sur les fins, que ces chiens se servent de l'excellence de leur nez; s'ils se trouvent en pays de vignes nouvellement labourées, qu'ils chassent d'une extreme patience et en crainte par l'ayde de la voix du veneur. S'ils sont exacts à considerer ces trois points, et qu'ils soyent veneurs, ils fairont un jugement asseuré de la bonté et perfection de la meutte. Je veux encor m'expliquer d'advantage aux plaines; car il n'y a si desolé veneur, si la furie et chaleur ne troublent son jugement, qui ne puisse juger si la meutte y chasse de justesse et sans s'emporter; aux perrieres, s'ils chassent bien de forlonge et sans barrer sur les aires; aux vignes, s'ils chassent bien par les menus, tournant et pliant toute la meutte en corps sur toutes les malices ou ruzes, que les lievres ont accoustumé d'y faire. En toutes ces difficultez et en ces lieux difficiles, j'ay veu Gaillard en parler comme les vieux chiens, tellement que j'estois constraint de l'intimider fort, de crainte qu'il ne barre devant ma meutte et qu'il ne me fasse perdre temps; et quelqu'un me demandoit pourquoy je ne laissois chasser Gaillard à l'esgal de sa force et de son courage, mais ce n'est nullement ma forme de chasser ainsy. Je ne puis souffrir que les jeusnes chiens mis nouvellement aux coupples fassent tort à ce corps de meutte, et principalement à ces vieux docteurs de chasse, qui ont tenu la meutte tout un jour, attendant un retour ou quelque lieu difficile, pour secourrir les veneurs. Mes jeusnes chiens sont donc tenuz en telle crainte que, si par quelque desordre de chasse une beste s'est forlongée, Gaillard n'incommodera point les vieux chiens, avec l'ayde de la voix du veneur; car il at esté adjusté avec un tel soing et tant battu que le veneur n'at pas la peine de luy dire deux fois : Bellement, Gaillard. Il entend ce mot, de mesme que le chien couchant qui n'est encor trop asseuré, et neantmoins, avec l'ayde de la voix du tireur, il ferme et arreste bien les perdrix. Or, si un tireur a tant de pouvoir sur ce chien, pourquoy ne fairay-je pas le mesme effect sur les miens, puisque la science de l'art me le commande, et que nous avons tant de moyens qui ont tousjours esté praticquez? Tant de noblesse, qui ont veu courre les chiens de Son Altesse, ne sont point en doute de la forme que mes chiens sont adjustez, qui est avec une si grande crainte, que je les fais arrester à ma voix, lors qu'ils sont bien ameuttez. Je les ay fait autres fois arrester, en presence de Monsieur de la Brossette, celuy qui avoit les chiens de Monsieur d'Espernon en charge, d'aussy loing qu'ils pouvoient entendre ma voix, et toute la meutte pour le cerf s'arrester ensemble, et demeuroient court jusques à ce que je les faisois chasser. Mes chiens à lievre ne sont pas avec moins de creance; et si Gaillard ou un autre est à la teste de la meutte, luy criant, Bellement, aussitost il perd cette fougue d'estre le premier, et se serre et se rejette dedans le fort de la meutte; et ainsy les jeusnes chiens estant tenuz en telle obeissance et crainte, qu'ils ne peuvent faire des effects de leur jeusnesse, les vieux chiens raprochent aysement et plaisament une beste forlongée. Or, les veneurs, qui ne veullent donner tant de soing ny de travail à dresser les jeusnes chiens, se flattent trop et leur meutte aussy. Ils se flattent, à cause qu'il y at beaucoup de peine au commencement que l'on veut dresser une meutte; mais aussy, après qu'elle est dressée, l'on jouit du contentement de vray veneur; l'on faut quelque cerf, chevreul ou

Adjuster et arrester une meutte.

lievre, en les dressant; mais après qu'ils sont accoustumez en cest ordre de chasser, l'on en faut peu. Il est fort facile à entretenir une meutte en cette crainte et justesse; si l'on ne flatte les chiens, ils ne sont pas souvent assez battus. Et si trouveray quelque veneur qui m'alleguera que l'on tue des chevaux d'advantage, il est certain que les chevaux ont plus de peine; mais quand les chiens sont adjustez, ils n'en ont pas tant, car ils reprennent haleine autant de fois qu'il plaist au veneur, qui est autant de fois qu'il arreste les chiens. Je veux que l'on tue des chevaux, bien que non, cette science n'est pas donnée de Dieu en faveur de l'homme avare et mecanique; il faut d'autres humeurs, pour exercer franchement cette science, et avoir cognoissance des vrayes bonnes races des chiens; car auparavant que d'atteindre cette perfection, il faut y avoir contribué de son aage et liberalement de ses commoditez, si donc l'on ne travaille sous les bienfaits de quelque grand prince, et qui ne plaint nullement la despence aux exercices honorables et vertueux. Mais s'il affectionne l'art de venerie, le veneur doit estre prudent au choix des chiens nouvellement mis aux coupples, comme Gaillard, pour le quel j'ay commencé ce discours. Et comme il y demeure peu de jeusnes chiens dedans ma meutte, je ne choisis legerement, sans me rapporter aux veneurs qui voyent courre mes chiens, et tirer d'eux les jugements qu'ils ont faits de mes jeusnes chiens par leurs actions, afin de ne me point tromper me fiant trop à moy-mesme, car plussieurs doivent voir plus clair qu'un seul. Il me reussit à plus de contentement, si j'ay quelque opinion de choisir un chien, lors qu'il s'y trouve quelque veneur qui fortifie mon choix; et me souvient que Monsieur de Campremy m'a loué par plussieurs fois Gaillard, pour luy avoir veu faire une action de chien de haut nez par temps difficile. Ce fut, lors que je courrois un lievre à Luneville, devant toute la court; et ce lievre, estant malmenné, il passe les fossez de la ville qui estoient glacez, et monte les remparts qui ne sont revestuz, et va se relaisser dedans la ville où il y at quelques jardins. Ce jour, Monsieur de Campremy estoit sur un bastion, et prit plaisir de voir si ma meutte ne s'estonneroit sur cette glace, et si j'aurois quelque chien qui porte et presse ces aires hors de ceste difficulté de glace. Incontinent il eut le plaisir de voir ma meutte chasser fermement le long de la contrescarpe; et comme les aires plierent pour descendre dedans les fossez, ma meutte plie justement et descend jusques aux glaces; puis mes chiens propres aux retours reviennent en arriere, cincq ou six pas, à cause que le sentiment estoit diminué, et plus evaporé et refroidy sur cette glace que non pas sur la terre; mais pour telle cause et raison, Gaillard ne laissa de demeurer ferme à l'entrée de la glace et en parler, essaiant de passer cette glace; mais à sa voix, mes vieux chiens le secourrurent, et furent requerir et relancer le lievre dedans la ville, le quel fut ramenné à veue et pris de vistesse. Or, du depuis Monsieur de Campremy m'asseura qu'il n'avoit jamais veu faire un meilleur traict de secours à un chien mis nouvellement aux coupples, que celuy que Gaillard fit sur cette glace. Il a donc fortifié mon choix, et n'ay point rejetté l'advis d'un veneur, veu mesme qu'il est Picard, d'où il sort des bons veneurs. Mais pour conclusion et fin, je n'ay plus à dire, sinon que, pour estre vray veneur, il est necessaire de sçavoir comprendre et remarquer l'air, la façon et humeur de Gaillard : s'il cede aux vieux chiens, les quels, en leur travail, luy apprennent à bien chasser et per-

Ma meutte monte des remparts, des rocs.

chasser, s'il le fait par crainte et obeissance, ou bien d'un doux naturel provenant de la race d'où il est sorty. Prennez garde, jeusnes veneurs, de quelle façon Gaillard cede aux docteurs de chasse, qui sont les vieux chiens. Si c'est de crainte ou d'un naturel aisé à mettre à la raison, que la raison mesme agisse en vous; cedez aux vieux, de qui tenez tout ce que scauriez avoir de louable en vos actions; respectez ceux de qui vous voulez et desirez d'apprendre et ravir de leur science; contentez-vous de cela, et n'enlevez pas l'honneur qui est deu aux hommes de merite et vertueux. Un jeusne veneur presomptueux, insolent et sans respect, il est incapable de la venerie, indigne de la condition du service. Considerez que Gaillard, pour commencer à bien faire, me donne contentement sur des glaces, lieux fraiz et difficiles à reprendre et chasser. Contentez vos maistres, servez fidelement. Je veulx qu'ils soyent fascheux et difficiles, que leurs humeurs soyent toutes glacées; neantmoins le vray veneur reglera ses actions à l'humeur de son maistre, et servira bien et honorablement là où il se rencontre et s'est obligé; car s'il est franc veneur, il at la conversation agreable et l'ame bonne. Vrays veneurs, considerez les actions et le naturel du jeusne chien qui satisfait son maistre; il est courageux, et neantmoins par le soing il est sous la justesse de l'art. Les chiens de bonne race, ils sont hardis, ils sont doux, quand il est temps, et amiables envers leurs maistres. Le grand chien d'Alexandre que l'on luy envoya des Indes, il terrassa un elephant, et ne faisoit nul estat des autres animaux, ne les jugeant pas dignes de sa force ny capables de sa furie. Il y en at qui combattent des torreaux, des lions; lisez Quintus Curtius et Pline à ce subject. Le seigneur de Montaigne rapporte que le roy Pyrrhus, ayant

De ceder aux vieux chasseurs.

Un vray veneur sert fidelement.

D'un chien courageux.

rencontré un chien, qui gardoit le corps de son maistre mort et assassiné, il y avoit trois jours, commanda que l'on enterrat le corps, et print le chien avec luy, pour la fidelité et amitié qu'il avoit recognu que ce chien portoit à son maistre. Un jour que le roy Pyrrhus voyoit faire monstre generale à son armée, le chien recognut les meurtriers de son maistre, leur courrut sus avec des puissants assauts et grondements d'aboix, de morsures; et bientost après ce chien fut la seule cause que la justice en fut faicte, car il fut le premier indice qu'ils furent descouverts, et qu'ils confesserent leur crime. Or, voicy une belle question de venerie, sçavoir : si le chien at eu cognoissance de ces meurtriers de son maistre à veue, à les voir, à les considerer, ou bien au sentiment, par le sens de l'odorat. D'aucuns tiennent que ce fut à veue, à les considerer, que le chien les recognut; mais je suis d'opinion bien contraire, en qualité de veneur. Je crois asseurement que ce fut au sentiment et par l'odorat, que le chien eut cognoissance des meurtriers, veu que la nature a donné aux chiens la perfection de l'odorat, privativement des autres animaux, car il n'y en at aucun qui l'aye si puissant et qui penetre plus; car il est difficile à croire qu'un chien, n'ayant veu qu'une seule fois ces hommes, qu'il les aye peu recognoistre dans cette multitude de trente ou quarante mille hommes, s'il n'avoit esté secourru et aydé de ce sens de l'odorat. L'on voit souvent des chiens recognoistre des hommes, qu'il y a plussieurs années qu'ils n'ont pas veus; mais auparavant cette recognoissance, ces chiens les esventent, les flairent, les sentent, ils se servent de l'odorat; puis estants certains que c'est eux-mesmes qu'ils desirent et cherchent, ils leur sautent au collet, les caressent et cajollent à leur mode; mais auparavant ils y ont appliqué ce que nature leur a donné de plus admirable, qui est la cognoissance par la voye de l'odorat.

XXIII

DE CADAULT.

Je donneray encor plussieurs advis aux jeusnes veneurs, touchant le choix des jeusnes chiens, et comme j'ay ma meutte composée de deux sortes de naturel de chiens, les uns fort paresseux à quester, et ceux de l'autre race un peu plus diligents et gaillards, neantmoins de mesme vistesse; mais à la fin du jour les plus ardants ne l'emportent pas. Cadault est sorty des plus negligents à quester et lancer; mais ce que je desire de forcer estant debout, il le presse d'une grande gayeté, fort advantageuse pour le contentement des assistants vrays veneurs; et celuy qui rencontrera telle race de chiens ne se doit legerement deffaire des jeusnes chiens qui en sortiront, encor que quelques fois ils sont tardifs. J'en ay autres fois gardé cincq et six mois, qui ne voulloient nullement mettre le nez à terre. Mesme pour le present, il y at un chien dans ma meutte pour cerf, de Son Altesse, que j'ay gardé depuis le mois d'avril jusques au mois de septembre; alors il s'est esveillé, sans qu'auparavant il aye voulu chasser ny donner un tour de queue sur des aires sortants de la reposée; mesme je l'ay fait menner au bois, et l'ai fait descouppler sur des voyes qui ne faisoient que d'aller, puis après le menner sur la nuict de plussieurs bestes, avec un vieux chien qui demesloit par les menus, qui est l'invention la plus abbregeante à dresser un jeusne chien. Bref, je n'ay rien oublié de ce que je jugeois estre necessaire pour advancer un jeusne chien à donner plaisir

Du choix des jeusnes chiens.

à son maistre, me servant des curées, que je tennois et tiei bonnes avec l'exercice, pour dresser un chien sorty de bonı race; et avec tout ce soing et travail, il at esté six mois saı chasser, puis après il s'est meslé dedans le fort de la meut et a commencé à bien faire. Je ne l'eusse pas tant gardé, s' n'eust sorty de vrays bons chiens et de la race de Merlant, qu de tout temps tient place à la meutte de Son Altesse; et croi qu'il y at cent ou six vingt ans que la race de ce chien est e Lorraine, depuis le temps que Jacques du Chastelet, seigneu de Sorcy et bailly de Sainct-Mihiel, estoit grand veneur. Cett race de chiens, estant exercée, garde le change pour le ce naturellement, et les ducs qui ont esté n'ont jamais desiré qu les grands veneurs laissent perdre cette race de chiens. I m'at esté commandé d'en faire estat, et l'ay appris de fe Monsieur de Gellenoncourt, mon devancier grand veneuı qui l'avoit de mesme appris de feu Monsieur de Puligny, so pere, qui s'estoit tousjours servy de cette race de chiens, la quelle est en telle estime que, par plussieurs fois, j'ay eu l'hon neur de presenter de cette race à Sa Majesté Henry le Grand de la part de Monseigneur le duc François, les quels ont est trouvez bons, et trouvoient place à chasser à leur tour ferme ment. Donc c'est de telles races de chiens qu'il faut avoi patience, pourveu qu'ils soyent recevables entre les veneurs capables à tel choix et tel jugement, et non pas garder de toutes sortes de races de chiens incognuz, des quels le nombre affoiblit plustost une meutte que de l'augmenter en perfection et bonté. Et ce discours doit fortifier mes raisons, affin de n'estre pas rejettées des veneurs qui, glosant sur toutes les actions de ceste science qui leur sont encor incognues, me treuvent trop lent et tardif au jugement des jeusnes chiens.

Avoir patience des jeusnes chiens.

Je diray encor, pour adjonction de ce discours, aux jeusnes veneurs, que les chiens qui seront les plus ardants, la premiere saison qu'ils seront mis aux coupples, ne seront pas ceux qui dureront le plus longtemps de mesme force. C'est pourquoy je persisteray tousjours d'avantage à persuader à tous veneurs d'avoir patience des jeusnes chiens mis nouvellement aux couples, pourveu qu'ils soyent de race, et de taille requise et necessaire aux efforts, et que leurs actions ne soyent du tout insupportables; car celuy qui est ardant en ses actions se doit traicter tout differemment, et dresser avec une autre methode de forme que celle que j'ay dressé Cadault, pour le quel j'ay commencé à parler des chiens tardifs à donner plaisir; car ayant recognu que son naturel estoit trop ardant, et qu'il avoit neantmoins de la force et de la vigueur, et que cela n'incommodoit mes bons chiens, je l'ay laissé deux ou trois mois dans ma meutte, sans qu'il me donne grand plaisir; seulement j'avois recognu qu'il se plaisoit à tenir la meutte. Mais ce n'est assez, car il faut encor recognoistre si tel chien at la force suffisante, pour avoir un jour satisfaction de l'attente et patience que vous en aurez eues, et le pourrez voir, s'il tient la meutte six et sept heures. Je veux qu'il n'y fasse que niaiser, pourveu qu'il demeure debout, mesme une partie du temps qu'il suit les chevaux; mais si par hazard vous relancez un lievre à veue, ou quoy que ce soit, vostre jeusne chien doit monstrer s'il a de la vigueur et force, et ce sera sur quoy vous formerez une partie du jugement que vous en devez faire. Et si ce jeusne chien fait une esquippée devant vostre meutte, et puis après qu'ayant perdu de veue vostre droict, qu'il aille posant le nez en terre, où il l'a perdu de veue et en parler, je veux qu'il n'empaume pas

Des chiens tardifs à chasser.

ses aires fermement, mais qu'il fasse l'empesché, et qu'il tesmoigne ne s'en aller de furie que tenant les voyes; ces signes sont vrays et legitimes tesmoins qu'il sera chien de secours aux desastres de chasse, et doit estre dressé gayement, sans estre trop battu, veu que vous aurez recognu que de luymesme il est porté de crainte à tenir ses voyes justes, et ne serez plus en doute que sçachant son mestier il ne s'en aille sur ses voyes de force suffissante, et sans demander l'ayde à ses compagnons, puisque vous luy avez veu faire cette esquippée, qui est le fondement de la force. C'est contentement au vray veneur, de recognoistre quelque traict de force et bonté aux jeusnes chiens, à cause qu'il ne faut presser une meutte de jeusnes chiens que du nombre necessaire à l'entretenir. Donc ce peu doit estre bon, et bien choisy selon les regles de l'art; et à ce mestier ne se trompe qui voudra, car j'ay esté plus de dix ans à avoir peu de plaisir, par trop presser ma meutte de jeusnesse; et quelques fois je ne pouvois trouver la cause pourquoy mes chiens ne pressoient leur droict jusques au bout, et j'estois constraint à recouppler sans prendre, et m'en retourner avec toute sorte de deplaisir; et si en ce temps je rencontrois un veneur, c'estoit à luy faire mes doleances et conter mon desplaisir de chasse. Quelques fois j'estois en apprehension que mes chiens ne fussent ensorcelez, ou que je courrois quelque sorciere; mais de tout cela rien moins, car le temps et l'experience m'ont donné à cognoistre que, comme mes chiens appuioient leurs voyes et chassoient de justesse, jusques à quelque difficulté de chasse je courrois plaisament; et tournant en arriere et prennant mes enceintes et devants de toutes parts, sans pouvoir faire relever le deffaut à mes chiens, je demeurois grandement estonné et mal satisfait de mon art.

Mais l'exercice m'a osté le voile de ceste erreur, et m'a donné à cognoistre que la seule cause de ce desordre estoit d'avoir trop de jeusnes chiens, et peu de vieux docteurs de chasse propres à relever toutes sortes de deffauts et de difficultez de chasse. Donc depuis, je n'ay gardé des jeusnes chiens que pour la necessité, les quels ont esté mieux dressez et adjustez, à cause du petit nombre, que non pas auparavant; car à ce mestier, la quantité nuict beaucoup, et tous veneurs qui auront l'humeur changeante en ce qui est de leurs chiens, et ne garderont les vieux chiens servants, jusques à ce qu'ils soyent affoiblis et ne peuvent servir à leur tour, malaisement auront-ils jamais des meuttes sages et excellentes, et qui puissent forcer par tout ce qui touche la terre devant eux : ce qui se doit entendre, s'il n'entre dedans les eaux. Alors ce n'est plus la faute des chiens, s'il at repos; mais hors de là, il ne doit avoir nul lieu de repos, mais tousjours pressé, ou de furie, ou par les menus et sagement. Or, à ce mestier, les chiens qui chassent de forlonge contentent plus que ceux qui font les advances; c'est la raison pour quoy j'ay pris grand plaisir, à bien dresser et adjuster Cadault ayant tous les signes qu'un jeusne chien peut avoir de bonté, outre que je tiens la race très excellente. Je l'ay laissé esgayer dedans ma meutte, et l'ay choisy pour y tenir place, parce qu'il commence à chasser d'une grande justesse, sans incommoder les vieux chiens, encor que ce n'est manque de force; car souvent un lievre qui repart, il fait des grandes randonnées devant ma meutte, et, ne le voyant plus, il ne s'emporte pas, mais demeure sur ses voyes, tachant de les emporter, qui est vray tesmoignage de chien de bonne race et patient; et m'at dernierement bien servy, forçant un lievre, que Monsieur de Sainct-Riran et Monsieur de Fallon

Trop de jeusnesse gaste les meuttes.

Signal pour attendre un jeusne chien.

ont pris la peine de voir courre et chasser à mes chiens, la saison et le jour estant fort difficiles, et faisoit verglas. Neantmoins pour satisfaire à ces Messieurs, je m'en alla courre; aussitost que mes chiens furent emancipez, le temps devint favorable, et incontinent il y eut un lievre debout. Mes chiens l'ameutterent d'une vistesse grande, et plus d'une lieue, sans le relancer ny laisser reprendre haleine à nos chevaux; mais au premier retour, nous le vismes repartir, et alors Cadault, qui avoit fait le paresseux et chassé le dernier jusques là, se mist à la teste, sans barrer ny balancer; et quand je dis qu'il avoit esté le dernier, ce n'est pas qu'ils ayent fait une grande file; car pour estre une meutte publiée bonne, il faut que tous les chiens soyent d'une force esgale, s'il est possible, et tous soyent devant les picqueurs. Beaucoup de nos veneurs me diront qu'il est impossible; mais je les envoye en Angleterre, et là ils n'en seront plus en doute, s'ils prennent la peine d'y voir courre des meuttes. Ma meutte courre ainsy, et alla prendre le lievre à la montagne sur Suriauville, à une grande lieue et demie d'où elle l'avoit lancé; et au retour de là, ces Messieurs dirent que souvent ils voyoient courre la bague, mais que jamais ils n'avoient veu courre une lieue et demie de mesme air, sinon à mes chiens et à mes chevaux. Jeusnes veneurs, vous voyez la patience qu'il convient avoir d'un jeusne chien, et les raisons pourquoy on les souffre : c'est qu'ils sont de bonne race, ou qu'ils ont quelque action en leur air, qui tesmoigne quelque chose d'excellent. Servez-vous de ce traict. Que si vos maistres souffrent et endurent par trop de vos jeusnesses, c'est à dessein que vous recognoissiez le vray chemin de la raison; et que comme toute chose retourne en son centre ou son element, peut-estre que vous estes sortis de

Raison pourquoy plussieurs maistres souffrent de jeusnes veneurs.

gens de bien, vos maistres esperent que le temps vous remettra à vostre centre, et que vous retournerez au vray element de vos ancestres; que si vos parents n'estoient tels, vos physionomies les obligent peut-estre à esperer quelque bien de vous, et à souffrir vos imprudences, bien qu'ils n'y soyent pas obligez. Les Grecs souloient dire que les veneurs sont tousjours prests de servir de biens et de corps, mesme de la vie, leurs amis; que c'est eux qui se plaisent à faire la guerre aux bestes sauvages, tandis que les autres courrent sus et attacquent ceux à qui ils tesmoignent estre leurs amis et associez. Considerez ce discours, et de plus souvenez-vous de ce que l'on fait d'un chien le quel n'est propre à rien; il est chassé ou donné. Vous serez plus maltraicté que les chiens, si esprit et raison ne sont votre gouvernail. Si vous sçavez vous gouverner et regler vos passions, vous serez capables de gouverner la venerie et les chiens. Celuy qui se reglera pourra bien, en son art de venerie, regler et dresser les jeusnes chiens. Mais principalement, jeusnes veneurs, reprimez le trop parler aux jeusnes chiens; et en compagnie, que vostre discours soit reglé de telle sorte que tous vrays veneurs en demeurent edifiez, et puissent apprendre quelque traict de vostre science. Les discours qui n'apportent nulle edification, ou des quels nous ne proffitons de rien, celuy qui les profere est de mesme que le chien qui parle hors des aires et hors de temps : c'est peste de venerie. Le vray bon chien, en nostre art de venerie, se cognoist, à la voix et aux effects de chasse. Les vrays hommes de bien et veneurs se cognoissent, à la parolle et par les effects de leurs parolles; ils ne sont pas stupides ny muets; lorsqu'il est necessaire, ils parlent. Parlez donc, jeusnes veneurs; mais s'il est possible, que ce ne soit jamais hors de temps. Je n'ay eu nul subject, jusques à present, de vous dire quelque mot des chiens muets, à cause que je ne prend nul plaisir à en dresser. Ils me sont insupportables, et non recevables selon les regles du mestier; toutes fois, lorsque j'estois jeusne, j'en ay dressé un, nommé Verboys, le quel gardoit le change fermement. Il portoit un collier de sonnettes au col, affin qu'au bruict et son de ses sonnettes l'on le puisse accompagner, soit au pays fort ou foible. Ce chien n'en crioit, sinon à un relancé, ou quand son droit ne faisoit que d'aller. Il estoit en sa force, lorsque Sa Majesté Henry le Grand vint en ce pays; je le fis courre avec la meutte de Sa Majesté, là où il ne receut nul desadvantage, pour sa vistesse. Je ne fais pas ce discours aux jeusnes veneurs, pour les inviter à dresser des chiens muets; mais c'est pour les rendre plus serieux. Le vray veneur n'en faira nul estat, et les bannira de sa meutte. Ce mot de chien muet n'est pas seulement odieux parmy les bons hommes de venerie, mais il l'est en toute sorte de profession. L'Escriture mesme, ne pouvant trouver un mot plus odieux pour certains personnages peu sçavants, elle les appelle chiens muets, à cause qu'ils n'apportent nulle edification par leurs parolles; vous verrez ce traict en Isaïe. Soyez donc ennemis des chiens muets, pour posseder la qualité de bons veneurs.

XXIV

DE SIGAULT, MIS AUX COUPPLES NOUVELLEMENT.

Sigault est ardant, et le faut traicter d'une methode differente, avec plus de soing, que je n'ay traicté son compagnon, qui est plus froid à lancer et quester; car à ces chiens ardants et pleins de furie, incontinent que le veneur, qui les veut

Des chiens ardants.

dresser, a cognu leurs humeurs, et qu'il voit qu'ils n'obeissent pas à sa voix, il ne leur doit rien souffrir ny laisser passer; car si tel humeur de chien n'est adjusté, à force de chasser en crainte et d'estre battu, en peu de temps il desadjustera les vrays bons chiens, et mettra la meutte en tel desordre, qu'il faut plussieurs chasses pour la remettre sous la justesse de l'art et de la voix des veneurs. C'est pourquoy nous devons dresser tels chiens et prendre le temps de les menner aux champs, lors que nos maistres n'y peuvent aller; car il n'y at nulle apparence de descouppler et faire chasser en desordre, devant eux-mesmes, un chien du quel l'action trouble toute la chasse et le plaisir du maistre. Xenophon, l'un de nos meilleurs autheurs de venerie, nous deffend de ne pas laisser par trop esloigner les jeusnes chiens de la meutte ny des chiens desja faicts; autrement ils se rendroient inutiles en venerie, et à bien forcer leur droict. C'est donc grande erreur de venerie, parce que l'art est donné de Dieu aux vrays bons veneurs et vrays hommes du mestier, pour contenter les grands roys et princes, ou qui que ce soit, s'il at le moyen d'entretenir une meutte et at le cœur à ce mestier. Il ne faut, devant eux, descouppler nuls chiens, si ce n'est par leur commandement, que premierement nous n'ayons recognu s'ils peuvent plustost nuire que servir; car quelle apparence y a-t-il que, devant mon maistre, je fasse descouppler des jeusnes chiens, qui ne laisseront chasser une meutte de leur justesse accoustumée. Tantost ils barrent; puis après ils courrent aux alouettes, et là, celuy qui commande n'y peut rien apporter, sinon qu'il deteste son art. Mais ce n'est nullement l'art qui en est la cause; car c'est l'imprudence de celuy qui fait tel traict, et qui, dez le logis, ne juge pas, s'il menne un tel chien devant son maistre, ce qu'il peut faire, quelle action, et quel desordre luy peut arriver; et maintiens que mennant inconsiderement un chien à la chasse, qui n'est pas adjusté, il est cause, la plus part du temps, d'enlever tous les plaisirs et contentements, que le maistre pouvoit esperer ce jour-là. Et affin que ceux qui sont ennemis de tels desordres, et qui veullent effectuer les regles du mestier et travailler au contenu d'icelles, pour le contentement des maistres, ou le leur, si les meuttes sont à eux, je diray comme j'ay adjusté ce jeusne chien Sigault. Le voyant de vraye belle taille, je me suis resoud à l'adjuster dans ma meutte à lievre avec soing; et lorsqu'il at esté un peu accoustumé à la voix des garçons des chiens, je creus n'apporter non plus de ceremonie à le dresser, qu'à mes autres chiens d'humeur froide et patiente, mais ce n'est ainsy. Comme il fut à la campagne et descouplé, il plia quelque peu à ma voix, jusques à ce qu'il y eut un lievre debout, et aussitost ma meutte le chasse fermement. A ce bruict, ce jeusne chien se mesle de chasser, et commence à barrer et balancer devant ma meutte, et incommodoit fort mes vieux chiens, sans que nous y puissions apporter nul remede; et parlant à luy et l'intimidant de la voix, c'estoit de mesme que si nous eussions parlé à un chien sourd et esgarré, tellement qu'au premier relancé il apperceut le lievre. Aussitost il fait des grandes randonnées devant ma meutte, et, ne le voyant plus, il estoit parmy les plaines comme un chien sauvage; et ma meutte tournant et pliant sur les aires, il n'at nul soing ny de la meutte ny de nos voix, et m'enleva pour ce jour tout le plaisir que je pouvois esperer de mon art. Mais pour l'adjuster et empescher ce desordre, je l'ay remis au chenil quelque temps, et jusques à ce qu'il a sceu fermement discerner, à la voix des

Dresser un chien ardant.

hommes, s'ils parlent à luy de colere, ou s'ils le veullent flatter; et pour luy apprendre, je l'ay fait menner souvent promener et esbattre tout descoupplé, et en mesme temps qu'il veut se tirer de la presse des autres chiens, ce sont coups de houssine qui tombent sur ses reins. Je le fais aussy guetter de jour au chenil, et s'il mord ses compagnons, il est traicté de mesme ; et en mangeant, s'il fait le mutin parmy les autres, il n'en a pas moins. Et pour luy apprendre à discerner la voix plus rude, celuy qui le bat, en touchant, crie toujours : Sigault; et pour discerner la voix plus douce, celuy qui visite le chenil en ces temps, lorsqu'il ne fait nulle action mauvaise, le flatte souvent et l'appelle par son nom, d'une voix douce et plaisante aux chiens; et par ce moyen le veneur aura satisfaction, car à sa voix le chien sçaura discerner ce qu'il luy demande, qui est le tenir en crainte ou l'emanciper. Il se tient en crainte parce que, lorsque le veneur luy parle, disant, Sigault, d'une voix rude et farouche, il pense que ce soit autant de coups de houssine, et cela le fait jetter dans le fort de la meutte; et si d'une voix plus gaye il luy parle, cela l'emancipe et le fait quester et chasser gayement. C'est là le fondement et regle de l'art, qu'il faut qu'un jeusne chien ardant aye, devant que d'estre menné à la campagne, et que le descouppler, pour chasser en corps de meutte, et en faire un vray bon chien adjusté dans la meutte; car s'il ne plie et n'obeit à la voix du veneur, comme je represente, il gaignera à la fin de courre à costé de la meutte, qui est directement contre les regles de venerie; car pour lievre, parmy les bons hommes du mestier, nous appelons un chien estre dehors, quand il est au bout des aires ou voies; et qu'elles plient et tournent, alors un autre chien se met à la teste de celuy donc qui tenoit

Chiens dehors et point adjustez.

le bout du baston; quand l'autre s'est mis à la teste, pour estre publié vray bon chien, se doit viste rejetter dans le fort de la meutte; et s'il ne le fait de sa science, qu'il ne soit de nature assez juste, il le doit faire à la voix du veneur. Mais jamais il ne doit courre à costé des voyes, s'il les a perdues, ou cedées à un autre qui aye plus de jambe; ou bien s'il a perdu son advantage au bout de quelque ruze, il doit aussitost regaigner les voyes, qu'il soit le dernier ou bien au milieu, ainsy que sa force luy permet; et s'il se veut remettre à la teste des chiens, il doit tantost gaigner un chien, et de là un autre, jusques à ce qu'il soit le premier. Ce doit estre franchement qu'il doit faire cette action de chien de force, sans se tirer hors des aires, pour estre vray bon chien et juste, mesme essuiant les costez à ses compagnons, et les presser en passant. Que s'il s'en alloit, à l'estourdy, se mettre le premier, sans avoir poussé les voyes, ceste action est d'un chien qui est hors de la justesse de l'art, ou qui at esté mal dressé. J'ay conferé avec plussieurs bons veneurs, qui appelloient un chien mal dressé mal entré, parce que, s'il est au bout d'une ruze ou d'un retour, il doit rentrer dedans la meutte, et jamais ne courre à costé de la meutte, et attendre son temps, pour faire un autre effort. Pour mon particulier, j'advoüe que la race sert à tel effect; mais il faut joindre et unir avec les chiens de race, de taille propre aux efforts, la science d'un bon veneur, pour empescher qu'un jeusne chien courageux et fort de jambes, le quel se peut mettre à la teste, quand il luy plaist, n'appreigne pas à gaigner son advantage, la teste tournée d'un autre costé, ou les yeux levez, regardant le ciel, qui serviroit plustost à un fauconnier qui fait voler pour hairon, que de chasser en vray bon chien. Mesme j'en

Des chiens mal entrez.

ay veu d'aucuns, qui estoient tellement esgarrez et esloignez de la justesse de l'art, que, lorsqu'ils estoient les premiers, et ne pouvant tenir les voyes, pour estre entierement dehors ou avoir esté mal dressez, regardoient tousjours derriere leurs compagnons voir s'ils les suivoient; ainsy emportoient les autres chiens et ne faisoient que barrer, ayant plustost le soing de regarder de part et d'autre, que de suivre et tenir les aires de justesse. Donc plussieurs jeusnes veneurs et autres les poussent et emportent encor d'advantage à cette humeur, par furie, parler et sonner hors de temps; au contraire, ils doivent empescher que les chiens nouvellement mis aux couples n'appreignent pas telles actions, qui veritablement les emancipent trop, et les poussent à se tenir tousjours hors de la meutte, et les rendent incapables de donner plaisir à un vray bon veneur. J'ay dressé Sigault, qui estoit fort ardant, avec ce soing, que d'estre tousjours en garde qu'il ne gaigne cest advantage, que de commettre les fautes que j'ay representées; et l'ay reduict en telle sorte, qu'il a donné plaisir à plussieurs princes et seigneurs, à bien tenir ses voyes et les pousser de justesse; mesme c'est le grand chemin, pour apprendre un chien à chasser de patience, et l'apprendre aussy à garder de sa force, pour travailler fort sur la fin d'une beste malmennée. Il ne faut aux chiens ardants leur donner des lievres, de veue, que le moins que l'on peut, si ce n'est qu'ils soyent malmennez, et qu'ils les puissent prendre de cette veue; car si ce sont lievres qui partent fraiz de la forme, ils rendent le chien qui n'est pas encor dressé trop estourdy et esgarré; et de plus, le plaisir n'est pas entier au vray veneur, lorsque ses chiens courrent à veue, car il ne voit pas appuier et pousser les aires. Cela est la methode des levriers et mastins, de bien courre à veue, et trop dangereux pour desadjuster un chien plein de fougue comme Sigault, ou bien luy oster le courage entierement, par les efforts qu'il fait à oster souvent les devants à ses compagnons. J'entend quelques veneurs, qui disent que c'est trop de ceremonie, pour dresser un chien et l'apprendre à courre ; je veux les payer comptant, et leur dire un mot, avant que finir. Il est vray, c'est beaucoup de soing et travail, pour apprendre un chien à courre ; mais le chien courre differemment à veue, sur les aires et hors des aires. Cela est incognu à la pluspart des veneurs ; pourveu qu'ils voyent courre des chiens, ils sont satisfaits. Mais de ces trois temps, le bon veneur choisit celuy qui le satisfait en son art : c'est lorsque le chien courre, les voyes entre ses jambes. Le vray veneur cognoist cest air, voit, à son chien, que le travail est entier. Il n'y a rien à ce chien qui ne soit en action, lorsqu'il chasse fermement ; tout travaille, son corps s'allonge d'une autre methode et forme à celles dont il courre à veue, ou bien hors des aires, quand il barre ou balance ; il n'y a nerf ni muscle, sur le corps du chien qui chasse fermement, qui ne bande et travaille ; jusques au nerf qui soutient la langue, il travaille differemment, lorsque le chien parle fermement sur son droict, ou bien lorsqu'il parle qu'il est hors des aires et s'emporte ; ce sont actions differentes, mais non pas recognues de tous veneurs, ce sont lettres closes pour eux : ils ne sont à la campaigne que pour courre. Ce n'est pas sans raison que le bon veneur desire d'estre bien monté, c'est affin de considerer les actions des chiens qui chassent sur les aires selon l'art, et qu'il puisse chastier ceux qui se tirent hors des aires. Le bon veneur desire donc d'estre bien monté, pour jouir de son art, et pour demeurer uni avec les chiens, et non se perdre, comme un estourdy, sans son maistre ny sans ses chiens ; et la pluspart des veneurs se contentent de voir courre des chiens, et que l'on leur demande qui courre bien, ils diront les plus vistes, bien qu'ils ne soyent sur les voyes, pourveu qu'ils soyent les premiers. Ils n'ont nulle cognoissance de l'air qu'un chien doit avoir, appuiant ses voyes ou ne les tenant pas ; et neantmoins le vray art de bon veneur est d'avoir cette cognoissance, et ne doit courre que pour jouir de ce contentement, et non pas pour voir courre un chien indifferemment ; car le païsan fait bien cette action, que de voir courre un chien indifferemment de tous airs ; mais il n'y a que les veneurs de science qui sçavent discerner l'air de l'art de venerie. Celuy qui voit courre son levrier prend plus de plaisir en l'un des temps qu'à l'autre, soit lorsqu'il donne en passant, ou lorsqu'il va bourrer et prendre un lievre. Pourquoy est-ce que vous, jeusnes veneurs, vous ne faites pas de mesme? Le païsan prend plaisir à voir courre son mastin plus en un des temps qu'à l'autre ; mais le vray veneur ne prend nul plaisir aux actions de ses chiens, s'ils n'ont les voyes et les aires entre les jambes ; il cognoist cette action ; cette forme de courre de son chien le rend certain de son travail, pourveu qu'il soit à sa veue ou qu'il l'entende. C'est la vraye quintessence de l'art de venerie, de voir un bon chien en ceste action de chasse, la quelle est imprimée au cœur du franc veneur ; il faut donc soing, travail et ceremonie, à adjuster un chien ardant, affin que le vray veneur puisse tirer fruict de son travail, et servir son maistre dignement. J'ay conferé autres fois avec des veneurs excellents, qui tenoient que, pour estre une meutte publiée parfaictement juste et bien tenue sous la justesse de venerie, il faudroit que si un picqueur tournoit son cheval de travers sur les aires de ce qu'il chasse, que toute la meutte passe sous

Meutte unie et ensemble.

le ventre de son cheval, et juste attachée sur les voyes. Tel traict de venerie ne plaira nullement à ces hardis picqueurs; ils ont trop haste pour tourner leurs chevaux sur des aires, ils jugent plus à propos d'aller à un chien seul. Mais vous vous trouvez aussy et serez souvent seuls, sans maistre; car le fruict et la recompense que vous aurez de vostre travail, c'est confusion, et la cause que j'entend, à la mort d'un cerf ou d'un lievre, ces braves picqueurs : l'un dit qu'il at esté le premier, qu'il a bien sauté un fossé de grande largeur, qu'il a percé un fort, là où ses compagnons sont demeurez, qu'il estoit le premier le long d'une grande plaine; un autre en dit de mesme. Mais tout cecy ce sont discours de vanité et non de veneur, les quels, publiez seuls et sans suite, sont mal seants aux veneurs. Mais au retour des chasses et à la mort de ce que l'on courre, les bons veneurs se plaisent à deduire les desordres de chasse, et les beaux et plaisants differents, que les bons chiens ont relevez et emportez. Quelqu'un a remarqué quelque traict d'un chien qui a bien chassé de forlonge; un autre aura fait quelque coup en quelque chemin, aux voyes doublées, retours, change et lieux difficiles; bref, la chasse est manifestée. Ceux qui frequentent avec tels veneurs peuvent proffiter en l'art de venerie; il n'y a rien de caché, tout est à la veue de ceux qui n'ont pas esté à la chasse, comme de ceux qui y ont esté. Ce sont ces veneurs qui travaillent ainsy de jugement, les quels doivent avoir de la louange; car ils ont couru sans ambition, ils ont travaillé du corps et de l'esprit, d'avoir ainsy consideré toutes les belles actions de chasse qui se sont passées. Voilà donc les discours que les bons veneurs ont accoustumé de faire; mais les autres discours de vanité sont au prejudice de ceux qui les publient. Que l'on remarque

Discours à la fin de la chasse.

leurs actions, je m'asseure que c'est ainsy que les chiens emancipez, qui couppent et barrent, il n'y a rien de modeste de leurs actions. Que ceux qui ont l'honneur de commander aux veneries tiennent pour certain que, s'ils ne sont en garde et ne repriment les dereglez de leur bande, ils ne peuvent jamais donner plaisir à leurs maistres, parce que de tout ce qui est dereglé il ne peut sortir que confusion. Il faut premierement que les hommes soyent tenuz dedans les bornes du respect, de l'obeissance et de la vertu; et par cette voye, ils serviront leurs maistres dignement, pourveu que l'exemple de celuy qui commande precede et soit bon, qui est le vray art de venerie. Il m'est advis que j'ay satisfait à mon dessein, sur le naturel ardant de Sigault, du desordre des hommes et veneurs emancipez. Reglez-vous, jeusnes veneurs, et au lieu de laurier portez des boucquets de patience à la campaigne, moderez vostre ambition, et vous aurez des chiens justes. La prudence est l'effect et l'operation du vray veneur, et particulierement pour reduire un jeusne chien ardant. Mais la pluspart des meuttes, pour le jourd'huy, sont composées de chiens ardants; il m'est advis que je les vois tous à la campaigne decouplez et escartez, questants et brillants comme espagneuls; et tous ces violents veneurs, qui leur donnent encor plus de furie, ils les poussent tousjours plus avant, et d'advantage encor, après avoir dit plussieurs beaux mots et termes de venerie. La fin de cela est : Tirez à la meutte. Ils ont raison; tous ces pauvres chiens cherchent la meutte, car ils n'en voyent point pour se rallier, puis que meutte n'est autre chose qu'une multitude de chiens ensemble, les quels doivent estre devant le veneur ou derriere, ou à gauche ou à droit, et tous ensemble et en corps. Et lorsqu'il y at un chien

Qu'est-ce que meutte?

qui se separe de ce corps et de cette meutte, l'on a raison de dire : Tirez à la meutte, car il y en at une de formée. Mais si tous les chiens sont escartez et espars, c'est peine perdue de leur dire : A la meutte; cela n'est pas de l'art de venerie de dire : A la meutte, s'il n'y en a une d'assemblée. Mais je dis que ces chiens ont raison, puisque l'on leur a permis de s'emanciper et de chasser sans ordre, d'estre ainsy escartez, de chercher la meutte : l'un vers une haye; l'autre tire à un bois, quatre ou cincq à un village, d'autres aux hardes et trouppeaux des villages; ils courrent aux alouettes, à tout ce qui leur passe devant le nez. Ces pauvres chiens cherchent et questent de toutes parts, voir s'ils trouveront une meutte, mais ils n'en voyent point. Qu'est donc devenu ce beau proverbe de venerie, que nos devanciers, vrays veneurs, nous ont laissé, le quel tous bons veneurs doivent suivre? Ils ont dit qu'une meutte dressée par bons hommes du mestier ne doit contenir non plus de terrein qu'un drap ou tapis peut couvrir; et ces braves veneurs alloient publiant : « Mes chiens chassent bien ensemble, l'on les pourroit tous couvrir d'un drap ou tapis. » Ce beau mot de l'art est esvanouy, parce qu'il faudroit tous les draps d'une province, pour couvrir la pluspart des meuttes du jour d'huy. J'ay veu autres fois vingt-cincq mille hommes en bataille, en moins de terrein qu'il ne faut pour contenir ces meuttes ainsy escartées. Je reviens à ces veneurs, les quels parlent à leurs chiens, en ce terme de, Tirez à la meutte, lors qu'il n'y en at point d'assemblée. Peut-estre que je me trompe, de dire que ces pauvres chiens cherchent la meutte; c'est plustost comme le chien hieroglyfique de science, ennemi d'ignorance, en temps qu'il attacque l'homme qu'il ne cognoist, et le flatte l'ayant cognu, s'il n'est

Chien hieroglyfique, ennemi d'ignorance.

ignorant; de sorte qu'il ne hait pas l'homme, mais bien l'ignorance, la quelle cessante, la haine cesse. Il semble que ces pauvres chiens, ainsy espars au milieu des campaignes, font de mesme; ils fuient les veneurs, ils s'escartent d'eux, puisqu'ils ne veullent pas les assembler, pour en former une meutte. Les philosophes ont representé ce beau traict, et ont emprunté le nom de chien, pour representer l'ennemi d'ignorance. Jeusnes veneurs, profitez de quelque chose, en vostre art, sur ce beau subject. Rendez-vous capables de la science de venerie, et vos chiens s'assembleront et iront à vous; mais surtout ne dites jamais à vos chiens, Tirez à la meutte, que vous n'ayez un corps de meutte assemblé.

XXV

DE MONTEN.

Encor que le corps de ma meutte soit complet de vingt-quatre chiens, et que ce soit nombre suffissant, si est-ce que Monten y a trouvé place, pour estre un chien excellent, des plus vistes et justes qui se puissent voir chasser, et qui presse un lievre d'une grande furie par temps fraiz. Il est veritable que les chiens qui ayment les frescheurs ne sont pas volontiers plaisants chasseurs, et ont communement le sentiment lent et non prompt à empaumer des voyes en lieu sec et piereux, et ne sont si plaisants parleurs. Ils ne sont aussy à l'esgal des chiens qui chassent aux chaleurs; et me semble que je vois Monten consulter un peu sur les aires d'un lievre, avant que les empaumer; mais les ayant entreprises et empaumées, il les presse, aux plaines et ailleurs, si furieusement, qu'il perd la voix quelque fois et ne parle plus, et est tellement viste, ayant perdu la voix et ne parlant plus, qu'il va aux atteintes comme un levrier; et ne veut, ce Monten, que la veue d'un premier ou second relancer, pour mettre un lievre hors de sa force et le forcer de la sienne. Je me sers, pour courre, à pis faire, avec les chiens de mes amis ou d'autres estrangers, de Monten, pour faire voir une grande vistesse; mais je ne loue pas pourtant telle action aux chiens qui doivent courre en pays couvert; c'est pour les grandes plaines, à cause que pour les forts il faut un chien qui ne perd jamais la voix en chassant, et qui parle hardiment sur ses aires sans feintes, sans barrer ny balancer. Le chien de telle humeur sera de vraye bonne race; car il y a grande difference au chien qui parle hardyment et à celuy qui est moins babillard, parce qu'aux chaleurs et aux difficultez de chasse, le hardy chasseur apprend le chemin à ses compagnons; et l'autre qui ne parle pas bien et qui at le sentiment lent, il demeure souvent court, sans se resoudre à chasser, jusques à ce que quelque autre chien le releve de ce point. Mais lors que je demande, en mon art de venerie, un chien qui aye la voix bonne et qui parle bien, que le veneur sans experience ne se mespreigne pas, car mon intention n'est nullement de demander un chien babillard, qui au chenil importune les oreilles de ceux qui le visitent; que, lorsqu'il est question de coupler, il en fait de mesme; marchant par pays, lorsqu'il voit bransler ses compagnons, il n'at jamais la geulle fermée. Je n'ayme pas cela que pour le bruict; mais pour estre un chien publié hardy et parfait chasseur, je demande un chien qui soit patient et lent à parler, allant par pays ou bien questant ou requestant. Mais ayant lancé et tombant sur des aires, je desire de ces chiens de race qu'ils parlent hardiment, et le plus est le mieux, pourveu

De la voix des chiens.

qu'ils ayent soing de tenir les aires et voyes, et qu'ils prennent plaisir à mettre le nez sur les voyes, premier que de parler et se rescrier, et puis pousser droit les voyes entre leurs quatre jambes. Le hardy chasseur courre ainsy, sans barrer hors des aires et parle tousjours. J'ay dressé et adjusté autre fois des chiens de race si excellents, qu'ils ne parloient jamais, qu'ils n'appuioient le nez sur la voye, et puis s'en alloient, se rescriant toujours. Je ne demande point encor à ces chiens de race, pour estre de longue traicte, qu'ils ayent une voix par trop forte et desreglée, comme j'en ay veu qui doubloient tousjours la voix, et sembloit qu'ils hurloient, en chassant, ou que les picqueurs leur passent sur le ventre, d'autant que c'est hazard si tels chiens sont de longue traicte. Je n'ay de mesme esté bien servy de chiens de grandeur desreglée, ny de ceux qui sont fort chargez d'oreilles, et qui les ont si longues que l'on en pourroit faire des semelles d'escarpins; dedans les chaleurs, tels chiens n'ont que pour deux heures ou trois à chasser à pis faire; au contraire, les chiens de grandeur médiocre, sans ces oreilles excessives, et qui sont de race, peuvent demeurer debout et chasser fermement huit et neuf heures, et plus s'il est necessaire, car les oreilles n'aydent pas à ce mestier de venerie. Le bon veneur ne choisit jamais les chiens courrants, par les oreilles; c'est à la taille advantageuse, et à la force des reins et autres signals de legereté, qu'il les choisit; car l'etymologie du mot de chien courrant lui commande de considerer ce qui est necessaire à courre : c'est la taille et les reins forts. Puis après, ayant veu chasser ce chien de taille propre à demeurer huict ou neuf heures debout, s'il a le sentiment et la methode de chasser qui correspondent à la taille, estant plaisant chasseur et hardy, le bon veneur le choisira,

Du choix des chiens.

sans consideration des oreilles longues ou courtes; car les longues oreilles sont mieux seantes et appartiennent mieux aux chiens de Barbarie, que non pas aux chiens courrants, qui doivent chasser huict et neuf heures devant leurs maistres; et à la pluspart des meuttes, que l'on considere les chiens de plus longue traicte, ce ne sont pas ceux qui ont les plus longues oreilles qui sont les plus forts, et qui demeurent les derniers et le plus longtemps debout; et encor qu'en ce climat l'on les ayme naturellement, si est-ce que je ne me puis porter à ce choix, pour en avoir esté mal servy et mal secourru aux deffauts et desastres de chasse. De plus, ayant veu courre en Angleterre, vers la contrée d'Yorck, leurs chiens de mediocre taille, peu chargez de longues oreilles, cela est cause que hardiment j'envoie apprendre les jeusnes veneurs, vers cette province d'Yorck, la taille des chiens de longue traicte, comme Monten, aux courtes oreilles, neantmoins de vraye taille de chien de traicte; et encor que je n'aye cognu la race d'où il est sorty, pour n'en avoir veu chasser jamais aucun chien que luy, si est-ce neantmoins que je l'ay jugé estre sorty de vraye bonne race de chiens à lievre, à ses actions de chasse fort justes et vistes; le quel ne barre jamais ny balance, ny ne peut estre deffait chassant tout un jour; lequel revient de ses traictes gay et gaillard, encor qu'il aye grandement travaillé sur la fin d'une beste malmennée; car c'est en ce temps qu'il est agreable chasseur et renouvelle de jambe et de force; et comme nous disons, par mot de l'art, que nos vieux chiens travaillent fort, lorsqu'un lievre devient noir devant une meutte et qu'il est sur ses fins, je parie, à ce mestier et à tel temps, pour Monten à se signaller devant une compagnie de bons veneurs. C'est alors que bons veneurs peuvent rendre tesmoignage d'un vray

Du lievre malmenné.

bon chien, bien dressé et adjusté, comme Monten; car l'on le voit fort travailler, lorsque ce qui fuit devant luy devient malmenné, noir, et perd contenance comme un lievre malmenné. Nous l'appellons devenir noir, à cause que la sueur, lorsqu'il est eschauffé, luy fait perdre cette couleur naturelle qu'il at; estant en eau, il paroist plus noir par les costez, par ce que la sueur et l'effort luy font serrer le poil contre les flancs, et paroist plus brun qu'il n'estoit lorsqu'il est party du giste. Nous cognoissons, à nos chiens sages et excellents, qu'ils deviennent mal faits, par leur furie à chasser, neantmoins avec une sagesse et justesse grandes; car encor qu'ils chassent furieusement, il y at une grande difference à la furie que les vieux chiens exercent, en chassant sur les fins d'un lievre malmenné ou quelque autre beste, et à la furie de la quelle les jeusnes chiens courrent et chassent ce qui ne fait que d'estre lancé. Les vieux chiens chassent bien rondement; mais ils se desdaignent de chasser viste telles voyes partant du giste ou reposée, et cedent aysement aux jeusnes chiens; mais sur la fin de ce qui s'affoiblit, les vieux chiens ne cedent plus, s'ils sont encor d'aage convenable pour demeurer dans une meutte et y chasser à leur tour, comme est Monten. Je tiens un lievre devenir mal fait sur ses fins, en temps que les oreilles luy commencent à pancher, et qu'il courre, le rable fort haut et le devant fort bas, et le poil humecté de sueur, faisant ses eslans fort courts, dont il est tout certain que les vieux chiens ont parfaicte cognoissance, par le sentiment, d'un lievre qui est reduit en tel estat; et le bon veneur, aux actions de ses vieux chiens, en at mesme cognoissance, qui fait qu'il se garde aisement du change, s'il voit un lievre frais devant sa meutte; car s'il est subtil en l'art, il jugera la diffe-

Difference du lievre frais et malmenné.

rence si grande du lievre malmenné qui est sur ses fins, à celuy qui part du giste, qu'il ne s'estonnera nullement en tel desordre de chasse, mais travaillera tousjours de science, aydant ses chiens, par la cognoissance qu'il at de cette veue de son lievre mal fait: c'est couleur argentine à d'aucuns lievres, et à d'autres elle est un peu rougeastre; toutes ces couleurs ne sont plus en leur lustre, quand un lievre est malmenné, cela est terny. Mesme si un veneur voit un lievre par derriere, qui at courru seulement un quart d'heure ou moins, il voira le dessous des pieds qui n'est plus blanc, ny de la couleur que les lievres frais l'ont, il est plus terni et jaunastre; tellement que par ces cognoissances et jugements de veneur subtil, il peut rompre ses chiens, s'il le juge necessaire, pour requester où il jugera son droict avoir la teste tournée; mais nos vieux chiens courrent difficilement un pied sec, s'ils ne voyent à veue, lors qu'ils en ont malmenné et eschauffé un aûtre. C'est une des cognoissances que peuvent avoir nos docteurs de chasse, qui sont nos vieux chiens pour lievre, d'un pied humecté de sueur et mouillé par l'effort qu'il a fait pour sauver sa vie; et ainsy nos chiens pour le cerf ont principale cognoissance de leur droict, d'un pied plus ardent, une haleine plus forte, la sueur qui s'attache aux branches où il fuit, ce que n'est nullement aux autres qui ne partent que de la reposée. Ces raisons sont cause que nos vieux chiens apportent distinction de leur droit au change. Mais pour lievre, dont il est question, pour fortifier mon dessein, et donner facile cognoissance au jeusne veneur de l'action et methode de Monten, sur les fins d'un lievre forcé, et reduit en l'estat representé avec les raisons cy devant deduites, une des plus fortes causes de tel effect, c'est le pied humecté de sueur qui l'oblige à faire effort et bien

Difference du pied humecté de sueur ou d'eau froide.

chasser furieusement, sans s'emporter hors des aires; car d'estre mouillé d'eau froide, comme passant ruisseaux ou rivieres, cela nuict plustost au travail du chien qu'il ne sert; et nous voyons souvent que, lors que des lievres passent des rivieres, nos chiens chassent mollement de l'autre costé, jusques à ce que l'eau a fait son effect et est distillée du corps, le long des jambes, sur les aires; encor mes chiens en faillent peu, mais ils consultent d'advantage sur les voyes, et chassent plus mollement pour peu de temps, ce qu'ils ne feroient, si le pied estoit seulement humecté de la sueur du corps qui distille le long des jambes, qui est eschauffé de l'effort qu'il at esté constraint de faire. C'est pourquoy nous disons souvent, par gausserie, que rarement nos vieux chiens prennent plaisir à chasser un pied sec qui part du giste, lors qu'ils en ont chassé un autre longtemps, qui est humecté en la sorte que j'ay representée; car souventes fois j'ay courru en pays de change, mais si par hasard mes jeusnes chiens emportent les vieux à changer de voie, ou la foulle et furie des picqueurs qui lancent le change, qui cause le mesme desordre, l'ambition de nos vieux chiens diminue à tenir le bout du baston et à estre les premiers. Ils cedent aux jeunes, qui tesmoigne qu'ils se refroidissent à chasser ces nouvelles voyes, et apprennent la leçon aux jeusnes veneurs en ce qui est du change; car je diray hardiment pour le cerf: chien qui garde le change; et pour autres animaux plus legers: chiens qui se refroidissent et diminuent d'ambition, en chassant le change. Au contraire, si ce droit est maintenu, vous voirez vos chiens prendre cœur et vous satisfaire jusques au bout. Monten sçait ce mestier, d'une justesse grande, le quel satisfait son maistre à chasser sagement, et tourne au bout des ruses et malices d'un lievre

Vieux chien se refroidit au change.

avec subtilité; neantmoins il travaille à la voix du veneur; car bien que je loue tousjours les veneurs, qui sont exacts à choisir les vrayes bonnes races de chiens bien servants en l'art de venerie, pour tout cela que les jeusnes veneurs ne s'imaginent pas qu'un chien, tel que Monten, fasse ce que je represente, sans le secours des bons veneurs, les quels par leur experience luy ont appris à tourner juste et chasser sagement, qui le tient en obeissance et crainte. La bonne race donne au chien force avec un grand sentiment; le bon veneur luy apprend la sagesse à mesnager sa force, et l'experience à chasser et maintenir son droit forlongé. L'un sans l'autre ne peut rien; les deux unis ensemble donnent plaisir et contentement aux monarques de la terre et aux francs veneurs, riches et pauvres; et rien ne les peut rendre satisfaits d'advantage, en ce qui est de l'art, sinon à avoir leurs chiens fort à commandement; et pour en venir là, et donner aux chiens une grande sagesse et justesse telles qu'à Monten, il faut qu'arrivant à un retour, le picqueur qui se trouve le premier après les chiens, en ce temps que les chiens demeurent estonnez et hors des aires, qu'il les intimide et les fasse tourner sur ce temps, ou qu'il les fasse revenir sur eux, avant que les laisser tourner d'eux-mesmes, et ce jusques à ce qu'ils sont bien adjustez, mesme en tout temps et tousjours, s'il le juge necessaire. Et comme il n'y a chiens si excellents, qu'ils ne fassent quelque action mauvaise au bout d'une ruze ou retour, il les faut advertir et ayder de la voix, pour les resoudre où ils doivent tourner; car en ce temps il est facile au picqueur de les tourner où il luy plaist. Que si le veneur demeure estonné, jusques à ce que ses chiens d'eux-mesmes se soyent emancipez à gauche ou bien à droit de la ruze, et que luy est de l'autre costé, l'erreur de chasse est grande; car il faut que le veneur et les chiens tournent tous d'un costé, s'il ne veut luy et ses chiens retourner en arriere, pour faire le mesme effect, qui est encor plus juste et subtil; car d'attendre que les chiens soyent esbranlez et escartez comme espagneuls, c'est perdre le temps juste. Et m'est advis que je vois quantité de veneurs, les quels permettent à leurs chiens au bout des ruses de requester à leur fantasie, et les laissent escarter fort loing; et comme ils voyent que leur droict ne tourne là, ils sonnent, ils huent; et c'est de mesme comme si leurs chiens estoient sauvages, et qu'ils n'ayent nulle cognoissance du mestier; car avant qu'ils les puissent tirer de l'autre costé, ils perdent beaucoup de temps, ce qu'ils n'auroient fait, s'ils n'avoient laissé esbranler leurs chiens; car à chiens esbranlez à faire une boutade, il est peinible de les en empescher, si l'on n'at pris le temps juste, comme j'ay representé, sur les malices de ce qui fuit; et comme ils ne sçavent encor de quel costé tourner, il ne faut donner loisir aux chiens fols de s'emanciper et emporter les autres. Que si vous travaillez sans cest ordre, vous enlevez les plaisirs que les monarques et autres doivent esperer de l'art de venerie; et à vos actions, vous representez plustost des desesperez au milieu des forests, buissons et plaines, que non pas des sages, sociables et prudents veneurs. Au suject de la societé de venerie, voicy un beau traict de la bonté et humanité de Cyrus le Grand, roy de Perse. Tigranes, par la societé de venerie qu'il avoit eue avec Cyrus, lors qu'il estoit jeusne, se familiarisant à la chasse avec luy, tire son pere d'entre les mains dudit Cyrus, sa mere, sa femme, ses freres et sœurs. Le pere de Tigranes estoit roy d'Armenie, le quel avoit esté subjugué et pris par Cyrus. Retournons à

Tourner avec les chiens.

Monten, pour finir du traicté de la race de mes chiens. Je supplie aux jeusnes veneurs d'avoir entiere cognoissance de la race de leurs chiens, de leurs effects, soit chascun en particulier, ou le corps de la meutte entiere; et ils seront capables de les faire travailler selon les regles de venerie, et d'avoir cognoissance de tous les effects de cette science. Il faut encor tirer quelque proffit du naturel, et de la cognoissance que chiens de bonne nature ont de leurs maistres. Si je va à la cour des roys et princes, si les roys et princes ont quelques chiens, je vois qu'ils desmeslent leurs maistres au milieu de cette multitude de courtisants; dedans les armées, j'ay veu des chiens de mesme y recognoistre et desmesler leurs maistres, au milieu de trente et quarante mille hommes; si je me rencontre aux marchés publics, foires et autres assemblées populaires, je vois des chiens desmesler et recognoistre un paysant qui est leur maistre. Tout cecy sont belles considerations pour le vray veneur : le chien du roy garde la fidelité au roy, le chien du soldat recognoist son maistre et le desmesle fidelement, aussy fait le chien du paysan. Soyons donc fideles à nos maistres, de quelle qualité ils soyent, d'un mesme zele et de mesme affection, comme s'ils estoient monarques de tout le monde. Et de plus, par les yeux de l'ame et de la raison, nous voyons clairement, comme plussieurs sages ont dit, veneurs et autres philosophes, que le chien, animal doué de tant de perfections, at esté fait domestique de l'homme, non seulement pour luy donner plaisir à la chasse ou faire autre service, mais pour luy enseigner et apprendre à servir fidelement et recognoistre son vray maistre, qui est Dieu.

Fidélité des chiens.

LES REGLES DE VENERIE, QUE J'AY TOUSJOURS OBSERVÉES POUR FAIRE FORCER LE LIEVRE A MA MEUTTE, ET DE LA JUSTESSE ET SAGESSE DE LA QUELLE ELLE CHASSE.

J'ay donné assez de cognoissance du naturel de mes chiens à lievre, en tous les chapitres que j'en ay faits en particulier, et de leurs aires et façons de chasser; mais pour perfectionner mon travail et donner contentement aux vrays veneurs, je deduiray de point en point les formes et humeurs de mes chiens à chasser en corps, selon les saisons de l'année, temps difficiles et autres difficultez, affin de donner entiere intelligence aux jeusnes veneurs curieux d'apprendre, et que rien ne demeure ensevely de mon art après moi. Je diray donc que le vray fondement de cest art est la prudence, par la quelle je commence mon travail. Que si quelqu'un des miens voit un lievre en forme ou au giste, il le fait partir, sans que les chiens le voyent; mais si mes chiens estoient trop près, il advertiroit, et incontinent je fais tirer les chiens arriere contre quelque costeau ou derriere quelque haye ou buisson, pour, puis après que les chiens sont hors de veue, le faire partir; et alors qu'il est esloigné et hors de la veue des chiens, je les forhue doucement au giste ou sur les aires, afin qu'ils empaument ces voyes sans furie ny fougue, et qu'ils ne balancent ny s'emportent; car si tous commencements sont bons, il est vraysemblable qu'avec l'ayde des veneurs la fin serat

De lancer les lievres.

excellente et plaisante, pourveu que l'impatience des picqueurs ne force et trouble les chiens. C'est en automne que doit commencer la chasse du lievre, et en automne le sentiment est entier, les voyes sont nettes, la terre a tout produit, et le temps a fené et fletri ce qui pouvoit enlever le sentiment, et rien n'embaume plus la terre, pour empescher une meutte d'appuyer les voyes. Mais si ce lievre ameutté de la sorte tire pays, vous voyez tous mes chiens ensemble se presser et pousser, à qui aura les voyes entre les jambes; si quelque chien plie hors des voyes, un autre ne perd temps et les fournit, et n'y at nul temps perdu. Que si les plaines sont longues et la terre bonne à chasser, ils vont de telle vistesse, que la veue double à ceux qui les suivent; le plus souvent, après telle randonnée, s'il courre en pays de sillons, ou royes de champs, ou degousts des eaux, l'on considere les chiens qui se plaisent en tels lieux, sortir du fort de la meutte et se pousser dedans ces sillons, degousts d'eaux ou fossez, et tous les autres se presser à qui sera le premier, tous d'une force, et comme s'ils estoient couplez. Au sortir de là, quelque autre chien menne la compagnie à l'esgal des lieux où il se plaist de chasser. S'il donne en quelque perriere, là où les lievres ont accoustumé de se faire relancer, en quelque trou plus enfoncé que les autres, toute la meutte y tourne juste. Mais s'il repart à veue et que la plaine soit longue, il est en danger de ne se jamais esloigner de cette veue; que si toutes fois il at assez de force pour aller plus loing, chascun chasse à son tour; un chien essuie les costez à un autre, l'autre à son compagnon; tousjours quelqu'un monstre le chemin, et jamais nul temps perdu, tous chassent sans barrer ny balancer. Et comme les lievres volontiers doublent

Des chiens bien ameuttez.

et font un retour avant que se relaisser, ces chiens ne s'emportent nullement et demeurent court, et puis avec l'ayde de nos voix, ils reviennent en arriere demesler ce double ou cette ruse; mes chiens fairoient effect d'eux-mesmes, quand bien il n'y auroit nul picqueur avec eux, car ils sont adjustez à cela. Mais un desplaisir des plus grands que je puisse recevoir à la chasse, c'est alors que ces voyes doublent, et qu'il y at quelque veneur estourdy, qui emporte et trouble les chiens à leurs aires; et si cela arrive, mes chiens ne laissent de retourner dedans la presse des chevaux et demeslent tout. Quelle impatience de ne donner loisir aux chiens de faire leurs effects et jouer de leurs tours! Cela est une des grandes erreurs de venerie; mais cela estant relevé par la bonté, sagesse et subtilité de mes chiens, ils refournissent les voyes et perchassent comme auparavant ce desordre. En après, si le lievre donne en quelque futaye herbeuse, prairie, ou bord d'estang frais par le moyen des petits jongs ou roseaux, en tels lieux les chiens qui ayment à chasser s'esveillent du fort de la meutte, et se mettent à la teste des autres, pour tenir les voyes et monstrer, avant que le lievre meure, qu'ils sçavent faire leurs coups et qu'ils ne quittent pas leur part. Ceste action est pour les chiens qui ont le sentiment lent, et qui ne chassent trop bien de forlonge; car en tels lieux frais, les chiens y chassent parfaictement bien, si les herbes ne sont pas trop couvertes d'eau; mais aux chaleurs ce n'est ainsy, nous allons un peu plus lentement, mais neantmoins les chiens appuient tousjours le nez ferme contre terre; je dis ceux qui sont les plus ardants et qui ne craignent les chaleurs à l'esgal des autres, ils parlent tousjours et les assistent. J'ay croyance à tels docteurs, et les assiste à chasser et perchasser à l'esgal de leurs voix; ils ne me

Des ruses ou doubles.

Des chiens qui ont le sentiment lent à emporter les aires ou voyes.

trompent point, car je n'ayme et ne garde nul chien menteur, si ce n'est par grande necessité de chasse; alors il n'y a point de loix, car pour adjuster mon travail, et prendre cognoissance de ce que je dois faire aux difficultez de chasse, ce n'est point un chien menteur qui me porte là, c'est un chien veritable et qui ne parle jamais à faute, et qui n'ameutte pas ce qu'il chasse avec trop de furie, mais qui mesnage ses voyes et tient le bout du baston, lors que les autres s'emportent. Quel contentement de venerie au parfait veneur, à considerer tourner et retourner ses chiens justes, prendre et reprendre leurs aires en ces lieux difficiles! Mesme aux garrests, beaucoup de chiens ne mettent pas seulement le nez à terre et n'y veullent nullement chasser, à cause que la chaleur de l'ardeur du soleil a diminué ou esmoussé le sentiment des airres; car aux garrests, la terre estant eschauffée abolit le sentiment du droit aux chiens; neantmoins j'ay tousjours quelque vieux chien qui en parle en telle difficulté, et presse et fournit les voyes. La fougue et furie des chiens ardants ne servent de rien là; c'est le sentiment seul des chiens sages et patients qui relevent ce deffaut, et remettent les autres chiens à leur devoir, et leur font tenir les voyes d'ambition, comme une vraye bonne meutte les doit tenir; tous se pressent à leur tour, à qui en parlera, depuis que ces vieux chiens les ont ramennez de leur furie, la quelle n'est nullement necessaire pour le lievre, sinon pour mettre tout en desordre. Donc tous mes chiens mesnagent leurs voyes, jusques à ce qu'ils ont poussé leur droit jusques au lieu là où ils peuvent avoir le sentiment entier; en après, ils vont comme auparavant de toute leur vistesse, comme par exemple si ce lievre courre dans le vent, vous voyez un chien le quel n'aura encor fait grand cas, qui se

Des garrests et terres labourées.

plaist à chasser dedans le vent, alors il se met à la teste et en prend sa part, y fait ses coups. Bien que tous chiens chassent bien, le nez droit au vent, volontiers celuy qui se signale en tel temps a le nez dur au sentiment, et ne chasse parfaictement bien de forlonge. Pour cela, ce chien ne laisse de bien servir à son tour; car aux bonnes meuttes bien exercées, un chien chasse bien en un lieu; un autre fait ses effects de chasse en un autre lieu difficile ou aysé : aux difficiles, doucement, en menageant les voyes; aux lieux aisez, viste et furieusement. Mais après que ces aires de nostre droit sont tousjours chassées et perchassées, si nous donnons encor en quelque lieu difficile, comme chemin poudreux ou frais; en ces chemins poudreux, là où les chiens de grande force tenoient la teste, ils s'estonnent et demeurent le nez haut, ils ne sçavent que c'est de poser le nez sur la poudre; mais quelqu'un de mes vieux chiens part du fort de ma meutte, et vient appuyer le nez sur cette poudre, et nous fait gaigner pays; ce chien ne s'estoit encor monstré, mais il nous fait cognoistre qu'il est encor le plus necessaire de tous, et qu'il nous donne le plus de secours. Aux chemins frais, la plus part de mes chiens y chassent; mais aux poudreux, il n'appartient qu'aux chiens de secours; car lors qu'ils ne peuvent recevoir l'air et le sentiment des aires, ils vont le chemin par ruzes et par subtilité, mettant le nez aux herbes sur le bord du chemin, affin qu'ils treuvent la sortie de leur droit hors de ce chemin, et font un tel effect, que l'on voit que tels chiens ont cognoissance que de necessité le lievre est allé la voie et le chemin, tellement qu'un lievre devant ma meutte treuve peu de lieu de repos. De mesme si ce lievre donne et courre à un chemin, qui va et se rencontre

Chasser au chemin.

Des chiens subtils aux chemins.

en l'embouchure de deux ou trois chemins et carrefours, vous voyez ces docteurs de chasse s'arrester court, jusques à ce qu'ils ayent porté le nez en celuy au quel le lievre fuit; en après ils poussent ces voyes comme auparavant. Mais s'il n'y a que deux chemins, et que tels chiens ayent posé le nez en celuy au quel le lievre ne va point, vous les voyez se pousser plus furieusement dedans l'autre; et veritablement il semble, par ceste action emancipée, que ces chiens ont cognoissance que n'y ayant que deux chemins, et ayant posé sagement et patiemment le nez à un, qu'infailliblement il va à l'autre. Tellement donc qu'il n'y a nul chien dedans ma meutte qui ne trouve un different à vuider, et les vieux me donnent le vray contentement de veneur, plaisant à considerer à qui est capable de le comprendre; de sorte que, hors de ces lieux difficiles, il y a tousjours moins de repos pour ce qui fuit devant ma meutte; par tout un lievre est constraint d'abbreger sa vie, si ce n'est un malheur de venerie extraordinaire. C'est avec telle regle de venerie et methode, que je fais prendre et forcer le lievre à mes chiens. Mais alors que nous travaillons à assister nos chiens en ces lieux difficiles ou autres aisez à chasser, quels y soyent, nous ne trompons nos chiens de la voix, à les forhuer sans raison, hors de temps, et lors qu'il n'y va rien; car les hommes ne doivent tromper les chiens ny les abuser, et les chiens ne tromperont jamais les hommes. La regle est infaillible, si les hommes sont vrays veneurs, et si les chiens sont de vraye bonne race, propres à tous differents de venerie. Je suis aussy en garde que mes jeusnes chiens ne brouillent les vieux, soit aux lieux difficiles à chasser, ou aux autres lieux où les chiens vont de leur furie. S'il est possible, un des hommes courre d'un costé de ma meutte, et moy de

Il ne faut forhuer hors de temps.

l'autre, affin de rejetter tousjours quelque chien qui s'emancipe au fort de la meutte, soit de la voix ou à coups de houssine. Il faut l'ordre par tout, affin d'eviter confusion de venerie, car tous les tresors d'un roy ne peuvent faire une meutte excellente ; il n'y a que l'ordre, et les methodes de chasse bien executées par bons veneurs, qui peuvent rendre une meutte parfaicte et capable de donner vray plaisir de venerie; l'opulence ne sert de rien, si l'on n'a rencontré des hommes capables de cette science. Or, les lievres se prennent de plussieurs sortes : les uns viste, les autres moins viste. Je les prends communement en la forme que j'ay cy devant escrite. Mais selon les temps difficiles à chasser, il y a quelque difference, ou bien lors qu'il y a quelque estranger qui voit chasser mes chiens; alors je tasche à chasser aux belles plaines, que rien ne peut cacher les lievres, sinon leurs jambes et leur haleine ; et incontinent que je suis aux plaines, nous allons en haye et les chiens à la teste, affin que si nous faisons partir un lievre, qu'ils en ayent la veue ; et si quelqu'un de nous voit un lievre au giste, je forhue mes chiens et leur donne de veue, les quels le pressent si furieusement, que les picqueurs qui veullent voir les premiers chiens vont comme s'ils courroient la bague. Xenophon nous apprend de ne pas donner les lievres de veue aux jeusnes chiens nouvellement mis au chenil, de crainte qu'ils ne se crevent ou s'efforcent, car leur corps est encor fluet et tendre; faut peu de veue aux jeusnes chiens, s'il est possible. J'ay veu prendre aux grandes plaines des lievres à mes chiens de cette premiere veue, sans que jamais ils se puissent perdre; cela est lors que les lievres sont foibles. Mais à ceste furie et vistesse de veue, il n'y a que les chiens de derriere qui parlent; ceux qui voient perdent la voix, et vont

Difference de forcer les lievres.

De donner les lievres aux chiens, de veue

comme levriers. C'est pourquoy communement je tasche que mes chiens n'ayent tant de veue, car un lievre est trop tost pris; que s'il se demesle de cette veue, à la seconde il est en danger de rendre compte; et de cette furie, mes chiens prennent les lievres aux belles plaines, soit que les lievres soyent foibles ou forts. Si la terre est bonne à chasser, rien ne les peut empescher de courre de cette vistesse, sinon quelque trouppeau de moutons qui vient croiser les voyes, ou autres trouppeaux de bestail; mais neantmoins tousjours quelque chien monstre le chemin à ses compagnons, et en parle tousjours, jusques à ce qu'il est poussé hors de cette puanteur. En après, chascun chien fait son coup, qui se pressent et se poussent de l'espaulle, à qui sera dedans les voyes et le premier; tous chassent en corps, et d'une force et ensemble. Mais s'il repart, et qu'il aye la couleur noire, que la sueur luy aye terny sa coulleur naturelle, alors mes vieux chiens renouvellent leurs forces et leurs jambes; car ils cognoissent un lievre reduict en tel estat, tellement qu'ils vont comme levriers aux atteintes, et en font mourir trois ou quatre pour leur matinée, de telle vistesse comme le premier qu'ils courrent; ce ne sont que veues, de façon que les hommes ny les chevaux n'ont pas loisir de reprendre leur haleine. Xenophon ne donnoit point de veue à sa meutte, de crainte que les chiens fols, et estourdis du bruict et d'avoir veu le lievre, n'ayent de la peine à chasser de justesse et tenir les voyes sans veue; il chasse plus sagement. C'est jouir du vray plaisir de venerie, de considerer une meutte adjustée en la sorte, en la quelle il n'y a nuls chiens meschants ny malitieux, mais qui chassent franchement, qui parlent rondement, le nez près de terre; de mesme aussy en la quelle il n'y a nul chien qui aye autre volonté sinon à l'esgal

Des lievres forcez d'une veue.

de la voix des veneurs; car incontinent que quelqu'un se veut tirer à l'ouvert de la meutte, une parolle de veneur le fait rejetter dedans le fort de la meutte, et le remet au devoir de vray bon chien, nonobstant telle furie. Je suis fort satisfait, lors que je peux menner quelque estranger aux plaines, affin qu'il voye la vistesse et sagesse de mes chiens ensemble; mais comme nous avons peu de plaines en ces pays, je suis constraint de chasser le lievre aux pays couverts; souvent aussy nos hyvers sont fascheux et rudes, qui est cause que je ne puis jouir longtemps de ce contentement, soit de chasser aux plaines, ou de chasser aux temps favorables; neantmoins je chasse tantost aux plaisnes, une autre fois en pays couvert, tantost par saison belle et après fascheuse. Il faut que les veneurs s'accomodent à l'esgal du pays et des saisons, là où ils sont attachez, soit de naissance, ou par la condition du service. Les plaisirs de venerie ne sont esgaux : les lieux plaisants donnent les plaisirs entiers, les contrées differentes apportent un grand changement au veneur en la douceur de son art. Aux lieux, temps et saisons difficiles, il faut une autre methode à forcer les lievres; et comme j'ay dit cy devant que les lievres se forcent de plussieurs sortes, mais toutes fois tousjours par les regles de venerie, prudemment et patiemment, affin de donner loisir aux chiens de travailler, et faire leurs bons coups aux lieux et temps fascheux à chasser, soit couvert ou descouvert, comme montagnes, perrieres, rochers, il ne m'importe de rien que les lievres partent à veue ou non, parce que les veues sont courtes, et ne peuvent mettre les chiens hors d'haleine. Mais si la terre est dure de verglas, je tasche d'empescher toutes les veues, s'il m'est possible, affin que mes chiens ne se dessolent et rompent les pieds et ongles; et mesme après une veue, ils n'au-

De chasser indifferemment par tout.

roient plus le sentiment entier aux plaines par un temps si froid, là où les voyes sont si tost rafroidies. En telle saison, mes chiens y prennent des lievres par les menus, doucement; et quelqu'un porte tousjours le nez sur le verglas, pousse les voyes sur cette gelée, au pas ou au trot, comme ils les peuvent emporter; bref, mes chiens en parlent. Neantmoins la gelée et le grand froid resserrent en soy la chaleur des aires et des voyes, empeschent que les chiens ne peuvent avoir le sentiment entier. Il est aussy très difficile à chasser, quand il at gelé seulement un peu, et que la terre leve et que le lievre emporte le gazon; mais semble alors que mes vieux chiens, par discretion, ont cognoissance que cette terre et gazon sont levez par leur droit; car en tel temps, lorsque l'on at forcé un lievre, il at le dessous des pieds tout enveloppé de terre et endurcy, tellement que comme il fuit, ceste terre endurcie fait les voyes, et non le poil de dessous les pieds du lievre qui les fait, qui m'estonne à voir un sentiment si delicat estre emporté par mes vieux chiens et perchassé. Alors je suis satisfait de mon art, à voir mes vieux docteurs de chasse jouer subtilement de leurs tours, sur telles difficultez de temps et saisons, par les quels il faut qu'un lievre vuide tousjours pays devant ma meutte. Mais ce differend vuidé, si nostre droit, avec ses pieds enveloppez de terre, donne en quelque futaie ou bois espois, et que les feuilles soyent tombées, c'est un autre differend nouveau; car là où le lievre fuit, les feuilles volent et glissent arriere et mesme se tournent, lieux très difficiles à chasser pour lievre; car comme les feuilles sont tournées, le sentiment est dessous la feuille ainsy tournée, ou bien les feuilles jettées arriere, soit du vent ou du lievre qui les leve en courrant, le sentiment est espars et enlevé, de

Des temps difficiles à chasser.

Difficile de chasser aux futayes.

sorte qu'il en reste peu, et n'appartient qu'aux chiens subtils de presser leur droit et chasser en lieu pareil; et j'ay tousjours quelque chien qui parle ou qui fait l'empesché, et, à sa façon et à son air, je l'ayde de la voix et le resoud à parler, et monstre aux autres là où leur droit fuit, qui tous ensemble viennent consulter ces voyes difficiles à chasser et à emporter. Mais ce n'est assez, il faut perchasser plus loing; et si le lievre donne, au sortir de là, aux voyes doublées, qui est s'il passe plusieurs fois par un mesme chemin, la plus part de la meutte s'estonne; mais j'ay des chiens qui partent du fort de la meutte, appuier le nez sur ces aires ainsy doublées, et perchassent et ne s'estonnent nullement; et lors qu'ils parlent, je sçais asseurement qu'il a donné là, et qu'il fuit aux voyes doublées. Mais aux grands chemins, il est très difficile; si est-ce que j'ay tousjours secours de quelqu'un de mes docteurs de chasse, qui ne peut souffrir un tel desordre, sans le relever, et chasse ce chemin juste, comme si la meutte n'y avoit courru et chassé. Et quelques fois en ces lieux couverts, comme tailles et autres fors, mesme aux chemins, les lievres passent sur les mesmes aires cincq et six fois, plus ou moins; ces docteurs que je represente appuient le nez à terre longtemps, et, après s'estre recognus, ils parlent hardiment de leur droit. Nous sommes soigneux que les jeusnes chiens ne barrent devant eux, et ne les troublent, affin qu'ils ayent le loisir d'esplucher toutes les malices de nostre droit; que s'il est question de tourner arriere, ou à gauche ou bien à droite, tous tournent ensemble, chassent ensemble; à l'esgal des temps aisez et difficiles, chascun chasse à ces differents, fait quelque coup, chasse et perchasse. Hors de là, si nous donnons en quelque petite plaine, que les sillons ou royes des champs soyent pleins d'eau par les pluies qu'il

De chasser aux voyes doublées.

De chasser aux eaux et lieux aquatiques.

a fait le jour precedent, si les jeusnes chiens tenoient la teste de la meutte, ils demeurent court et s'estonnent dedans ces eaux; ils n'ont plus de sentiment. Quelque vieux chien va subtilement sur cette difficulté le long de l'eau, jusques à ce qu'il est au bout de ces degouts d'eau; alors je fais subitement tirer la meutte à ce chien subtil, qui reprend les aires et fait rameutter les autres comme auparavant. Dedans ces eaux, les chiens s'estonnent fort, car le sentiment est si tost refroidy et enlevé, quand les herbes sont mouillées; car comme le lievre fuit, cette eau tombe sur les aires. Il est aussy de mesme aux prairies, si bien que c'est merveille de chasse, de considerer mes chiens rejetter l'eau par les nazeaux, qu'ils avoient aspirée, en respirant, pour avoir le sentiment de leur droit. Et cela se cognoist, à un lievre forlongé, qu'en tels lieux les chiens ont grande difficulté d'empaumer des voyes, car ils chassent bien, avant que d'arriver aux prairies fort mouillées et les herbes couvertes d'eau, et hors de là ils chassent bien aussy; encor plus difficile, si les prairies sont couvertes d'eau, que l'on ne voye que la superficie des herbes et le bout des roseaux, qui apporte grand desordre de chasse. Toutes fois vous voyez quelqu'un de mes chiens qui ne craint les eaux, qui va ressentir ces herbes, va quelque temps sans parler; mais je cognois à ceste action que le lievre perce, et fuit les eaux. J'ay veu de mes chiens mettre le nez dedans ces roseaux pleins d'eau jusques aux yeux, en après se resoudre à parler et tirer les autres chiens hors de ces eaux avec nostre ayde; mais ils trouvent encor moins de sentiment hors de là pour quelque temps, car un lievre qui a longtemps battu les eaux ou passé une riviere n'a point de sentiment; l'eau qui distille de son poil le long des jambes et du corps estouffe ses aires, les chiens n'en peuvent reprendre; mes chiens consultent un peu et sont empeschez à gaigner pays; toutes fois ces chiens qui ont chassé le long de ces eaux et prairies mouillées percent tousjours, et me secourent en des lieux difficiles. « Les grandes rosées et pluies espuisent les voyes et causent aneantissement des voyes; et les pluies du Septentrion, douces, conservent d'advantage le sentiment des aires: » parolles de Xenophon. Mais s'ils ne pouvoient emporter telles aires, je prendrois des devants un peu plus loing, en lieu aisé pour les chiens; mes vieux chiens me relevent de cette peine, ils perchassent au pas, jusques à ce que les voyes soyent renouvellées, là où ils reprennent leurs aires accoustumées, jusques en autre lieu difficile ou temps difficile. Que si c'est un temps de verglas, quelques vieux chiens me secourent aussy; et comme tout n'est verglassé, tels vieux docteurs de chasse me donnent cognoissance si je dois presser et pousser mes chiens en avant. Je puis asseurer hardiment que j'ay veu mes vieux chiens parler sur du verglas, et presser leur droit par les menus. Mes chiens chassent en tout temps, horsmis quand le vent est trop furieux et impetueux; alors ils parlent encor, mais ils ne peuvent emporter ny chasser leur droit. En tels temps fascheux, je conseille aux veneurs de laisser leurs chiens au logis, car il n'y a plus de plaisir; c'est un travail sans effect. Aux neiges, quand elles sont douces, qu'elles ne couppent point les pieds des chiens, je vas volontiers chasser un lievre, si le vent n'est grand ny froid. En tel temps, j'ay de mes vieux chiens qui cognoissent les voyes et aires du lievre, les quels portent et mettent le nez dedans les voyes jusques aux yeux, cherchent le fond de la neige, jusques à ce qu'ils appuient le nez à terre, et après, ayants receu le sentiment des aires, ils parlent et courent

De chasser aux neiges.

longtemps, suivant les voyes à veue, comme si c'estoient des hommes qui cognoissent les voyes d'un lievre. Or, les jeusnes chiens troublent fort les vieux en temps de neige; mais comme mes chiens sont à commandement, je fais chasser les jeusnes derriere, car ils font tousjours quelque bouffonnerie devant les vieux: ils se jouent sur la neige, au lieu de chasser; ils barrent, gastent tout. J'ay veu de mes jeusnes chiens entreprendre de menner la compagnie, mettre le nez aux voyes et dedans la neige jusques aux yeux, et après courre de leur furie jusques à un retour, et à cette ruze gratter la neige, mettre le nez dedans pour chercher les aires; ils font plussieurs follies, mais pour esviter ce desordre, il faut que mes vieux chiens soyent les maistres; ils le sont fort aisement, nos voix ou bien quelques coups de houssine font la raison de cela, qui fait tenir les jeusnes chiens à leur devoir. En telle saison, nous aydons fort les chiens de la veue, lors qu'ils balancent, car l'on en revoit par tout.

De chasser pendant qu'il neige.

De plus encor, un temps fort difficile à chasser, c'est quand il neige et que la terre n'est point gelée, et comme ces grosses mouches et flots de neige, tombant à terre, sont convertis en eau, qui rafroidit et estouffe le sentiment du lievre. Pour cela mes vieux chiens ne s'estonnent, et avec nostre ayde percent, de quelle aire ils peuvent emporter, soit au pas, tantost au trot, un peu plus loing de leur vistesse; bref, mes chiens roulent et chassent par tout. Je pris dernierement un lievre, en presence de Monsieur le baron de Clefmont, par un temps si fascheux, qu'à peine pouvions-nous ouvrir les yeux, la bouche, à cause de la neige; lors que nous courrions contre le vent, ces grosses mouches nous emplissoient la bouche et les yeux. Je ne voulois recoupler, estant en compagnie; et m'estoit advis que c'estoit grande honte de recoupler, sans avoir forcé un lievre, il est vray, si le temps n'estoit pas trop incommode et très impossible à chasser. Mais si ce desplaisir de chasse me fut arrivé, de ne forcer mon droit, Monsieur le baron de Clefmont eut excusé mes chiens, luy qui est bon veneur; et les bons veneurs excusent les chiens, à l'esgal des temps fascheux et incommoditez des contrées là où l'on chasse; telles considerations sont des effects d'excellents veneurs. Nous courrions ce jour-là à la montaigne de Margeville, qui est un lieu assez fascheux, à cause des perrieres et vignes, et la montaigne difficile; et lors que je suis reduit aux vignes, que nostre droit y fuit, vous voyez tourner et chasser toute ma meutte, comme un pelotton qui roule à l'entour des ceps et plantes des vignes; tous ces chiens plient sur ces aires en corps. C'est en ces lieux, où nous sommes le plus en garde que nos chiens mis nouvellement aux couples ne se desadjustent et emancipent les autres; car il n'y a nul lieu, de tous ceux que j'ay representez, qui soit plus capable de gaster les chiens et de les rendre estourdis, que de chasser aux vignes. Il faut estre tousjours en soing, et voir les chiens qui outrepassent les aires, qui troublent les chiens justes, affin de les rejetter au fort de la meutte et les tenir tousjours en obeissance, autrement ils se gastent. C'est une misere de venerie, que de chasser aux vignes pour lievre, et principalement lors que le lievre emporte la terre, le matin, qu'il at un peu gelé et que la terre leve; il y fait meilleur chasser sur le soir, que la terre est un peu raffermie et seiche; toutes fois soir et matin, mes vieux chiens en parlent et forcent leur droit de quitter les vignes. De là s'il donne aux perrieres, mes vieux chiens aussy chassent ce lieu difficile, par les menus, sur les rochers, et ne laissent trouver nul lieu de repos à leur lievre, s'il ne trouve quel-

De chasser aux vignes.

De chasser aux perrieres.

ques trous de rocher pour s'enterrer. Mais je suis curieux de les faire boucher, affin que mes chiens ne reçoivent souvent un tel desplaisir, après avoir fait un long travail ; et si nostre lievre ne trouve ces lieux de refuge dedans les rochers, et qu'il reparte, soit en my coste ou au pied de la montaigne, et qu'il preigne droit à mont, à cette veue mes petits chiens sont les maistres. A tels efforts de montaigne, les grands ne l'emportent pas, les petits sont plus legers. Mais aux grandes plaines, quand la terre est pesante, qu'elle paste, que les chiens emportent la terre et qu'ils enfoncent jusques aux jarrests, en ce temps et tels lieux, les chiens forts ont peu d'advantage. Bref, par tout, les grands et les petits, chascun fait effort à son tour, et prennent les lievres de haute lutte sans supercherie, selon les regles du mestier ; et comme les chiens ne peuvent courre de leur vistesse accoustumée en lieux difficiles et en temps difficile, mais en poussant doucement et menageant leurs voyes, l'on doit appeller cette forme de chasser, prendre et forcer les lievres par les menus. J'ay pris avec une telle patience en pays de vignes et couverts, que j'empeschois toutes les veues à mes chiens, et ay veu crever plussieurs lievres devant ma meutte, qui, n'ayants plus d'haleine ny de force, se jettoient les pieds contremont. En pays couvert, je chasse avec tel ordre, et, aux saisons difficiles, je ne demande rien aux lievres, jusques à ce que l'on les foitte de la gaulle ou houssine. Aux plaines, ce n'est ainsy, car les chiens ont trop de veue pour avoir une telle patience ; mais je leur apprend la patience et à chasser par les menus, par les regles cy après deduites. Je fais lancer un lievre, et laisse refroidir les voyes une demie heure, plus ou moins, à l'esgal des temps qu'il fait ; et lors que les chiens ne peuvent plus chasser ces voyes forlongées, de leur furie, qu'ils sont

De chasser par les menus.

encor fort empeschez de presser au pas et au trot, c'est alors que je forhue mes chiens et leur fais mettre le nez au giste ou forme ; ils consultent sur cette forme, mes vieux chiens s'esbranslent, se tastent, travaillent sur ces aires forlongées, et essayent de les emporter doucement et avec une grande justesse. Il faut chasser patiemment pour adjuster les jeusnes chiens fols, autrement l'on les rend tousjours plus estourdis ; et pour obvier à cette erreur de chasse et adjuster mes jeusnes chiens, quand la meutte s'esbranle et gaigne pays, mon veneur se tient d'un costé de ma meutte, et moy ou quelqu'un de mes gens de l'autre ; et le premier chien qui s'esbransle avec trop de violence, il est frappé et rejetté au corps de la meutte. Ils sont tenuz en telle obeissance, que pas un n'entreprend de se mettre à la teste de la meutte et menner la compagnie, qu'il ne puisse emporter ces voyes ainsy forlongées et de hautes aires. C'est plaisir de venerie, de voir ces jeusnes chiens estourdis partir furieusement pour se mettre les premiers, et d'une seule voix ils retournent de la mesme furie, se remettent au milieu des autres et sont constraints de mettre le nez à terre avec les autres, et ainsy ils apprennent à chasser patiemment et prudemment ; en après ils chassent leurs voyes, estants adjustez justement, tantost les premiers, une autre fois les derniers, au milieu ; ils sont reduits par tout, et attendent le temps que ce soit à leur tour pour faire quelque coup. C'est la forme de la quelle je force mes jeusnes chiens à chasser en obeissance ; mais c'est contentement de vray veneur, à voir ainsy ces chiens devenir sages par force, ceux qui ne le veullent estre de nature et de race ; double plaisir de veneur, de voir mes chiens ainsy demesler toutes les ruses que leur droit forlongé a faites avant que de se relaisser ; enfin ils le vont re-

Methode d'adjuster les chiens.

querir et faire repartir du relaissé. Toutes les actions que ces chiens font sont plaisantes à qui est capable de l'art de venerie, et de les considerer d'un œil de ceste science ; l'un at le sentiment prompt, l'autre plus lent ; un chien parle incontinent qu'il touche les voyes, un autre ira plus loing sans parler ; un fort juste de nature, son compagnon l'est aussy par force ; et ces voyes forlongées sont pressées par mes chiens, tousjours quelqu'un en parle. Mais si nous trouvons quelques terres nouvellement fiembrées et le fumier espars par toute la terre, la plus part de la meutte s'estonnent, et balancent s'ils doivent percer, demeurent court ; je cognois la cause de cette difficulté, je presse et pousse en avant ; enfin quelque vieux chien parle et remet les autres en train, vuide ce differend, jusques à un autre lieu incommode au sentiment des chiens. Si c'est pays de genevres, le sentiment est fort pour les chiens jusques à ce qu'ils en sont accoustumez ; ils se picquent le nez aux bruieres, fougeres et brandes. Il y at encor grande difficulté, si elles sont couvertes d'eau ; car ceste eau que nostre lievre at battue en passant at fort refroidy ses aires, veu mesme qu'il est forlongé, et que d'elles-mesmes elles pouvoient estre refroidies sans cette eau ; mais il faut que les aires en soyent totalement estouffées, si quelqu'un de mes vieux docteurs de chasse n'en dit quelque mot sur cette difficulté, si bien que par les menus il faut repartir. S'il fuit aux houssées, les chiens se picquent, cela ne nous arreste, car quelque chien ardant n'a nul egard à cette incommodité. J'ay veu en Angleterre une autre sorte de bois, qui incommode bien plus les chiens et picque plus fort ; neantmoins les chiens y forcent ce qu'ils y courrent. Les chiens s'accomodent par tout avec le temps, donc cela n'arreste pas beaucoup mes chiens, en ce qui touche le sentiment,

Des terres fiembrées.

Des lieux difficiles à chasser.

à telles voyes forlongées. Mais les terres bruslées, charbonnieres, terres de houilles et tourbes, le sentiment en est fort; pour tourbes et houilles, nous n'en avons point ou peu icy, mais en Vosge quantité de terres bruslées, et ailleurs des charbonnieres. En ces lieux, mes chiens diminuent fort leurs aires, à pousser nostre droit forlongé. Or, comme j'ay dit cy devant, je cognois la cause de ce retardement, j'ayde les chiens à l'esgal de la necessité et difficulté de chasse. Tout bon veneur doit sçavoir les causes qui retardent ses chiens de gaigner pays, et apporter le remede convenable à tel desordre de chasse, affin que par tous pays il puisse donner plaisir à son maistre; s'il ne sçait tous ces differents, il est incapable de l'art de venerie. Bref, mes chiens relancent leur droit ainsy forlongé et de hautes aires; si c'est aux plaines, ils ont ceste veue, et de ceste veue à une autre ils le prennent comme levriers; si c'est pays couvert, il dure d'advantage; enfin il est chassé et forcé, soit aux plaines, soit aux couverts, comme j'ay representé cy devant. Je donne encor plaisir à mes chiens en une autre sorte, qui est excellente pour dresser et adjuster des chiens fols, ou bien des jeusnes chiens; je vas à la campaigne le matin, avant que les trouppeaux et hardes des villages y soyent, affin qu'ils n'ayent encor croisé et rompu les voyes de la nuict des lievres; je laisse un peu emanciper mes chiens, et, au premier chien sage qui parle de la nuict d'un lievre, je fais tirer le reste de la meutte à luy; je les fais tenir ensemble, et le premier qui courre et qui va trop estourdiment, il est frappé et rejetté au milieu des autres. Tous ces chiens ont les testes ensemble, chascun en parle, et disent en leur langage leurs opinions, et au pas vont consultant les voyes et routes que le lievre at faites la nuict. Tantost ils se rescrient

Apprendre les chiens à chasser de forlonge.

et se reschauffent, plus loing ils vont plus mollement et lentement; s'ils se rechauffent, la cause est qu'en ce lieu le lievre y aura viandé et demeuré longtemps, ou bien y at laissé des crottes ou repaires; s'ils parlent avec moins de furie, c'est alors que le lievre tire pays et va plus legerement; bref, tous ensemble, chascun pousse à son tour au pas sagement ces voyes de la nuict, ils demeslent tout et le vont requerir au giste ou forme. Et en ce temps, je chastie aisement les chiens qui m'ont fait des follies aux chasses precedentes, car ils ne peuvent aller sur ce different sinon au pas, ils sont frappez à commodité; et s'ils veullent se mettre les premiers, je les frappe, et les fais remettre au milieu de la meutte et chasser patiemment avec les derniers chiens : c'est la vraye forme pour apprendre la patience aux chiens ardants et jeusnes. C'est plaisir, lors que les grands froids ne sont encor arrivez, que de demesler la nuict d'un lievre, ou bien au printemps, quand les matinées sont douces; la douceur de l'air au printemps conserve le sentiment des voyes et aires des animaux que l'on force, jusques à ce que les fleurs et herbes viennent à renaistre, qui troublent le sentiment des aires; mais tous mes chiens sages, jaloux de tenir les voyes, les menagent par les menus, et parlent avant que de s'en aller, hors les ruzes et grands chemins et sentiers. Cela nous apporte grande difficulté, mais mes vieux chiens pressent ces voyes si doucement et si delicatement, qu'elles sont tousjours fournies de quelqu'un de ces docteurs. Aussy les ruzes nous apportent du retardement à ce travail; mais tout de mesme comme les vieux chiens ne veullent aller au bout des ruzes en chassant, ainsi trouvent les retours en la mesme sorte des chiens subtils et accoustumez à demesler la nuict d'un lievre; ils demeslent les retours de la nuict, si les jeusnes

Demesler la nuict des lievres.

chiens ne les troublent et les veneurs ne les pressent par trop. Ce mestier est un peu long, et qui ennuict ceux qui ayment à courre de furie, incontinent qu'ils sont à la campaigne ; car l'on demeure quelques fois longtemps avant que de faire partir le lievre, à cause de la difference des terreins et lieux difficiles à recevoir le sentiment, et du retardement que l'on trouve, soit par les chemins et sentiers, lors que les lievres y vont pour se retirer aux garrests ; mais si c'est lieu aisé à chasser, comme aux plouzes et autres pays herbeux, les chiens ne perdent nul temps et roullent tousjours. Au printemps, que les bleds touchent les lievres au ventre, là où ils vont viander, les chiens parlent parfaictement bien de la nuict d'un lievre ; à l'automne ce n'est ainsy, car les gelées blanches font que les lievres emportent la terre aux bleds, et levent le sentiment. Quand les temps sont pluvieux, les lievres pastent aux bleds, neantmoins quelque vieux chien donne tousjours à cognoistre au veneur que le lievre a donné en tel lieu ; et alors il est aisé à secourir les chiens qui sont à commandement, car ils chassent et perchassent, ils questent et requestent, à la volonté des veneurs, et selon l'ayde et secours que bons veneurs leur sçavent donner. Il faut, s'il y at un lievre qui aye donné de la nuict en une plaine, qu'il parte devant une meutte bien adjustée et accoustumée à demesler la nuict ; et si vous allez dez le point du jour aux plaines, là où il y at peu de lievres, et que craigniez d'estre tout un jour à quester, si vous estes fort matinal, cemme il le faut estre, il faut sortir, au point du jour, aux chaleurs, pour faire belle chasse, à l'imitation de Xenophon, qui represente que ceux qui vont tard à la campaigne perdent souvent leurs peines ; et estant, comme le jour paroist, au lieu propre à chasser, incontinent que vos chiens rencontreront d'un lievre qui va

Demesler la nuict des lievres.

au giste, ils le chasseront, estants accoustumez de chasser de forlonge, viste, et comme si vous leur aviez donné à la forme. Quelque veneur me dira qu'à ceste methode que les chiens chasseront aussi tost le contrepied que le droit. A cela je repond que les vieux chiens subtils chasseront difficilement le contrepied ; que s'ils se laissent emporter par les jeusnes chiens, un veneur qui cognoist leurs façons et leurs airs, il at incontinent cognoissance si les bons chiens chassent franchement, de leurs aires accoustumées; à cela, il n'y a qu'une parolle eslancée de furie aux chiens bien adjustez et exercez, ils retournent viste prendre le droit, et de force l'on constraint les fols de se remettre à la raison. Si ce n'estoit par telle cognoissance et jugement de veneur subtil, ces deux façons de donner le lievre aux chiens seroient plus fascheuses que plaisantes, encor que plussieurs paresseux ne trouveront nul plaisir à se lever matin, moins ceux qui ont incommodité des sereins et brouillards ; pour ceux-là, le mestier les doit excuser, mais pour les paresseux, feneants, endormis en leur science, l'art ne les excuse, car à une belle matinée le plaisir est double. Que les brouillards ne servent d'excuse ; car les chiens chassent aussy bien et mieux par brouillards qu'en tous autres temps favorables, si ce ne sont brouillards trop puants, lesquels espessissent le sentiment des voyes et ayres du lievre, et les chiens qui ont le sentiment lent et dur y font des merveilles de chasse, pourveu que la terre ne soit gelée. Il ne faut aussy dire que les aprèsdinez sont assez longues pour exercer des chiens, ce sont aussy excuses de feneants ; car bon chien de race peut demeurer debout sept ou huict heures. Des paresseux diront de mesme que, si matin aux plaines, les chiens s'embarrasseront, ayants un lievre debout, à d'autres voyes de la nuit; les jeusnes s'embarasseront bien à quelque retour, mais les vieux jamais, que premierement ils n'ayent fait assez d'actions par les quelles le bon veneur jugera s'ils changent de voye. Nous cognoissons cela à nos vieux chiens; j'ay de tels docteurs à ce mestier, qu'ils ne chasseront plus aux voyes de la nuict, lors qu'ils ont eu une fois un lievre debout; et à leurs actions, nous apportons remede à ce desordre de chasse, car tous bons chiens bien adjustez et exercez donnent cognoissance par leurs actions du changement des voyes, quelles elles soyent. Lors que les jeusnes chiens fols changent, soit au changement des voyes de la nuict ou contrepied, ou bien au change qui bondit de toute beste, en courrant au pays couvert, soit cerf, chevreul, sanglier, loup, blaireau, renard, par les actions des chiens l'on voit tout cela. L'on peut donc apporter remede à ces desordres en tel inconvenient de chasse, en secourrant les vieux chiens subitement, les quels vous ont donné cognoissance, et chastier les autres et les faire tirer à la meutte, avant qu'ils soyent du tout esbranlez à faire leur follie. Et si nous courrons en pays là où il y at quantité de lievres, nous cognoissons le change à veue, car celuy qui a couru longtemps il n'a plus sa couleur naturelle, il est plus noir et terny; le frais at le poil beau et poly, et mesme un lievre qui part at le dessous des pieds et jarrests blanc; celuy qui a fait traitte et venu de loing l'at crotté, s'il fait sale et mou aux plaines; s'il fait beau et sec, quelque peu qu'un lievre aye couru, il at le dessous des pieds terny et un peu jaunastre; cela se voit aisement, car il leve le jarrest en courrant. Nous cognoissons les lievres en telle sorte; si donc nous ne voyons la forme ou giste de ce lievre frais qui part, alors il ne faut plus consulter. Je fais subitement rompre mes chiens, et reviens quester les aires de

Chien sage donne cognoissance des changements d'aires ou de voyes.

Cognoissance du lievre frais et malmené.

nostre droit, prennant les devants, et à gauche et à droite du giste de ce lievre frais, et mes chiens tombants sur les voyes les rempaument par les menus et les vont requerir. Je me demesle du change pour le lievre en la sorte, mais je conseille aux veneurs que si leur droit n'at encor longtemps courru, qu'ils laissent forcer le lievre frais à leurs chiens, si ce n'estoient des petits chiens comme begles ; car avec des grands chiens du Nord, ce sera aussitost fait comme d'aller relancer le droit, parce qu'au temps de grande quantité de change pour lievre, c'est alors que les grains ne font que d'estre couppez. Tost après que la moisson est faite, les lievres sont foibles et lepvreaux, il ne faut aux chiens qu'une veue pour les prendre ; mes chiens en prendroient bien en telle saison, si je voulois courre à tout ruiner, six ou sept, ils en prennent alors d'une veue comme levriers ; rien ne les sauve que les chanvres à l'entour des villages, qui est un lieu très difficile à chasser, le sentiment est fort et desagreable aux chiens. Neantmoins j'ay quelques vieux chiens qui en parlent en tel lieu ; il les faut laisser travailler par les menus, au pas, sans les troubler ; ceste incomodité ne dure pas longtemps, les chanvres sont incontinent cueillis et enlevez. De mesme toutes autres difficultez de chasse se changent selon les saisons, lieux difficiles ou beaux, tantost pluie ou une autre fois neige, en après quelque beau jour, serein, agreable à chasser ; si c'est changement de terrein, après des garrets on rencontre des plouzes, après des grands chemins, des estoubles ; bref, il y a quelque changement. Mais de tous ces differents de chasse, ce qui travaille le plus les chiens et les veneurs, ce sont les retours et les ruzes, car ce qui fuit devant une meutte ruze tousjours ; autant des fois que vous irez à la chasse, autant des fois vous aurez des

De plusieurs difficultez de venerie.

ruzes et des retours. Pour les autres difficultez de chasse, vous ne les rencontrez pas toute l'année ; cela n'est que selon les mois, soit temps fascheux ou temps agreable ; ainsy pour les incommoditez des pays de chasse, si vous chassez au pays difficile, vous chasserez en pays aisé un autre jour ; si c'est en pays couvert, après vous vous trouverez aux belles plaines. Tout change, sinon les retours ; mais vous en avez tousjours quelqu'un ; c'est à quoy je suis le plus en garde, car nos chiens font beaucoup d'actions qui nous paroissent estre des retours, lesquels ne le sont pas ; les changements des terreins font paroistre aux actions des chiens des retours et ruzes, neantmoins ce n'en sont pas ; les chiens trop outrez et hors d'haleine font paraître des ruzes et leur droit perce. Incontinent que je vois mes chiens demeurer, je considere les causes et retardements de ce deffaut, avant que de forhuer mes chiens en arriere. Si c'est changement de terrein, comme si les chiens estoient venuz de plouze ou d'estouble, prairie, futaie herbeuse et autres lieux aisez à chasser, et ce retardement et deffaut arrivez sur quelque lieu sec et aride, pierreux, garrets ou chemin haslé de l'ardeur du soleil, en tels lieux je n'aye garde de retourner arriere, que premierement je n'aye poussé mes chiens en avant, et leur aye donné loisir de se recognoistre à un si grand changement de terrein ; car auparavant que d'arriver là, ils avoient le sentiment entier des voyes, à cause des lieux plaisants à chasser pour les chiens ; et à ce changement de terrein, ils se sont estonnez, estant les aires ainsy diminuées tout à coup. Mais si les chiens venoient chassant de quelque lieu fascheux à chasser, pareil à ceux que j'ay representez, en arrivant aux lieux aisez et herbeux, que sur ces lieux là où le sentiment est entier aux chiens ils soyent demeurez court,

Ce qui paroist estre retour et le droit perce.

je ne fairois nulle difficulté de tourner subitement en arriere; car asseurement ce seroit un retour. Si donc les chiens ne viennent de loing et qu'ils soyent hors d'haleine, ils ne laisseroient de demeurer ainsy court, quel lieu aisé que ce soit; mesme les chiens venuz de loing, et ayants poussé un long sentiment et chassé de près, volontiers ils perdent la voix, vont comme levriers. Il faut travailler de jugement aux changements des actions des chiens et des terreins, car c'est une grande erreur de chasse de faire tourner les chiens en arriere, quand leur droit perce. Je parle à ces jeusnes veneurs qui ont accoustumé de forhuer et tourner en arriere, au moindre retardement que leurs chiens font. Il faut premierement avoir cognoissance des actions des chiens, voir en quel estat ils sont; s'ils sont outrez et hors d'haleine ou non; s'ils ont le sentiment entier ou l'estomac par trop eschauffé; car chien qui at l'estomac eschauffé par trop n'a plus de sentiment; il demeure, il fait paroistre un retour, et neantmoins son droit perce, tire pays. Il faut se donner des raisons, pour travailler selon l'art, et faire jugement si l'on doit tourner arriere ou pousser les chiens en avant. Et ayant consulté et jugé si je dois tourner arriere, si une ruze ou retour arrive, je fais ce jugement par les actions de mes vieux chiens; ou bien aux changements des terreins, si j'ay cognoissance que c'est un retour, alors je laisse travailler mes vieux chiens, qui reviennent en arriere subtilement demesler cette ruze au pas; et comme j'arrive à tel deffaut, si mes vieux chiens veullent tourner arriere, je leur donne congé de jouer de leur tour et me secourir comme ils ont accoustumé. Si c'estoient jeusnes chiens qui reviennent les premiers, je les pousserois en avant; mais mes vieux chiens ont plus de liberté, car ils me demeslent de tels desordres avec

De tourner en arriere, si le droit perce.

De donner plus de liberté aux vieux chiens qu'aux jeusnes.

mon ayde, et vont relancer nostre droit qui n'a sceu trouver nul lieu de repos en touchant la terre. Mes chiens forcent les lievres par ces regles de venerie, les quelles j'ay tousjours observées, depuis que j'ay cognoissance de l'art, soit à prendre les lievres viste ou par les menuz, aux plaines, aux pays couverts, temps fascheux, temps aisez. Je crois avoir fait part par ce discours aux jeusnes veneurs de mon travail de quarante années, comme j'ay promis; il ne reste plus à representer, sinon les curées des lievres que je donne à mes chiens. Et avant que d'achever à parler des curées, je diray aux jeusnes veneurs, pour les induire à chasser de franchise, que j'ay lasché et laissé aller plussieurs lievres, en presence de Son Altesse, les quels ne pouvoient plus se mouvoir ny marcher devant ma meutte. Je n'ay jamais usé de mouvements violents contre ces petits animaux, envers ces petits esprits si delicats qui ne font aucun mal. J'employe le sang bouillant contre les sangliers, ours, loups, loups-cerviers de nos montaignes; mais touchant aux lievres forcez, je forhuois ma meutte arriere, et en allois requester d'autres frais, affin de ne prendre qu'un lievre, et par ce moyen de conserver la plaine et les lievres pour d'autres chasses; mesme si mes chiens chassent quelque levrau, je tasche à les rompre, il seroit trop tost pris. C'est tout ruiner, de prendre les petits levraux; en pays là où je vas souvent courre, je me contente d'un lievre, pour donner du sang à mes chiens. Il faut que le bon veneur conserve le pays là où il exerce sa meutte; car s'il le ruine, il faut demeurer les bras croisez, ou bien desobliger tous les voisins et aller fourageant tout un pays. Pourveu que le veneur aye un lievre pour donner du sang à ses chiens, il en peut courre plussieurs, et s'il y peut aborder, lors qu'il est forcé, il faut appeller ses chiens arriere et en

De conserver les pays de chasse.

courre trois ou quatre d'autres; mais s'il y at quantité de lievres, il est plus à propos de leur laisser forcer et prendre plussieurs lievres. J'ay veu plussieurs bons veneurs, mais ils ne prennoient les lievres que pour necessité de l'exercice de leurs chiens; et lors que leurs chiens forçoient un lievre dedans les jardins d'un village, et que la necessité les forçoit à rompre les hayes et les palissades, le lievre estant pris, ils donnoient du sang à leurs chiens; et après ils mettoient le lievre sur la haye ou palissade, proche du passage qu'ils avoient fait; et ainsy le paysan avoit cognoissance que c'estoient francs et braves veneurs, d'estre satisfaits que leurs chiens ayent du sang, et que ce n'estoit pas pour avoir le lievre qu'ils avoient fait dommage, mais qu'ils y avoient esté constraints par necessité de venerie, et non pas pour avoir un lievre, comme marchand provoieur. En la sorte, ce paysan estoit satisfait de ce dommage et des veneurs; mais presentement cest ordre est perdu et esvanouy, la vraye science s'est tournée en desordre et confusion. Si en ce regne, là où je me rencontre, je m'enqueste ce que font plussieurs veneurs, qui ont des meuttes en charge, en leur quartier, je vois un grand changement à celuy du passé; car les veneurs de qui j'ay appris conservoient les provinces, et ne donnoient nul exemple contre les regles de venerie, mais demeuroient en la contemplation de l'art de venerie. Pour le present, ce ne sont les propres domestiques qui enfreignent les ordonnances; la plus part des veneurs qui doivent apporter l'ordre font les confusions. Si par hazard je me rencontre dans un quartier de la Venerie, je ne vois qu'abbayeurs pour faire tirer un sanglier, quelque vieux chien pour tirer un chevreul devant, ou des chiens couchants, des alliers, des tirasses; et ainsy ce sont les domestiques qui vont ravis-

Ruine des pays de chasse, la cause.

sant et enlevant le plaisir des maistres. J'entends desja ces Messieurs, qui repartent que le maistre n'irat jamais chasser en ce lieu-là, ou bien qu'il n'ira pas souvent; je repond à cela que si les maistres ne vont pas souvent en tel pays, qu'il y a quantité de braves hommes, gentilshommes et autres, aux quels injustement vous enlevez leurs plaisirs et ce qui leur appartient; vous prennez ce qu'ils ont conservé, et par ce moyen une autre fois ils vous previendront, et prendront tout, avant que vous arriviez; et en la sorte, le pays se ruine, vous donnez mauvais exemple et faites que la venerie est abhorrée et haye de plussieurs. Vous estes pour donner contentement et faire observer les ordonnances, et vous estes quelques fois les premiers qui y contrevenez. Si un tireur vous voit une harquebuze sur le col, l'envie luy revient de faire de mesme, il perdra le respect. Si un gentilhomme le quel, pour l'affection et respect qu'il porte à son prince, s'est restraint et banny de son plaisir, s'il vous voit avec ces attirailles de chasse, il en faira de mesme, et dira que vostre art et science de venerie ne vous attribuent nulle juridiction sur ses terres, ny sur celles du prince, sinon en exerçant vos chiens, et en demeurant dedans les bornes du devoir de vostre service. Moderez donc ce procedé, et vous serez francs et vrays veneurs. Pline rapporte qu'il y at aux Indes certains petits lievres marins, qui nous sont poisons et nous à eux, de maniere que du seul attouchement ou de la veue nous les tuons, comme aussy reciproquement ils nous empoisonnent aussy et nous font mourir, si l'on en mange. Or, si nos lievres seroient ainsy poison, nos meuttes seroient excellentes, pourveu que les lievres ne soient pas poison aux chiens. Il pourroit estre de mesme, comme il y at des animaux qui ne vivent la plus part du temps, sinon

Des lievres marins.

d'autres villaines bestes pleines de venin et de poison, et n'en meurent pas, c'est leur aliment et leur vraye nourriture naturelle, comme les cigognes qui se repaissent et leurs petits de couleuvres, de petits serpents, de crappeaux; s'il en estoit donc de mesme de ces lievres marins aux chiens, qu'ils les mangent et chassent sans peril, nos meuttes chasseroient dans la perfection, dans la prudence de venerie. Messieurs les coureurs de veue, ces forhueurs de lievres à tout moment, à tous les relancez, ils seroient mis à la raison; ces imprudences de venerie que l'on commet, à presser et emporter les chiens hors des aires, cela seroit bien moderé; l'on n'iroit pas à la campagne, pour considerer seulement les lievres et les courre, comme la plus part des troubleurs de meuttes et de venerie font, ny pour prendre plaisir à leur mort; mais les braves veneurs iroient tousjours à la campagne, pour jouir de l'art de venerie seulement, qui est de voir bien chasser et perchasser. Passons aux curées; je ne m'arreste point aux grandes curées, je leur donne seulement à taster du sang tout chaud, avec la main; pourveu qu'ils le voyent mort, ce m'est assez; je ne leur donne point de chair de lievre, car aussy bien ils la rendroient. Si je desire de courre plussieurs lievres, je ne leur fais point donner du sang, jusques à ce que je veux retourner au logis; comme ils ont pris un lievre, je leur fais monstrer, je les caresse, et après nous en requestons un autre; ils n'ont point de sang jusques à la fin de la chasse, si donc les plaines ne sont fort molles; alors les picqueurs ne peuvent tellement accompagner les chiens, qu'ils n'ayent quelques fois le plaisir de manger le lievre. Il est dangereux d'arrester les chiens, quand ils ont chaud; je les fais tousjours promener doucement, car s'ils se couchent ayant chaud, ils sont subjects à devenir four-

Des curées et droict aux chiens.

buz par l'humidité de la terre, ou estant raffroidis à passer des eaux en retournant au logis ; il faut eviter cela, s'il est possible. Mesme comme ils ont courru le dernier lievre, je ne leur fais point donner de sang, jusques à ce qu'ils ont esté un peu promennez, craignant cest inconvenient ou qu'ils ne soyent malades d'autres maladies. Et comme j'ay veu passer les rivieres de Mozelle, de Meuze et de Meurthe, à des lievres, lesquels n'estoient malmennez et affoiblis, qui contremontoient l'eau tellement viste que les chiens ne les pouvoient aborder, bien que les chiens se soyent jettez dedans l'eau presque aussitost que le lievre, et courroient encor longtemps après avoir passé les rivieres ; mais les lievres malmennez et affoiblis selon l'art, ils n'ont pas grande force dedans l'eau et sont bientost pris. Si les veneurs desirent de donner du sang à leurs chiens de ces lievres pris dedans l'eau, il faut qu'ils soyent diligents et subtils à prendre le lievre ; car la plus part des lievres pris dedans l'eau, ils vont à fond ou longtemps entre deux eaux, et les chiens demeurent avec desplaisir, et raffroidis et en danger d'estre forbus. Et comme j'ay dit que je ne m'arreste pas à faire des grandes curées à mes chiens, pourveu qu'ils voyent le lievre mort et tastent un peu du sang chaud, c'est toute la curée que je leur fais faire ; et si mes chiens prennent les lievres de haute lutte par tout. J'en ay pris qui entroient aux maisons, passoient les rues des villages, et entroient jusques aux cuisines des maisons ouvertes ; et comme mes chiens arrivoient dans la rue sur la porte de la maison, le paysan m'apportoit le lievre qu'il avoit pris auprès de son feu ; et crois, si l'on eusse laissé faire les chiens, qu'ils eussent entré dans la maison, chassant tousjours. L'on manque plussieurs lievres, que ce n'est nullement la faute des chiens ; à cela, il faut la subtilité et jugement d'un parfait

Des lievres qui passent les rivieres.

D'un lievre pris en la maison de Sainct-Felin.

veneur. J'ay pris un lievre à Sainct-Felin, le quel, après avoir courru une demie heure devant ma meutte, il entra dedans la porte de la maison, passa la court, et s'en alla se relaisser dedans une des granges, et ma meutte chassa fermement jusques sur la porte de l'entrée de la court; je les romp promptement, croyant que c'estoit le chien du berger qui s'estoit sauvé devant ma meutte dedans la maison ; je retourna prendre mes devants à l'entour des jardins de la maison, qui est en pleine campaigne, et ne le trouvant passé, je reviens en arriere ; bref, je n'oubliois rien de tous les points de la science de venerie, pour sçavoir ce que nostre droict estoit devenu, et, ne rencontrant de ses voyes, je cognus qu'asseurement il estoit entré dans la maison. Enfin les femmes de ce logis me confesserent qu'elles l'avoient veu entrer ; à cette chasse, il y avoit avec moy un page de Monseigneur le marquis de Moüy, qui est gentilhomme picard et s'appelle Riancourt, le quel je pria de vouloir prendre le lievre et le faire sortir du logis ; car je ne demande rien des animaux qui fuient devant ma meutte, jusques à ce qu'ils ne peuvent plus marcher ; mais ce lievre ne voulut jamais sortir de la maison, bien que toutes les portes des courts estoient ouvertes. J'avois envoyé cacher mes chiens hors de veue, derriere une haye, affin de donner l'advantage à ce pauvre lievre ; mais voyant qu'il n'estoit possible de le faire sortir, je le fis prendre par ce page, et le pria de le rapporter au milieu de la plaine ; en après, je le laissa de nouveau ammeutter à mes chiens, qui le prindrent plaisamment, et courrut encor un quart d'heure. C'est sans supercherie, ainsy plaisamment, que je veux que mes chiens forcent ce qu'ils ameuttent. Donc, par ce discours, les veneurs peuvent considerer que l'on manque plussieurs lievres, dont les causes nous sont incognues, et que c'est nullement la faute des chiens ny de l'art, mais accident inevitable. Ce lievre meritoit que je luy donnasse la vie, toutes fois je jugea à propos de le bien forcer, après avoir fait un tel traict, affin que j'aye subject d'en parler aux jeusnes veneurs. Monseigneur le marquis de Moüy m'at asseuré qu'un lievre s'estoit relaissé sur un fumier, au milieu du village de Haraucourt, et passé la rue à la veue de tous les païsans ; et lors que sa meutte fut arrivée, ils le firent repartir à veue devant tous ses chiens. Neantmoins il ne laissa de se perdre et d'estre failly, soit qu'il aye entré dedans quelque maison, ou bien qu'il se soit derobé ou coulé dedans les jardins. Bref, ce sont accidents de chasse, à quoy les chiens ne peuvent remedier ; mais à un lievre reduit en tel estat, il faut que la veue des veneurs secourre les chiens. C'est l'exercice qui fait les bons chiens, la prudence des veneurs et le jugement : la prudence, par la quelle l'on ne trouble point les chiens, lors qu'ils chassent ; le jugement, par le quel l'on aye cognoissance de la cause des retours, et des causes qui font paroistre estre des retours et ruzes, lors que le droict perce, affin de se demesler de tous ces inconvenients de chasse, sans erreur ou confusion. Nous ne sonnons jamais à la chasse du lievre, ni de cor ni de trompe ; cela ne fait qu'estourdir les chiens, leur fait tourner la teste, quand il est question qu'ils posent le nez à terre. Nous portons à ceste chasse des petits huchets penduz avec un ruban, pour marque de nostre ordre de venerie ; nous aydons doucement les chiens de la voix ; le bruict des cors et trompes empesche que les chiens ne s'entendent, et ne se peuvent rallier à tel bruict. Jeusnes veneurs, vous direz que cela resjouit les chiens, lors qu'ils s'affoiblissent ; à cela je repond que si la voix des veneurs ne les resjouit et fait chasser, nulle

D'un lievre relaissé sur un fumier, au milieu d'un village.

Sonner pour lievre trouble les chiens.

autre invention ne les peut faire aller plus loing, et donner plus de courage que la voix de leurs maistres. Ne vous estonnez donc, si je suis ennemi de trop de bruict, que plussieurs veneurs font, en courrant, quelques fois et hors de temps. Pour tout cela, lors que je vous represente que vos chiens ne veullent estre troublez ni pressez de la foule des picqueurs, ce n'est pas que je demande un veneur assoupy, faincant, lourd et paresseux; je demande un veneur prompt et vigilant, actif, le quel se porte promptement, tantost à la teste de la meutte, au milieu, derriere, subit à empescher les confusions de chasse, bref, qu'il soit tousjours là où la necessité de chasse et du deffaut requiert qu'il soit. C'est pourquoy, jeusnes veneurs, qui avez des meuttes, faites que vos veneurs soyent tousjours montez, comme il est necessaire pour travailler à propos; car vos veneurs ne peuvent secourir vos chiens pour lievre au deffaut, s'ils ne voyent les premiers chiens, pour juger de la cause de ce retardement, et y apporter promptement le remede. Je ne demande pas un veneur lourd et endormy; mais je veux que le travail d'esprit accompagne celuy du corps, et qu'il travaille avec raison. Je me sers, à cette chasse du lievre, de chevaux vistes, comme chevaux d'Angleterre, turcs, polonois, et hongres, qui sont des chevaux excellents et vistes, avec les quels on peut accompagner les chiens à lievre, et les secourir et chastier, comme il s'appartient. Je diray un mot, en passant, à la plus grande part des seigneurs qui ont des meuttes, les quels n'ont nul soing de bien monter leurs veneurs; aussy ne peuvent-ils avoir des chiens excellents, adjustez et sages; ils plaignent les chevaux, comme si la mere en estoit morte : ce ne sont traicts de veneurs. Il faut monter les veneurs, comme il s'appartient, pour exercer les regles de

Que les veneurs doivent estre bien montez.

venerie, telles que j'ay representées, et ils faudront peu de lievres. Je ne dis pas, comme d'aucuns qui publient que leurs chiens ne faillent point de lievres ; mes chiens en manquent, et si ils sont de race des chiens les plus forts d'Angleterre pour lievres, des contrées d'Yorck et du Nord, et sont plus justes et durent d'avantage que les chiens de France ; ils les font rendre et les deffont aux grandes plaines. Ce different at esté vuidé ; Monsieur de Campremy le cadet amennat une meutte en Lorraine, composée de trente chiens, des plus excellents qu'il avoit peu choisir et recouvrir, à dessein de faire la loix à mes chiens, les quels sont des contrées d'Angleterre, là où sont les chiens vistes, legers, et qui durent longtemps ; nous courrusmes par plussieurs fois ensemble ; mais à la fin, tousjours au troisiesme lievre que nous courrions, mes chiens d'Angleterre faisoient rendre les chiens de France ; et au troisiesme et quatriesme lievre, mes chiens se separoient des siens, et alloient prendre le lievre hors de leur veue ; et au retour, lors que le lievre estoit pris, nous trouvions ses chiens semez dans les plaines, qui estoient rendus tout à fait. C'est donc ce qui me fait aymer les chiens d'Angleterre, d'avoir tant de force et d'estre parfaictement justes. Je donna à Monsieur de Campremy de la vraye bonne race de mes chiens, et particulierement je luy donna une lice qui s'appeloit Prudence, la quelle estant en sa force, elle n'a jamais trouvé chien qui l'ait deffaicte ; il m'a asseuré l'avoir fait courre avec plussieurs meuttes en France, mais elle conservoit tousjours l'advantage des chiens d'Angleterre et de ma meutte, et par tout elle conservoit son advantage. Monsieur de Campremy a tiré race des chiens que je luy donna, avec des chiens de France ; il m'at asseuré que les races ainsy melées estoient excellentes, et que sa meutte estoit plus forte qu'auparavant. Mes chiens manquent donc des lievres, avec ceste grande vistesse, force et sagesse; mais il y a quelque cause legitime recevable, et qui doit estre excusée par bons hommes du mestier. Soyez donc tels, jeusnes veneurs, excellents en vostre science; vous y excellerez par la pratique et le travail que vous y apporterez. Il faut quitter la vie feneante; je parle particulierement aux jeusnes veneurs, les quels desirent de se rendre capables de servir les grands roys et grands princes; il faut qu'ils soyent subtils en ceste science, pour servir dignement. Je sçais bien que mon discours n'est capable de les rendre parfaits veneurs; mais je leur ouvre les moyens, avec le soing qu'ils y apporteront, de se rendre tels. Si vous n'estes assez satisfaits de mon discours, voyez l'Angleterre, et vous verrez pratiquer les vrayes regles de forcer le lievre. Ce voyage ne vous sera pas infructueux, mais très utile et necessaire, si vous avez le courage assis en bon lieu, et le naturel et jugement capables de proffiter de ce que vous y verrez de bien seant et honorable. Vous aurez cognoissance d'une des plus belles courts du monde, et le contentement de voir ce grand roy, pere et refuge des hommes de bien. En ceste court, les vertus sont en leur lustre et splendeur; c'est toute discretion, ordre et bienseance : les seigneurs et la noblesse, les quels sont douez des vertus necessaires à leur qualité et profession, courtois et honorables à recevoir les estrangers; la jeusnesse est modeste et grandement curieuse des exercices honestes et convenables à leur aage. Si vous ne proffitez là, vous ne proffiterez en lieu du monde, car l'exemple est la plus courte voye pour se rendre honeste homme. En ce qui touche l'art de venerie, voyez chasser les chiens de Sa Majesté; c'est là que vous proffiterez en vostre science, si vous estes

De la court d'Angleterre.

capables de recevoir intelligence de venerie, c'est l'Ocean de ceste science ; c'est à ce coup, que je vous ouvre les moyens de vous rendre parfaits veneurs. Travaillez donc honorablement ; la vie laborieuse tire à sa suite quelque recompense des grands ; et quand bien vos maistres seroient ingrats de vos services, vous serez satisfaits de vous-mesmes, d'avoir exercé les fonctions d'homme de bien. O vie laborieuse, que tu es agreable, puisque les hommes sont glorieux et pleins d'honneur, les quels s'acquittent dignement de leur profession et de leurs charges, quelles elles soyent, et particulierement en venerie, car Apollon et Xenophon ont asseuré que les chiens chassants en corps et les meuttes bien adjustées et bien dressées, que c'est de l'invention des Dieux : parolles de payens, mais mystiques, pour nous apprendre à avoir recours à Dieu en toutes nos actions de venerie et autres !

LA VENERIE

POUR LE SANGLIER

EPISTRE AUX LECTEURS,

POUR LEUR DONNER LUMIERE DU SUJECT DES CHAPITRES ET SERVIR DE TABLE.

Tous les plus puissants roys de l'antiquité, leurs generaux d'armées et capitaines, nous ont declaré, par leurs escrits, que la venerie et chasse sont les vrayes et vives images de guerre; mais principalement la venerie pour sanglier, veu que de tous les animaux c'est celuy qui craint et fuit le moins les perils et la mort, comme il se voit, lors qu'il s'enferre pour aller à l'homme, qu'ayant la lame et saignée de l'espieu plongées au corps jusques à l'arrest, il pousse tousjours continuellement, sans reculer, jusques à ce qu'il tombe mort aux pieds de celuy qui l'at enferré, encor qu'il aye veu son sang sortir et distiller de sa playe, gros comme le bras. C'est aussi la vraye image de la guerre, à cause des inconvenients, blessures et suittes de mort, qui en arrivent; quelques fois image de guerre, ensuicte des travaux, subtilitez, asseurance, addresse, qu'il convient avoir, pour enfermer, affronter et enferrer un grand sanglier. Cette petite epistre vous servira de table, pour vous donner lumiere des chapitres et de leurs sujects. Vous trouverez, pour chef de mes escrits, les termes et mots qui ont esté mis en usage aux veneries pour le sanglier, là où j'ay eu l'honneur de commander, et dont nous soullions avec ces termes parler sciemment aux roys et princes de ceste venerie, et en faire nos rapports à propos. Ceux qui voudront entendre entierement l'explication et le sens de mes escrits, le pourront faire familierement par ce moyen; comme aussi ceux qui ne sont pas veneurs ny chasseurs, neantmoins qui en voudroient en sçavoir discourir, le pourront apprendre sans nulle pratique, en lisant ce que j'en ay escrit et expliqué. De suitte vous trouverez la forme de mon travail, en faisant ma queste, estant au bois, pour le sanglier, et des jugements que je reçois pour juger d'un grand sanglier, laies et bestes noires, et pour prendre les sangliers vifs, et les mettre dans une caisse ou coffre faict à ce dessein, et les porter vifs là où l'on veut. De suitte sont les regles que je fais observer, pour enfermer les sangliers avec toilles, le jour auparavant que l'on veut chasser à cours fermé, pour l'enferrer et arrester par l'espieux; et comme il faut travailler, le lendemain ou le jour que l'on veut chasser, pour retrancher les toilles, disposer le cours et l'applannir; en après, comme il faut forcer le sanglier d'entrer au cours, et l'enferrer et arrester avec l'espieux; de suicte des saignées et hamptes des espieux, avec les quels j'enferre les sangliers. J'ai rapporté fidelement comme je me suis comporté en cest exercice, affin que ceux qui voudront en entreprendre autant, puissent s'exempter des perils, en temps qu'il leur sera possible, en leur donnant advis de ne se precipiter legerement; car il en reussit de très grands accidents, comme j'en ay veu plusieurs manquer à bien enferrer. Mais les sangliers ne manquent pas : à d'aucuns, toute une jambe fendue, taillée ; l'autre, depuis le genouil jusques à la hanche, toute une cuisse ouverte et jusques aux os ; des espaulles à moictié levées ; bref, les uns morts dans vingt-quatre heures de leurs blessures, d'autres qui clochoient toute leur vie, plussieurs aussy reduits aux crosses et bastons. J'ay mis, pour fin de ce traicté, la taille et vraye forme d'un beau chien courrant et chassant en meutte. Ceste taille de chien se peut aussy adapter en quelque chose à toutes sortes de races de chiens, neantmoins seulement quelques parties ; mais au vray chien courrant, elles peuvent estre generales. Cecy est affin que ceux à qui cette chasse de sangliers, perilleuse et hazardeuse, ne plaira nullement, qu'ils puissent trouver icy quelque chose pour les divertir et qui leur aggrée ; car si la taille d'un beau chien ne contente et satisfait un veneur, nulle autre chose en venerie ne luy sera agreable et ne le rejouira. Il y a finalement un chapitre parlant, au commencement, des merites de Xenophon, l'un de nos braves autheurs de venerie, et de plussieurs chasses artificielles, que j'ay eu faites et veu faire, pour donner plaisir aux grands princes, aux dames, aux vieillards et autres personnes non interessées en venerie, et ce pour compensation de la defectuosité des pays, qui ne sont pas propres pour les dames et seigneurs qui n'aiment pas les longues traictes ; vous y verrez aussy comme l'on prend les cerfs et biches vifs, pour les transporter et menner aux pays estrangers. Vous verrez aussy, en ce traicté, comme une biche couchoit ordinairement ou fort souvent avec les meuttes pour le cerf, que j'ay eues en charge et que j'ay dressées et exercées ; et pour fin, que l'on peut chasser dans tous les pays du monde, soit franchement ou artificiellement, ou bien à choisir les temps propres et convenables à chasser pour la commodité des chiens, mesme dans l'Arabie deserte. Le jeusne Cyrus et Xenophon y chasserent; ils sçavoient chasser de toute sorte, à force, artificiellement, aux pans. Nous en faisons de mesme; toutes sortes de chasses nous sont familieres; mais les artificielles, nous nous en servons, pour donner plaisir aux dames et princes estrangers, vous en verrez la methode en ce traicté. J'ay par plussieurs fois enfermé des grands sangliers avec des toilles; je faisois le cours spatieux et plus grand qu'à l'ordinaire, le tour du cours doublé de deux ou trois gros doubles treillis de toille; et puis le sanglier estant au cours et eschauffé, les princes et seigneurs de la court entreprennoient de le tuer, à cheval, à coups d'espée, de taille et d'estramasson seulement; et comme le cours estoit parsemé de cavalliers, le sanglier ayant fait quatre ou cincq tours dans ce cours, son corps estoit tout couvert d'estramassons, de taillades, qui luy couppoient quantité d'arteres, de membranes et veines, tellement que tout son corps estoit couvert de sang; de noir, il estoit metamorphosé en rouge. Mais enfin les desordres qu'il faisoit, de terrasser et faire culbuter les cavalliers, et blesser quantité de chevaux, cela nous obligeoit à le tuer promptement de coups de pointe et d'estoc, de craincte qu'il ne blesse ou tue des hommes. Je n'ay fait aucun chapitre de cette sorte de tuer des sangliers aux toilles, à cause que je ne l'approuve pas; mais plustost je l'improuve, pour les grands accidents qui en pourroient arriver. Outre le peril du sanglier, toutes espées nues passent souvent à deux doigts des oreilles ou du nez de ces cavalliers, et ne faudroit que quelque maladroict, pour blesser ou tuer son compagnon, et par mesgard et sans y penser. J'ay representé cette sorte de tuer les sangliers, seulement pour manifester que j'ay cherché toutes les inventions, qu'il m'a esté possible, pour diversifier les plaisirs de venerie que je donnois à Son Altesse, aux princes et dames de sa court. J'ay mis en ceste epistre l'ordre des chapitres de ma Venerie pour le sanglier, affin que s'il prennoit envie à quelque libraire ou autre, de faire imprimer ce traicté à part, et le tirer des tomes et masses de mes autres escrits, qu'ils le puissent faire, sans changer l'ordre et la suite des sujects de venerie, que je desire estre observez en cette chasse de sanglier. J'ay dedié toute la masse de mes escrits de venerie à Dieu, le vray fanal de cette science, comme aussy ce qui en pourroit estre detaché et imprimé separement.

LA VENERIE

POUR LE SANGLIER

EXPLICATION DES MOTS ET TERMES DE VENERIE POUR LE SANGLIER, AUSSI TOUCHANT LES CHIENS PROPRES A LES CHASSER ET PRENDRE, ET DES TOILLES ET METHODES A LES ENFERMER POUR LES ENFERRER.

I

Un sanglier, en plussieurs pays, comme Allemaigne et autres, l'on l'appelle porc sauvaige; mais en venerie, nous disons sanglier, à cause que là où il donne de furie il n'est que sang espanché.

II

Un grand sanglier, qui at huict ou dix ans.

III

Un grand vieux sanglier; plussieurs autheurs de venerie

tiennent qu'un sanglier peut vivre vingt ans ou environ, tellement qu'ayant passé huict ou diz ans, l'on luy peut donner la qualité de grand vieux sanglier le reste de sa vie.

IV

Sanglier en son quart an, qui at quatre ans passez et accomplis.

V

Sanglier en son tiers an, qui a trois ans passez et accomplis.

VI

Billatre, c'est un jeusne sanglier à qui les deffences sont desja en estat d'offencer et tuer ceux qui l'attacquent.

VII

Un raguot, c'est un jeusne sanglier à qui les deffences ne font que sortir des barres des machoires, neantmoins en estat de blesser ceux qui l'attacquent.

VIII

Laics vielles sont les coches et truies qui portent les marcassins.

IX

Grandes bestes noires sont celles qui ont desja porté marcassins, ou qui ont l'aage pour en porter.

X

Bestes de compagnies, qui ont trente mois ou deux ans, les quelles se tiennent et demeurent toutes ensemble.

XI

Marcassins sont les petits cochons de laict, et ceux qui sont encore barrez et marquettez de poil different au noir.

XII

Compagnies de bestes noires sont troupes de porcs sauvaiges, de tous aages et de toute espece.

XIII

La hure du sanglier, c'est la teste, qui se doit lever, de la longueur des oreilles couchées sur le col du sanglier, droit aux espaulles.

XIV

Bouttoir du sanglier, c'est depuis les yeux jusques au bout de la rouelle, de quoy il fait ses bouttis et fouille la terre.

XV

Barre d'embas de la machoire, c'est d'où sortent les armes et deffences d'un sanglier.

XVI

Barre du bouttoir, c'est la force et l'os du bouttoir, de là où sortent les grès.

XVII

Deffences et armes du sanglier, ce sont les grandes et larges broches qui sortent de la barre de la machoire, de quoy il couppe, taille ou tue ce qu'il rencontre.

XVIII

Les grès du sanglier sont les grosses dents d'en haut, sortants des barres du bouttoir, de quoy il affile, rend tranchantes et meurtrieres ses deffences.

XIX

Le bourbellier du sanglier, c'est l'estomac, tout le dessous entre les jambes de devant. Ce mot est tiré de boue ou de bourbe, à cause que c'est son element de se souiller dans la boue. Nos paysants appellent la boue bourbe, c'est d'où derive ce mot de bourbellier; il se leve, approchant comme la hampe d'un cerf, depuis la gorge, tout le dessous du ventre.

XX

Les suittes du sanglier, ce sont les genitoires. Ce terme de suittes est à cause qu'il les porte derriere, hors des cuisses.

XXI

Sanglier au rut, qui est en amour, en chaleur.

XXII

Sangliers rutez, qui ont touché au rut. Quand ils ont couvert ou sauté les truies ou laies, leur cuir, leur peau est plus dure qu'aux autres saisons; mesme si les espieux ne sont de bonne trempe et bien affilez, ils ne peuvent percer la peau, sinon avec grands efforts; et la chair et venaison sont plus dures au temps du rut qu'en toutes saisons de l'année, à cause qu'elles sont rutées.

XXIII

Trasses du sanglier, ce sont les marques de ses pieds, empreintes sur la terre et enfoncées.

XXIV

Les gardes du sanglier sont les petits arrests, plus haut que le talon et la jointure, les quels luy servent, quand il marche, pour empescher qu'il ne glisse tousjours continuellement.

XXV

Les rides du talon et jambe du sanglier sont ces replis, que la peau fait entre le talon et les gardes, qui se marquent en terre, en faisant ses trasses.

XXVI

Allures du sanglier, ce sont ses pas, quand il vat d'asseurance.

XXVII

Sanglier qui vat d'asseurance, c'est quand il vat doucement, au pas.

XXVIII

Sanglier qui vat d'effroy, c'est quand il fuit de sa force.

XXIX

Les foullées d'un sanglier, c'est la terre qui est bien brisée, esprinte, de mesme la mousse, l'herbe, enfoncées en terre dans la marque de la trasse, et neantmoins l'on ne peut bien juger de la trasse, cela s'appelle foullée.

XXX

Sanglier at la pinse moussue, quand il at le bout du pied usé.

XXXI

Beaulge du sanglier, les trous qu'il fait en terre, et les fosses, pour demeurer le jour.

XXXII

Les bouttis d'un sanglier sont les trous qu'il fait en terre, pour se paistre et chercher sa vie et mangeures.

XXXIII

Sanglier qui s'avance, c'est quand il va trottant ou au petit galop, qu'il at ouy du bruict et gaigne pays.

XXXIV

Les sangliers ou bestes noires vont herbiller, c'est lors qu'ils vont aux prairies se paistre d'herbes et manger les fleurs.

XXXV

Sanglier qui vat vermiller, quand il leve la terre, qu'il cherche les vers entre deux terres et autre vermine, pour les manger.

XXXVI

Sanglier qui vat aux fouges faire ses bouttis, c'est lors qu'il cherche les racines de la fouge ou fougere.

XXXVII

Le sanglier at esté mullotter, qui at esté chercher et fouller en terre les grains des mullots et souris, et mange les souris et mullots, s'il les peut attrapper.

XXXVIII

Sanglier qui at esté faire ses mangeures aux gaignages, cela se dit et s'entend pour les bleds, orges, avoisnes, legumes de toutes sortes, mesme de tous fruicts qu'il mange.

XXXIX

Sanglier qui at esté noziller, qui a fait sa nuit sous les corres ou nozilliers et s'est repu de noizettes.

XL

Les laisses d'un sanglier, c'est la fiente.

XLI

Routtes d'un sanglier, c'est le chemin qu'il fait, tant la nuict que le jour.

XLII

Tracs des bestes noires sont les sentiers ou pistes qu'une compagnie de bestes noires at faits, en passant pays ou en faisant leur nuict.

XLIII

Souille du sanglier, là où il se met dans la fange, aux marrests et autres lieux aquatiques.

XLIV

Souillart d'un sanglier, c'est la boue qui est sur son corps, lors qu'il sort des fanges, la quelle s'attache aux tiges d'arbres, aux branches, et sur les feuilles et herbes, lors qu'il entre aux fors ou ailleurs.

XLV

Venaison du sanglier, c'est la graisse dont il se charge, en sa saison, dedans et dehors de son corps.

XLVI

Sanglier aux abois, sanglier qui tourne aux chiens volontairement ou qui n'en peut plus, et se fait abboyer et rend les abois.

XLVII

Brouaille d'un sanglier, c'est ce que l'on donne aux chiens qui l'ont chassé.

XLVIII

Fouaille du sanglier, c'est la curée pour les chiens, lors qu'elle at esté sur le feu et bien fouaillée.

XLIX

Sanglier meurtrier, sanglier furieux.

L

Sanglier fuiart, sanglier craintif et peureux.

LI

Sanglier qui se rembuche, sanglier qui entre aux fors pour demeurer et s'embeauger.

LII

Sanglier qui se debuche, sanglier qui sort des fors, pour aller faire ses mangeures ou ailleurs.

LIII

Sanglier qui se recelle, quand il demeure plussieurs jours dans son enceinte, ou qu'il n'a point sorty de la nuict de sa demeure.

LIV

Sanglier qui vuide le pays, qui s'en vat hors des fors ou buissons de ses demeures ordinaires.

LV

Traces de vieux temps, les formes ou marques du pied du sanglier, qu'il y at plussieurs jours que le sanglier les at faites.

LVI

Traces surpluiées, quand il a pleu depuis que le sanglier at passé, et les traces sont pleines d'eau de la pluie, ou bien ont esté imbibées d'eau et sechées.

LVII

Traces qui vont de hautes aires, qu'il y at longtemps que le sanglier at passé et que les limiers ont peine de les emporter et suivre.

LVIII

Traces qui vont de bon temps, c'est quand les limiers les emportent bien, qu'ils suivent à plein traict et ne font que d'aller.

LIX

Sanglier sur pied et lancé, c'est quand on l'a fait partir de la beauge ou autre lieu de là où il demeuroit.

LX

Vielles traces, qui sont faictes de plussieurs jours.

LXI

Traces de la nuict, du relevé, c'est d'où il s'est debuché le soir.

LXII

Traces qui vont de temps pour demeurer, c'est lors qu'il vient de ses mangeures, et vat se rembucher pour se mettre à la beauge.

LXIII

Sanglier brizé, c'est lors que le veneur a jetté des petits rameaux sur ses traces, les quels ont la pointe tournée là où le sanglier vat.

LXIV

Trasses de sanglier raiées, c'est lors que le veneur at consideré la trace, il fait une raye de son pied dans le chemin, au long de la trace, pour monstrer qu'il en at reveu.

LXV

Brizées, ce sont petits rameaux que le veneur jette dans les chemins, en faisant sa queste, ou sur les traces, les pointes tournées là où le sanglier vat et là où le veneur veut aller.

LXVI

Hurt ou choc du sanglier, c'est le coup qu'il donne, en s'enferrant dans l'espieux, ou ailleurs, contre tout ce qu'il rencontre.

LXVII

Seignée d'espieux, c'est le fer, la lame de l'espieux.

LXVIII

Hante ou haste d'espieux, c'est le bois sur le quel il est monté.

LXIX

Billotte ou arrest de l'espieux, c'est un petit fer attaché au bout de la seignée de l'espieux, là où la hante entre dans la seignée. Ce petit fer est en croix, tourné de travers, pour empescher que le sanglier ne pousse plus avant, et soit arresté court, si l'enferreur le peut tenir. Xenophon appelloit ce petit arrest oreille de l'espieux.

LXX

Sanglier bien enferré, qui at l'espieux plongé dans le corps, et luy donne entre l'oreille et l'espaulle, et toute la seignée y est cachée jusques à l'arrest ou billotte.

LXXI

Un bon enferreur, celuy qui at l'asseurance d'affronter et attendre un grand sanglier, et luy donne de la seignée de son espieux entre l'oreille et l'espaulle, et l'arreste.

LXXII

Bien attendre un grand sanglier, c'est se placer à l'opposite d'un sanglier, et attendre le choc ou hurt, avec jugement asseuré de luy plonger l'espieux entre l'oreille et l'espaulle.

LXXIII

Des jacques ou jacquettons propres pour guarantir les levriers d'attache et dogues d'estre tuez ou blessez des sangliers. Cela est fait et taillé sur le corps du chien et luy joint le corps; ce jacque luy couvre tout le dessous de la gorge, et, depuis la queue jusques à la teste, luy couvre les cuisses, tout le corps, jusques aux machoires; il y a quatre trous, pour passer les quatre jambes du levrier ou dogue, les deux trous de derriere plus grands que ceux de devant, affin que les cuisses ne soyent trop serrées. Ce jacque est bien joint sous le ventre, et se ferme et bouttonne sur le dos du chien, ou se ferme avec un lasset et des œillets. Il y at un grand pan qui luy couvre l'estomac, luy couvre les jambes et vient presque jusques à la my-jambe, comme fait la couverte d'un cheval que l'on luy met à l'estable. De plus, il y at deux flanquarts, qui sont de grands panneaux cousus sur le dos du chien, tout auprès d'où il est fermé; les dits flanquarts vont le long des costez, depuis la queue jusques aux oreilles ou approchant. Ces flanquarts vont jusques à la my-jambe du chien, et assez près de terre. Tout ce jacque, comme aussy les flanquarts, sont faits de deux futaines bien picquées, et de la laine entre les deux futaines, espais de deux doigts ; et ainsy les chiens sont preservez en prennant un grand sanglier, si le tout est fait à propos. L'on donne à ces chiens qualité de chiens d'attache, non à cause que l'on les tient tousjours à l'attache, mais à cause qu'ils s'attachent à tout ce que l'on leur monstre, sans demordre.

LXXIV

Les chiens propres à porter les jacques ou jacquettons, ce sont les plus grands levriers, soit de Bretaigne ou d'Irlande, ou les plus grands dogues d'Angleterre et de Corseque, à cause qu'ils doivent estre grands, et puissants et forts, pour porter la pesanteur de ces jacques. Ces chiens, ainsy armez et jacquez, ne peuvent courre viste ny longtemps ; la pesanteur et l'empesche qu'ils ont de tels habits ne leur permettent pas de courre longtemps ; c'est pourquoy ils ne doivent estre donnez ny lachez, sinon aux cours fermez dans la toille, ou bien lors qu'un sanglier est aux abois et acullé.

LXXV

Bon limier pour le noir, c'est celuy qui quitte les voyes d'un cerf volontairement, pour aller après les traces d'un sanglier, qui le vat bien lancer et requerir, et le quel ne suralle sinon rarement.

LXXVI

Un bon abbayeur, c'est un mastin ou chien d'autre race, le quel, estant lasché aux brizées d'un sanglier ou bien donné au dessous du vent, vat trouver et abbayer un sanglier à la beauge.

LXXVII

Chiens des toilles, chiens pour les toilles, sont toutes sortes de races de chiens qui chassent bien le noir dans les toilles, ou un sanglier, s'il y est seul.

LXXVIII

Un vaultret, ce sont trente ou quarante mastins, plus ou moins, les quels prennent un sanglier, s'il se fait abbayer, à la beauge ou ailleurs ; et s'il part et s'en vat, qui le rident, et le font tourner et prennent, qu'un enfant le pourroit tuer entre leurs dents.

LXXIX

Mettre les toilles en charroy, c'est les mettre à propos et à commodité sur les chariots ou chars, avec les perches en petits faisseaux, chargez ce qu'il en faut pour tendre les toilles qui sont sur chascun chariot, affin que, lors que l'on est arrivé auprès de l'enceinte ou lieu là où sont les bestes noires, la moictié des chariots prenne d'un costé de l'enceinte, l'autre moictié de l'autre part; et ainsi la toille se jette et leve plus subitement.

LXXX

Jetter les toilles, tendre les toilles, c'est enfermer l'enceinte, là où l'on mescroit estre destournées les bestes noires.

LXXXI

Emporter l'enceinte avec les toilles, ou les toilles ont emporté l'enceinte, c'est quand les toilles contiennent et ferment entierement l'enceinte ou lieu là où sont les bestes noires.

LXXXII

Avoir enfermé, c'est lors que les sangliers ou compagnies des bestes noires sont dans les toilles.

LXXXIII

Crocheter la toille et l'asseurer par embas, c'est mettre des crochets de bois en chacunes boucles, et les bien planter en terre, que les sangliers ne puissent lever la toille pour passer dessous, sinon avec grande violence et force.

LXXXIV

Asseurer la toille par en haut, c'est mettre et faire des petits acrots et pendants, avec les boucles de la toille, après les arbres et branches d'arbres qui sont à la commodité et voisins de la toille.

LXXXV

Asseurer les perches des toilles, c'est leur donner hauteur suffissante et du tallus raisonnable, pour soustenir la toille contre l'orage des vents, et par ce moyen la toille ne peut tomber, sinon avec grande violence ou si les perches ne rompent et brizent.

LXXXVI

Boucler la toille, c'est la bien fermer par tout, mettre toutes les petites billottes dans les boucles de la toille.

LXXXVII

Retrancher l'enceinte, c'est recoupper ou retrancher quelques pointes par chemins commodes, et ainsy l'enceinte est plus petite, et les bestes noires enfermées plus court.

LXXXVIII

Gaigner de la toille, c'est racourcir encor l'enceinte, oster encor plus de terrain aux bestes noires, et par ce moyen l'on gaigne encor de la toille, pour travailler ailleurs, aux barrieres.

LXXXIX

Faire des barrieres, c'est faire des petites tranchées ou routtes, y tendre de la toille, pour oster tousjours plus de terrain aux sangliers.

XC

Avoir fait un beau coup de toille, c'est avoir enfermé et pris trente ou quarante bestes noires, ou approchant.

XCI

Desordre à la toille, c'est quand les bestes noires ou sangliers ont rompu ou brizé la toille et sont sortis des toilles.

XCII

Creux ou fond de la toille, c'est le bout à l'opposite du cours.

XCIII

Creux ou fond du cours, c'est l'opposite de la barriere par où les bestes noires ou sangliers entrent au cours.

XCIV

L'embouchure du cours, c'est la largeur de la derniere barriere qui se leve et ferme le cours, quand les sangliers y sont entrez.

XCV

Applanir le cours, c'est couper le bois qui y est et les estocs, affin que les enferreurs ne bronchent et culbuttent, en arrestant un sanglier.

XCVI

Hutte de la barriere, ce sont des petits rameaux appropriez le long de la barriere, en plussieurs lieux, pour cacher ceux qui levent la barriere, quand le sanglier est entré au cours.

XCVII

Hutte du cours; elle se fait au milieu du cours ou derriere la barriere du cours. L'on se sert à cela de fagots que l'on at couppez au cours, si donc l'on ne la fait de toille. Cette hutte sert à cacher ceux qui sont au cours, qu'ils n'empeschent les sangliers d'y entrer.

XCVIII

Circonference de la toille, c'est le tour du terrain qu'elle contient.

XCIX

Rotondité du cours, c'est la circonference ou le tour qu'il contient de terrain.

C

Remettre les toilles en charroy, c'est les decrochetter, abattre les perches, desfaire les acrots et pendants d'en haut, relier les perches par petits faisseaux ou fardeaux, affin que, le tout estant bien agencé et rechargé, l'on les puisse menner avec plus de facilité là où l'on voudra renfermer de nouveau.

DE QUELQUES MOTS ET TERMES DONT L'ON USE, EN PLUSSIEURS LIEUX, AUX VENERIES POUR SANGLIER.

Le parler aux chiens courrants ou limiers est à la discretion et à l'usage de chascune nation; mais à ceste chasse de sangliers, de bestes noires, de bestes mordantes et puantes, le terme de Hou, hou, y doit estre en usage, et non en mesuser ny le proferer, en chassant et forçant les animaux nobles et les bestes legeres. Ce mot de Hou n'est pas recevable courrant cerfs, chevreuils, dains, lievres; car nos autheurs de venerie de l'antiquité condamnent ce terme absolument, sinon en chassant les bestes mordantes. Or, je diray à un limier pour sanglier : Après, mon vallet, vellecy allé, hou, hou, après compagnon. J'userai aussi de ce terme, en faisant chasser des chiens pour le sanglier : Hou, hou, tous à luy, tous à luy, il vat là, chiens, il vat là; si le sanglier ou les bestes noires font un retour, une ruze : Hou revary, hou revary; s'ils font un deffaut, qu'ils ne chassent plus : Hou, hou, là ira, là ira, chiens; tellement qu'à la chasse du sanglier le mot de Hou est souvent en usage; mais à la chasse des bestes nobles et legeres, les termes y sont nobles aussy. Les anciens autheurs disent qu'il faut parler aux chiens qui chassent sanglier au pluriel, comme disant : Hou, hou, vellecy allez; mais je considere qu'il y a plussieurs meuttes, les quelles courrent le sanglier à force, et n'en courrent qu'un, ne chassent qu'un sanglier; tellement qu'il me semble que n'y ayant qu'une beste seule devant mes chiens et meuttes, que ce terme de pluriel, Vellecy allez, est prononcé et adapté contre raison. Mais s'il y avoit plussieurs bestes noires ou sangliers devant les chiens, que les chiens les ayent ameuttez, je crois que les veneurs auroient raison de parler au pluriel : Vellecy allez. Neantmoins, comme je ne pretend de rien changer des anciens termes et usages de venerie, j'en dis simplement mon sentiment et mon opinion; mais je remets la decision et l'arrest aux plus sçavants que moy.

DE LA VENERIE DU SANGLIER; D'ALLER AU BOIS; DE MON TRAVAIL, EN FAISANT MA QUESTE; DES JUGEMENTS DES SANGLIERS, LAIES ET BESTES NOIRES; LA FAÇON DE MON TRAVAIL, POUR PRENDRE LES GRANDS SANGLIERS VIFS, LES METTRE DANS UN COFFRE OU CAISSE FAICTE A CE DESSEIN, ET LES PORTER VIFS LA OU L'ON VEUT.

Nous ne chassons ordinairement que l'hyver aux sangliers et bestes noires. Je me sers, pour destourner les compagnies de bestes noires, des mesmes limiers dont je me sers pour aller au bois pour le cerf; mais les premieres fois que nous allons pour noir, nous avons de la peine à faire rabattre nos limiers; mais après une fois ou deux qu'ils ont foullé un sanglier, ils vont bien après, et ne changent plus de voye. Pour le faulve, je vas faisant ma queste comme pour le cerf. S'il est du glan, je prends entre les fors et les futaies; s'il est de mesme de la fayne et si mon limier se rabat, je luy en laisse ressentir. Après, je prends les devants des fors et des demeures. Je prends aussy les devants des marests, lieux aquatiques et marescageux; car volontiers, alors qu'ils trouvent quantité de glans, ils vont chercher les lieux aquatiques, soit pour trouver l'eau et se rafrechir, ou se souiller; car le gland les altere et les eschauffe bien plus que la faine. Nous mettons souvent dans la toille vingt-cincq ou trente bestes noires pour une chasse, cela est difficile à suraller. Quand bien un limier ne se rabattroit pas, le trac et routte des traces sont tellement battus et foullez, qu'il est presque impossible que l'on n'en revoye tousjours en quelque lieu, ce n'est pas comme s'il n'y avoit qu'un sanglier seul. Il est bien plus aisé et suject à estre surallé qu'un cerf. Le sanglier, passant un chemin, pose et met la trace sur le bord, sur l'orniere du chemin; le cerf pose le pied au milieu du chemin, parce qu'il est haut sur jambes, qu'il at la jambe longue et laisse ses voyes bien espreintes et marquées; il n'y a point d'herbe au milieu du chemin, à cause du petit sentier qui s'y fait par les passants, et souvent les ornieres et bords des chemins sont feutrez d'herbes, de plouze, aisées à se relever. Le cerf aussy se rembusche volontiers par de petites routtes et coullées qui respondent et aboutissent aux bords des chemins; depuis le chemin l'on voit du bois tourné. Le sanglier se fourre par tout, pas au plus espais, et ne cherche nullement son advantage, comme fait un cerf à cause de sa teste. Or, les bestes noires vont faire leurs nuicts en toutes sortes de gaignages, selon les saisons : aux grains, legumes, vignes, prairies; elles ayment les fleurs des prairies, du muguet, et à cette cause le seigneur du Fouilloux dit qu'elles sont aisées à mettre dans la toille en avril et may, parce que la fleur, la senteur les assoupissent et endorment plus qu'aux autres saisons de l'année. Quand les bleds sont meurs, elles y font un grand dommage; à ce suject nos paysans guardent leurs grains la nuict. Aux lieux bien peuplez de bestes noires, les sangliers abattent les bleds, pour faire leurs mangeures plus commodement. Aux autres saisons, ils vont vermillant le long des gaignages et autres terres, soit labourées ou non labourées. Bref, par tout je vas secretement après, et empesche, s'il est possible, que mon limier ne die mot, qu'il n'en crie pas; car un sanglier at l'ouïr bon, et, estant lancé, difficile à raprocher, si c'est un sanglier fuiard et de longue traicte; comme aussy une compagnie de bestes noires, si elle est venue de loing, pour chercher ses mangeures et trouver le gland ou la fayne, de forest ou pays à autre; comme j'ay veu autrefois des compagnies de bestes noires, qui estoient venues des montagnes de Vosges dans les forests de Charmes, et, là estant esveillées ou ne trouvant point de gland, elles s'en retournoient de leur relevé, d'une nuict, jusques à la forest de Mortagne derriere Bifontaigne, à six ou sept lieues de leur relevé; elles passoient derriere Rehaincourt, au bois de Saint-Dié, aux bois d'Onzaines, de Bademeny, de Padoux, de Romont, derriere Remberviller, alloient passer proche de l'abbaye de Saint-Hubert d'Autrey, et de là à la forest de Mortagne. C'est pourquoy il faut estre secret, allant aux bois après les sangliers, car ils ont l'ouïr et le sentiment plus subtils que nulle autre beste furieuse, qui est cause que je fais mes premieres enceintes longues et grandes; en après je les raccourcy, selon la commodité des chemins que j'ay recognus à propos, en faisant le premier tour; alors je juge la commodité, pour faire jetter la toille et enfermer ce que j'ay destourné. Les compagnies de bestes noires ne se rembuschent pas souvent en mesme rembuschement; il y a tousjours deux ou trois rembuschements, plus ou moins, selon la quantité de bestes, les rembuschements à trois ou quatre pas l'un de l'autre : la raison est que ces animaux sont fort gourmands, vont tousjours vermillant, allant à leurs enceintes de beauges; et mesme qu'il y a plussieurs layes ensemble s'escartant des autres volontiers, leurs marcassins les suivent, et vont plus escartez et eslargis, que ne font pas les hardes de bestes faulves, les quelles volontiers entrent au fort en mesme rembuschement. Mais à ces rembuschements, je considere combien de bestes il y peut avoir qui entrent en l'enceinte, affin que je puisse en faire rapport à peu près ; car ayant reconnu, en considerant le lieu là où ils ont fait leur nuict, la façon et les formes de leurs bouttis, de leurs mangeures, aux lieux aquatiques et frais, là où ils ont vermillé, je vois à peu près combien il y peut avoir de layes, grandes bestes, marcassins, bestes de compagnie, je tire conjecture de tout cela. Que si c'est au rut, ès environs de la Sainct-André, en après il y a tousjours quelques grands sangliers avec les compagnies ; je vois cela, en demeslant leur nuict. Ils vont souvent à costé des bestes, ils se rembuschent de mesme un peu escartez ; en faisant leur nuict, ils font des bouttis, ils fouillent la terre, cherchent les racines, plus profondement que les laies, à cause de la longueur, force et puissance de leur hure. Ils pesent, brisent et enfoncent la terre de leurs traces plus que les laies, à cause de leur pesanteur ; ils donnent continuellement des guardes en terre, en leurs alleures, les quelles sont plus larges et ouvertes, et plus près du tallon qu'à une laie. Je void donc s'il y a quelque grand vieil sanglier, ou autres en leur quart an, ou tiers an, ou quelque raguot ou billatre qui ne fait que se separer de sa compagnie ; bref, je pousse le tout au fort avec l'ayde de mon limier. Nous avons des limiers qui font des actions differentes, en se rabattant de faulve ou de noir ; car il y at des limiers qui font des actions furieuses ou d'estonnement pour le noir, ils suivent, le poil plus herissé, la queue plus roide, moins fretillante ; d'autres suivent, la queue plus basse, regardent souvent leurs maistres. Il y a changement d'air en leurs suittes, tellement qu'un bon cognoisseur des actions des limiers peut voir et sçavoir, à l'air de son chien, de quoy il se rabat, soit faulve ou noir, et cela sert aux seicheresses ou quand il a fort gelé. Les premiers jours que tout est sec aux lieux difficiles à revoir, le limier donne conjecture à son maistre de quoy il se rabat; mais aux gelées blanches, il fait bon revoir, l'on gaigne pays, les bestes noires rompent la gelée par tout, l'on en revoit à son aise sur les lieux feutrez d'herbes, sur les feuilles, par les futaies, aux lieux frais et aux souillards. S'ils se souillent, je vois combien de laies il y peut avoir, de grandes bestes et de marcassins. Que si un sanglier a fait sa nuict dans des pays de fougere, il fait en tels lieux ses bouttis fort profonds; de mesme aux bruyeres, car volontiers ce sont pays sablonneux ou terres aisées à mouvoir. Ils font aussi souvent leurs beauges en tels lieux, y demeurent, si la fougere ou bruiere est haute. Alors je considere les bouttis, la profondeur, hauteur et largeur des bouttis; je trouve de vielles beauges, je considere leurs longueurs et largeurs; tout cela me fait juger d'un grand sanglier. Nous tirons, en venerie, cognoissance d'un grand sanglier à l'imitation de nos autheurs. Le seigneur du Fouilloux dit qu'il juge le grand sanglier, aux traces, à la hure, aux deffences; mais de mesme comme je fais jugement d'un cerf, cerf de dix cors, par les alleures et par le pied, lors qu'il se juge bien et foule bien la terre par tout, ainsy je juge d'un sanglier par ses traces. Mais la nature n'at pas travaillé si artistement au sanglier ; le cerf at le pied plus noble, mieux vuidé, le talon mieux fait, plus rond, le quel s'imprime mieux dedans la terre que celuy du sanglier, le quel glisseroit tousjours, sans les guardes qui donnent en terre; les voyes d'un cerf sont bien plus agreables au vray veneur, la trace du sanglier n'est pas vuidée si bien que la voie du cerf ; le sanglier at le pied, la trace, plus pleins de chair que la solle d'un cerf. Le seigneur du Fouilloux tire conjecture jusques aux petits marcassins de trois mois ; s'ils sont males, dit qu'ils marchent desja le pied de derriere, un peu à costé de celuy de devant, en dehors, et vont desja vermiller plus loing de la laie que les femelles. Il y a difference à peu près du sanglier à la laie, comme du cerf à la biche : le cerf at plus de pied, la jambe plus large, basjointée, et les os meilleurs que la biche ; le sanglier at aussy plus de trace que la laie, les guardes plus ouvertes et plus près du talon. Le sanglier a les traces grandes, la pinse moussue et courte ; la laie at les pinses plus desliées, la trace plus estroicte ; bref, le sanglier foule et brize bien mieux la terre, à cause de sa pesanteur, et particulierement après la Sainte-Croix de septembre, qu'il est en venaison, que le bourbellier luy donne presque en terre. Le sanglier se juge et met la trace de derriere à costé de celle de devant, à cause des nerfs et membranes qui passent entre ses cuisses, soutiennent et donnent nourriture à ses suictes. Or, ayant pris guarde à ces jugements et destourné, je vas à l'assemblée faire mon rapport ; mais s'il y at de la neige ou qu'il fasse fort mol et bon revoir, je tasche à effacer toutes les voyes qui passent les chemins, affin que, si l'on ne pouvoit enfermer ce jour-là, que ces vielles aires de deux ou trois jours ne nous embarrassent pas le lendemain, estant au bois. Voilà nostre travail l'hyver, au fort de nos chasses aux bestes noires. Mais encor que le fort de nos chasses soit l'hyver, si est que l'esté, s'il y arrive quelque prince estranger, nous faisons quelques coups de toilles, pour leur faire voir nos chasses de sanglier. Nous leur donnons plaisir de cette chasse, à enferrer et arrester les sangliers avec l'espieux, comme il en sera plus particulierement parlé au chapitre suivant. Ils sont fort furieux, quand il est année de noizettes, qu'ils cassent les noizilliers; nous voyons cela par experience au parcq d'Ainville, là où il y at quantité de corrées ou noisettiers. Les années qu'ils portent et se chargent fort de noisettes, les sangliers y sont tellement furieux, que les hommes à pied, qui y vont passer le temps, y sont souvent au hazard, car les sangliers vont à eux; s'ils les esveillent, ils ne veullent pas fuir; et aux années là où il n'y a point de noizettes, ces sangliers fuient, s'ils ne sont par trop eschauffez, alors ils vont aux hommes. Du regne du vieux duc Charles, il y chassoit souvent; il estoit fort adroit à tuer les grands sangliers, à cheval, comme aussy à pied il estoit fort adroit à les enferrer et arrester avec l'espieux. De son regne, ce parc estoit fort peuplé de faulve et de noir; j'y ay quelques fois enfermé, pour un coup de toilles, vingt et vingt-cincq bestes noires, grandes bestes, laies et sangliers, à la saison du rut. Le seigneur Gaston de Foix dit que le sanglier est l'animal le plus hardy, fier, et orgueilleux et le plus dangereux, à cause qu'il peut tuer d'un seul coup. Les sangliers hardis ne sont pas dangereux, à sortir de l'enceinte, le matin, en les destournant; au contraire ils ne daignent pas partir, le matin ny tout le jour, pour un chien. J'ay autrefois veu lancer un grand sanglier secretement; il vint au partir de la beauge au limier, et luy couppa la botte au col nette, et le limier ne fut qu'un peu egratigné au col, qui fut un coup fort favorable, et mon compagnon n'eut le loisir que de se parer d'un chesne. Un sanglier fuiard ne fairoit pas cela, s'il n'estoit eschauffé; alors il est dangereux. Il faut estre secret à destourner un sanglier fuiard et de traicte; si l'on le lance le matin, il vat loing sans demeurer. Les sangliers demeurent volontiers aux hailliers espineux et forts, ou aux gros ronsiers espais, particulierement les fuiards; mais les hardis demeurent par tout, mesme aux bruieres; ils ne craignent rien, ils y demeurent. L'on trouve souvent de leurs laisses, en demeslant leur nuict ou bien en les lançant, les quelles à un grand sanglier doivent estre longues et grosses, à cause de la grosseur de ses boyaux. Je prend quelques fois l'esté des sangliers vifs; je fais faire un coffre de planches de chesne, fortes et bien barrées de bandes de fer; il ouvre aux deux bouts, avec des ventillions forts qui se haussent et s'abbaissent, par le moyen de coullises et fortes mortoises, pour abbaisser et fermer le coffre, lors que le sanglier est dedans. Ce coffre ou caisse est haut de six pieds, et sept ou huict pieds de long. Je fais mener le coffre à la toille dans le cours, le quel cours je fais faire plus petit et estroit que si je voulois chasser à l'accoustumée pour enferrer; je fais tendre au costé du cours, de dedans, un pan à sanglier; le cordeau ou fiselle des mailles est fort, gros comme le doigt, et les deux maistres cordeaux, de grosseur, grandeur, convenables, pour tenir le sanglier abbatu dans le pan. Je fais faire des huttes ou logettes aux deux bouts du pan; et fais mettre six ou sept hommes en chascune, avec deux grosses fourches de bois à d'aucuns, et d'autres avec deux ou trois longues perches et grosses comme la jambe d'un homme; et moy, je me place derriere le pan avec un espieux; et comme mes compagnons ont forcé et chassé le sanglier au cours, il m'apperçoit et veut venir à moy, mais trouve le pan entre luy et moy. Il donne dans le pan, et s'abat et tombe, culbutté là dedans; alors les hommes cachez aux huttes courrent avec leurs fourches, qui lui posent les fourches sur le bout du bouttoir, sur les jambes. Ceux avec les perches en mettent une sur le col du sanglier, derriere l'oreille, entre l'oreille et l'espaulle, sur le col; et deux hommes se mettent sur les deux bouts de la perche; une autre perche se met de mesme sur le derriere du sanglier, une autre encor sur son corps, tellement qu'il ne se peut mouvoir ny faire mal. Alors je luy fais lier les quatre jambes avec des neuds qui se deffont aisement; l'on approche le coffre, je le fais desembarasser du pan et fillet, et le fais mettre dans le coffre, là où il y at des petits ventillions, les quels je fais ouvrir pour luy deslier les jambes. Il y at aussy force fentes au coffre, larges de deux doigts, bien renforcées de fer; ces fentes donnent air au sanglier. Je luy fais jetter force seilles d'eau pour le rafreschir; cela fait, l'on charge le coffre sur un chariot, et l'on le menne là où l'on veut. Je le prend aussy d'autre façon, sans pan ny fillets : je fais faire un mesme cours, tendre les toilles comme auparavant, et fais menner trois levriers, les quels je fais armer de jacques ou jacquettons, bien picquez et bourrez de laine, avec des flanquarts, qui leur vont à demy pied de terre, pour garantir les jambes des levriers d'attache ou des dogues. Ces jacques leur couvrent tout le corps, les cuisses, la gorge jusques aux machoires; et en la sorte, si ces jacques sont bien faits, c'est malheur si un levrier est blessé. En après, le sanglier estant entré au cours, je fais lascher ces levriers d'attache qui le prennent sans marchander, et, comme ils le tiennent, nous allons subite le prendre par les jambes de derriere; il tombe en terre, l'on luy met soudain des fourches de bois sur le boutoir, derriere les deffences et les grès, et estant ainsy tenu il ne peut plus se mouvoir. Je luy fais subite lier les jambes, l'on approche le coffre, l'on le met dedans, après avoir fait desmordre les levriers. A ce mestier il faut des levriers ou dogues qui ne demordent jamais, si l'on ne les fait demordre; autrement ils fairoient tuer des hommes, s'ils laissoient aller le sanglier. Quand le sanglier est dedans le coffre, il luy faut deslier les jambes avant que de l'amenner. Du regne de Son Altesse le vieux duc Charles, comme aussy du regne de Son Altesse le duc Henry, j'ay souvent pris des sangliers en la sorte, pour menner au parcq d'Ainville. Lors que l'on veut faire sortir du coffre le sanglier, un homme monte sur le dessus du coffre, puis il leve les deux ventillions des deux bouts; le sanglier sort, et l'homme se tient tousjours sur le coffre, tant que le sanglier est loing de luy. Le coffre n'est pas plat dessus, la couverte est à deux pantes. Son Altesse le vieux duc Charles en faisoit amenner vifs au milieu de la court de Nancy, pour les faire attaquer à des levriers, mesme pour y dresser des jeunes levriers avec d'autres. L'on leur faisoit scier ou rompre les deffences, afin qu'ils ne puissent blesser personne, car quelque fois la court estoit pleine de peuple. Vous verrez, au chapitre suivant, comme je les arreste et attacque avec les espieux. Il ne se faut pas hazarder de prendre des sangliers vifs avec dogues ou levriers qui desmordent; les chiens à ce mestier ne doivent jamais desmordre, là où ils s'attachent ils doivent tenir ferme; car s'ils demordent, ils fairoient tuer des hommes. J'en ay eu un qui fut donné à un sanglier, il ne fit pas sa prise assez subtilement, le sanglier luy donna dans la gorge. Ce chien ne laissa de s'attacher à l'oreille du sanglier; et comme il tenoit le sanglier, le sang luy sortoit de la playe, gros comme le bras; et de mesme le sang sortoit à ce dogue, des deux costez de la gueulle, de pareille grosseur, sans que le chien demordit jamais, bien qu'il avoit la gorge couppée; et comme nous luy eusmes tiré le sanglier hors des crocs, que nous l'eusmes fait demordre, ce brave chien tomba mort. Mais si ce chien n'eust esté courageux, infailliblement quelqu'un de nous eust esté blessé. Pour fin de ce chapitre, voyons quelque chose de Xenophon au suject des sangliers. Il me souvient d'avoir leu, dans ses Œuvres grecques, en la Vie de Cyrus, frere d'Artaxerces : « Cyrus ayant esté tué en la bataille qu'il donnat à son frere, et les Grecs, qui estoient avec Cyrus, n'avoient pas esté deffaits, comme aussy plussieurs Barbares; Clearieus, chef des Grecs, et Arieus, chef des Barbares, firent serment solemnel de ne s'abandonner jamais en leur retraicte en Grece. Ces promesses furent faites avec telle solemnité : ayant tué plussieurs animaux, particulierement un grand sanglier, les Grecs tremperent les pointes de leurs espées au sang de ces bestes, et les Barbares les pointes de leurs picques; et tant Grecs que Barbares, ayants notament trempé les poinctes de leurs armes au sang de ce sanglier, ils en frapperent leurs boucliers. En après, ils firent leur retraicte de la haute Asie en Grece; ils camperent deux cent quinze fois en leur retraicte, et sur la fin leur chef estant mort, Xenophon fut choisi de tous pour commander à l'armée. » Vous voyez icy comme les anciens tiroient augure des bestes furieuses en leurs guerres et en leurs voyages. Xenophon est icy grand capitaine, general d'armée; il est aussy excellent en venerie.

LES REGLES QUE JE FAIS OBSERVER, POUR ENFERMER LE SANGLIER AVEC LES TOILLES, LE JOUR AUPARAVANT QUE L'ON VEUT CHASSER A COURS FERMÉ, POUR L'ENFERRER ET ARRESTER AVEC L'ESPIEUX.

Pour enfermer le sanglier, je separe les questes, comme si je voulois courre un cerf; puis mes compagnons estants de retour de leurs questes, celuy qui me fait rapport d'un grand sanglier, je l'interroge exactement, pour sçavoir combien de pas son enceinte contient, affin que si je me resoud, ayant receu l'advis de mes compagnons, de l'enfermer, que je puisse sçavoir si mes toilles peuvent emporter l'enceinte et la fermer entierement. Mais si l'enceinte est trop grande et que les toilles ne la puissent contenir, je prend l'advis de celuy qui fait le rapport, et qui at recognu la comodité du lieu, pour la retrancher secretement, en jettant la toille. Mais si je vois qu'il y aye quelque difficulté et doubte au rapport que l'on me fait, je vas faire un tour d'enceinte, affin de n'entreprendre d'enfermer mal à propos; car de jetter les toilles au hazard, sans sçavoir si elles peuvent contenir l'enceinte, ou sans avoir projetté et premedité les moyens de retrancher secretement l'enceinte, c'est travailler sans fondement de l'art et du mestier, et se mettre au hazard de ne point enfermer pour le jour. Il ne faut hazarder legerement, ny sans contrainte, que les toilles ne puissent emporter le tour de l'enceinte, ce qui se peut sçavoir à dix pas près, si celuy qui destourne sçait son

De mesurer l'enceinte.

mestier; alors la toille se doit jetter secretement. La moitié des chars des toilles doit aller d'une part de l'enceinte, l'autre moitié de l'autre part. Si donc l'enceinte n'estoit plus longue d'un des costez, en tel cas celuy qui fait jetter la toille disposera des toilles, comme il jugera, selon l'assiette de son enceinte; cela estant, il faut blocquer et lever la toille legerement. Ayant fait vostre effect, si l'enceinte ne peut estre emportée, il faut incontinent retrancher, par petites tranchées, par les lieux commodes et qui ont esté resouds auparavant; mais si ce travail n'est fait fort secretement, il est dangereux de mettre le sanglier sur pied et luy faire forcer la toille; et travaillant de la sorte, on gaigne de la toille pour achever le tour et blocquer. Lors que j'entreprend d'enfermer une enceinte, je fais marcher deux veneurs ou deux valets de limier, leurs limiers devant, comme contreronde, qui vont tousjours, jusques à ce que la toille soit bouclée et l'enceinte fermée entierement; cela se fait à dessein que si le sanglier estoit sorty de la beauge, depuis que celuy qui m'en a fait rapport est de retour de sa queste, ou bien s'il estoit sorti de la beauge et de l'enceinte, au bruict des chars et des paysans qui jettent la toille, que les limiers s'en puissent rabattre faisant le tour et nous en donnent cognoissance. Cela empesche qu'on ne perd temps à jetter la toille et boucler inutilement, pour puis après trouver l'enceinte creuse, et fascher ou retarder les plaisirs des maistres. De tous siecles les princes ont aymé les chasses des bestes furieuses. Le jeusne Cyrus, frere d'Artaxerces, en la fleur de son aage, ne prennoit plaisir qu'à la chasse de bestes furieuses et dangereuses. Il tuoit les sangliers à cheval; mesme un ours, l'ayant terrassé et abbatu son cheval, luy fort blessé, il ne laissa de tuer l'ours ; en ceste

De jetter les toilles.

Chasse des roys de l'antiquité.

action, un veneur se precipita pour le secourrir, il le fist grand. Retournons à notre discours. Donc celuy qui commande doit estre exact au travail, parce que de sa science depend le plaisir du maistre. Pour avoir commandé le travail à propos et diligemment, il en reçoit la louange; s'il l'at negligé, il en reçoit le blasme en bonne compagnie; car il ne se faut fier aux valets que par necessité, car ils ne travaillent jamais qu'en valets, parce qu'ils n'ont le point d'honneur à bien servir exactement, comme ont ceux que les roys et princes choisissent pour commander à leurs veneries, s'ils sont capables de leurs charges et ont esté nourris au mestier; car hommes qui y ont esté nourris, et ont l'esprit capable de cette science, ne peuvent manquer par leur negligence, sans rougir. Et la plus part de ceux qui sont sous nos charges sont insensibles à bien ou mal travailler; mais il faut aux insensibles commander à propos, et leur faire executer ce commandement d'authorité, puisque leur honneur ne les y peut porter. Les plus puissants se sont souvent pleu aux chasses dangereuses, tesmoins Cyrus le Grand, Cyrus le Jeusne, Alexandre le Grand, le roy des Medes, le roy d'Assyrie, Xenophon, les quels se plaisoient à chasser aux lions, leopards, tigres, ours et pantheres. L'histoire grecque rapporte que ces animaux se trouvent aux monts Pangeon, de Cyssus, Zaga en Macedoine, Olympe en Misie, vers Pindes, Nice en Syrie. Les veneurs les chassent avec chiens, les combattent et tuent; ils sont armez à leur mode; ces puissants roys les tuoient mesme. Revenons au travail des toilles. Cela fait et le sanglier enfermé par ce bon ordre, il le faut lancer doucement et avec le moindre effroy qu'il est possible, à cause qu'il n'at encor recognu la toille, et, si on le lançoit furieusement, il est à craindre qu'il ne la brise au partir de la beauge. Ce pourquoy nous avons

Des roys qui chassent aux lions et tigres.

De lancer les sangliers sans effroy.

accoustumé, en ces pays de Lorraine et Barrois, d'enfermer le jour auparavant la chasse, pour deux raisons : la premiere, affin qu'il aye la nuict entiere, pour recognoistre la toille ; et l'ayant recognue, il souffre aisement estre serré court le lendemain, ce qu'il ne fairoit pas avec tant de patience le premier jour qu'il est dedans la toille, et seroit en danger de la briser, car ils sont fort furieux en ces pays ; la seconde raison pour quoy nous enfermons le jour auparavant la chasse, c'est pour avoir plus de temps et de loisir à faire le cours là où il doit estre attacqué, et le faire en sorte que les maistres et les dames y reçoivent du contentement, et que la noblesse ou autres qui sont resouds d'enferrer et arrester n'y reçoivent desplaisir que par le peril des deffences du sanglier, et non par les incommoditez des estocs et bois couppez trop haut, qui les feroient chopper et broncher, ce qui seroit cause de les faire blesser, faute d'estre bien placez et en garde pour recevoir le choc. Il faut obvier à cest inconvenient, par bien applanir le cours, ce qui ne se peut faire sans le travail de cincq ou six heures. Je pourrois encor particulariser d'avantage sur le suject d'enfermer ; mais il n'y a si petit veneur qui n'en aye ouy parler ; ce pourquoy je me restrains à ne representer que ce qui est necessaire, pour abbreger ce travail et en donner des advis de facilité, parce que le maistre ne peut estre satisfait, que le cours ne soit fait et parfait le lendemain, jour de la chasse, à midy ou environ ; et pour y disposer le tout, il est necessaire que, lors que l'on est asseuré que le sanglier est dedans la toille, l'ordre soit de bien crochetter, blocquer et asseurer la toille, par petits pendants et acrots aux arbres plus voisins de la toille. En après, je fais assembler tous mes compagnons, et envoye deux faire un tour de toille, pour recognoistre si le

De bien crochetter les toilles.

sanglier, de sa premiere furie, estant sorty de sa beauge, n'a fait nul desordre à la toille. En après, les compagnons estants de retour, nous considerons les lieux plus commodes pour le lendemain faire le cours, en mesme temps disposer les marques des trenchées, et marquer les trenchées, pour retrancher et resserrer le sanglier vers le costé au quel j'ay prins resolution de faire le cours, tant pour la commodité du maistre que selon la disposition et assiete du lieu; mais si c'est un sanglier hardy qui aye autrefois brizé la toille, il est à craindre qu'il n'en fasse de mesme. Il en peut estre empesché la nuict et amusé, en faisant quelques feux proche de la toille, du costé du pays où il at accoustumé de hanter et demeurer le plus. En après, il faut que des archers des toilles fassent toutte la nuict des rondes en parlant, et incontinent que ceux qui viennent de faire le tour de la toille arrivent auprès de quelque feu, que deux autres repartent pour faire le mesme effect. J'en ay fait prendre et garder en la sorte, les quels autres fois avoient brisé la toille. Or, je me contente, après avoir enfermé le premier jour, de donner l'ordre que j'ay representé, et me dispose à estre le lendemain, au point du jour, à cheval; mais estant au quartier de la Venerie, je n'oublie à repetter à mes compagnons nostre projet de travail, et leur en fais voir un dessin, affin que tous en soyent capables; car sans cela souvent ils commencent leur travail au rebours. En après, je commande à deux de mes compagnons d'aller le lendemain, au point du jour, avec leurs limiers, recognoistre si le sanglier a fait quelque desordre à la toille; et pour ne perdre temps, je part incontinent, après avoir separé à mes compagnons leurs petites trouppes de paysans, pour diligemment travailler aux tranchées, selon que je les ay projettées, et c'est à qui plus en faira, selon la disposition

De disposer les trenchées.

Recognoistre si le sanglier a faict desordre aux toilles.

de la toille et la commodité du bois, là où l'on at enfermé. Vous verrez, en ce traicté, comment les veneurs, aux chasses des bestes farouches et devorantes, s'employent et travaillent à exterminer les ennemis du public, selon Xenophon.

COMME IL FAUT TRAVAILLER, LE JOUR QUE L'ON VEUT CHASSER, POUR RETRANCHER LES TOILLES, DISPOSER LE COURS ET L'APPLANIR.

Il faut que la diligence des veneurs soit telle, que le cours soit parfait, lors que le maistre arrive ; car de faire attendre une heure ou une heure et demie, ce n'est nullement l'ordre ny la raison. Et pour empescher ce defaut, celuy qui commande doit faire intervenir sa prevoyance et son authorité, et faire exactement executer par ses compagnons ce qui at esté resoud le soir auparavant ; que tous se mettent en devoir de travailler, et d'ouvrir les tranchées qui leur sont données pour leurs postes, affin de gaigner de la toille en retranchant l'enceinte, et par ce moyen, quand ils ne seroient que six veneurs ou autres qui solliciteroient et travailleroient en la sorte, à ainsi abbreger et faire tout d'un temps, la toille sera dressée et preparée pour faire le cours en deux ou trois heures, selon les commoditez ou incommoditez du lieu. Mais si celuy qui at charge de tout le travail ne visite souvent ses compagnons, et ne les presse à abbreger, il se trouvera prevenu de l'heure et du temps ; car volontiers les veneurs s'aydent à parfaire mesme tranchée, à dessein par après d'aller de l'une à l'autre

Du travail des petites tranchées.

tranchée, les ouvrir, affin qu'ils soyent tousjours en compagnie. Ceste confusion retarde le travail, il faut empescher cela; car il suffit qu'il y ait un veneur seul avec six paysants, pour dresser ces petites routtes, et faut que le chef, pendant ce temps, aille, de tranchée en tranchée, leur faire souvenir de l'heure et du temps qui se passe. Donc, ces tranchées estant parfaictes, on doit acculer le sanglier par la commodité de ces petites routtes faites à ce dessein, et tousjours le constraindre vers le costé là où l'on a resoud de faire le cours. Mais je dispose tousjours mon travail à deux fins : l'une, que l'embouchure du cours soit à bon vent, s'il est possible, si la commodité du lieu et de la toille le permet; l'autre fin, que ces tranchées ja faictes ayent esté projettées et ordonnées, en telle sorte que si le sanglier ne vouloit souffrir d'estre acculé du costé où le vent est propre à chasser, que l'on le puisse retrancher et serrer à l'entrée du pays le plus fort, pour, lors qu'il y est, y faire le cours, mesme où il at accoustumé de hanter le plus, à cause que de cette part il brize souvent la toille, et par consequent avec facilité l'on l'y peut acculer, parce que de luy-mesme il s'y pousse tousjours. Mesme le matin, comme l'on visite les toilles, on voit le galand embeaugé au costé où il at accoustumé de hanter, et volontiers la hurre tournée droit au pays le plus fort et vers le creux de la forest. C'est pourquoy il faut commencer le travail avec jugement et avec les raisons de venerie que l'art produit, aux quelles je m'attache et fonde mon travail, tant pour la disposition du cours, que pour diligenter et jetter les barrieres, les quelles estant jettées et crochettées, et le sanglier reduit en la distance que j'ay jugée necessaire pour bientost entrer au cours, et ne luy restant de pays que ce que je desire, pour estre

D'acculer et retrancher le sanglier.

Des mesures du cours et de la barriere.

chassé et forcé, alors je prend les mesures du cours : sçavoir, de quelle largeur sera l'embouchure et la barriere ; puis après, je prend les mesures du fond du cours, et l'enfonce en rotondité et circonference pour respondre à la barriere ; et finalement je vas au centre, et dispose la hutte en sorte que les princes et princesses avec leur court y reçoivent plaisir et contentement, sans que le sanglier les puisse appercevoir, lors qu'il est forcé, ou que de luy-mesme, poussé par sa brutalité farouche, il veut passer la barriere de l'embouchure du cours ; car si par hazard il est repoussé de la barriere et empesché d'entrer au cours, la premiere fois qu'il s'y est presenté et qu'il l'aye recognue, difficilement y rentrera-t-il, sans avoir fait beaucoup de desordre aux veneurs, aux chevaux et aux chiens. Mais pour eviter cest inconvenient, et affin que le sanglier ne soit repoussé se presentant à la barriere, deux choses y sont necessaires : l'authorité du maistre à faire cacher et serrer les courtisants derriere la hutte, et leur faire observer le silence ; l'autre, que les mesures de la hutte ayent esté prises justes, que l'un des bouts n'approche pas plus près de la barriere que l'autre, et que les bouts de la hutte soyent de distance egalle aux flancs de la toille. Je fais faire les huttes en la sorte au centre du cours, les quelles je trouve à propos, lors qu'il n'y a que des hommes à la chasse, parce qu'ils se desplacent lors que le sanglier est entré. Mais les dames ne peuvent changer de place ; c'est pourquoy je fais les huttes au dehors de la barriere du cours, lors qu'il y at des dames. Je prend le milieu de la barriere et donne du terrain autant d'un costé que de l'autre, selon la grandeur que je veux donner à la hutte ; en après, je fais coupper le bois, en demy lune enfoncée du dedans de la toille, et par ce moyen

Deux façons de huttes, pour placer les dames.

l'embouchure de la hutte est sur la barriere du cours, tellement que les dames voyent ce qui y entre, sans que rien leur soit opposite et de costé et d'autre de cette hutte. Les deux flancs separent la barriere en deux et s'attachent au bout des deux barrieres, tellement que ceste longue barriere et large entrée qui estoient auparavant, lors que la hutte estoit au centre du cours, elles sont en cette sorte partagées en trois, comme je represente : la hutte au milieu de la barriere, et aux deux flancs deux petites barrieres, les quelles sont plus aisées à lever et deffendre, lors que le sanglier les at passées, que n'est pas une barriere plus longue. De plus, je trouve qu'un sanglier estant chassé il fuit tousjours à quelques pas près de la toille, et par consequent il trouve l'embouchure de l'une de ces barrieres, et y est poussé comme dedans une nasse ; que si les chiens sont bons et sont accompagnez de veneurs comme il faut, il entrerat au cours facilement, à cause que la hutte enfonce du dedans de l'enceinte, la quelle sert et empesche qu'il ne peut forcer de ce costé ; de l'autre, la toille qui ferme l'enceinte le barre, tellement qu'il n'at que l'embouchure du cours ouverte, si donc il ne retourne en arriere passer sur le ventre aux chiens et forcer les veneurs. Or, pour ces raisons representées, je conclud que la hutte faite derriere la barriere est autant à propos et plus pour le plaisir, que celle qui est au centre du cours, à cause qu'elle est à l'opposite de la barriere et de l'embouchure du cours, tellement que ceux qui sont derriere ne peuvent voir le sanglier, qu'il ne donne au fond du cours ; et à l'autre hutte faite en demy lune, les dames et toute la court voyent tout ce qui passe la barriere ; mesme le cours est plus spatieux et plaisant, et rien n'y empesche et n'y peut nuire que les deffences du sanglier, qui est peu de chose à ceux qui ont des maistresses à la compagnie, et qui sont preparez à faire voir aux dames qu'ils sont verds gallands. Mais ayant resoud quelle forme de hutte je veux preparer et toutes les mesures arrestées, je separe le travail à mes compagnons, et donne l'ordre à un chascun de ce qu'il doit faire, affin que tout d'un temps le tout s'advance. L'un trasse et tranche la rotondité et le creux du cours ; un autre dresse la barriere, son compagnon travaille à la hutte en demy lune, quelque autre raze et applanit le cours ; on voit ceux qui doivent lever la barriere, lors que le sanglier est constraint d'entrer au cours, faire des petites huttes de rameaux, affin qu'ils ne soyent apperceus et qu'ils ne le fassent retourner. Et pour continuer ce dessein et ne perdre temps pendant que l'on fait le travail, le maistre des toilles avec ses archers porte continuellement de la toille, pour jetter le cours, la hutte et la barriere, et lever le tout subitement, avec une autre seconde barriere qui se dresse encor dans le fort, derriere celle du cours, à quinze ou vingt pas près, la quelle sert de beaucoup, et fait entrer le sanglier bientost au cours. Il la passe gaiement, parce qu'elle est au fort et à couvert, tellement qu'estant reduit entre cette barriere et celle du cours, il ne peut se deplacer, qu'il ne se porte insensiblement à entrer au cours. Ceste seconde barriere se doit faire à la commodité du lieu et de la toille, à quoy il faut s'astraindre, dont c'est contentement de travailler et abbreger pour le plaisir du maistre. Et faut solliciter et visiter tantost les uns, tantost les autres, faire jetter la toille en un lieu et la lever en un autre, affin de gaigner l'heure et le temps, par la diligence et vigilance que celuy qui commande y doit apporter. Bref, je leur represente que le midy s'approche, au quel temps nostre cours doit estre

Separer le travail aux compagnons.

parfait, ce que j'attends avec impatience, pressé et poussé d'un desir continuel que j'ay à bien servir Son Altesse en mon art de venerie et en toutes mes actions. Donc le cours parfait, les valets de chiens pour le sanglier ont l'ordre de se trouver aux toilles ; je leur commande de tenir les chiens secretement, sans bruict, au fond de la toille, du dehors, et là attendre que les veneurs sonnent pour chiens et fassent descouppler, pour esveiller le sanglier de sa beauge. Xenophon et les Grecs se servoient pour sangliers de chiens des Indes, de Candie, de Locres et de Lacedemonie ; ils descouppoient un chien de Lacedemonie pour trouver le sanglier, avant que laisser aller les autres. Or arrivent aussy quelques valets de levriers, avec une lesse de levriers d'attache, des plus forts et plus capables à porter jacques ; je leur fais jacquer la lesse que je cognois estre la plus furieuse, et la fais tenir au cours dans la hutte, affin que si quelqu'un de nos veneurs ou courtisants estoit terrassé et mal mené du sanglier, que les levriers puissent soudain empescher que celuy à qui il touche ne soit blessé, que du premier choc et hurt que le sanglier luy at donné. En tels accidents les levriers sont propres, car il est dangereux et presque impossible de secourrir un homme qui est terrassé sous un sanglier, sans blesser l'homme de l'espieux ; mais les levriers y arrivants, ils s'attachent au sanglier et le tiennent court, qu'il ne peut blesser l'homme ny se mouvoir ; alors l'on peut tuer le sanglier aisement, sans blesser celuy qui est sous luy. Donc à ce suject les levriers estant preparez et serrez à un coing de la hutte, je n'ay d'autre soing que de garder les espieux, pour les separer à ceux qui s'en sçavent servir, pour donner plaisir à Son Altesse, et empescher, s'il est possible, que les dames ou autres de l'assemblée ne reçoivent desplai-

Tenir les chiens au fond de la toille.

De separer les espieux aux enferreurs.

sir du choc et de la furie du sanglier ; car j'ay veu souventes fois, sans tel ordre, que les espieux estoient separez à des personnes qui n'avoient jamais attendu ny enferré sanglier, et les bons enferreurs demeuroient sans espieux. Il faut empescher ce desordre, s'il est possible, car il en arrive et en est arrivé en ces pays de grands accidents et de grandes blessures ; aux uns une espaulle levée, à d'autres une jambe à moictié couppée ; bref, le peril est grand. Je pourrois en dire d'avantage, mais le temps et l'heure me constreignent et me pressent à aller à l'assemblée trouver Son Altesse, pour luy faire rapport de mon travail. Je n'oublie pas, par les chemins, à considerer quelle routte je luy feray tenir, au partir de l'assemblée, pour la conduire commodement à la toille et au cours. Je l'adverty quel desordre le sanglier nous a fait, lors qu'il s'at veu retranché, et que nous l'avons acculé et serré en quelque coing de la toille, pour le mettre plus court ; si par ses actions il doit estre jugé et est sanglier hardy et furieux, ou bien si nous l'avons recognu fuyard. Telle est la forme et methode de mon rapport et du travail que j'exerce, pour enfermer le sanglier et donner plaisir à Son Altesse. Je fais le mesme effect et travaille en la sorte, pour enfermer les compagnies de bestes noires, sangliers, et laies et leurs marcassins. Ciaxare, pour empescher Cyrus de suivre les Assiriens, qui sauvoient leurs femmes et enfans après une bataille perdue, luy dit : « Souvenez-vous que les laies chassées de leurs halliers fuient avec leurs marcassins ; mais si les veneurs courrent après et prennent un marcassin, les laies tournent pour offencer le veneur. » Vous voyez comme les anciens grands personnages se sont servis de belles similitudes de venerie en leurs affaires signalées.

COMME IL FAUT FORCER LE SANGLIER D'ENTRER AU COURS, ET L'ENFERRER AVEC L'ESPIEUX.

Incontinent que Son Altesse est arrivée au cours, les veneurs vont au fond de la toille, et y tiennent les chiens, qui doivent forcer le sanglier d'entrer au cours, prests à descoupler, affin que, lors qu'ils auront advis que tout sera preparé au cours, ils sonnent pour chiens. On fait placer les dames avec le plus de commodité qu'il est possible, et que la hutte et l'assiette du lieu le permettent. En après, les enferreurs se separent, deux à deux ou bien un à un, selon qu'un chascun juge sa force suffisante et son adresse à ce mestier. A deux, il y a peu de peril à attendre un sanglier, s'ils enferrent bien et s'en sont meslez autrefois, parce que le malheur seroit grand, si l'un ou l'autre ne donnoit de justesse. Mais un seul qui attend un sanglier, s'il manque de justesse ou de force, il courre fortune, car il n'at nulle ressource; c'est pourquoy il faut que ceux qui attendent apprennent à s'adjuster avec un qui enferre bien, et alors qu'ils se sçavent mettre en posture et choisir la hauteur du sanglier pour recevoir le choc, ils peuvent enferrer seuls. Toutes fois je suis d'advis avant que se jouer à un sanglier à son quart an, qu'ils enferrent des laies et bestes de compagnie. J'ay enferré quelques fois de vielles laies ; je leur donnois à la hurre, entre les deux yeux, en une petite fente ou souture qu'elles y ont; le choc et hurt estoient tellement rudes et grands, que ceux qui estoient presents entendoient brizer les os de la teste, et mon espieux entroit jusques aux cerveaux,

Des enferreurs.

et ainsy elles demeuroient tout court et enferrées. J'ay donné une fois de mesme à un grand sanglier, entre les deux yeux, au milieu de la hurre; mon espieux y entra demy pied. Je ne conseille pas, encor qu'il m'aye reussy heureusement, de s'adjuster en tel endroict pour enferrer, il est trop perilleux et dangereux de faillir; car le choc estoit tel, que les doigts de la main, qui servent d'arrest contre mon corps, estoient pleins de sang caillé ou bien escorchez de la teste des cloux de la hante de l'espieux; le gand n'estoit suffissant pour empescher cest effort et guarantir la main, le choc ne laisse à estre rude. J'ay jugé estre de mon devoir d'advertir les jeunes veneurs et courtisants qui veullent entreprendre ceste exercice d'enferrer, de leur representer les inconvenients qui en reussissent. Xenophon, en sa Venerie, represente que le veneur, arrestant un grand sanglier, faict preuve du courage qui l'at porté en cette exercice et travail perilleux. Or, les enferreurs placez et le silence observé au cours, je commande à mes compagnons de sonner pour chiens, et presser et chasser furieusement le sanglier au cours, affin qu'il n'y aye loisir de recognoistre le cours; car il y at tels sangliers que, lors qu'ils retournent de la barriere, sans avoir esté forcez d'entrer au cours, il est difficile de les faire rentrer après. J'en ay veu que l'on avoit chassé mollement et repoussé de la barriere, les quels il falloit aller tuer aux fors, pour estre impossible de les pousser au cours, et ne vouloient plus partir de la beauge. D'autres sangliers furieux, s'ayant recognuz, ne font que tenir les abbois; lors que les chiens les pressent trop, ils rompent l'abbois et en tuent tousjours quelques uns. Plusieurs sangliers ne partent point de l'abbois, que les veneurs ne les en fassent partir; mais en ce temps les chiens ne perdent leur

De faire entrer le sanglier au cours.

peine, et y en at souvent des estropiez. J'ay veu des sangliers que nous n'avions peu forcer d'entrer au cours avec les chiens, les y pousser avec un trictrac; ils y entrent aisement, pourveu que les paysans ne huent pas et observent le silence. Avant qu'ils ayent esté chassez, ils souffrent le trictrac, et vont au pas sans effroy; et lors qu'ils s'arrestent, il faut que le trictrac aille doucement jusqu'à ce que le sanglier marche. Les paysans doivent avoir des petits bastons pour battre, ou bien battre leurs mains pour faire marcher le sanglier. Quelques fois il attend que les paysans le touchent presque, et vat comme ils le poussent; mais si les paysans huent ou parlent, la plus part des sangliers, s'ils sont furieux ou hardis, vont à la voix des hommes et en blessent; c'est pourquoy je trouve plus raisonnable de les faire chasser aux chiens, et les forcer furieusement à rompre les premiers abbois, pour les forcer d'entrer au cours, affin que la compagnie soit bientost satisfaite de nostre travail, ce qui se fait par le moyen de plussieurs petites barrieres qui sont derriere celles du cours, les quelles, lors que le sanglier les at passées, elles se levent. Il ne peut plus reculer, s'il ne brise la toille, tellement qu'il est forcé d'entrer au cours, si on observe le silence; et y estant, il ne manque de donner au fond du cours, si on le laisser passer; et au retour de là, lors qu'il se voit pressé et la barriere du cours fermée et levée, il ne faut à chocquer celuy qui l'appelle, ou bien celuy qui est le plus à propos à son opposite, et se fait faire ouverture, si celuy qui l'attend n'est un verd galland et adroict. Que s'il touche à moy à recevoir le choc, qu'il vienne à ma voix, lors que je l'en convie, ou si je suis à propos à son opposite, je l'attend, la jambe qui advance le genouil fort plié, et la jambe de derriere fort estendue; le plus qu'il est possible

Sanglier au cours.

D'enferrer et arrester le sanglier.

est le mieux, pourveu que celuy qui est en cette posture se trouve en sa force, à la quelle il faut se placer. Je tiens mon espieux fort court, la main qui advance à telle mesure que le sanglier ne la peut offencer de ses deffences. L'autre main, je l'appuie contre le costé vers la ceinture, la quelle me sert d'un arrest, le genouil fort plié de la jambe qui advance, affin qu'avec plus de facilité et moins de contrainete mon corps se hausse ou s'abbaisse, lors que je me mesure à la hauteur du sanglier, pour recevoir son choc et son hurt. Ce mouvement de genouil sert à se mesurer, lors qu'il est temps; car incontinent que l'on est placé, et la main de derriere qui appuie contre le costé, adjustée en son lieu, affin d'estre placée en sa force, il ne la faut plus oster de là, ny se balancer de sa place pour s'adjuster à la hauteur du sanglier; il faut que le genouil qui hausse et abaisse le corps fasse cest effect. Tous enferreurs doivent entendre que le sanglier ne chocque point, qu'en se branlant pour prendre sa force et venir à l'homme qui l'attend, qu'il ne leve le bouttoir, et semble que ce soit pour se mesurer et donner un plus grand coup; alors et à cette action, je prends le temps et me mesure pour l'enferrer entre l'oreille et l'espaulle; et pour bien enferrer, il faut tousjours donner en cest endroict les coups, presque de distance esgale à trois doigts de justesse, tousjours entre l'oreille et l'espaulle, qui se doit entendre tous ces coups à tous les sangliers qu'on arreste, parce qu'on ne peut donner à un sanglier qu'un coup : telle est la guarde et posture que je tiens pour arrester un grand sanglier. Il faut encor donner plus d'intelligence sur ce qui est representé cy devant. Comme j'ay dit que le genouil plié de la jambe qui advance que cela sert à se mesurer, ainsy de mesme la jambe qui est derriere fort estendue sert d'arrest contre terre, et est comme un arc-bouttant à un homme qui est fort ou foible. L'espieux tenu court donne plus de force que si on le tenoit long; la main qui est derrïere, appuiée contre le corps, sert d'arrest entre les deux mains; il n'y doit avoir qu'un pied et demy de distance pour le plus. Ces regles observées, les forces demeurent unies ensemble, pour recevoir cest effort et choc, qui sont rudes. Mais lors que le sanglier est enferré, les efforts et eslans qu'il fait incommodent fort celuy qui l'at enferré, jusques à ce qu'il at perdu son sang; alors il diminue de force. Il reussit de deux sortes à un bon enferreur en donnant, car enferre fort droict. Je veux qu'il donne bien, l'espieux ira entre le corps et l'espaulle; en la sorte le sanglier ne laisse d'estre enferré, et n'a plus de force de ce costé-là; mesme les efforts qu'il fait pour forcer l'enferreur ne sont pas si dangereux, car il at l'espaulle à moictié levée. Mais le coup n'est pas beau, à cause qu'il ne meurt pas subitement, si on ne vous ayde; et pour bien enferrer, il faut donner au mesme lieu et plonger le coup du costé du corps. Le choc en est bien plus rude, le peril moins hazardeux, et le danger plus tost passé, à cause que nos espieux ont la seignée fort longue, et le sanglier venant à s'enferrer jusques à l'arrest ou billotte, toute ceste longeur de seignée luy donne et perce jusques au fond du creux, de sorte que le sang luy sort tousjours gros comme le bras; et ayant fait quelques eslans et redoublements d'efforts pour forcer l'enferreur et le renverser, la grande quantité de sang qu'il perd, estant frappé en tel lieu, fait qu'il tombe mort en peu de temps. Xenophon dit qu'un sanglier fort eschauffé et frais tué, ses deffences sont si ardantes qu'elles grillent et bruslent le poil des hommes ou des bestes que l'on met dessus; prend

Du sanglier enferré et arresté.

Deux sortes d'enferrer.

pour tesmoing, lors que le sanglier est fort eschauffé, le poil de ces chiens qu'il atteint tant soit peu, que l'on apperçoit grillé. Or, pour bien enferrer, il ne faut plus se mouvoir, ny aller au devant du choc, lors que l'on s'est mesuré et adjusté à la hauteur du sanglier pour luy donner à propos; il faut demeurer bien placé, les forces unies, pour recevoir le coup en bonne posture et advantageuse à soutenir l'effort; car si on s'avançoit pour aller au devant du coup et donner plus fort, on se met hors de mesure et de force, qui fait faillir d'enferrer entre l'oreille et l'espaulle. J'ay veu plussieurs personnes estre blessées, à se precipiter et aller au devant du choc; les unes donnant trop haut à la hurre, leurs espieux glissent le long du dos; d'autres, en donnant trop bas. Soit de l'une des façons ou de l'autre, celuy qui faut ne perd ses peines; car qui manque un sanglier, il paye bien l'interest de la faute. Les accidents arrivent souvent à se desplacer et desadjuster, pour aller au devant du choc; car le sanglier fait ses eslans vistes comme un trait d'arc, tellement que l'enferreur desplacé se trouve surpris hors de force et de posture, qui est la seule cause qu'il ne donne au lieu necessaire pour arrester; et n'y donnant pas, infailliblement le sanglier le force et terrasse. D'aucuns sont blessez ainsy, et l'ay veu par experience, manque de ne tenir la main, qui tient la hante de l'espieux, ferme contre le corps, la quelle doit servir d'arrest au droit de la ceinture; car, bien qu'ils ayent enferré à propos, si la main ne tient ferme contre le corps, les bras ne faudroient d'estre poussez et destournez de leur place et estre estenduz en arriere; et reduits en cette posture, le bout du bouttoir et les deffences du sanglier arrivent jusques à la jambe qui advance, et les ay veu blesser en la sorte. A ce mestier, il sert

Ce qui cause les blessures, en arrestant le sanglier.

beaucoup de tenir l'espieux à propos, pour estre en sa force; le plus court est le mieux, comme aussy pour estre en bonne guarde et posture, neantmoins à telle mesure que la main avancée ne puisse estre blessée et offencée. Je la tiens de telle justesse, pour ne l'avoir offencée, que par plussieurs fois les sangliers que j'ay arrestez donnoient des coups de deffences contre la hante de mon espieux, à quatre doigts ou demy pied de la main que j'avois avancée. C'est pourquoy il faut tenir l'espieux d'une longeur mediocre; que la main ne soit trop en arriere, craignant estre hors de force; qu'elle ne soit aussy trop advancée, craignant de n'estre blessé de la deffence. Or, qui observera ces regles et methodes d'enferrer, les quelles j'ay autrefois pratiquées, il peut hardiment seul attaquer un sanglier. Mais voicy les parolles de Xenophon : « Que le veneur soit courageux et hardy en chasse de sanglier, que les poltrons et couards se gardent de l'attaquer. » Mais si c'est un homme foible qui attend et enferre, il ne doit pas trop se roidir pour tenir le sanglier ferme en une place, à cause que le sanglier le forceroit; il faut un peu ceder d'un costé ou d'autre, et plustost plier et tourner du costé que le sanglier le veut forcer, que de reculer, s'il n'y est contraint; car s'il desmarche et que le sanglier fasse un effort, lors qu'il at un pied en l'air, il est dangereux de tomber à la renverse; mais le faisant ceder et tourner un peu, l'effort ny le chocq n'en sont si rudes. Bref, un homme seul qui at bien enferré doit laisser affoiblir et perdre le sang doucement au sanglier, en laschant et desmarchant le pied de derriere doucement, si le sanglier le force par trop. Lors que l'on glisse le pied de derriere, celuy qui est advancé suit doucement; en ceste sorte il n'est si dangereux de ceder à la force, que de lever le pied de

Ceder au choc pour n'estre renversé du sanglier.

devant le premier, pour estre renversé. Cette methode est pour un qui enferre seul; mais si deux enferrent et qu'ils l'entendent bien, ils doivent tenir ferme et s'adjuster, l'un d'un costé de la hurre et l'autre de l'autre costé, de mesme comme s'ils estoient seuls, leurs coups entre l'oreille et l'espaulle, comme j'ay representé cy devant. Il faut aussy que deux qui veullent bien enferrer et aller à un sanglier, qu'ils s'accordent à marcher d'un mesme temps, d'un pas egal, soit pour advancer ou reculer, et que les pointes des espieux soyent egales; car si l'un ou l'autre s'advance par trop et les pointes des espieux ne soyent egales, leurs forces sont desunies, et se mettent en hazard d'estre renversez, si le sanglier prend ce temps de choquer qu'ils sont desunis et disjoints de leurs forces. Donc il faut se tenir ensemble et recevoir le sanglier tout d'un temps, pour arrester à propos. Et outre ce discours, pour eviter le peril et bien enferrer un sanglier, il faut de l'asseurance. Vous en aviez, Meleagre, lors qu'estant chef du royaume de Calidon, vous inventates, le premier, les espieux, et fistes forger la lame ou seignée, de la quelle vous arrestates le sanglier de Sicille, qui avoit desja tué Eupalamon et Pelagnon, qui couppa le genouil à Enesime, fils d'Hippocoon, rompit la cuisse à Orithias; il tuat aussy Ancée, qui alloit à luy avec une hache. Vous portiez desja le titre de valeureux, Meleagre, avec raison, puisque vous tirastes tant d'autres du peril, et particulierement la belle et courageuse Atalante, qui vouloit estre de la partie. Vous l'honnoriez de tout vostre cœur, et la previntes pour la tirer du peril, et allastes affronter ce sanglier, qui allat à vous avec une escume bouillonnante sur les espaulles. Vous luy plongeastes l'espieux jusques à l'arrest

De deux enferreurs.

Meleagre inventeur des espieux, et premier qui at enferré et arresté les sangliers.

ou billotte, et ayant perdu le sang il tomba mort à vos pieds; et ainsy tous veneurs de sangliers, dans vos preceptes, sont obligez à vostre memoire. Voyez Ovide.

DES SEIGNÉES ET HANTES DES ESPIEUX, AVEC LES QUELS JE ME SERS A ENFERRER LES SANGLIERS.

Les bonnes lames d'espieux doivent avoir la seignée en feuille de sauge, bien vuidée; la pointe ne doit estre trop esmoussée ny foible aussy, affin que si de malheur l'on manquoit de donner où il faut, entre l'oreille et l'espaulle, et que l'on rencontre et donne à la hure ou à l'os de la machoire, l'espieux s'y attache sans s'esmousser. Aucuns de nos espieux ont un pied et plus de seignée, de la poincte jusques à la billotte ou arrest. J'en ay veu plussieurs qui avoient un pied et demy. Je les approuve fort, parce qu'ils font affoiblir plus tost un sanglier qui est enferré; la cause est que cette longue seignée vat jusques vers le cœur et fond du creux, et par consequent il perd son sang et sa force plus tost qu'estant blessé et enferré d'une seignée courte. Les fers des espieux, que nous appelons en termes de l'art seignées, doivent estre forgez d'excellent fer et bon acier, affin que la poincte puisse resister contre le fer mesme; et surtout que les maistres qui les forgent leur donnent une trempe forte et dure; car rencontrant les os de la machoire ou autre endroict de la hurre, la poincte de l'espieux y doit faire son effect et s'y doit arrester, si la trempe est bonne; comme il m'arriva de donner dans l'os de la

Des seignées et espieux.

machoire à un sanglier à la forest de Hey, mais mon espieux ne laissa de s'attacher dans l'os, et je l'arresta sans estre blessé. Les espieux de Xenophon, dont il arrestoit les sangliers, avoient deux pieds et demy de seignée jusques à l'arrest ou billotte; ceux dont les Grecs se servoient estoient approchant de mesme. Plus la seignée est longue, plustost le sanglier est affoibly ou mort. Il faut que les espieux, pour estre excellents, s'attachent contre le fer, sans que la poincte soit emoussée. Il arriva de mesme à feu Monsieur de Gellenoncourt, mon devancier dans l'estat de Grand Veneur; attendant un sanglier, il manqua à donner entre l'oreille et l'espaulle, qui est l'endroit necessaire à bien enferrer, et donna au milieu de la hurre. Son espieux s'y attacha entre les deux yeux, en une petite souture que les sangliers y ont, et du choc et force du coup son espieux luy sortit des poings; et l'estonnement que le sanglier receut du coup fut si grand, qu'il demeurat assouppy, sans aller à luy ny faire effort pour le renverser; incontinent il fut secourru. Il estoit un des meilleurs enferreurs de son temps, et m'at appris à me desmeler du mestier d'attendre et enferrer les sangliers, qui est un mestier assez hazardeux. Et les inconvenients qui en arrivent souvent m'ont obligé à representer ce qui les cause; car bien que plusieurs soyent blessez par faute qu'ils n'enferrent juste et ne donnent au lieu necessaire, si est-ce qu'il y en at autant de blessez par la faute des forgeurs d'espieux, les quels leur donnent mauvaise trempe, dont la pointe s'esmousse contre les os et ne s'y attache, tellement que l'espieux glisse, et le sanglier arrive et donne à l'enferreur. Il y at d'autres espieux mal montez, que les hantes sont de bois mal couppé et pris hors de saison, dont les hantes ne vaillent rien et se cassent;

Sanglier estonné du coup et hurt.

Des hantes d'espieux.

le peril en est grand; ce pourquoy il faut apporter du soing à tout cela. Il ne se faut aussy tant fier à sa force et à son addresse, que de laisser ces petits soings necessaires à un veneur en arriere; car outre tout cela representé, on peut manquer. Il faut si peu balancer, pour estre desadjusté et perdre la mesure; mesme la veue peut tromper, car il n'y a rien si subject à varier que l'œil, qui fait manquer. Et cela estant, les espieux bien montez, comme il appartient, peuvent donner loisir de seconder celuy qui at manqué à bien donner. Feu Monsieur de Gellenoncourt et moy, avons esté garantis plussieurs fois des blessures par le moyen de bons et excellents espieux. Les hantes doivent estre grosses, que l'on les puisse tenir à pleins poings; je les fais faire de fresne, de pommier sauvaige, d'esrable ou d'espine noire; ces bois sont propres et forts, je m'en sers volontiers. Il y a tant de bois propres, tellement que les maistres monteurs ne se peuvent excuser, s'ils ne font les hantes bonnes et s'ils ne les montent à propos. Les billottes des espieux doivent estre attachées de cuir de bœux ou de cheval, du plus fort que l'on peut trouver; il faut le cuir blanc, car le noir est volontiers bruslé, et outre cela il est plus cassant que l'autre et plus sujeet à se brizer. J'aï veu plussieurs avoir bien enferré, et au choc le cuir de la billotte rompoit, tellement que l'enferreur estoit en desordre; il faut y prendre garde, parce que si la billotte saute au champ, que le cuir qui la tient brize, le sanglier vat et pousse le long de la hante jusques au corps. Alors il n'y at plus nulle ressource d'addresse, le tout depend du bonheur ou du malheur de celuy à qui il touche, qui le peut garantir et tirer du peril. Je fais entortiller les hantes d'espieux, depuis la billotte, de bon cuir; il n'importe de la couleur, moyennant qu'il soit de

Des billottes et cuir.

bonne force; je le fais bien clouer le long de la hante. Ce cuir doit estre un peu large, et les bandes tournées et entortillées, à trois ou quatre doigts près l'une de l'autre, jusques à un pied ou environ du bout de la hante. Cest entortillement sert, affin que si les hantes des espieux brizoient du choc du sanglier, que le cuir tienne ferme les esclats, qu'ils ne se desjoignent entierement par le moyen de ce cuir bien cloué et entortillé. Mais si je suis trop long à discourrir des espieux et comme ils doivent estre montez, c'est à dessein de faire voir clairement aux jeusnes veneurs, ou autres qui se meslent d'enferrer, les inconvenients et hazards qui en arrivent, et que j'ay veus arriver à ce mestier. Il ne faut rien oublier au logis; et, avant que partir, il faut visiter les espieux, les hantes, le cuir et la billotte, et voir si le tout est suffissant, et s'il n'y at rien de cassé depuis que l'on s'en at servy; car, les espieux mal tenuz et mal gardez, sans soing, les hantes se gastent et sont percées d'artuisons, ou le cuir se pourrit ou affoiblit, est dangereux de se brizer à la necessité; donc le bon enferreur verra si le tout est assez fort pour recevoir et soustenir l'effort d'un grand sanglier. Je represente toutes ces regles et methodes de veneur, par experience, et pour avoir passé paces inconvenients; car j'ay autrefois enferré un grand sane glier, au bois de Beheu, derriere l'Avant-Garde, en presencr de feu Son Altesse et de sa court; la hante de mon espieux estoit percée d'artuisons, depuis que je ne m'en estois servy, et par consequent trop foible pour recevoir un tel choc; elle se briza à un pied de la seignée, mais le cuir qui entortilloit la hante tint ferme par les moyens des cloux qui attachoient le cuir à la hante, les quels estoient clouez assez près l'un de l'autre pour tenir plus ferme. Cela estant, et que tels accidents

De clouer les hantes d'espieux.

Hante d'espieux brizée.

arrivent, il y at resistance au cuir bien attaché. Cela n'est pas que j'aye croiance que, s'il eut resté grande force au sanglier et qu'il n'eut esté bien enferré, cela seul l'eust empesché de me forcer et m'exempté entierement du peril, non; mais le cuir fort bien cloué, lors que la hante fut brizée, empescha par sa resistance que le hurt ne vienne jusques à moy. Cela me guarantit, avec ce que je l'avois enferré à propos et donné tel coup, en plongeant au creux, qu'il demeura estonné, sans faire nul autre effort pour redoubler son choc; mais en se desmeslant de la seignée de mon espieux, il s'en alla chancelant sans me forcer. Or, pour conclure ce discours, il faut que les bons enferreurs soyent garnis de bons espieux, montez à propos; et n'importe si les hantes ne sont de bois de Biscaye, ny entortillées de velours avec des cloux dorez, pourveu que le tout soit fort et suffisant pour soustenir l'effort des sangliers. Vous voyez comme l'on se sert d'advantages contre ces sangliers. Cambises, roy de Perse, pere de Cyrus, luy recommande, lors qu'il prend congé de luy pour aller en ses conquestes, de se servir contre ses ennemis des ruses et advantages, dont il se sert à la chasse des lions et sangliers.

DE LA TAILLE D'UN BEAU CHIEN COURRANT ET CHASSANT EN MEUTTE.

Tous les anciens les quels ont voulu que leurs palais soyent admirez de la plus part des hommes, ils ont enrichi leurs ouvrages de choses estrangeres, comme de marbre, de porphire; les uns font venir les marbres d'Egypte, des colonnes, des pyramides, comme il se voit à Rome tant de statues rares et antiques, des figures d'Hercules, des Dianes, des Taureaux Ferneze, à cause que souvent les hommes sont ravis par ce qui leur est estranger et qui vient de loing, qui est rare et qui couste. Le chien que je vous veux figurer, il est de loing, il est de Grece et est antique, c'est pourquoy je tiens qu'il vous sera agreable, bien taillé et très propre à chasser en meutte; et vous asseure que j'y adjousteray fort peu du mien. Nous avons de deux tailles de chiens : des esclames, approchant des tailles de levriers à lievre; d'autres, plus goussaux, mieux fournis comme levriers d'attache : chascuns en leurs especes. Nous avons de toutes tailles de chiens courrants, depuis les plus petits chiens de dames jusques aux tailles des grands chiens, comme levriers d'attache; mais de toutes ces tailles arrestons-nous en deux, qui s'expliquent de toutes les races de chiens en leurs grandeurs et especes. Il y at les chiens bien faits, esclames, harpez et estrignez comme levriers; ces chiens doivent estre vistes pour les veues, doivent estre de grandes jambes, force et vistesse pour un jour. Les chiens d'autre taille, harpez mais plus goussaux, mieux fournis de reins larges, plus ensemble sans excès en leurs tailles, ne leur doivent pas ceder à la fin du jour et des chasses à leurs compagnons, mesme s'il est question de chasser trois jours de suicte, comme bons veneurs font quelques fois pour estre certains de la force et vigueur de leurs chiens, sçavoir les quels demeurent plus longtemps debout. Je tiens que les chiens mieux fournis ne se rendent pas si tost que les autres; toutesfois si les esclames et qui sont tant approchants du levrier poussent de l'espaulle, qu'ils ne cedent et ne se rendent pas, pour le moins seront-ils plus longtemps à reprendre corps que les autres moins fournis et plus ensemble. Voyons leurs proportions. Les chiens esclames doivent avoir la teste plus longue que le goûssau, et le goussau plus courte, tous les deux de proportion à leur taille. Le reste leur sera commun, sans excès à leur grandeur et taille : la teste seiche, nerveuse; le dessus du front plein de petites veines; les yeux eslevez, noirs, clairs, grands, et larges fronts; les tempes creuzes; plustost courtes oreilles que trop longues, sans poil au dedans; le col assez long, delicat, pour estre prompt au mouvement; la poictrine large et grassette; les aiselles un peu distantes des espaulles; les jambes de devant petites, droictes, rondes et fermes; les plis des cuisses droicts; les costez non trop creuzez, mais un peu relevez; les reins charnus, ny trop longs ny trop courts; les flancs entre le mol et le dur, et bien troussez; les cuisses potelées, charnues en bas, larges par haut, retirées en dedans le ventre, avec ce qui en depend bien vuidé; la queue remuante, droicte, grosse près des reins plustost que desliée, et venant par proportion à diminuer, desliée vers le bout venant à abouttir au nœud du jarrest, si vous la tournez le long du tour et creux de la cuisse; ce qui est au dessous des cuisses long, bien tourné, assez espais; les jambes de derriere beaucoup plus hautes que celles de devant, courbées par haut, et les pieds petits, serrez et ronds. Voilà la taille d'un chien bien robuste, agile, leger et beau à voir, convenable aux efforts, tel que je les ay choisis dans la meutte de Xenophon, et dont Cyrus, Alexandre se servoient, des chiens ainsy proportionnez ez siecles de l'antiquité.

DE XENOPHON, L'UN DE NOS AUTHEURS DE VENERIE, COMME AUSSY DE PLUSSIEURS CHASSES ARTIFICIELLES, QUE J'AY EU FAICTES ET VEU FAIRE, POUR AVOIR MEUTTES EXCELLENTES.

Puisque Xenophon nous a fait voir un vray beau chien courrant, que les autres nations appellent chien chassant ou chien de chasse, ce chien de Xenophon vient de loing. Mais, jeusnes veneurs, vous en pouvez avoir de tels en France, Allemagne, Italie et Lorraine, si vous tirez race d'une lice et d'un chien bien faits, de belle taille. Que le chien soit en bon corps, lors qu'il couvrira la lice, et faire soigneusement eslever les petits, vous aurez de beaux chiens, agreables à la veue, et fort propres aux grands efforts. Mais, jeusnes veneurs et seigneurs, ce n'est pas assez d'imiter Xenophon en venerie; mettons icy un eschantillon de ses merites, pour vous obliger à voir ses œuvres et sa vie. Xenophon, dans les armées c'est un Mars, un Jupiter dans les batailles, un foudre prudent en toutes ses actions, comme il le tesmoigna à la retraicte que les Grecs firent après la bataille que le jeusne Cyrus perdit contre son frere Artaxerces, en la quelle le jeusne Cyrus fut tué; ceste retraicte fut depuis la haute Asïe jusques en Grece, là où Xenophon estoit souvent et tous les jours attacqué par les nations et peuples barbares luy faisant la retraicte, et estant continuellement au combat. Xenophon at esté un des premiers hommes du monde qui at tousjours le mieux fait ce dont il s'est voulu mesler. Dans la cour des plus puissants roys, Xenophon y est accort, un courtisan poly, un Ciceron en discours, dans les exercices fort adroit; aux exercices de monter les chevaux, de courre la bague, c'est un Pignatelle, un Horace Pinthasse, de son temps; s'il se trouve dans les republiques de sa nation, à Athenes, Sparte, Lacedemone, il est homme de bon conseil, de grand jugement, un esprit fort present. Xenophon, hors des occasions et retiré du grand monde, va demeurer à Sillonte, ville de la Grece, et là il vit dans une grande societé avec ses voisins les seigneurs de son voisinage; il les menne souvent à la chasse avec luy; il exerce la venerie avec ses fils, fit bastir une chapelle à Diane et fait une vie fort tranquille et admirée de tout le monde. Ce fut alors qu'il a fait ses escrits, dans les quels il est parlé universellement de toutes choses bien seantes à un homme vertueux et de qualité, et a fait un traicté de plussieurs sortes de chasses, et particulierement des actions des chiens, dont il y a peu de veneurs qui en tirent les vrayes significations. Xenophon chasse aux lions, aux sangliers, aux cerfs, aux lievres; il tend des toilles, se sert de pans, de fillets. C'est un Meleagre à tuer et arrester les sangliers, à tuer les lions; c'est un Castor à dresser les chiens et limiers; un Pollux, un Orion à adjuster les meuttes; il est un vray Hippolite à bien tendre les rets et les pans, pour prendre ce qu'il luy plaist, les cerfs, les biches et fans. Mais tout cela n'empesche pas qu'il ne soit parfait en venerie, et qu'il n'aye escrit si scienment et pertinemment des actions des chiens chassants en meutte, qu'il y a peu des veneurs les quels ne luy donnent lustre à en escrire après luy. Je ne trouve pas, en son traicté, comme il forçoit les cerfs;

neantmoins il dit, en son traicté, que les jeusnes cerfs courrent plus longtemps que les vieux cerfs, qu'ils ont plus de force, qu'ils sont plus difficiles à prendre; il faut donc qu'il en aye courru et forcé, pour avoir cette cognoissance; represente qu'un cerf ne doit estre approché, car il employe ses ramures et ses pieds, qu'il se faut servir de javelot pour le tuer; il faut donc que les chiens l'ayent reduit aux abois, pour en venir là. Mais quand Xenophon n'auroit courru aucun cerf avec ses chiens, qu'il n'auroit forcé que des lievres, il ne laisseroit pourtant d'estre parfait à bien faire chasser des meuttes pour autres animaux. Combien de seigneurs en Angleterre les quels ne courrent jamais cerfs avec leurs chiens, ils ne courrent que lievres, et neantmoins ils sont aussy parfaits en venerie qu'en pays du monde; ils ont bien cognoissance comme il faut forcer les cerfs : je crois qu'il en estoit de mesme de Xenophon. Il se retira à Sillonte, à cause qu'il estoit permis à ceux qui s'y tenoient d'aller à la chasse sans nul danger de reprehension. Ne vous estonnez pas si Xenophon se sert de pans, de toilles : il faut s'accommoder à l'egal des pays de vostre demeure. Il fait ainsy, Monseigneur le marquis de Moüy, grand prince de la maison de Lorraine; lors qu'il se tient à Cœurs, il se sert de pans. La plaine de Cœurs est fort estroicte, serrée d'un costé de la riviere de Meuze, et de l'autre costé elle est bornée de la forest de Cœurs fort fascheuse; et comme il y avoit un lievre lancé devant sa meutte, il estoit incontinent dans la forest, et ne pouvoit avoir aucun plaisir de sa meutte, à cause qu'il faut de grandes plaines pour forcer les lievres sans gaster les meuttes; car les chiens du monde les plus excellents pour lievres et justes, si vous courrez souvent en pays couvert, ils se gastent et se desadjustent. Or, pour obvier et empescher cest inconvenient, il fit faire quantité de pans à lievres, et, deux heures avant le jour, les jours qu'il avoit choisys pour courre et forcer les lievres, il envoya tendre ses pans le long de la forest, les pans tendus fort haut et de sorte qu'ils ne pouvoient tomber que difficilement, encor qu'un lievre donnast contre et dans les pannaux et fillets; et ainsy les lievres, qui avoient fait leur nuict dans la plaine, ne pouvoient au point du jour rentrer au fort, et y en demeuroit tousjours dans la plaine. En la sorte ce grand prince avoit du plaisir; car un lievre bien ameutté de ses chiens, après qu'il s'estoit fait relancer quelques fois, et se voyant pressé, il faisoit ses fuittes droit à la forest; mais trouvant cette barriere et donnant dans les pans, il ne pouvoit passer, et souvent il estoit constraint de retourner à la plaine. D'autres se relaissoient proche des pans, après avoir tasché plussieurs fois de passer et forcer les pans et fillets, et la meutte, arrivant au lieu du relaissé, faisoit repartir les lievres à veue, et estoient forcez en la sorte. Vous voyez, lecteurs, comme il se faut servir des petites ruzes de venerie, qui veut avoir des meuttes excellentes, lors que les pays ne sont pas propres. Mais ces mesmes chiens ainsi exercez ne laissent pourtant un autre jour de forcer un cerf ou un chevreuil, dans la mesme forest de Cœurs, que l'on leur avoit barrée, et dans la quelle l'on ne vouloit pas qu'ils entrassent le jour auparavant. Mais ceux qui seront dans quarante, cinquante ans, et qui verront ceux qui estoient enfans alors, qui y ont veu tendre ces fillets, ces pans, ils publieront que ce brave prince chassoit avec des pans, les effects de ces pans leur seront incognuz; neantmoins c'est un des princes du monde qui chasse le plus reglement et selon l'art de venerie. Il en est de mesme de Xenophon; il se sert d'invention pour tenir ses chiens en estat. Voyons d'autres exemples du regne du duc Charles troisiesme. Il y at quarante ans ou environ, lors que quelque prince estranger venoit à sa court, des princes d'Allemagne, d'Italie ou d'autres pays, les quels n'avoient pas accoustumé de voir courre à force, et les quels n'eussent sceu tenir les chiens dans nos forests, pour leur donner plaisir et moyen de voir forcer un cerf, je faisois aller destourner un cerf en quelque extremité de forest, sur le bord, du costé des beaux pays à courre, comme pays de buissons, de grandes plaines à passer; et je faisois tendre des toilles du costé de la forest, la toille tendue fort haute, bien crochettée haute; et je laissois les costez des plaines et beaux pays ouverts, et après je faisois ameutter le cerf de cincquante chiens; et ce cerf ayant tasché par plusieurs fois de trouver une ouverture pour rentrer dans la forest, en son pays, et se voyant barré de ce costé-là, il entreprennoit les plaines, faisoit ses fuittes aux beaux pays; et, par ce petit artifice de venerie, ces princes estrangers estoient à la mort du cerf, avoient cognoissance, sans grande incommodité, des ressorts et effects de venerie. Je faisois souvent de mesme pour donner plaisir aux dames de la court; mais ces mêmes chiens, les quels avoient chassé et courru dans ces toilles, dans ces barrieres, ne laissoient pas, un jour ou deux après, de bien forcer leur droit dans les forests, parmi les hardes de cerfs, de biches et fans, bref ils prenoient par tout. Ceux qui seront dans quarante, cincquante ans, et qui verront ceux qui estoient enfans alors, qui alloient ayder à tendre les toilles, diront : En un tel regne l'on se servoit de toilles pour forcer les cerfs; cela leur sera incognu, car nous forcions les cerfs par tout sans toilles, nos chiens separoient un daguet de sa mere. Voilà, Messieurs, les chiens de Xenophon; de ses chasses, elles sont incognues à plussieurs. Il faut qu'un vray veneur invente des moyens et petites inventions de venerie, pour faire passer le temps aux estrangers, aux dames, aux vieillards, avec le moins d'incommodité qu'il est possible, sans neantmoins corrompre l'art et faire souvent tort aux chiens. Du mesme regne du vieux duc Charles, lors qu'il maria son fils aisné, le duc Henry, à la fille du duc de Mantoue, le duc de Mantoue amena luy-mesme sa fille en Lorraine; Son Altesse le duc Charles me fit l'honneur de me dire qu'il seroit fort aise que je leur fisse voir une chasse, sur le chemin entre Luneville et Sainct-Nicolas. Je luy representay les difficultez qu'il y avoit : que quand j'aurois donné un cerf aux chiens, que peut-estre il iroit au rebours de leur passage; que si c'estoit par acour, qu'il pouvoit forcer les deffences et barrieres, et prendre un autre pays; mais que s'il luy plaisoit me permettre de faire une chasse artificielle, qu'il en auroit du plaisir, si ce n'estoit un malheur extraordinaire. Son Altesse remit cela à ma diligence et à mon travail. Je fis tendre quatre pieces de toille, en une haye, qui estoit à la plaine de Denville, proche du buisson de Bussi, un petit bout du buisson, qui n'avoit de tour que cent soixante pas; il n'y avoit rien dedans, mais c'estoit une table d'attente. Je pris toutes les toilles et pans, et m'en alla à la forest de Paroy, à une lieue de là. Je pris avec les toilles et pans sept chevreuils vifs, et les fis apporter dans cette haye fermée de toille, au milieu de la plaine, qui estoit ma table d'attente. J'avois trois jours de temps à preparer cette chasse; je fis aussy prendre trois sangliers, je les fis mettre dans des coffres ou caisses faites à propos pour cela; et comme je n'ozay les porter avec les chevreuils, craignant qu'ils ne brizent et rompent la toille, je les fis mettre un jour dans une metairie, en une chambre; puis le matin de la chasse, je les fis remettre dans les coffres et les porter dans la toille avec les chevreuils. Je fis aussy prendre un cerf avec les toilles et pans au parc d'Ainville, et le fis porter avec les chevreuils et sangliers dedans ma table d'attente. Après, je m'en alla faire mon rapport à Luneville à Son Altesse, la quelle fut fort joyeuse du plaisir qu'elle donneroit au duc de Mantoue sur son chemin. Son Altesse vint, chassant, l'aprèsdiné, le long de la plaine, avec ses levriers à lievres; et comme toute l'assemblée passoit à la veue de ce petit quarré de toille, de cette table d'attente bien fournie, que toute la plaine estoit parsemée de cavalliers, de courtisans qui avoient courru des lievres, que quantité de levriers à lievres estoient sur les avenues, lors que je vis les carosses des princesses au droit et à l'opposite des toilles, je fis abbattre la toille secretement du costé des dames, de la plaine; et comme les princes et princesses estoient à six cents pas de la toille, je fis donner cincquante chiens courrants, les quels tournerent tous au cerf; et à ce bruict, les sept chevreuils, les trois sangliers et le cerf, tout cela sortit d'un temps à la plaine. Les chevreuils furent courrus des levriers à lievres, dont il y en eut quatre de pris, trois se sauverent; et ainsy la plaine couverte de cavalliers. Les trois sangliers furent courrus et tuez, mais il y eut quantité de cavalliers par terre, culbutez de ces sangliers, les quels se mettoient dans les jambes des chevaux et les faisoient tomber. Et le cerf ameutté de cincquante chiens ne se sceut perdre de leur veue; il avoit esté blessé en le portant à la toille, il clochoit fort, et sa blessure fut cause que la chasse en fut plus belle; car ne pouvant fuir, il rendit les abois à la veue des carosses des princesses, et là, je luy couppay les jarrests. C'est la fin de ma petite chasse artificielle, la quelle fut fort agreable à Son Altesse et à toute la court; mais ces mesmes chiens donnez dans ces toilles ne laisserent de prendre le lendemain un cerf, à la forest de Paroy, au milieu de toute sorte de change. Voilà les chiens à la Xenophon : ils chassent aux toilles, ils forcent par tout. Les mesmes hommes, les mesmes chiens, pour avoir chassé aux toilles, s'estre servy de pans, ils n'ont pas pour tout cela oublié leur mestier de bien forcer. Monsieur de Sainct-Ravy, l'année passée, il prit, à Fontainebleau, quarante ou cincquante tant cerfs que biches, et les menna vifs en Angleterre; il les prend aux toilles. L'année presente, il en fait autant à Chantilly et à la forest de Compiegne; et ces cerfs ainsy dans les batteaux, dans des caisses, ne laissent de manger aussytost qu'ils sont pris. Je leur ay donné des pommes à la main; ils en mangent, comme s'ils avoient esté nourris privez et domestiquement. Monsieur de Sainct-Ravy prend les cerfs aux toilles, et ces braves hommes anglois qu'il at amenez avec luy. Mais hors de cette action, après avoir chassé avec toilles, il ne laisse d'estre aussy excellent en venerie comme il estoit auparavant, comme aussy ces braves hommes qu'il at avec luy. Une autre fois ils forceront les cerfs selon l'art de venerie : voilà imiter Xenophon. L'on se sert d'inventions de venerie, pour donner plaisir aux princes, aux vieillards, pour peupler les forests. Pour dresser les meuttes, il faut se servir d'invention convenable à cette science de venerie. J'ay eu longtemps dans ma meutte une biche privée, la quelle couchoit au chenil avec les chiens, et ressentoit là dedans. Si quelque jeusne chien l'importunoit, elle luy donnoit du pied. Allant par pays, un valet de chiens la mennoit à la teste de la meutte avec un licol, et toute la meutte marchoit après elle; cela donnoit cognoissance aux chiens faits et dressez que ce n'estoit pas un cerf, et aux jeusnes chiens, cela leur donnoit de la patience de ne pas s'emporter après ce qu'ils voyent. Mesme cela apprennoit aux chiens faits à cognoistre les cerfs à veue, les cognoistre à la ramure, à la teste. Et lors que j'estois au quartier de la Venerie, je faisois menner cette biche en un buisson par quelque valet qui la tenoit; et je prennois mes chiens fols, ardants, et qui ne vouloient avoir la patience d'aller au laissé-courre, tous descoupplez. Je faisois venir des limiers prendre ces voyes; aussytost ces chiens ardants ne manquoient pas au bruict des limiers de nous eschapper, et empaumer les voyes de cette biche. Mais ils ne perdoient pas leurs peines, car nous et ceux qui tenoient la biche, lors que ces chiens arrivoient auprès, ils ne pouvoient manquer d'estre chastiez sur la faute; et ainsy il y at des petites inventions qui servent grandement à chastier les chiens de meschante nature. Le grand Cyrus fait faire des parcs, pour exercer ses chiens; veut que ses soldats et ses veneurs ne prennent jamais repas, qu'ils n'ayent exercé leurs corps; mesme il leur commande de ne donner à manger à leurs chevaux, qu'ils n'ayent esté exercez, travaillez et courrus. Voilà de braves autheurs de venerie! Jeusnes veneurs, souvenez-vous de Xenophon; il chasse de toute sorte, il chasse par tout; mesme passant dans l'Arabie Deserte, il y chasse, bien que ce ne soyent que lieux fascheux à chasser, les campaignes steriles, sablées, ce n'est que poudre, des lieux parsemez d'absinthe, de palmiers et de roseaux, ce sont les sortes de bois et d'herbès, que l'histoire rapporte qu'il croist en cette province. Sur ce sujject, je me souviens que quantité de seigneurs m'ont demandé autres fois si l'on pouvoit chasser en Italie, à cause des grands chauds; en Provence, à cause des mesmes chaleurs et des herbes odoriferantes qui enlevent le sentiment des voyes aux meuttes. Je tiens que l'on peut chasser en tous pays; mais il faut prendre le temps à propos pour le sentiment des chiens : aller matin à la chasse, avant que la chaleur soit trop ardante, lors qu'il fait grand chaud; et quand le temps est humide, qu'il at pleu, ou que les jours sont couverts, toutes heures sont propres. Jeunes veneurs, souvenez-vous que Xenophon at chassé dans l'Arabie Deserte, dans l'amertume de l'absynthe.

LA

MEUTTE ET VENERIE

POUR LE CHEVREUIL

EPISTRE AUX LECTEURS.

QUE PLUSSIEURS CHOSES SONT NECESSAIRES ET CONVIENNENT AUX BONS PICQUEURS ET VENEURS POUR LE CHEVREUIL : LES TERMES DE L'ART, LES HABITS PROPRES A LA FATIGUE, DES BONS CHEVAUX ET LA BONNE VOLONTÉ.

Dieu at donné aux hommes l'intelligence et la faculté de donner des termes à leurs sciences, et par le moyen d'iceux elles se sont conservées depuis l'antiquité jusques à present; et donc encor aujourd'huy nous usons de ces mots et termes de venerie adoptez en la pratique et théorique, en agissant ou bien pour entretenir sciemment et pertinemment les roys et princes. Mais de mesme comme en geometrie les mots et termes de l'art font apprehender ceux qui les veullent apprendre, et font peur aux escolliers aux quels ils sont encor incognus, ces termes paroissent des monstres à leurs oreilles, jusques à ce qu'ils sçavent les mathematiques, en après, cela leur est familier, il est de mesme en venerie; les termes, les mots en sont assez obscurs à ceux qui n'en ont nulle cognoissance; mais depuis qu'une fois ils en ont gousté et appris leurs significations dans la pratique et theorique, et particulierement dans l'exercice, alors ils sont capables d'en parler et d'en entretenir les monarques et princes. Ces raisons m'ont obligé à rechercher les bons autheurs, et en tirer fidelement les termes dont ils usoient en leurs siecles, les quels j'ay mis par articles, avec leurs significations si familieres, que les enfants en peuvent avoir cognoissance ou tirer conjecture asseurée, comme aussy les plus curieux, les quels desirent de paroistre universels devant les grands, et leur faire cognoistre qu'ils ont entiere cognoissance du travail de venerie. Mais comme les siecles et temps changent toutes les modes, les accents des parolles et syllabes sont remis en usage selon les temps, je me suis de mesme hazardé et accommodé au temps, et ay commenté et augmenté ce petit traicté que j'en ay fait en chascune chasse, inseré en la masse et totalité de mes escrits de venerie, les quels j'ay entierement dediez à Dieu, comme aussy ce qui en pourroit estre imprimé à part, et particulierement cette venerie pour le chevreuil, de la quelle je n'ay trouvé aucun autheur, qui nous en aye donné regles et termes particuliers pour parler de cette venerie et chasse. Je me suis hazardé d'en escrire et mettre le tout en articles les plus intelligibles qu'il m'a esté possible, à cause que c'est la venerie et chasse la plus scientifique de toutes, à celuy qui ne veut courre que les chevreuils, comme il se doit, et jamais les chevrettes. Je vous ay dit que les sciences se sont conservées par le moyen de leurs termes; je tiens pour tout certain que ceste venerie pour chevreuil s'est negligée, et pas conservée en sa perfection depuis l'antiquité, comme at fait la venerie pour le cerf, à cause que la venerie pour le cerf at esté renouvellée par tant de braves autheurs, des seigneurs Gaston de Foix, des seigneurs du Fouilloux; mais touchant au chevreuil, le seigneur du Fouilloux n'en fait aucun traicté, le seigneur Gaston de Foix en a parlé fort succinctement, mais très pertinemment, neantmoins il n'a point donné aucuns termes à part pour en parler, et at laissé ces petits animaux si nobles, agils et disposts à la discretion des veneurs, les quels en mesusent aujourd'huy. Ils courrent, comme s'ils avoient dessein d'en exterminer la race; ils courrent les chevrettes pleines de deux ou trois fans, comme si c'estoient des tigresses ou des louves; ils prennent les petits fans des chevrettes, comme si c'estoient des jeusnes tigres ou lionceaux. Je vois aux veneries pour le cerf, l'on ne courre pas les biches ou leurs fans; aux meuttes pour lievres, si un petit levreau part, l'on tasche de rompre les chiens; tout cela est en consideration aux meuttes bien exercées et reglées. J'ay esté en plussieurs pays, là où la chasse estoit deffendue en avril, may et juin, à cause des petits fans et levreaux; mais aujourd'huy, le desordre de venerie est tel, que les chevrettes et fans ne sont en nulle consideration aux veneries; bref, tout leur est de guerre pour donner du carnage à leurs chiens. Ceste venerie et chasse du chevreuil, c'est le vray plaisir qui appartient le plus aux gentilshommes. Or, après ceste epistre, seront les termes et mots de venerie pour le chevreuil, appartenants au bon picqueur. Voyons ses habits; chascun se peut habiller comme il luy plaira, pour sa commodité, pourveu que l'habit soit convenable à la fatigue, et qu'aux premieres chasses ses habits ne soyent en pieces par les espines et rameaux, que ses habits ne soyent pas reduicts à lambeaux. Je luy conseille de porter les chausses longuettes, qu'il les puisse lier avec un ruban soubs le genouil, affin qu'elles ne haussent ny abbaissent continuellement, qui luy escorcheroit le dedans des genouils en broussant. Nous disons, en venerie, qu'un veneur doit estre tout casacqué et tout botté, sans excès, reglement; que la casacque couvre le genouil, estant à cheval; que les genouillieres des bottes couvrent bien les genouils, et aillent jusques au milieu de la cuisse; l'hiver, la casacque bien doublée, et l'esté point, pour estre plus legere. Si la casacque est joincte au corps et par les espaulles, elle percera plus tost à la pluie; si elle at trop de tour, est trop large, longue et spatieuse, elle sera trop pesante et incommode; il y faut observer une certaine mesure mediocre. Plussieurs courrent en pourpoint, cela est commode; mais si l'on est surpris de la pluie, ayant percé les forts deux ou trois heures, le bois estant mouillé, si les chiens font un deffaut, le picqueur est incontinent rafroidy et tremblant, qui luy cause des grandes incommoditez et maladies. C'est pourquoy il est plus à propos de s'accoustumer à porter une casacque bien proportionnée et legere. Les bottes, il les faut d'un bon cuir retourné, la chair au dehors, fort, espois, neantmoins le cuir bien maniable; le bout du pied de la botte fort et espois, la semelle un peu longuette, pour empescher le choc des tiges d'arbres, et des branches et estocs; les miennes sont faites, de sorte que si je donne du bout de mon pied contre une muraille pour plaisir, je ne me blesse aucunement. Il y faut aussy observer mediocrité; car si elles estoient trop larges et les genouillieres trop longues, comme il est necessaire qu'un veneur mette souvent pied à terre, ses bottes seroient trop incommodes à marcher; si elles estoient aussy trop foibles, elles perceroient aux espines et chicots, qui apporteroit des grandes incomoditez en broussant. Le chapeau soit d'un bon feutre qui ne perce point à la pluie, un peu espois, à cause de l'ardeur du soleil qui ne le penetrera pas si tost, fort bas de forme, sans toucher le haut de la teste, les bords longs, sans excès, pour parer un peu le visage et les yeux des branches. Je n'entreprend pas de donner aucune regle aux habits de chasse; je donne seulement advis, aux veneurs pour le chevreuil, de ceux qui m'ont le moins incommodé et le mieux servy dans l'exercice continuel. Les gands et esguillettes demeurent à la discretion des joueurs, neantmoins je ne courre jamais sans estre attaché, les forces en demeurent plus unies et ensemble; ceux qui sont accoustumez de courre attachez, ne sont pas si tost lassez ny harassez à la fin des longues traictes. Je met de plus des esguillettes demy pied plus haut que le genouil, pour attacher et joindre la genouilliere de ma botte sur le genouil après les chausses, affin que les feuilles seiches ou verdes, ou bien les bouts des branches seiches ne coullent pas tant dans mes bottes, affin aussy que la pluie et le bas estant mouillé, que l'eau ne tombe pas dans mes bottes, comme une gouttiere le long de ma jambe, que les vermines aussy n'y tombent de prime abord, en brossant continuellement, comme chenilles, araignes et autres villainies dont le bois est couvert l'esté; et bien que tout cela soit peu de chose, il incommode les picqueurs qui veullent tousjours estre à la queue des chiens. Les esperons soyent forts, ni trop longs ni trop courts : s'ils sont trop longs, lors que le picqueur est dans les fors, les branches portent ses jambes en arriere, il picque continuellement son cheval contre sa volonté, à cause de la longueur des esperons; si les esperons sont trop courts, quand le cheval est las, qu'il se fait solliciter, le cavallier a trop de peine à trouver et approcher le ventre de son cheval, quand il s'affoiblit et est recreu. Le cor de chasse ou sa trompe, de telle longueur qu'il ne l'incommode pas à brousser ny à chastier ses chiens. Le rabat et collet du pourpoint demeurent aussy à la discretion ; toutes fois il est necessaire que le collet ne soit ni trop haut ni trop bas, pour se mouvoir agilement. S'il est trop bas, les feuilles seiches, les vermines, chenilles, araignes et autres villainies tombent tousjours, toute une chasse, dedans ce collet ainsy trop escolleté et trop bas; s'il est aussy trop haut, le picqueur n'est pas dans une liberté entiere, pour se hausser et s'abaisser continuellement, en brossant et perçant les grands forts; plus, ce collet ainsy haut luy donne contre les machoires, et blesse les veines jugulaires, qui luy peut causer, avec le temps, des grandes fluctions au col et aux dents, et autres incommoditez. Le rabat soit de grandeur convenable, pour n'estre pas emporté des branches à tout moment; nous en portions anciennement des petits, tout ronds, ou bien des petites fraizes, pour empescher que les villainies ne tombent dans ce collet du pourpoint, en brossant. Son espée soit assez legere et assez courte, point couverte de grosse guarde ny trop de branches, affin qu'il perce mieux les fors, et que son espée ne le blesse au costé en tombant, si son cheval luy passoit et tomboit sur le corps. Mais s'il vat courre le lievre à force aux plaines, je luy conseille de ne point porter d'espée; les cheuttes n'en sont point si dangereuses, et sera plus prompt et agile à secourir ses chiens. Voilà un picqueur en estat de monter à cheval, et accompagner et faire chasser une meutte. Considerons son cheval, il doit estre de force suffissante pour accompagner les chiens en fort et en foible; s'il est un peu advantageux et longuet, il sera de plus longue traicte que celuy qui est plus cochon, et court et ramassé, ou gousseau. Il doit avoir l'encollure un peu longuette, la teste legere; neantmoins qu'il n'aye pas la bouche esgarrée, et trop vaine et trop delicate; et doit prendre bon appuy sur son mords, sans trop incommoder la main du picqueur, affin qu'il porte sa teste en bon lieu, pour mieux brosser, comme un sanglier qui se fourre par tout; car s'il avoit la bouche tendre, il iroit dans les forts, le nez haut, la teste levée, et, la moindre branche qui force et touche les branches de son mords de bride, il est tousjours debout et incommode fort le picqueur. Si ce cheval at les costez ouverts vers les flancs, et le corps plus rond que plat, et non serré, il sera de longue traitte et de bonne haleine; car les parties qui luy donnent l'haleine, et les autres parties qui luy donnent force de respirer, ne seront pas constraintes, comme s'il avoit le corps serré; de plus, il sera tousjours de meilleur corps et plus plein que celuy qui at les costez serrez et plats, et ne sera pas tant afflancqué après ses traictes longues, ny de si mauvais entretient. S'il at les os de la crouppe et des reins larges, c'est vray tesmoignage qu'il doit estre de bonne force aux grands efforts et aux longues traittes. Qu'il aye aussy les jambes droictes, qu'il marche ferme, bien ouvert, qu'il se plante bien en terre, sans s'entretailler ny coupper que rarement. Le bon et beau courreur doit avoir, depuis le genouil en bas, la jambe forte à proportion de son corps, la jambe plate et fort bas jointée; le nerf qui sort du genouil, du derriere de la jambe de devant, pas constraint ny trop serré; le poil des jambes bien fourny, pour n'estre pas douillet ny delicat aux espines; il n'en aura pas si tost des eaux aux jambes, à cause des branches et chicots qui luy hurtent et frappent les jambes en broussant et perçant les fors. Il est du tout necessaire que le cheval du bon picqueur aye le pied bon, la corne pas esclattante; car s'il avoit le pied comble et qu'il defferre, un picqueur estant seul après les chiens, il perdra la meutte. Mesme ce cheval, propre aux longues traittes, doit avoir le pied bien proportionné, ny trop petit ny trop gros; car volontiers les chevaux avec ces grands pieds ne sont pas de longues traittes, particulierement lors qu'ils se rencontrent à un cheval d'Allemagne. Voilà les parties les plus necessaires aux bons courreurs, pour percer bien les fors et durer à la fatigue. Et touchant à la beauté d'un cheval, cela appartient aux braves escuyers à les despeindre; ils en sçavent plus que moy. Mais touchant aux longues traittes, j'ay esté bien servy des chevaux tels que celuy que je prepare icy au bon picqueur. Il ne reste qu'un sellier, pour le harnacher à propos. Mais je pretend que ce cheval est pour courre le cerf ou le chevreuil, que c'est pour percer les fors; car si c'estoit pour courre le lievre et pour courre aux plaines, je le fairois harnacher plus legerement, à cause aussy qu'il conviendroit estre de plus legere taille. Pour les grands forts, le cheval, pour bien percer et brosser à l'aise et à la commodité du picqueur, doit avoir une selle longue de siege, ny trop grosse ny trop petite, les arsons de devant un peu longuets et moyennement hauts; s'il est autrement, les branches se mettent souvent, aux forts et gaullis, entre la cuisse du picqueur et la selle, qui luy fait perdre temps et le pousse en arriere; l'arson de derriere fort bas, qu'un bord seulement bien bourré. Les selles que nos selliers faisoient du temps passé, estoient fort propres à picquer aux forts; ils les appelloient des bas de cul. Les sieges des selles longs donnent une grande facilité au picqueur à percer; car les estrieux estants raisonnablement courts, il se panche à gauche, à droite du col de son cheval, il se met en arriere, pour se desembarasser des forts ; ce qu'il ne pourroit faire si aisement, si le siege de la selle estoit court : il seroit trop droit et les jambes trop estendues, pour se demesler des branches et halliers. Les estrieux doivent estre larges, qui couvrent une partie du bout du pied, large de quatre doigts ou approchant : cela sauve des grands coups contre les arbres ; que le dessous de l'estrieux soit large de quatre doigts, et, lors que le cavallier sera las de la traicte, il sera plus à son aise et moins foulé que si le dessous de l'estrieux estoit estroit, ou qu'il n'y eut qu'une barre. Il ne reste plus sinon bien brider ce cheval ; il ne luy faut pas trop de fer à la bouche, neantmoins assez fort, qu'il ne brize pas à toutes les chasses ; pour la façon, cela depend du jugement de celuy à qui sera le cheval. Et, touchant, aux branches du mords, il les faut de mediocre grandeur ; si elles estoient trop longues, elles embarasseroient trop le cheval, dans les forts, à bien brosser ; si elles estoient trop courtes, lors que le cheval seroit las, il en auroit la teste plus pesante et plus difficile à tourner et manier dedans les forts, et peseroit d'advantage à la main ; il y faut mediocrité convenable. Mais pour courre le lievre dans les plaines, les petites selles sont excellentes pour la commodité des chevaux ; les selles à l'angloise, les bridons peuvent servir pour courre aux plaines, aux chemins, mais pour courre les fors nullement. J'ay veu plussieurs veneurs s'en vouloir servir dedans nos forests, nos rochers ; après avoir courru quelques années avec tels equipages, ils estoient constraints de donner à leurs chevaux des autres selles et brides, plus propres à se desembarasser et demesler des fors. Et, touchant à la commodité et incommodité des deux sortes de harnoy, celuy qui courre aux plaines et chemins, si son cheval at une selle angloise, après avoir courru sept ou huict heures, il ne sera pas si las qu'avec une grosse selle, pourveu que son cheval aille l'amble ; il n'a pas les cuisses si ouvertes avec ces petites selles qu'avec des plus grosses. Mais dans les fors, là où il faut souvent aller au grand trot, et les chevaux qui sautent et bondissent quelque fois par dessus les hautes tailles et branches, un picqueur est à la gehenne sur ces petites selles. Et de plus, les petits bridons, aux forts, ne gouvernent pas bien un cheval, pour le tourner à tout moment pour crainte de chocquer les arbres ; et particulierement si le cheval at la bouche forte, le cavallier tire tousjours à deux mains ces petits bridons et à force de bras, tellement qu'il est continuellement comme à la torture et question. Tout cela ne vaut rien pour accompagner les chiens, en courrant cerf et chevreuil, dans nos fors, montagnes et rochers, et à nostre mode de chasser. Mais ces petites selles et bridons sont fort propres à la façon d'accompagner les chiens en beaux pays de futayes, de plaines, comme en Angleterre, et en courrant le lievre aux belles plaines ; car moins un cheval est chargé, et plus il ira loing et faira longue traicte. Or, je vous ay dit que plussieurs choses conviennent à un bon picqueur et veneur : les termes, l'habit, un bon cheval et la bonne volonté ; le voilà habillé à peu de fraiz et bien monté, le cheval harnaché à propos ; il est en estat de bien accompagner les chiens, de les secourir aux desordres, en fort et en foible, pourveu qu'il aye bonne volonté. S'il est franc veneur, je ne suis nullement en doute que son genie de venerie ne le porte à ce qu'il doit en sa fonction ; mais s'il n'est tel, pour luy donner la volonté entiere de visiter et percer nos forests, je souhaitterois qu'elles fussent comme en plussieurs provinces de l'Amerique meridionale. J'ay leu dans un petit livre intitulé : les Insignes Progrès de la Religion au Paraguay, nouvellement descouvert par les Reverends Peres de la Compagnie de Jesus, ès années 1626 et 1627 ; l'histoire rapporte que l'on prendroit, icy et en Cair, les forests pour quelques peintures, pour des tableaux, d'autant qu'elles sont remplies d'arbres de diverses couleurs, les uns rouges, les autres jaunes, quelques-uns noirs ; l'on y remarque encor plussieurs arbres, jusques à cincq ou six, qui s'unissans tous en mesme tronc, à peine les peut-on distinguer. Il y at aussy des rochers marquettez de plussieurs couleurs, lançant des esclats si brillants que c'est comme un miroir, des quels les rayons du soleil vont rejaillissant jusques à une longue distance, que plussieurs Europeans se sont figuré qu'ils estoient des mines d'or, ou bien qu'il y avoit quelque mine d'or cachée dessous. Je ne suis nullement en doute que ces forests et rochers ne soyent tels, par les rapports que ces Reverends Peres nous en font, par leurs escrits dignes de foy. J'ay veu plussieurs sortes de ces bois des Indes, que les navires qui en viennent sont chargez et rapportent, les uns rouges, d'autres jaunes ; du noir, l'on se sert pour teinture ; mesme ces cabinets faits de bois de plussieurs couleurs, tout marquettez, justifient tout cela. J'ay veu fendre de ces bois des Indes, le dedans estoit rouge, tout rayé de noir ; je veux croire que toutes les feuilles de ces arbres sont de mesme de differentes couleurs, chose veritablement plaisante à la veue. Ces forests sont peuplées de quantité d'elans ; l'histoire rapporte que la corne de cest animal est souveraine au mal cardiaque, et qu'il ne dort jamais, qu'il ne tienne et appuie la corne du pied gauche de devant sur son cœur. Mais encor que nos forests ne soyent de ces couleurs admirables, si est-ce qu'elles n'ont pas laissé de ravir les puissants monarques de la terre. Par tout là où j'ay voyagé, je vois au milieu des forests des maisons royales, au milieu des deserts et rochers, qui paroissent affreux et solitaires aux yeux et jugement de ceux à qui ils sont incognuz; mais à ceux qui en ont gousté les delices, ils sont agreables à leur veue. Ces maisons basties en ces lieux solitaires, au rapport du commun, sont tristes; il en est tout autrement à une ame, à un esprit tranquille et qui veut souvent contempler les effects de la divine Majesté; tesmoins ces saincts et sainctes, et autres grands personnages bien heureux, les quels ont receu toutes sortes de contentement et de delices dans leurs petites cabanes, dans leurs trous de rochers, au milieu et creux des forests. Mais sortants de là le matin et à toute heure du jour, ils admirent de plus en plus les merveilles de l'univers. Là, dedans les rochers, les palais, les maisons y sont brillantes et esclattantes; les eaux, et fontaines et torrents, qui coulent des rochers, plus naturels qu'ailleurs; nostre veue se satisfait de mille sortes de fleurs que les terreins et sables produisent; la veue, qui ne se blesse ny dilate jamais des couleurs verdes, considere continuellement tantost un verd naissant, verd de pré, verd gay, verd brun; et lors que l'automne a son temps, que les feuilles deviennent fanées et seiches, vous voyez les arbres changer leurs feuilles de plussieurs couleurs : les unes rouges, jaunes, noires, les autres de couleur obscure, d'un verd pasle. Dans ces forests, nous avons le plaisir d'y voir toutes sortes d'animaux à quatre pieds, les hardes de cerfs, de biches avec leurs fans, des chevreuils, lievres; et, en ce qui touche les bestes mordantes et furieuses, comme sangliers et autres, c'est dans les lieux les plus deserts que nous allons les chercher. Tout cela est suffissant pour satisfaire, à la campaigne et au desert, les sens de nostre veue; mais qui seroit celuy si malheureux en ce moment de temps, qui ne jette souvent les yeux au ciel, pour en admirer cette voute celeste, et recognoistre son Createur et sa divine puissance. Sortez, Messieurs, de vos cachots dorez, de vos cabinets lambrissez et galeries pleines de tableaux, de peintures; venez voir nos forests, vous y verrez vos tableaux au naturel, ceste voute azurée. Le soleil est plus divertissant à nos yeux que vos lambris, que vos dorures; nos galleries, ce sont des routes de trois, de quatre lieues; nos vollieres, des forests entieres; toutes sortes de vollatilles sont là dedans, chantant et gazouillant à leur liberté; ces musiques sont divertissantes, outre celle de quarante, cincquante chiens, bien chassants en meutte. Les forests estoient, ès siecles passez, les demeures des puissants monarques et princes, ou pour le moins ils y alloient souvent pour se divertir; elles estoient aussy agreables aux gens de bien, l'on n'y voyoit aucun sang espanché, sinon celuy des animaux tuez et forcez pour les plaisirs et divertissements des gens d'honneur. Mais depuis que les hommes ont oublié et negligé les plaisirs innocents de venerie et de chasse, il semble que Dieu les aye punis et delaissez, et permis qu'ils se devorent et mangent effectivement comme tigres et lyons. Cette humanité et société s'est changée en furie; nos forests, nos bois ne sont plus teints du sang de ces animaux dont nos meuttes avoient fait curée; c'est presentement du sang des chrestiens, que les carefours de nos bois sont imbibez et rougiz; si nos bois et forests estoient peuplez de cerfs, de chevreuils, presentement ils sont remplis de meurtriers, de voleurs, de paricides, de fratricides. Grand Dieu, pardonnez-nous, appaisez vostre ire selon vostre grande misericorde, affin que, le monde estant depeuplé de ces monstres et delivré de ces miseres, nous vous puissions louer et servir à l'advenir dans ces lieux saincts des deserts ruinez et profanez, et que nos forests ne soyent plus à l'advenir comme les forests du Cair et de Acaraig, là où les hommes n'y vivent jamais en liberté, et les quels se mangent comme loups devorants, tellement que, dans ces montagnes et deserts, il y at des hommes qui y vivent avec une telle frayeur et peur, qu'ils ne sortent que fort peu de leurs trous, soit pour craincte qu'ils ont des hommes qui sont accoustumez de vivre en un plein air à la campaigne, ou des tigres dont leurs forests sont remplies, ou bien par habitude qu'ils sont feneants. Voicy ce qu'en rapporte l'histoire : dans les incursions que nos Indiens font de temps en temps, ils ont amené des montagnarts qui ont les membres retirez, le corps tout contrefait, qui les rend du tout maladroits de toutes sortes de mouvements du corps, quoy que les autres hommes de ce pays-là soyent merveilleusement flexibles, agiles et souples; que ces gens feneants paroissent tousjours les yeux effarez, à cause qu'ils ne sortent que fort peu des cavernes dans les quelles ils vivent, et ne peuvent que malaisement souffrir les rayons du soleil ny un plein air; ce qui at esté cause que plussieurs sont morts après avoir esté baptisez, et les autres sont, comme l'on croit, pour les suivre bientost, veu que ces pauvres gens ne peuvent non plus vivre loing de leurs trous et cavernes, en un plein air, que le poisson hors de l'eau. Sortez donc de vos palais, de vos maisons lambrissées, lors que vos affaires vous le pourront permettre, Messieurs, qui y estes trop attachez et enfermez. Je vois icy une grande inegalité de ces peuples nez et nourryz en un mesme pays, en Acaraig : les uns fort vigilants et disposts, bien faits, de belle taille, les quels sont robustes, se portent bien au travail en un plein air; et ces autres nourrys dans leurs cachots et cavernes, delicats au travail, maladroits et foibles, les quels ne peuvent vivre dans un plein air; les uns sont souvent à la chasse des elans dont leurs forests sont remplies, vivent de leur chasse le plus souvent; et les autres ne vivent sinon de petites racines, de feuilles de palmiers, des fruits et choses delicates à leur mode. Quittez, Messieurs, ces choses delicates, venez jouir du plein air dans nos bois et forests, et dans les parcqs; et laissez la vraye jouissance aux dames de leurs elements, de ces cachots lambrissez et dorez, de ces jardins pleins de fleurs, de ces airs retenuz et renfermez, craignantes que le soleil n'offence leur teint : toutce la est à leur bienseance; et pour nous, cherchons pour nos divertissements les choses animées et sensitives, qui peuvent apporter contentement à la veue et exercice au corps, affin de vivre en la vraye fonction d'homme labourieux et non de celle des feneants. Je n'ay fait aucun chapitre en ma Venerie pour chevreuil, à cause que c'est une suite et liaison d'un chevreuil bien forcé; mais vous trouverez aux marges des feuillets et des pages les sujects qu'ils contiennent, affin que ceux qui n'auront loisir de lire le tout, et voudront seulement voir quelque different de venerie, le puissent trouver facilement aux feuilles et aux marges.

LA

MEUTTE ET VENERIE

POUR LE CHEVREUIL.

LES TERMES DE VENERIE POUR LE CHEVREUIL MIS EN PRATIQUE ET EN ORDRE PAR LE COMTE DE BEY.

I

Le chevreuil est un animal noble, des plus legers et vistes de tous ceux qui se forcent et prennent aux meuttes, en nos montaignes. Plussieurs l'appellent bouc sauvaige, mais ils se trompent, car les boucs sauvaiges sont ceux dont le seigneur Gaston de Foix parle en ses escrits. Il dit qu'il y en at de deux sortes : les uns grands, approchants de la taille des cerfs, mais pas si grands ny nobles; les autres plus petits, qu'il appelle isarins, se treuvent vers les monts Pirenées et aux montaignes voisines vers Bearne. En d'aucuns pays, ils les appellent capriolles, à cause de leur vivacité et legereté, et qu'ils vont souvent à bonds, à capriolles. Mon opinion est qu'ils ne tiennent rien du bouc sauvaige, mais plustost de la nature des cerfs, que c'est leur diminutif; que nature s'est jouée, à l'imitation des cerfs, à produire le chevreuil, le quel met bas tous les ans sa petite ramure, et la fait renaistre, la charge d'antouilliers, de perlures et pierrures, comme celle des cerfs. Sa chasse est plus scientifique à celuy qui ne voudra forcer et prendre sinon les masles et non les femelles.

II

Teste de chevreuil, ce sont ses petites ramures.

III

Meulles de la teste du chevreuil, ce sont deux petits ronds qui sortent du test, de là où prennent nourriture les perches.

IV

Pierrures, ce sont des petits grains autour de la meulle, et que nature y a produits.

V

Le marrein de la teste du chevreuil, ce sont les petites perches qui sortent des meulles, et tirent leurs racines de là et du test.

VI

Perlures de la teste, ce sont ces petits grains que nature produit le long de la perche.

VII

Gouttieres des marreins, ce sont des petites rayes qui sont enfoncées le long des perches ou marreins.

VIII

Antouilliers, ces deux petits cors qui sortent du marrein, près de la meulle.

IX

Cors, ce sont les autres petites chevilles que le marrein pousse. Si nature les pousse devant, ils s'appellent surantouilliers; si elle les pousse du derriere de la perche en haut, ils se doivent appeller espois.

X

Teste portant quatre, qui at deux antouilliers seulement, et les bouts des perches servent de nombre.

XI

Teste portant six, qui a poussé des antouilliers et surantouilliers, et les bouts des perches servent de nombre.

XII

Teste portant huict, teste qui at poussé des antouilliers et surantouilliers, et des petits cors ou espois au haut de la perche, du derriere, et les bouts des perches servent de nombre.

XIII

Teste bien nourrie, bien née, est celle qui est creue aussy haute d'un costé que de l'autre, et bien proportionnée.

XIV

Teste mal nourrie, mal née, est celle qui at un costé plus gresle et menu que l'autre, et de dissemblable proportion.

XV

Teste bien semée, celle qui porte autant d'antouilliers, de surantouilliers ou d'espois, d'un costé comme de l'autre.

XVI

Teste mal semée, qui ne porte pas tant d'un costé que de l'autre.

XVII

Teste contrefaicte, celle à qui les antouilliers, surantouilliers ou espois sont renversez, ou les perches tortues.

XVIII

Testes diverses, celles qui ont plussieurs marreins, comme j'ay pris des chevreuils qui avoient poussé et portoient quatre marreins.

XIX

Brochettes ou fuseaux de chevreuil, ce sont petites cornettes, ces petits cors qui poussent la deuxiesme année.

XX

Bossettes de teste de fan, ce sont deux petites elevations, deux petits nodus, que nature fait sur le cuir, derriere les oreilles, la premiere année qu'il est faonné.

XXI

Mues de teste de chevreuil, ce sont les perches qui leur tombent tous les ans, qu'ils mettent bas.

XXII

Refait ou revenu de teste du chevreuil, c'est sa teste qui luy revient, qui pousse, qui est toute delicate et en sang, couverte de lambeaux.

XXIII

Lambeaux du chevreuil, c'est cette peau qui contient la creutte, le revenu, et qui croist avec.

XXIV

Le chevreuil at mis bas ses lambeaux, c'est lors qu'il at touché au bois et nettoyé sa teste.

XXV

Le chevreuil a fait ses freioirs, a touché au bois, c'est qu'il a donné de sa teste contre des petits arbrisseaux, des petites branches, et a fait tomber les lambeaux qui couvroient ses ramures, tellement qu'il n'y a plus de lambeaux, la teste reste blanche.

XXVI

Chevreuil qui at frayé et bruny, qui at noirci sa ramure ou fait de couleur rougeastre, qu'il n'y reste que le bout des antouilliers blanc; d'autres l'ont d'un gris blanchastre.

XXVII

Chevreuil qui at fait des hardoiers, c'est lors qu'il at touché au bois, frayé et bruny; le reste de l'année, autant des fois qu'il escorche et brize du bois, nous appelons cela hardoiers.

XXVIII

Massacre de chevreuil, c'est ses ramures que l'on leve d'après le test; estant ainsy proprement couppé, un doigt derriere les meulles, en aboutissant en poincte entre les deux yeux, nous appelons cela, en venerie, massacre de chevreuil.

XXIX

Chevreuil qui at allongé, c'est que sa teste est toute recreue et refaicte, que le bout des perches et antouilliers perce les lambeaux.

XXX

Chevreuil qui a du refaict, c'est que ses ramures ont poussé et se monstrent desja, qu'il paroist male, au refait ou revenu.

XXXI

Chevreuil qui at my teste, qui at du revenu ou refaict, de la moictié de la hauteur qu'il doit avoir sa ramure, lors qu'il l'aurat allongée.

XXXII

Chevreuil au rut, c'est le masle en amour.

XXXIII

Une chevreuille ou chevrette au rut, c'est la femelle en amour.

XXXIV

Chevreuille ou chevrette at faonné, la femelle qui at fait ses petits. Le seigneur Gaston de Foix appelle la femelle une chevreuille, nous l'appelons en nostre pays une chevrette; je tiens le terme de chevreuille bon, car on dit pour le dain une daine.

XXXV

Le rere ou cri d'un chevreuil, c'est sa voix.

XXXVI

Les pellages des chevreuils, brun, blond, faulve, rouge.

XXXVII

Les guallis d'un chevreuil, c'est là où il at gratté en terre et s'est joué.

XXXVIII

Un fan de chevreuil ou de chevrette, ce sont leurs petits, le temps qu'ils sont mouchettez; plussieurs les y appellent, tant qu'ils poussent les fuseaux le long de leur premiere année.

XXXIX

Un chevreuil qui porte sa seconde teste, qui at trois ans.

XL

Qui porte sa troisiesme teste, qui at quatre ans.

XLI

Grand chevreuil, qui est grand de corsage.

XLII

Un vieux chevreuil, il se cognoist aux meulles près du test bien pierrées, les perches grosses et bien perlées, les andouilliers grands, et toute la teste bien nourrie et grosse en la plus part de ses parties; il s'y trouve aussy des vieux chevreuils qui ont la teste contrefaicte et toute racourcie.

XLIII

Un chevreuil qui at fait sa nuict aux tailles, gaignages et prairies, qui at esté chercher à repaistre en tous ces lieux-là.

XLIV

Un chevreuil qui at fait ses viandis aux tailles, gaignages et prairies, qui s'est repeu en tous ces lieux-là.

XLV

Un chevreuil at viandé à un ronsier, qui at mangé à un ronsier.

XLVI

Un chevreuil qui courre le poil reboutté, c'est qu'il courre le poil herissé.

XLVII

Un chevreuil qui courre le poil allongé, c'est lors qu'il n'est plus herissé.

XLVIII

Un chevreuil qui at les naches ou la rose herissée, c'est qu'il ouvre ses poils blancs qu'il at au derriere; cela paroist et fait un rond comme une rose, s'appelle les naches.

XLIX

Les erres ou voyes d'un chevreuil, c'est la marque ou forme de son pied.

L

Les allures d'un chevreuil, ce sont ses pas, la distance.

LI

Les os du chevreuil, ce sont ses petits arrests au dessus du tallon.

LII

Fuites d'un chevreuil, c'est quand il ouvre fort la pinse, qu'il donne bien du tallon en terre, et aussy qu'il donne bien des os en terre.

LIII

Chevreuil qui vat d'asseurance, c'est celuy qui n'ouvre point ses pinses et vat doucement.

LIV

Chevreuil qui vat d'effroy, c'est celuy qui fuit de sa force.

LV

Le chevreuil emporte le gazon, c'est quand la terre leve et se prend après ses pieds, et les gazons retombent en ses allures.

LVI

Couleur du refait et des lambeaux de la teste d'un chevreuil, les uns l'ont brune, d'autres faulve ou blonde.

LVII

La difference des voyes ou aires d'un chevreuil : nous

disons les voyes en ce qui regarde le veneur, car il voit et considere les voyes; mais les aires est pour les chiens, car ils reçoivent l'air des aires pour chasser.

LVIII

Un chevreuil qui se juge bien, c'est quand il ne passe pas le pied de derriere outre de celuy de devant.

LIX

Un chevreuil qui se mesjuge, c'est quand il outrepasse de son pied de derriere celuy de devant.

LX

Les foullées d'un chevreuil, c'est quand il brize un peu la terre, ou foule et rompt quelque petit brin d'herbe, dont le veneur en at cognoissance.

LXI

Un chevreuil qui at le pied rond ou court, c'est celuy qui at la forme de son pied et de la solle disposée de nature ainsi, et qui at les pinses usées et un peu moussues.

LXII

Un chevreuil qui at le pied long, c'est celuy qui at la forme de son pied et de la solle disposée de nature en la sorte, et qui at les pinses plus longues que celuy qui at le pied rond ou court.

LXIII

Un chevreuil bas jointé, c'est celuy qui at les os plus près du talon que le commun.

LXIV

Un chevreuil haut jointé, c'est celuy qui at les os esloignez du talon.

LXV

Un chevreuil qui at la jambe large, qui at les os plus eslargiz que le commun des jeusnes chevreuils.

LXVI

Chevreuil qui se rembusche, qui vat aux forts et aux couverts.

LXVII

Chevreuil qui se desbuche, qui sort des forts et des couverts.

LXVIII

Chevreuil qui se recelle, qui demeure plussieurs jours et nuits dans les forts et couverts, sans sortir.

LXIX

Les voyes d'un chevreuil de vieux temps, c'est la marque de ses pieds, qu'il y at plussieurs jours qu'il a passé et qu'il les a faites.

LXX

Voyes surpluiées, quand il a plu depuis que le chevreuil les at faites.

LXXI

Voyes qui vont de hautes aires, c'est quand les chiens, la meutte ont peine de les chasser et emporter.

LXXII

Voyes qui vont de bon temps, quand la meutte, les chiens les chassent et emportent de leur furie, qu'elles ne font que d'aller.

LXXIII

Vielles voyes, qu'il y a plussieurs jours que le chevreuil les a faites.

LXXIV

Voyes du relevé du chevreuil, c'est lors qu'il s'est desbuché au soir ou la nuict.

LXXV

Voyes du chevreuil qui vont de temps pour demeurer, c'est quand il vat se rembuscher pour demeurer, qu'il vient de ses viandis au point du jour.

LXXVI

L'enceinte du chevreuil, c'est le lieu là où il demeure et y est destourné.

LXXVII

Chevreuil destourné, quand on a fait le tour de l'enceinte des fors, là où il demeure, que le limier ne s'est pas rabattu.

LXXVIII

Demesler la nuict d'un chevreuil, c'est aller par tout là où il at esté la nuict faire ses viandis ou ailleurs.

LXXIX

Chevreuil brizé, c'est que le veneur at jetté de petits rameaux sur les voyes du chevreuil, les quels il at rompus et tournez, les pointes là où le chevreuil entre aux fors ou ailleurs.

LXXX

Chevreuil rayé, voyes du chevreuil rayées, c'est quand le veneur at consideré les voyes, qu'il ne vaut la peine de les brizer, il fait une raye de son pied en terre auprès de la voye, pour monstrer qu'il en at reveu et recognoistre l'endroit.

LXXXI

Brizées, ce sont ces rameaux que le veneur jette à l'entrée des chemins et routtes, en faisant sa queste, et sur les voyes du chevreuil, et au rembuschement de l'enceinte et ailleurs.

LXXXII

Les fumées d'un chevreuil, c'est ses petites crottes qu'il jette.

LXXXIII

Reposée du chevreuil, c'est là où il se met sur le ventre, pour demeurer le jour.

LXXXIV

Chevreuil lancé, quand il est party de sa reposée ou d'ailleurs.

LXXXV

Le resuy du chevreuil, là où il s'est mis sur le ventre,

pour se seicher de l'esguail du matin ou de la rosée et pluie.

LXXXVI

Chevreuil donné aux chiens, c'est quand l'on a permis aux chiens de le chasser.

LXXXVII

Chevreuil bien ameutté, c'est quand les chiens, la meutte le chassent furieusement de leur force et à beau bruict, bien ensemble.

LXXXVIII

Un chevreuil bien laissé courre, c'est celuy que les chiens, la meutte vont bien lancer et requerir par les menuz, ou bien qui est lancé d'un limier devant la meutte.

LXXXIX

Malice du chevreuil, c'est quand il tourne souvent sur luy et fait des faux rembuschements.

XC

Ruze du chevreuil, quand il vat et vient sur ses voyes en mesme chemin ou ailleurs.

XCI

Chevreuil accompagné, qui est avec d'autres chevreuils, un ou plussieurs.

XCII

Chevreuil separé, celuy qui fuit seul et quitte les autres.

XCIII

Chevreuil qui est le droit, c'est le premier que l'on a permis aux chiens d'ameutter.

XCIV

Un chevreuil qui cherche le change et le donne aux chiens, c'est celuy qui foulle et refoulle les fors, y cherche le change d'autres chevreuils, les fait partir devant les chiens et se demesle de la meutte.

XCV

Forhuer le chevreuil de la meutte, c'est le monstrer aux hommes et aux chiens, ou seulement advertir que l'on le voit asseurement.

XCVI

Un chevreuil forlongé, c'est celuy qu'il y at longtemps qu'il a passé devant la meutte et du quel les voyes sontre froidies, tellement que les chiens ne le chassent plus, sinon par les menus, doucement.

XCVII

Chevreuil chassé par les menus, quand les chiens ne chassent plus, sinon au pas ou au trot.

XCVIII

Un chevreuil rapproché, c'est quand les chiens renouvellent les voyes ou qu'ils le font repartir, qu'ils ne chassoient sinon au pas, alors ils le chassent de leur furie, estant reparty.

XCIX

Chevreuil relancé, c'est quand les chiens le font repartir.

C

Requester un chevreuil, c'est, quand les chiens ne le chassent plus, fouller et refouller les fors ou autres lieux, pour le faire repartir, ou bien, si l'on l'avoit failly le jour auparavant, le requester de mesme ès environs de là où les chiens ont fait le deffaut.

CI

Deffaut d'un chevreuil, c'est quand la meutte ne peut plus emporter les voyes, qu'elle ne chasse plus et laisse le chevreuil en repos.

CII

Chevreuil relayé, c'est celuy à qui l'on a donné des chiens frais.

CIII

Un chevreuil relaissé, c'est quand il se met sur le ventre, qu'il se repose devant la meutte et qu'elle n'en parle plus.

CIV

Un chevreuil relancé, c'est celuy que les chiens font repartir du relaissé.

CV

Un chevreuil qui hasle, qui tire la langue et à qui les flancs battent.

CVI

Un chevreuil qui vuide le pays, qui s'esloigne des lieux là où il at accoustumé de demeurer.

CVII

Un chevreuil qui se forpaïze, qui vat aux forests ou buissons qu'il n'at point accoustumé d'aller.

CVIII

Un chevreuil qui bat les eaux, c'est celuy qui fuit aux ruisseaux, rivieres, estangs et lieux aquatiques.

CIX

Un chevreuil qui fuit ondoyant ses aires, c'est lors qu'il ne voit personne, il ne courre pas droit comme les autres animaux, il vat à droicte, à gauche, il vat à bond, à saut, d'un costé, puis de l'autre costé.

CX

Chevreuil qui fait un retour, c'est lors qu'il sort des fors et donne dans une plaine, puis il retourne aux fors et rentre à mesme lieu, de là où il est sorty.

CXI

Voyes d'un chevreuil qui se brizent ou rompent par retour, c'est lors qu'il fuit dans un chemin ou ailleurs, et que les voyes du retour brizent et rompent les voyes qui alloient en avant, que les dernieres voyes rompent et effacent les premieres.

CXII

Le souillard du chevreuil, c'est la boue et crotte qui tombe de son corps, quand il s'est mis sur le ventre en quelque lieu aquatique et marescageux.

CXIII

Chevreuil qui s'est souillé, c'est celuy qui s'est mis et rafreschy en quelque marest, ou quelque lieu et eau pleins de boue, et là il s'est rafreschi.

CXIV

Chevreuil qui fuit aux voyes doublées, c'est quand il at passé en un lieu, autant des fois qu'il y refuit, cela s'appelle voyes doublées.

CXV

Chevreuil qui refuit ses mesmes aires, ses mesmes voyes, quand il fuit aux mesmes coulées, les mesmes chemins qu'il a desja courrus.

CXVI

Chevreuil affoibly, qui a desja courru longtemps devant les chiens, et ne vat plus de son air accoustumé, ny de sa vigueur precedente.

CXVII

Un chevreuil qui paroist malmenné en ses fuites, c'est celuy qui ne courre plus que les lieux aisez pour luy, qui courre les coulées des petits chemins, les sillons, ne va plus que trottinant.

CXVIII

Un chevreuil malmenné, c'est celuy qui ne peut plus se forlonger et esloigner de la meutte, si ce n'est par le moyen des eaux, comme rivieres, estangs, ruisseaux.

CXIX

Chevreuil hors de force, c'est celuy qui ne se peut plus perdre de veue devant la meutte.

CXX

Chevreuil forcé, c'est celuy qui se laisse prendre des hommes ou des chiens, qu'il ne peut plus aller plus loing.

CXXI

Faire droict aux chiens du chevreuil, c'est leur donner ce que l'on veut du chevreuil, à temps et à propos.

CXXII

Faire curée aux chiens du chevreuil, c'est leur donner le sang, les dedans, et tout le chevreuil si l'on veut; d'aucuns leur donnent une mouiée avec le sang, du pain, les dedans.

CXXIII

Venaison du chevreuil, lors qu'il est plein de chair, qu'il est seulement en bon corps, et qu'il at les rognons couverts de graisse et la chair un peu fleurie.

CXXIV

Le forhu du chevreuil, c'est les tripailles et l'herbiere, que l'on jette aux chiens, en les forhuant et rejouissant.

CXXV

Les dintiers du chevreuil, c'est ses genitoires.

CXXVI

Le nerf du chevreuil, c'est la verge.

CXXVII

L'herbiere du chevreuil, c'est ce qui reçoit ses viandis, le sacq là où il fait son rouge et digere.

CXXVIII

Lever le pied du chevreuil, c'est coupper le pied proprement, à la premiere jointure, lever de la peau au dessus du genouil, pour y faire un petit pendant et le porter à la retraicte.

CXXIX

Chevreuil despouillé, à qui l'on a levé la peau.

CXXX

Lever la teste du chevreuil, c'est coupper les cornes bien subtilement d'après le test, avec une piece de l'os du haut de la teste, la quelle tient les deux marreins ensemble, et fait que la petite ramure ne se separe pas et tient ensemble; cela est le massacre du chevreuil.

LES TERMES DONT JE ME SERS POUR FAIRE LANCER ET FORCER LES CHEVREUILS A MA MEUTTE.

I

Estant arrivé aux brizées, je donne de ma houssine en terre et sur le rembuschement, et emancipe mes chiens en ces termes : Aga tien, mes valets, vellecy allé, vellecy allé, hé là dedans, mes beaux, là dedans, hau il vient icy, il vient icy.

II

En après, je donne cœur au premier chien qui en crie : Hau, c'est de luy, Coridon, c'est de luy, c'est de luy, mon valet.

III

Si toute la meutte en parle : Hau, tous à luy donc, tous à luy, hé lancez-le, mes beaux, lancez-le, mes valets, faites-le sortir de là, hau, hau, hau, hau.

IV

Si les chiens entrent dedans les grands fors, dedans les ronsiers espois : Hau là dedans, là dedans, vous le lancerez là dedans, hau debout, debout.

V

Si les chiens perchassent tousjours, il faut parler aux bons chiens : Hé fais-le partir, Vulcan, fais-le partir, Coridon, hé lance, lance, chien, lance-le.

VI

Si le chevreuil fait des retours et ruzes : Hé tout bellement, tout bellement, mes beaux, hau, hau, hau, hau, il vient à moy, il vient à moy, hé il a ruzé icy, il a ruzé icy, teau, il revient à moy, teau.

VII

Il faut parler au premier chien qui empaume les voyes du retour : Ha Vulcan, ha Prudence, ha Vénus, hé il at tourné là, tous à luy, tous à Prudence.

VIII

Et ainsy donner cœur et esgayer tousjours les chiens qui sont les premiers, et intimider et faire chasser en craincte les chiens trop ardants : Hé tout bellement, chien, tout bellement donc, à luy, donc à luy.

IX

Et tenir les chiens en craincte, jusques à ce que le chevreuil soit party, et tenir tousjours les chiens bien ensemble : Hé ralliez-vous, mes vallets, ralliez, ralliez-vous tous à Coridon.

X

Mais si le chevreuil n'estoit pas destourné, qu'il soit hors de l'enceinte ou qu'il faille demesler sa nuict, il faut de mesme faire chasser les chiens doucement et sagement, de craincte qu'ils ne s'emportent; et si les chiens renouvellent les voyes, qu'ils trouvent des fumées : Vellecy allé par les fumées, vellecy allé par les fumées, hé il vat icy, il vat icy par les fumées.

XI

Plus loing, si les chiens se rescrient, s'ils redoublent de voix : Hau lance-le, lance le capriolle, lance le capriolle, hé part de là, part de là, part de là, capriolle, hé debout, debout.

XII

Si c'est à la saison que les chevreuils touchent au bois, en mars, et que l'on trouve des froyers, et que quelque chien porte le nez aux branches, qu'il reçoit l'air du froyer, il faut parler à luy et l'esveiller encor d'advantage par son nom, affin de le resoudre à en crier : Ha Silvain, ha Silvain, hé il a touché au bois, il at touché au bois, le compagnon, allons à luy, allons à luy.

XIII

Mais si les chevreuils ont fraié et bruny, si l'on trouve des hardoiers, et que les chiens fassent les mesmes effects : Hau, il a fait ses hardoiers icy, il a fait ses hardoiers icy, allons, allons, il perce, il perce, hé, hé, hé, hé.

XIV

Plus loing et ailleurs, si la meutte se reschauffe, qu'ils redoublent la voix et leur furie en quelque lieu là où le chevreuil a fait ses viandis, là où il at viandé la nuict : Hau, il at viandé icy, il at viandé icy, hau, hau, hau, hau, il a fait ses viandis icy, le galland.

XV

Si l'on trouve des guallis, là où le chevreuil s'est joué, qu'il at gratté en terre, qu'il s'est mis sur le ventre : Hé c'est de luy, c'est de luy, vellecy allé par les guallis, vellecy allé par les guallis, hau tous à luy, il s'en vat là.

XVI

En entrant aux lieux couverts, si les chiens trouvent quelque ressuy, qu'ils renouvellent les voyes : Hau lance-le de là, lance-le de là, le capriolle, hé debout, debout, faites-le partir.

XVII

Et quand les chiens l'ont lancé, que l'on l'entend au bruict de la meutte, ou si l'on trouve la reposée : Il est debout, mes vallets, il est debout, il est debout, hau il s'en vat, il s'en vat, hé tous à luy, tous à luy.

XVIII

Alors il ne faut plus eschauffer les chiens, qu'ils n'ayent passé leur plus grande furie, craignant les retours continuels : Il va là, chiens, il va là, il fuit là, ha ha ha.

XIX

Et parler tousjours aux chiens qui font les bons coups, qui font les advances, et les appeller à leurs noms : Il fuit là, Gaillard, il fuit là, Noble, hé tous à Gaillard, tous à Noble.

XX

Il ne faut parler aux chiens hors de temps, ny les tromper

jamais, pour les avoir de creance. Le seigneur Gaston de Foix dit que « c'est mauvaise venerie que de parler trop souvent aux chiens ». Je suis dans son sentiment, et y adjouste du mien le trop sonner hors de temps, le quel gaste les chiens entierement et les trouble; le bruict ne vaut rien à la chasse, si la meutte ne fait le plus grand bruict, accompagné quelques fois de la voix des veneurs pour secourir les chiens.

XXI

Et aussy selon les occasions sonner quelque fois, pour embellir et rendre plus agreable le bruict de la chasse, et non pas pour donner trop de furie aux chiens ; et particulierement à ceste chasse de chevreuil, à la quelle les chiens sans creance et qui s'emportent ne vaillent rien, à cause des grandes ruzes et retours. Et lors qu'ils arrivent, je tiens mes chiens en craincte : **Hé** bellement, bellement, hau revary, hau revary, hau revary. Lors que les chiens ont demeslé et trouvé le bout de la ruze, du retour : Hau il s'en va, hau il s'en revat là, hau il a tourné là, il a tourné là, mes vallets.

XXII

Si, au sortir d'un bois, le chevreuil at donné loing dans la plaine, et qu'il retourne sur luy au fort, il faut viste retourner sur les mesmes pas que l'on est venu, et tenir les chiens ensemble : Hé il est revari, chiens, il est revari, hau il at revari, il at revari.

XXIII

Si quelque chien en crie, rentrant au fort : Hau tournez tous à luy, mes valets, il va là, il va là, ha ha ha.

XXIV

Si l'on demeure dans les lieux aquatiques, dans les eaux, et que quelque chien porte le nez aux rozeaux, à quelque bout d'herbe qui sort de l'eau : Il bat l'eau, il bat l'eau, chiens, hé il perce, il perce, tous à luy, compagnons, tous à luy.

XXV

Au sortir de ce lieu aquatique, de ces eaux, si le chevreuil fuit aux voyes doublées par plussieurs fois, qu'il aye esté cincq ou six fois, plus ou moins, par mesme lieu, que les chiens s'estonnent, il les faut pousser en avant : Hau il double icy ses voyes, hé il double, il double, ha Vulcan, ha Vulcan, il double.

XXVI

Faut tousjours parler aux chiens qui sont à la teste de la meutte, des premiers, neantmoins moderement, sans furie; particulierement, quand le chevreuil bat les grands chemins et sentiers, il faut esveiller les chiens qui chassent bien les chemins : La voie, chien, la voie, la voie, il vient icy la voie, Coridon, il fuit la voie.

XXVII

Lors que les veneurs en revoyent dans les chemins : Vellecy allé la voie, vellecy allé.

XXVIII

Si le chevreuil vat et vient dans le chemin, que les veneurs voyent du retour : Vellecy revary la voie, vellecy revary la voie, aga teau, vellecy revary.

XXIX

Si les chiens dressent, qu'ils trouvent la sortie de la ruze : Hé tous à luy, ralliez, ralliez-vous à luy, chiens, ralliez-vous à luy, mes beaux.

XXX

Si les chiens demeurent en deffaut, que l'on soit constraint de prendre des cernes et enceintes, il faut esgayer les chiens qui chassent le mieux de forlonge : Hau là ira, mes valets, là ira, là ira.

XXXI

Quand les chiens se rabattent, qu'ils empaument les voyes : Hau il y va donc, il y va là, il va là, compagnons, allons à luy, allons à luy.

XXXII

Quand les chiens demeurent aux plaines ou aux forts, là où les trouppeaux de bestail ont pasturé et demeuré longtemps, il faut esveiller les chiens qui chassent bien ceste difficulté de venerie : Allons à luy, il perce, il perce, hé il s'en va, il s'en vat là, il s'en vat là.

XXXIII

Si les chiens perchassent dans des terres fiembrées, toutes couvertes de fumier, ou dans des hersiers ou guerrests, il faut redoubler de parler aux chiens sages : Allons, allons, mes valets, vellecy allé, vellecy allé, hé il perce, le capriolle, allons à luy, allons à luy.

XXXIV

Si les chiens le relancent aux forts ou aux plaines : Hé il est reparty, il est reparty, hé il est relancé, tous à luy, mignons, tous à luy.

XXXV

Le chevreuil estant sur ses fins et malmenné, il se met souvent sur le ventre, et fait souvent des grands retours et se relaisse ; il faut intimider les chiens fols : Hé bellement, il est relaissé, il est demeuré, hé, faictes le partir de là, hau relancez-le, relancez-le.

XXXVI

S'il repart, que les chiens le prennent, le veneur leur oste, après qu'ils l'ont un peu foulé : Hau il est mort, il est mort, hé guarre le mort, guarre le mort.

XXXVII

Si tous les chiens ne sont pas arrivez, le veneur les forhue : A la mort, chiens, à la mort, hau velle-là mort, velle-là mort.

XXXVIII

Et quand les chiens sont un peu refroidis, l'on leur donne du sang, l'on leur fait curée, en la forme que j'ay representée au traicté des curées de chevreuil ; puis l'on les menne à la retraicte, pour les bien restaurer : Hautte, hautte, allons, chiens, allons.

XXXIX

Ceux qui suivent : Tirez, tirez.

XL

Estant à la retraicte, l'on les laisse une heure avant que leur donner à manger ; puis l'on leur porte du pain, et du potage pour les chiens delicats : Tenez, chiens, tenez, tenez, mes valets, hal hal hal.

XLI

Et comme ils ont bien mangé, l'on leur donne de l'eau fresche : Aga tien, à l'eau, mes valets, halle à l'eau, halle à l'eau, halle à l'eau.

LA MEUTTE ET VENERIE POUR CHEVREUIL, DE HAUT ET PUISSANT SEIGNEUR MESSIRE JEAN DE LIGNIVILLE, COMTE DE BEY, SEIGNEUR DE DOMBROT ET DE LA BASSE-VOSGE, BERLIZE, FAULCOMPIERE.

Je separe les questes à mes gens, comme si je voulois courre un cerf, mais nous laissons aller la meutte aux brizées, sans le donner du limier ; neantmoins autrefois j'en ay faict laisser courre du limier, mais c'est plus tost fait de le lancer avec la meutte. Que si c'est un chevreuil seul qui soit destourné ou brizé, nous parlons d'asseurance à mes chiens ; mais s'il y at plussieurs chevreuils ensemble et chevrettes, nous nous separons à l'entour de l'enceinte ; et si nous voyons une chevrette devant les chiens, nous rompons les chiens promptement, et retournons viste prendre les devants de l'enceinte, parlant aux chiens, tousjours aux plus excellents de la meutte, affin que

Du laissé-courre.

si le chevreuil estoit hors de l'enceinte et lancé au bruict de la meutte, que quelque chien donne cognoissance des aires et fuittes au reste de la meutte, que tous ensemble ils empaument les voyes, s'ils le treuvent passé. Mais s'il n'estoit sorty de l'enceinte, ayant pris tous les devants, je retourne promptement aux brisées de l'enceinte, là où j'ay emancipé les chiens, et refoulle les fors, taillis ou brandes, de quelle nature est l'enceinte, jusques à ce que mes chiens lancent le chevreuil de la reposée; alors nous laissons chasser nos chiens à leur loisir et plaisir, de leur furie accoustumée, et ainsy à veue, je donne cognoissance à mes chiens de ce qu'ils doivent chasser et forcer. De separer un chevreuil d'avec la chevrette avec le limier, et le donner aux chiens comme un cerf, en ce temps cela seroit rare et nous est presque incognu; ce seroit la science parfaicte d'un cognoisseur, s'il le pouvoit faire sans hazard d'estre trompé. Ordinairement chevreuils et chevrettes demeurent ensemble en mesme enceinte; or donc, le separer du limier seroit bien subtiliser et raffiner en ceste science, et chose bien plus asseurée pour bien ameutter; car l'art de venerie dit que ce qui est bien donné aux chiens et bien ameutté est à moictié mort. Comme j'ay desja representé en la chasse du cerf, nous prennons et entendons ce mot, de donner aux chiens ce qu'il leur est permis d'ameutter, du limier, en temps que je laisse courre un cerf; lors que je sonne pour chiens, que le cerf est lancé, que l'on descouple les chiens, ou bien que l'on les menne au laissé-courre tous descoupplez, et que l'on les emancipe sur les voyes pour les chasser, emporter et empaumer; cela s'appelle donner un cerf aux chiens. Mais je dis aussy que si je menne mes chiens sur des aires qui ne font que d'aller, et qui vont de temps pour estre chassées furieusement, ou de hautes aires, pourveu que

De donner aux chiens ce qu'ils doivent ameutter.

les chiens les emportent et perchassent, cela se doit aussy appeller donner aux chiens soit cerf ou chevreuil. Mais puisqu'il n'est icy question que de la chasse du chevreuil, je diray, en temps que je laisse emanciper mes chiens sur des aires d'un chevreuil, qui vat de temps pour estre ses voyes fournies et emportées, que c'est bien donner un chevreuil aux chiens ; car de le separer du limier comme un cerf, je ne l'entreprend pas, je laisse seulement aller mes chiens aux brisées. Mais si j'ay quelque chien de desordre ou autres jeusnes chiens, je ne les fais descouppler que le chevreuil ne soit lancé, craincte qu'ils ne troublent les chiens sages; et quand il est debout et bien ameutté, l'on descoupple les jeusnes chiens à la voix des autres. Voilà la forme de la quelle je laisse courre le chevreuil. J'ay cherché les autheurs qui ont escrit de la chasse du chevreuil, affin de faire part aux jeunes veneurs de leur science, pour cause que ces vieux livres sont presentement difficiles à recouvrir. Le seigneur Gaston de Foix, autheur de deux cents ans, questoit les chevreuils avec sa meutte, là où il y en avoit, sans envoier au bois, ny se servir de limiers pour cheveuil. J'ay veu un autre livre, nommé Modus; il y a cent soixante ans qu'il est imprimé; l'autheur dit qu'il lançoit le chevreuil avec deux chiens sages. Le seigneur du Fouilloux ne parle pas de la chasse du chevreuil, bien qu'il ait escrit très pertinemment des autres chasses; ou bien les livres que j'ay veus, la chasse du chevreuil y avoit esté obmise par l'imprimeur : tellement que je ne puis rien dire de sa methode d'ameutter et chasser le chevreuil; mais je croy qu'ayant parlé si pertinemment de l'art du cognoisseur en sa Venerie, que s'il avoit escrit de la chasse du chevreuil, il auroit dit des merveilles sur la cognoissance des chevreuils, si les jugements en sont certains. J'ay

Du laissé-courre selon les vieux autheurs.

veu quantité de livres imprimez, intitulez le Fouilloux, avec plussieurs autres autheurs, les quels escrivent de la chasse du chevreuil fort briefvement; mais pour les escrits seuls du seigneur du Fouilloux, je n'ay pas trouvé la chasse du chevreuil.

Des cognoissances du chevreuil.

Plussieurs veneurs disent qu'ils ont cognoissance du chevreuil à la chevrette, par les gallis, en demeslant leur nuict. Ce jugement n'est pas sans quelque doubte; j'ay veu plussieurs veneurs se mesprendre, car il est certain que les chevrettes font quelques gallis, mais non pas ordinairement, ny si souvent que les chevreuils. Mesme il y peut avoir cognoissance au gallis des chevreuils, car volontiers le chevreuil fait ses gallis et gratte contre un petit buisson, ronsier, ou petit rejetton et hallier; le chevreuil cherche volontiers tout cela, pour se jouer; la chevrette gratte et fait ses gallis au milieu de la taille ou en terre par tout; voilà donc quelques petites differences et inegalitez, non pas tousjours bien asseurées. Autres jugements : l'on tient que les chevreuils vont rarement d'asseurance et qu'ils n'ouvrent qu'un peu la pinse; il est certain, mais j'ay veu plussieurs fois des veneurs se mesprendre; car si une chevrette fait sa nuict dans la plaine ou ailleurs, en quelque terre molle ou gravier, quelque peu de terre ou de gravier qui se mettra entre la pinse de cette chevrette et s'y attache, la chevrette s'ouvrira la pinse en se retirant au fort,

Cognoissance du chevreuil à la chevrette.

et ainsy il faut estre fort clairvoyant pour discerner cela, et y at peu d'asseurance; de mesme à veue, lors que les chevreuils ont mis bas leur teste, l'on tient qu'ils peuvent estre recognus, car ils ont le col plus court que la chevrette, plus gros, la teste plus courte et plus carrée, les oreilles plus espoisses et larges, la chevrette a la teste et le col desliez, va la teste plus haute; voilà les regles de nos bons courreurs de chevreuils; de loing, cela est fort doubteux pour un veneur bouillant et soudain; de plus, en tel temps et lieu, l'œil est aisé à decevoir. Mais il est bien plus asseuré à voir des hardoirs, en demeslant la nuict, ou bien en ses actions, là où il faict sa nuict, en ses alleures, forme des viandis. Non pas que je pretende avoir cognoissance, comme d'un cerf, à ses alleures longues ou bien à ses viandis; mais c'est qu'il faict plus de chemin et traicte que la chevrette, car elle s'amuse à l'entour d'un ronsier ou petit rejetton d'espines noires; et le chevreuil faict souvent des resuits et reposées, gratte ou galle souvent, que nous appelons des gallis. Le matin, au bois, l'on at aussy cognoissance du chevreuil, s'il crie, ayant frayeur ou le vent des veneurs ou autres passants, lors qu'il se retire des viandis à son resuy. J'ay ouy dire à plussieurs excellents veneurs que les chevrettes ne crient jamais, sinon après leurs fans; mais c'est bien une voix plus delicate, car celle du chevreuil est fort rude. Je n'ay jamais ouy crier les chevrettes, et croy que c'est grande asseurance aux veneurs que les cris des chevreuils, pour ne courre et ameutter que les chevreuils. Je ne sçay si ce mot de cri de chevreuil serat receu de tous les veneurs, car pour cerf l'on dit le rere. Je ne trouve pas, dans les autheurs, du cri, ny du raire des chevreuils; mais les veneurs, que j'ay veus autres fois revenir de leurs questes à l'assemblée, disoient : J'ay rembusché un chevreuil, je l'ay ouy crier. C'est pourquoy j'ay mis ce mot de crier, comme je l'ay appris des vieux veneurs et courreurs de chevreuils. Toutes ces petites cognoissances sont belles et subtiles; mais il seroit plus scientifique et selon l'art, de les separer d'avec les chevrettes avec des chiens dressez et adjustez à cela, comme chiens sages, bien gardants le change de ce qui at le pied eschauffé, comme

Separer le chevreuil de la chevrette.

j'en ay veu avec chiens qui sçavent demesler et separer le cerf de la biche, et qui ont cognoissance entiere du cerf à la biche, comme autresfois j'ay eu des chiens qui eussent separé un daguet d'avec sa mere. A tels chiens, courrants deux fois ou trois fois la sepmaine, je crois infailliblement qu'ils separeroient le chevreuil de la chevrette; que s'ils ne le faisoient, pour le moins ils ne courroient que ce qui auroit le pied eschauffé, s'ils n'avoient cognoissance du chevreuil. Voilà les beaux effects que chiens exercez de trois ou quatre ans peuvent faire ; je crois que voilà le plus haut point là où l'on pourroit tirer les chiens en la perfection de venerie, et de quoy je tasche et demande à estre eclaircy par l'ayde des autheurs et autres excellents veneurs de ce temps, et par mon travail continuel de quarante ans très labourieux. Et à ce subject, conferant ces jours passez avec Monsieur d'Albene de la Motte, le quel m'avoit fait l'honneur de me visiter, il m'asseura qu'il avoit deux chiens dans sa meutte, les quels luy donnoient souvent cognoissance du chevreuil à la chevrette; et que lors qu'il emancipoit ses chiens sur des aires d'une chevrette à des brizées des voyes de la nuict, ces deux chiens vont bien requerir cette chevrette, comme si c'estoit un chevreuil; mais incontinent qu'ils l'ont lancée, qu'elle est debout, ces deux chiens ne chassent plus et viennent derriere son cheval, ou vont dans les routtes et chemins, desdaignant les aires de cette chevrette lancée, et s'en esloignent, hurlants et donnants cognoissance que ce n'est pas ce qu'ils demandent en venerie; et sont longtemps faisant plussieurs actions bien cognues et recognues des braves veneurs, et par les quelles l'on ne pourroit courre que chevreuil, qui voudroit se servir de telles actions pour se porter promptement aux autres chiens,

Separer le chevreuil de la chevrette.

Des chiens qui ont cognoissance du chevreuil à la chevrette.

pour les chastier, en vertu des actions de ces chiens sages. Et je tiens asseurement que si l'on donnoit ces deux chiens seuls aux brizées d'un chevreuil et d'une chevrette, que lors que le chevreuil se separeroit de la chevrette, que ces deux chiens tourneroient et empaumeroient les voyes du chevreuil, qu'ils tourneroient sans difficulté à leur droit; mesme si ces deux chiens estoient en corps de meutte, ils fairoient les mesmes effects, pourveu qu'ils soyent à la teste de la meutte, et, les premiers, quand le chevreuil se separeroit, ils tourneroient sans doute au masle. Mais si ces chiens sages estoient au milieu de la meutte ou bien des derniers, ils se laisseroient emporter avec la meutte, si elle ameuttoit la chevrette, à cause que tous les chiens qui sont devant eux leur empeschent d'avoir le sentiment entier de leur droit, leur estouffent une partie du sentiment des aires, à cause de leur haleine eschauffée, fort violente, la quelle s'attache aux branches et feuilles, aneantit une partie du sentiment que le chevreuil ou chevrette y avoit laissé, soit de son haleine ou de sueur, ou bien de quelque poil qui s'y estoit attaché, en brossant et faisant ses bonds et eslants. Il est de mesme des voyes; les voyes sont corrompues, le sentiment n'est plus entier; tous les pieds des chiens de la meutte ont passé, outrepassé, brizé et rompu les voyes; tous ces pieds eschauffez ont pressé la terre, tellement qu'elle at resserré en soy le sentiment des aires, qui est la seule cause que ces chiens excellents et sages ne peuvent avoir cognoissance promptement qu'ils courrent une chevrette. Mais s'ils trouvent un retour, que les voyes ne soyent pas encor rompues ny chassées, ils auroient bientost cognoissance que c'est une chevrette; ou bien, si elle se faisoit relancer ou rapprocher, que ces deux chiens ayent le sentiment entier, ils viendront bientost derriere les chevaux et ne chasseront plus, qu'ils n'ayent donné cognoissance de leur travail et du desordre. Or, ces chiens sages chassent en corps de meutte et des premiers, allant requerir des voyes de la nuict d'une chevrette, à cause qu'ils ne peuvent encor avoir entiere cognoissance si c'est un chevreuil ou chevrette ; ses voyes sont trop forlongées, cela va de trop hautes aires, pour avoir le sentiment entier. Ces chiens sçavent bien que c'est de l'espece du genre qu'ils ont accoustumé de courre; mais ils ne peuvent avoir cognoissance si c'est chevreuil ou chevrette, sinon au lancé et relancé, que les voyes vont de bon temps. S'il est masle, estant lancé, ils chassent furieusement; si c'est une chevrette, ces braves chiens donnent cognoissance de la chevrette, viennent derriere les picqueurs ou font d'autres actions. Mais enfin n'estant pas secourrus et la chevrette ayant le pied eschauffé, après avoir couru quelque temps, ces pauvres chiens se laissent emporter, chassent comme les autres, à force de les avoir tourmentez à huer et sonner. Voilà un petit ragoust pour les jeusnes veneurs, actions admirables en venerie. Monsieur de Sainct-Ravy a donné ces deux chiens à Monsieur d'Albene; l'un s'appelle Quitter, l'autre Lady; ils ont esté dressez et adjustez en Angleterre. Or, il y a cognoissance à veue du chevreuil à la chevrette; mesme un fan de chevrette masle pousse vers la fin de la saison, à l'entrée de l'hyver, deux petites pointes ou bosses elevées sous le mesme cuir, sans qu'il soit percé; et si un cognoisseur de chevreuil, voyoit ce fan à la taille à son aise, il pourroit juger qu'il est chevreuil, car ces petites bosses ou pointes poussent le cuir derriere les oreilles et l'eslevent. A veue aussy, un chevreuil

Cognoissance du chevreuil à la chevrette à veue.

peut estre recognu, à certaines saisons de l'année, de la chevrette. Au mois d'avril, un chevreuil at mué son poil d'hyver, il est fort rouge, plein de chair et fort poly; la chevrette ne mue pas le poil d'hyver, que ses fans ne soyent grandelets; l'on la cognoist au poil à moictié deffourny, elle est deschargée de poil, les costez rasez, il ne se voit que le cuir. Et comme l'on advance dans les chaleurs et les fans plus grands, alors son poil est refourny, la couleur est rougeastre, elle at mué, elle est polie; alors, les vieux chevreuils plus advancez à reprendre leur vraye couleur naturelle, et leur poil entierement refourny, les uns deviennent bruns, les autres fauves; mais les jeusnes chevreuils sont volontiers tousjours plus rougeastres que les vieux chevreuils. A la fin de septembre, les vieux chevreuils commencent à reprendre leur poil d'hyver; ils muent desja par les flancs et costez, leur couleur brune, fauve ou rouge, n'est plus si belle, naturelle et polie; le poil d'hyver veut desja pousser celuy d'esté, et paroist plus noir par les flancs, tellement que si vous voyez à propos le chevreuil à costé, il paroist d'autre couleur que la chevrette. Mais l'hyver, il n'y a quasiment plus rien à discerner; je les trouve presque tous d'une couleur, leur poil estant bien refourny et en sa couleur d'hyver, la quelle je trouve fort belle, plus qu'en nulle autre saison de l'année, mesme la rose plus blanche et ouverte, que le seigneur Gaston de Foix appelle les naches. Il faut que le courreur de chevreuil apprenne tous ces petits differents de venerie à ceux qui suivent la chasse et à ceux qui mennent les chiens et chevaux; car sans cela, tous ces Messieurs, comme aussy les garçons, ils troubleront les veneurs à toutes les veues; autant de fois qu'ils verront le chevreuil, ils fairont des equivoques et fai-

Du pellage et couleur des chevreuils.

ront tout faillir et prendre le change; bref, ils enlevent les plaisirs de venerie et gastent les meuttes, pour ne sçavoir recognoistre le droit, ny juger à veue combien d'heures ou de temps il y at à peu près que ce qui est à leur veue peut avoir courru; ils n'ont autre soing sinon de forhuer; il faut reprimer cela exactement et empescher ce desordre. Il leur faut aussy apprendre à cognoistre les chevreuils à la teste, lors qu'ils n'ont pas encor touché au bois; car ainsy que les cerfs les ont de couleur differente, ainsy les ont les chevreuils; les uns les ont brunes, les autres blondes ou fauves. Et quand les chevreuils ont touché au bois, et frayé et bruny, ils ont les testes de differentes couleurs; les uns l'ont noire, d'autres rougeastre, d'autres d'un gris lavé, et le bout des antouilliers plus blanc à d'aucuns. En voilà tout assez pour recognoistre le droit du change; il est necessaire de sçavoir et cognoistre cela, ou l'on ne sert à la venerie que d'un zero en chiffre et de confusion. Il est temps que je retourne aux brizées de l'enceinte, pour satisfaire les lecteurs veneurs; là où estant, j'emancipe mes chiens, et ma meutte en corps le va requerir par les menus. Plussieurs chiens vont le nez en terre, d'autres muguettants les branches, la plus part se levent debout, et reçoivent l'air aux branches que leur droit y at laissé, soit touchant du corps, ou de quelque poil qui s'y attache, ou de son haleine qui fait le mesme effect soit aux branches ou aux feuilles; en terre, mes chiens prennent quelque cognoissance de leurs aires et les emportent. Et ainsy par le sentiment et sens de nature que chiens de race ont si subtils, et dont ils ont la preference et preeminence privativement des autres animaux, voilà comme mes chiens vont requerir ce qui s'est retiré de la nuict, ou bien ce qui at esté lancé le matin par

Couleur des ramures des chevreuils.

Actions de la meutte allant requerir leur droict.

ceux qui vont aux bois avec leurs limiers, et qui se rembusche aux brisées, là où je les emancipe et permet de chasser en la sorte; ils le font bondir et lancer de la reposée ou resuict, et là les chiens redoublent leurs voix et furies, et ainsy nous avons cognoissance asseurée que nostre droit est debout et bien ameutté. Quelqu'un de nous accompagne les chiens, pour les secourir aux retours ou autres desordres de venerie; et les autres prennent à droicte, à gauche, pour voir et forhuer le droict, s'il est possible, et faire descouppler les chiens fols et esgarrez, ou autres jeusnes chiens, qui n'avoient esté descoupplez aux brizées, pour esviter confusion de chasse. Et c'est alors contentement de venerie, de considerer les chiens bien ameuttez, et à la voix presser leur droict par tout, en fort et en foible. Que si c'est en fort, les chiens ne s'amusent plus à mettre le nez en terre; c'est aux branches à qui ils en veullent, ils vont les muguettants, comme estant ce qui leur doit donner cognoissance des fuittes de leur droit. Ils nous en donnent aussy cognoissance par belles actions; et à leurs voix redoublées et fournies qui redoublent le bruict et font des echos aux creux des forests, nous courrons gayement, en garde neantmoins que mes chiens demeurent et courrent ensemble; le moyen est de courre à costé de la meutte, et aussitost que quelque chien se jette à l'ouvert et hors de la meutte, l'on parle à luy ou l'on le frappe et presse de se rejetter en la meutte, pour estre ce corps de meutte uni et bien ensemble, affin que si les aires se jettent à gauche ou à droicte, que la meutte y tourne furieusement, et non un chien seul qui estant le premier prendroit trop d'advantage. Mais nous ne courrons pas longtemps sans quelque retour; car à la chasse du chevreuil, ce sont les ragousts continuels de toute

De decouppler les chiens fols.

Tenir les chiens ensemble, en chassant.

une chasse, bien que j'ay autres fois pris des chevreuils qui faisoient des traictes de quatre ou cincq heures; mais tous ne sont pas de mesme humeur, de se forpayser et ainsy quitter leurs demeures ordinaires. C'est pourquoy le seigneur Gaston de Foix dit, en la Venerie pour chevreuil, que les chiens doivent un peu manger avant que chasser, pour cause qu'il faut que les chiens souvent demeurent longtemps debout, soit pour les longues traictes, ou requestes longues qui arrivent par les deffauts, causent des desordres et inconvenients de chasse.

Des retours et ruzes.

Que si c'est un retour, le premier subject qui nous fait demeurer et perdre temps, je considere le lieu et temps qui causent que nous ne gaignons pays. Si les chiens demeurent en quelque taille, je considere de quel air mes chiens chassoient avant que d'estre au bout de la ruze, furieusement ou mollement; que si c'est furieusement, je tourne viste en arriere, donne loisir à mes chiens de passer devant moy par la mesme coulée qu'ils sont venuz, sans parler ny sonner furieusement, pour ne troubler les chiens; car la moictié des chiens volontiers se troublent assez au desordre, sans que par boutade, inconsideration de chasse, l'on les trouble; et n'y at que les chiens de double et sages qui sçavent que c'est un retour, les autres chiens se tiennent en la presse, y estants adjustez, mais ils ne sçavent ce que l'on leur demande. Je tourne en arriere bien plus loing, en courrant un chevreuil, que je ne fais en courrant d'autres animaux à force; et souvent je trouve des retours si longs et retourne si loing, que je me mesfie de mon travail; mais comme c'est le droit et art en ceste science, j'ay croiance à mes chiens, les quels vont devant moy tous aux branches et enfin trouvent leur droit au bout de la ruse. Alors tous les chiens rempaument les voyes de leurs airs accoustumez; ils poussent, se pressants de l'espaulle à qui tiendra les voyes. C'est plaisir de venerie, à considerer les chiens ambitieux faire la coulée, plier les branches, brandes et bruieres, forts; et ce qu'ils ne peuvent percer, ils le sautent, et vont à bonds plaisament et de l'air que chevaux vont à capriolles. Voilà de la façon que bons chiens de chasse doivent courre le chevreuil. Or, si les ruses et retours, en courant, se font en lieux difficiles à chasser, il faut travailler differemment; car qui pousse tousjours en avant les chiens, lors qu'ils demeurent, comme si l'on courroit un cerf, les voyes tournantes en arriere, et estant une grande ruze ou grand retour, les voyes seront bientost forlongées et refroidies, et n'iront plus de temps pour estre rapprochées. J'ay veu des chevreuils donner et faire leurs fuittes en des tailles longues à perte de veue, et revenir aux fors les mesmes airres et brizées, dont ils estoient sortis des forts arrivant aux tailles; de mesme plussieurs chevreuils, sortant des fors et fuiant aux plaines, s'ils sont tant soit peu forlongez, ils fuient à perte de veue dans ces plaines, et refuient leurs mesmes voyes et rentrent aux fors ou tailles, à la mesme brizée ou coulée qu'ils avoient fait arrivant aux plaines. En ce temps, si les chiens ne donnent nulle cognoissance du retour, les veneurs qui ayment de pousser les chiens en avant, ils font des grandes erreurs de venerie. Nous avons bien des chiens qui nous donnent cognoissance des retours, et n'iront jamais au bout des ruzes et retours, sans quelque cause legitime, comme d'avoir le sentiment par trop eschauffé pour estre haslez et venus de loing, dont la cognoissance des retours et ruzes leur est incognue par ceste voye, ou d'estre par trop pressez et violentez en leurs aires accoustumées par la furie des picqueurs, les

Des retours et ruzes.

Des retours et ruzes.

quels ne leur donnent loisir de jouer de leurs subtilitez à tel desastre et inconvenient de venerie. Ne vous estonnez, Messieurs les courreurs de chevreuils, si, en cette chasse de chevreuils, je commence, aux inconvenients de chasse, à representer les retours et ruzes; car aussitost que vous aurez laissé courre et bien ameutter, vous ne mettrez pas longtemps à taster de ce desordre. Je vous vois desja consultant sur un retour et sur une ruze; c'est la viande de la quelle vous gousterez le plus tout le jour. Pour tous autres differents de chasse et desordres, il vous en arrivera quelqu'un en une chasse; mais touchant les retours ou ruzes, ce sera autant des fois que vous irez à la chasse, et particulierement à courre le chevreuil. Mais encor que cela me fasche d'arriver si souvent, si est-ce que je secoure mes chiens par les regles de l'art cy dessus representées, les quels, si ce n'est un grand malheur de chasse, me levent de ce different de retour et ruze; en après, c'est à nous à accompagner les chiens à l'esgal du pays là où le chevreuil fuit et à l'esgal de ses fuittes. Or, pour chevreuil, les chiens chassent tousjours bien au commencement de la chasse; car jusques à ce qu'il aye recognu que c'est à luy à qui les chiens en veullent, il tourne souvent en sa meutte et en ses demeures; pour demy heure, ce ne sont que relancez, il part tousjours et repart devant les chiens, tourne et retourne souvent aux chiens, il se fait voir. Alors les veneurs qui n'ont accoustumé de courre le chevreuil, ils le croyent desja sur ses fins, car il halle bientost, estant un peu devant les chiens; il courre, au commencement, le poil herissé, la rose blanche et fort ouverte, que le seigneur Gaston de Foix appelle les naches. Le mesme autheur represente, en sa Venerie, que, courrant le chevreuil, un veneur apprend à courre toute

Des retours et ruzes.

sorte d'animaux à force, à cause des ruses continuelles qu'il faict au commencement qu'il est devant les chiens ; dit encor qu'il se trouve moins de chiens sages pour chevreuil, que pour toutes autres bestes que l'on force. Il me suffit qu'il advoüe qu'il y at des chiens sages, pour authoriser mon traicté de chasse sur les ruzes et retours du chevreuil ; car j'ay des chiens qui y chassent plaisamment, et tournent juste dans la foule des chevaux reprendre leurs aires, tantost le nez aux branches, en terre. Enfin ils le pressent de quitter son pays et sa meutte, alors nos chiens fermes et sages le pressent continuellement. Comme il fait sa fuitte longue, sans se faire relancer, nos jeusnes chiens ne sont pas dans la mesme furie qu'ils estoient au commencement qu'il se faisoit relancer, car le sentiment leur estoit entier et ardant ; et comme il s'en vat loing, sans se faire relancer, ils cedent aux vieux, ils ne sçavent plus que c'est d'estre les premiers ; ils desdaignent ces voyes ainsi forlongées et evaporées, les ayant eues si ardantes au commencement. Que si c'estoient mes chiens sages qui fassent un tel effect, je serois en doute que ce seroit le change, et qu'ils se desdaignent de chasser le change ; mais je cognois l'air de mes chiens jeusnes et vieux, c'est pourquoy nous ne laissons de parler et sonner moderement, et tenir nos chiens ensemble, qu'ils ne barrent et balancent, s'il est possible. Et ainsy gaignant pays, si mes chiens filent trop, que la meutte ne soit bien en corps et ensemble, que de nos chiens demeurent derriere, pour leur donner cœur d'aller plus loing, je fais arrester la meutte. Un de nous gaigne la teste des chiens ; le premier chien à sa voix s'arreste, demeure court, s'arreste sur les voyes de nostre droit, le quel droit tasche de se forlonger et nous

Actions des chiens aux voyes forlongées.

Arrester les chiens en chassant.

causer quelque deffaut. Tous les autres chiens s'arrestent à nos voix auprès du premier; que s'il y en at aucun derriere et que ce soit un chien de consideration de chasse, je le fais attendre et arreste d'advantage. Or, avant que repartir, je diray aux jeusnes veneurs qu'arrester les chiens en chassant, c'est chose belle et plaisante et bonne, et fait d'admirables effects de venerie, pourveu qu'ils soyent arrestez à propos, et en lieu propre et convenable pour les arrester; au contraire, arrester la meutte, les chiens en chassant, est chose très dangereuse pour faire faillir ce que l'on veut forcer, et particulierement le chevreuil. Ce sont des effects fort dissemblables; neantmoins le vray veneur sçait travailler à propos en ce temps, et choisit le temps propre pour ce faire. Que si vous arrestez les chiens à l'entrée des forts, que les forts soyent peuplez de change, ce sera grand hazard, les laissant aller, qu'ils ne se sont encor recognuz dans l'ardeur qu'ils ont prise estant arrestez, s'ils ne vont au change et à tout ce qui bondira devant eux; car ce n'est poûr chevreuil comme pour le cerf, leur pesanteur est fort inegale et leurs fuittes de mesme. Si vous arrestez les chiens en lieu fort sec, comme garrests et autres chemins poudreux, ou lieux secs, arides, desseichez de l'ardeur du soleil, ils ne chasseront plus, cela vous causera un deffaut ou desordre. Mais estants arrestez par prudence de venerie et des bons veneurs en des lieux raisonables, les effects en sont excellents; les chiens pendant ce retardement se rallient, reprennent force, les autres reprennent cœur; ceux qui ont l'estomac par trop eschauffé et qui n'ont plus de sentiment, ils retournent et reprennent leurs airs accoustumez; et ainsy les chiens qui ne crient plus de leur droit, ils en crient comme ils le faisoient lors que l'on les

Arrester les chiens en chassant, effect dissemblable.

at emancipez de chasser. Je conclud donc que d'arrester les chiens en chassant est chose bonne, et arrester les chiens en chassant chevreuil est chose très dangereuse à le faire faillir : grande disproportion et inegalité d'effect de veñerie ; mais la prudence du veneur excellent vuide ces differents de chasse, il prend le temps juste et se sçait demesler. Mais il faut laisser perchasser nos chiens, et si nostre droit est eschauffé et hallé, il cherche les eaux, pour se rafreschir et reprendre ses esprits, affin de nous fournir d'autres differents de chasse ; et mes chiens arrivants aux eaux, si c'est un ruisseau, mes vieux chiens vont muguettants les herbes et roseaux, comme si c'estoient des branches, bruieres ou landes ; et si leur droit bat les eaux le long de ces ruisseaux et lieux aquatiques, tous mes chiens en parlent, en crient, à l'egal des aires et du different de chasse. Mais la plus part des chevreuils rencontrants un ruisseau, ils le battent, et fuient, jusques à ce qu'ils trouvent quelque village ou quelque moulin qui les destourne de ce ruisseau ou de ceste eau ; que s'ils sont forlongez, ils se relaissent et demeurent dans les roseaux ou herbes, ou sous quelque saule. Or, les chiens qui perchassent cela avec l'ayde du picqueur, ils sont constraints de repartir ; car les vieux chiens bien dressez, exercez et adjustez, ne laissent nul different à vuider. Et à ce relancé, s'il y at quelque estang près de là, où les eaux ayent pris leur source, ils se jettent là dedans pour y chercher quelque repos ; mais c'est en vain, car bien qu'ils y rencontrent des roseaux, le lieu n'est pas desadvantageux pour les veneurs et chiens, comme si l'on chassoit un cerf ; à cause qu'un cerf demeure dans les roseaux debout, prend pied, pour estre grand et advantageux, tellement qu'il se laisse abbayer aux chiens, et les picqueurs ne peuvent

Effect des chiens aux eaux.

De chasser aux eaux.

aller à luy pour luy faire rompre les abbois ; car si les picqueurs vont à luy, à la hauteur qu'il peut avoir la teste dehors de l'eau, en ceste action le picqueur est au peril, car son cheval ne pourra nager dans les roseaux, jongs ou herbes espesses ; ou la plus part des estangs sont fangeux, pleins de marests, tellement qu'il est impossible que les picqueurs abordent les cerfs en tel lieu, s'ils ne vont à nage avec un grand peril. Un chevreuil faira la mesme action et fuittes aux eaux, et demeurera dedans les mesmes roseaux comme un cerf; mais s'il veut prendre repos, se relaisser dans l'eau ou dans les roseaux, ne pouvant tenir nul abbois sans estre pris des chiens, il faut qu'il reparte, s'il en a la force; car si les chiens ne vouloient battre les eaux, et que le chevreuil aye pied en terre dans les eaux, un picqueur ou quelque petit garçon qui se met en l'eau le fait repartir, ou le prend s'il est malmenné et sans aucun peril. Et à un cerf, il faut des nacelles ou des hommes à nage pour aller à luy, car il demeure aux eaux, là où il luy plaist, à cause de sa hauteur ; et le chevreuil n'at nul advantage, nul lieu de repos asseuré dans les eaux; que s'il vient près du bord, les hommes et les chiens sont à luy et le desplacent. En tel lieu, j'ay de mes vieux chiens, que j'appelle mes docteurs de chasse, qui chassent plaisament en ces herbes et roseaux ; ils y parlent de leur droit furieusement, portants le nez aux herbes ou roseaux, ainsy que si c'estoient branches ou rameaux. Ce sont telles actions aux eaux et lieux aquatiques, qui font signaler les vieux chiens de secours, qui passent trois ans ; et je crois d'en avoir d'aussy excellents et adjustez, que celuy qu'Alcibiades achepta sept cents escus. Ne vous hastez pas, Messieurs les intendants des maisons des grands, à trouver estrange ceste despence, car le brave Ulysse

Des eaux.

Dans Homere. Alcibiades, Ulysse.

pleura la mort de son chien arrivée inopinement. Je crois et tiens pour certain que, si, pour de l'argent, il l'auroit peu rachepter, il en auroit donné encor d'advantage que ne fit Alcibiades, bien que peut-estre cela auroit excedé vos beaux reglements d'economie en ce qui concerne les veneries et despences de chasse. Vous voyez, Messieurs les lecteurs, à quel prix estoient alors les excellents chiens, soit au prix de l'or ou des larmes, et jugez en quelle consideration les veneurs d'art et de science estoient en un tel siecle avec les grands princes et autres; ils n'avoient aussy autre soing que le plaisir de leurs maistres. Je m'arreste trop, il faut parler de nostre droit qui cherche à se forlonger. Nous mennons nos chiens sur les aires, au sortir de ces estangs et lieux aquatiques; la meutte entiere se pousse, se presse, consulte ses voyes, a peine de les emporter au commencement, pour cause de l'eau qui distille du corps le long des jambes dans les voyes, et les estouffe et refroidit. Cela est peu de chose; nous poussons nos chiens en avant, les quels prennent leurs airs et façons de chasser accoustumez, lors que cette eau est entierement distillée, et que la chaleur de ce droit eschauffé prend l'advantage sur l'humide; le sentiment est violent, rentre en son ardeur precedente, jusques à ce qu'il rencontre quelque riviere pour se rafreschir de nouveau. Ceste eau courrante est difficile aux chiens, pour donner cognoissance à leurs maistres de leur droict; mais s'il contremonte une riviere, mes vieux chiens exercez et à la voye me donnent cognoissance de cela, si donc il n'y at trop longtemps qu'il est arrivé aux eaux; car quelque poil de leur droict ou chevreuil eschauffé demeure sur l'eau, quelque liqueur humide de sueur qui distille et s'evapore de son corps eschauffé, cela demeure sur l'eau, vat à val,

Des economes et prix des chiens.

De l'effect des chiens aux rivieres.

Des rivieres.

et porte et donne cognoissance et sentiment aux chiens que le chevreuil contremonte; que si cela touche le sentiment des chiens, ils en crieront infailliblement, et nous donneront cognoissance de leur travail et des actions de leur droict. Ce sont les traicts de nos vieux chiens exercez; mais si l'eau est escourue et à val, tout est esvanouy, il n'y at plus de sentiment. J'ay veu des chevreuils aller à val des rivieres, jusques à des villages, moulins, ponts ou autres causes et subjects qui les tirent des eaux; mais arrivant à des eaux dormantes ou qui vont lentement, quelque poil, sueur, ou l'haleine du chevreuil, ou l'escume qui luy sort de la gorge ou qui sort du corps, demeure croupissant sur l'eau; les chiens en ont cognoissance, en parlent, si donc il n'y a trop longtemps que le tout soit rafroidy et evaporé. Tout cela est bien imperceptible à la veue et au jugement de plussieurs veneurs; au contraire, celuy d'art et de science, c'est en telle difficulté de venerie qu'il secourre ses chiens et leur fait battre les eaux; c'est l'element de son art, ce qui est conceu purement de son intellect par les actions de ses chiens; tellement que ce travail de venerie se fait, sans que la plus part de ceux qui sont à la chasse ayent cognoissance du travail; ils voyent seulement affoiblir et prendre à force, soit cerf, chevreuil, ou bien tout ce que l'on courre à force. Tous veneurs ne se doivent estonner de ces beaux traicts de venerie, que vrays bons chiens de race sçavent faire aux eaux, veu que les philosophes leur donnent la perfection du sens de l'odorat. Veneurs, ne revocquez pas cela en doute, car vous avez ou devez avoir plus de cognoissance que ces philosophes; vous sçavez par experience que la nature leur at donné en ce sens quelque action et effect plus particuliers. J'ay veu plussieurs chiens d'eau se plonger, et

De l'eau dormante.

Chien a la perfection de l'odorat.

rapporter des pierres du fond de l'eau ou des cailloux, que leur maistre y avoit jettez, sans en rapporter d'autres. Le chien courant at ce sens plus parfaict que nul autre chien, car il n'y at que luy d'entre les chiens qui chasse et rapproche de forlonge; son espece est unique en cela. Nous sçavons qu'il n'y at rien de plus naturel que l'eau, de plus purifié que cette liqueur vive, sortant des sources, la quelle ne se peut mettre en aulcun vaisseau ou vase, que, s'il y at quelque autre liqueur ou senteur bonne ou mauvaise, elle ne conserve le goust et l'odeur; or, j'ose dire que si nostre droit eschauffé s'est jetté en quelque eau, que mes chiens en auront la cognoissance par ces raisons cy devant dites, si donc tout ce qui a touché le chevreuil n'est escourru et esvanouy. Mais si quelque veneur est en doute de tous ces effects que les chiens peuvent faire aux eaux, qu'il passe en Angleterre, là où il verra des chiens et meuttes forcer les loutres dans les eaux, aux petites rivieres, aux ruisseaux; il apprendra là à faire chasser les chiens aux eaux et lieux aquatiques, et se demeslera des desordres causez par les eaux. Et comme j'ay cherché les histoires, pour apprendre de ceux qui ont parlé à l'advantage des veneurs, Plutarque me dit que les naturalistes rapportent que les chiens marins font leurs petits vifs au dedans de leur ventre, se desplacent de la matrice et lieu de la generation, et leur donnent moyen de sortir de leur ventre, pour s'en aller paistre en la mer; puis ces petits estants repeus, ils les reçoivent en leur ventre pour coucher, jusques à ce qu'ils sont grandelets et jusques à certain temps : bel exemple de charité pour ceux qui ont des enfants, pour les faire nourrir en la craincte de Dieu, admirant la providence du Createur en ses creatures, le quel a fait tant de sortes d'animaux

Des eaux.

Du chien marin.

pour le plaisir des francs veneurs. Je vois des chiens chasser aux eaux, chasser en terre, chasser sur terre, chasser par tout, des chiens courageux et aspres au combat, mais c'est tout pour le plaisir de l'homme. Si je passe la mer, l'on me parle de chiens marins; si je confere avec quelque astrologue, il me fait voir des chiens au ciel, la grande et la petite Canicule, qu'ils appelent Caniculaires. Je vois des chiens aux Louvres et palais des roys, dans les maisons des particuliers, aux armées, entre les bras des dames. Charron, au Livre de la Sagesse, dit qu'en la nouvelle conqueste des Indes des chiens ont eu solde et paye, et part au butin; ç'at esté pour quelque grande cause que cela s'est fait. Ne vous estonnez, veneurs, de tout cela; voyez les histoires, vous y trouverez plussieurs actions commises par par des chiens admirables. Le chien est propre à instruction et à apprendre une partie de ce qu'il plaist à l'homme; c'est pourquoy mes chiens vuident les differents de chasse dans les eaux. Que si toutes fois le desordre de chasse ne pouvoit estre relevé par mes chiens, je prendrois des devants hors des eaux, un peu loing de l'eau, affin que l'eau soit distillée du corps le long des jambes, et qu'elle n'estouffe entierement les aires. Je prends mes devants en tel temps aux lieux aisez à chasser, comme lieux herbeux, bords de bois, gaignages, prairies; et ainsy mes chiens ne surallent pas leur droit. Mais si de ces eaux, estant bien rafreschy, il fuie les plaines, j'ay le contentement entier à voir mes chiens pousser leurs aires. Si la terre est bonne à chasser, ils se pressent, se chocquent, se culbutent à qui aura les voyes entre les jambes, et ainsy vont comme levriers; et si quelque chien se jette à l'ouvert à costé de la meutte, un de nous le fait tirer et rejetter dans la meutte. De mesme, si un chien ne tient

Chien en terre, en l'eau, au ciel.

Des eaux.

les voyes justes à la teste, s'il barre, s'il ondoie les aires trop furieusement, l'on parle à luy incontinent. Si les chiens passent des garrests, ils chassent plus mollement et poussent leur droit par les menus; un chien en parle en un endroit, un plus loing, chascun à son tour ayde à vuider ceste difficulté de garrests, et plaisament nous font gaigner pays. Et si la terre n'est bonne à chasser, ils chassent lentement, consultant les voyes, ils les emportent au pas, au trot; c'est alors qu'il faut que reprimions les furies. Nous ne les pressons pas, nous parlons doucement au chien qui tient la teste de la meutte, à celuy qui fait gaigner temps et pays à la compagnie. Que s'il fait fort mauvais chasser aux plaines, ce n'est comme pour lievre; car le lievre leve entierement ses aires, à cause du poil qui est dessous les pieds, où la terre s'attache au poil dessous les pieds, s'endurcit; en après, le lievre faisant ses fuittes, c'est terre sur terre, et les chiens demeurent volontiers court et en deffaut, si l'on ne prend des devants aux lieux plus aisez pour les chiens. Et pour le chevreuil, l'effect n'est pas pareil; car la corne du pied du chevreuil imprime dans la terre comme un cachet, et les os qui donnent par tout en terre en fuiant. Je veux qu'il emporte le gazon : il ne l'emporte pas loing, car la pinse, les costez du pied couppent le gazon, et, fuiant, il laisse du gazon de ceste terre couppée et brisée entre ses fuittes et voyes; et ainsy quelque chien en reçoit l'air, et en crie et donne cognoissance que le droit perce et va en avant. Mais si les plaines sont fort seiches et eschauffées de l'ardeur du soleil, le chevreuil tousjours en quelque lieu brize et esgrattigne la terre; les vieux chiens, qui sont mes docteurs de chasse, rapprochent doucement, car ils ne peuvent emporter cela furieusement. En tel

Chien qui ondoye.

Difference des voyes du chevreuil au lievre

lieu, il faut intimider de la voix les chiens furieux et qui balancent ou barrent leurs aires. Aux prairies et plouzes, les chiens y chassent plaisament et viste; neantmoins si les prairies sont mouillées, couvertes d'eau, les chiens y ont peine. S'ils demeurent quelques fois, ce n'est pas un retour, il faut un peu pousser plus avant; car en tous temps et lieux que la meutte demeure, il ne faut pas tourner arriere tousjours, car si le droict perçoit, ce seroit erreur de chasse. Il faut que les veneurs regardent bien la cause du retardement; alors il faut brusquement prendre son party, là où le jugement dicte que le droict fuit, soit qu'il ruze ou qu'il perce. Or, chassant ainsy, le chevreuil ne trouve nul lieu de repos en plaine, en fort, en foible. Et en temps que les plaines sont couvertes de gaignages, que les bleds sont hauts et prests à coupper, les chevreuils y fuient volontiers, estants courrus furieusement aux buissons. Je ne trouve pas le plaisir egal à chasser en ces bleds; j'ayme mieux courre en tel temps aux futayes et forests; là où les chevreuils passent peu de plaines, il y at plaisir de voir chasser : voilà la vraye saison de chasser aux buissons; de mesme au printemps, que les bleds ne sont encor en tuyaux, ny hors de bray. En ces bleds, lors que les chevreuils y sont couverts, ils ne font que tourner et ruzer; s'ils sont un peu forlongez, ils fuient de sillon en sillon, ils se font relancer au milieu des bleds. J'advoüe qu'il y at du plaisir à le voir rapprocher des chiens; estant reparty, il fait plussieurs sauts et eslants devant les veneurs, mais il se perd subit de veue. Alors tous les chiens chassent plaisament; mais le veneur de conscience at, pour parallele du plaisir, le mescontentement du tort qu'il fait au pauvre peuple. Ce veneur ne voit que bleds abattus, que coulées, à droite, à gauche, les espics qui

Chasser aux prairies.

Chasser aux plaines.

Chasseur de conscience.

volent et sautent de toutes parts des picqueurs; les estrieux couppent toute la cime et superficie du grain sec et prest à moissonner. J'entend quelque veneur qui dit qu'à courre le cerf c'est un mesme ravage; je ne l'advoüe pas, car un cerf fuit les plaines, de buisson à autres, ou de forest aux buissons. Il va droict, et la chasse ne fait qu'une piste ou coulée; et si les picqueurs sont discrets, ils courrent sur les mesmes voyes du cerf et des chiens; s'ils ne le font, celuy qui commande les oblige de suivre une piste. Or, pour chevreuil, il est difficile d'empescher le desordre, ce n'est le mesme effect de chasse; l'on trouve quantité de retours aux plaines, il fuie, refuie sur soy, il se fait relancer aux grains; bref, il y fait ses fuittes comme dans une forest; c'est un ravage evident, si les picqueurs ne sont discrets et point malfaisants au peuple. Mais si nostre droit se forlonge un peu dans les bleds et autres grains, bien que nous ayons des chiens qui chassent bien de forlonge ailleurs, ils se trouvent empeschez d'emporter viste leurs aires. Nos chiens de secours aux deffauts vont lentement requerir leur droit; le sentiment est lent et bientost evaporé, la grande chaleur du soleil estouffe le sentiment des aires aux bleds et autres grains, lors qu'ils sont meurs. Bien que le chevreuil y soit couvert, ce n'est pas le mesme effect qu'aux fors et tailles, là où le chevreuil est aussy couvert; car les feuilles tiennent l'ombrage, et l'air des aires y est plus longtemps conservé que non pas aux grains, et particulierement estants meurs et prests d'estre couppez. Ce n'est que paille et autres herbes seiches, qui ne conservent nullement les erres que le chevreuil y avoit laissées; et n'y at rien de plus sec, à l'ardeur du soleil, que la paille, ny qui estouffe plus tost le sentiment des erres d'un chevreuil. L'on repartira, sur ce

Des bleds meurs.

propos de relancer aux bleds, que les cerfs s'y font relancer quelques fois. J'en y ay relancé et pris; mais pour un cerf qui s'y fait relancer, cincquante ne s'y fairont pas relancer et fuient legerement, à cause qu'ils ne sont à couvert, qui est leur element que le couvert. Le chevreuil est à couvert dans les grains, voilà ce qui l'oblige à y faire volontiers ses fuittes et ruzes, et y attendre la meutte. Un chevreuil haslé et courru à force se fait relancer par tout aux garrests; mesme j'en ai relancé qui estoient relaissez entre deux mottes, comme un lievre. Il faut que les courreurs de chevreuils se donnent de garde aux plaines à tous les retours, s'ils ne voyent point le chevreuil; que si nous y voyons nostre droit, à ceste veue mes chiens luy soufflent le poil comme levriers, et le constraignent à chercher les fors. Nous considerons quelque lieu propre à arrester les chiens, affin qu'ils reprennent haleine, que ceux qui estoient derriere arrivent à nous, et qu'il n'y aye plus de file, que tous les chiens soyent ensemble. Je n'arreste point les chiens si longtemps en courrant le chevreuil, que si c'estoit un cerf, car les voyes sont trop subitement rafroidies pour chevreuil; et comme mes chiens ont un peu hallé et repris force, nous les laissons aller tout d'un temps; ils chassent leurs erres, comme ils faisoient, lors que l'on leur at permis d'ameutter leur droit. Mes chiens s'arrestent à nos voix, lors que l'on leur dit : Bellement; pas un ne passe. Jeusnes veneurs, ne vous estonnez nullement de cela; le seigneur Gaston de Foix rapporte, en son traicté de Venerie, que lors qu'il parle à ses chiens, il leur fait mettre le nez à terre mil fois, tant ils ont de croyance à sa voix, pour ne les avoir jamais forhuez hors de temps, ny trompez; bien qu'il n'y aille rien, qu'il les fairoit mesme crier à sa voix; qu'il

Des plaines.

De Gaston de Foix.

parle à ses chiens, comme il fairoit à des hommes; neantmoins qu'il parle peu souvent à ses chiens en chassant; nous donne pour regle et precepte de venerie, qu'il faut tenir les chiens en amour et en craincte. Cela est en ses regles de venerie de chevreuil; ce n'est donc pas grande merveille d'arrester des chiens, comme je fais les miens. Vous verrez bien d'autres traicts de venerie en ce traicté, si vous voyez la fin. Charron, au chapistre cincquiesme du second livre de sa Sagesse, represente que le loup ne ressemble pas mal à un chien, mais que le chien est d'une humeur et esprit tout contraire. Me voilà satisfait, puisque ce grand personnage nous dit que le chien at de l'esprit, et le conclud par ceste faculté, qu'ils ont et que nous leur voyons, soit de se plaindre, de s'esjouir, s'appeller au secours, se convier à l'amour par mouvement des yeux, de la teste, des oreilles, du corps, de la queue, nous flatter, nous menacer par abois, grondements et autres actions violentes; et comme dit le mesme Charron, à certaines mesures les bestes nous entendent et nous elles, et particulierement le chien qui at intelligence avec le bon veneur. Il faut aussy, à proportion, que les excellents veneurs ayent intelligence de toutes les actions de leurs chiens, mesme des ruzes de leurs chiens, les quels doivent avoir quatre qualitez pour estre tenuz vrais bons chiens : la vistesse, la force pour demeurer longtemps debout, la voix belle et forte, le sentiment excellent pour rapprocher et vuider tous differents de deffaut. Et plus at un chien le sentiment excellent, mieux il chassera au change, aux voyes doublées, aux chemins, aux garrets et autres lieux difficiles; en tels lieux, c'est le sentiment seul qui fait effect, et non les autres qualitez que vrays bons chiens doivent avoir. Aux grandes chaleurs, aux

De Charron.

Admirables actions des chiens.

jours caniculaires, à l'ardeur et violence du soleil, c'est alors que les chiens de haut nez se sçavent signaler, et donner secours aux veneurs pour chevreuil. Ces chiens de haut nez y font des merveilles à rapprocher un chevreuil forlongé, car il n'y at nulle chasse, là où les chiens soyent plus embarassez sinon à rapprocher un chevreuil forlongé; il faut des chiens très excellents et bien en exercice, s'ils ne font des deffauts et ne laissent quelques fois refroidir leurs erres. C'est un autre effect à courre un cerf; là, je vois mes chiens bien chasser de forlonge, chasser uniment et d'un mesme air par les menus, si leurs voyes sont forlongées. Si je chasse un lievre à la saison, je vois mes vieux docteurs de chasse pour lievre bien empaumer leurs erres forlongées, et rapprocher plaisament, à l'egal que ces erres forlongées leur permettent d'advancer et gaigner pays. Mais si je courre un chevreuil, mes chiens ne rapprochent si uniment et de mesmes erres, ils font bien plus les empeschez; s'ils se rescrient quelques fois, un peu de temps après ils ne parlent plus, et semble qu'il y aye plus de cincq ou six heures que leur droit est forlongé, et quelques fois en ce temps il n'y at pas demy heure, ou une heure au plus. Les veneurs qui ne courrent pas tousjours et en toutes saisons le chevreuil, ils s'estonnent de cela, à cause que les chiens vont bien requerir de la nuict un chevreuil en son enceinte ou hors de là; et lors qu'il est question de le rapprocher, ils n'emportent pas les voyes esgalement; il y at grande difference. Les chiens avoient plussieurs sortes d'aires et de sentiment, à aller requerir et lancer de la nuict; il alloit faisant ses viandis d'un pas egal, ses voyes estoient unies; mais quand il le fault rapprocher à un deffaut, qu'il s'est forlongé, il fuit inegalement, tantost au pas, au trot; il s'ad-

Chevreuil forlongé, plus difficile à chasser et rapprocher que les autres animaux.

Difference des voyes de la nuict et de celles d'un deffaut.

vance, va d'asseurance, de vistesse; il fuit ailleurs de sa furie, à bonds, à grands sauts, ondoyant en ses fuittes, à gauche, à droicte, et laisse, en plussieurs de ces temps, les voyes et erres si delicates et tellement inegales au sentiment des chiens, qu'il semble, de la façon qu'ils les emportent, qu'il y at plus de quatre heures que cela va devant eux. Comme ils sont empeschez en leur travail, c'est alors que j'ay le contentement de chasse entier à voir demesler à mes vieux chiens ces petits differents de venerie; tantost ils se rescrient, après ils ne parlent plus que mollement et lentement, à l'egal des erres. Nous les secourrons aussy à l'egal de leurs actions, doucement ou plus brusquement; alors, à part la violence et furie des chiens ardants et de meschante nature, à part aussy les boutades des picqueurs estourdis et imprudents, il faut reprimer et allentir cela : c'est ce qui empesche entierement les bons chiens de faire leurs effects. J'ay conferé avec plussieurs bons hommes du mestier, qui me disoient souvent : Je m'estonne pourquoy les erres et voyes d'un chevreuil sont si tost rafroidies, et pourquoy les chiens le laissent plus tost forlonger que d'autres animaux qu'ils courrent à force, mesme qu'ils le vont mieux requerir au laissé-courre, que non pas le rapprocher estant forlongé. Messieurs les lecteurs, veneurs ou autres non veneurs curieux, voilà les causes que je vous ay cy devant deduites; ces fuites inegales font les effects de chasse inegaux en l'humeur, et erres de chasser et de chasse de bons chiens; il faut un veneur bien universel en la science, pour travailler, sans faire tort aux chiens de secours, en ces differents de chasse et en ces inegalitez de voyes forlongées. Je n'arreste point mes chiens en chassant chevreuil, lors que leur droit est par trop forlongé, ny en ces inegalitez de voyes; car si le

Difference des voyes de la nuict et de cellez d'un deffaut.

lieu n'estoit fort à propos pour cest effect, ils ne chasseroient plus; les voyes seroient trop refroidies, et les chiens de mesme trop allentis, et desdaigneroient leurs erres. Et comme j'ay dit cy devant qu'à l'entrée des couvers, tailles ou bruieres et brandes j'arreste mes chiens, après qu'ils ont eu quelque longue veue, alors nous les laissons chasser; si ce sont tailles, ils vont chassants plaisament jusques à quelque retour; nos vieux chiens, qui sont les derniers, volontiers ne vont pas au bout des ruzes, ils ont cognoissance du retour, je fais rallier la meutte à eux. Or, si ce chien, le quel at eu cognoissance du retour, avoit trop d'advantage devant la meutte, j'envoye l'arrester jusques à ce que les autres chiens soyent à luy. Ce sont actions plaisantes, que mes vieux docteurs de chasse font sur les retours, et que toutes sortes de chiens bien exercez y font, lors qu'ils ont esté exercez trois saisons. Mais cela est bien incognu à la plus part des hommes du mestier et est imperceptible à leur veue; il leur est advis que le sentiment que chiens excellents peuvent avoir de leur droict, que c'est par les fuites en terre; ils ont bien sentiment en terre, s'ils y appuient le nez; mais pour le cerf et chevreuil et dain aux couverts, un chien qui sçait son mestier, il ne s'amuse nullement à mettre le nez en terre, si son droit touche du corps aux fors, branches, feuilles; c'est aux fors, branches, feuilles qu'il en veut. La raison imperceptible aux jeusnes veneurs incognuz de ces actions, c'est qu'il touche du corps aux branches, ou des jambes aux herbes, tailles, bruieres, brandes; ou bien de plus, son haleine s'attache et s'unit aux branches, feuilles, mousse qui est contre la tige des arbres. Tout cela est incognu à la veue de plussieurs veneurs, mais non l'action des chiens en recevant l'air et vapeur. Le parfaict veneur

Viel chien at cognoissance du retour.

Actions des chiens imperceptibles à plussieurs veneurs.

at cognoissance de toutes les actions que ses vrais bons chiens font en tels temps et lieux; tantost mes chiens ont le nez en terre, aux branches; ils s'allongent et percent, gaignent pays, et pressent leur droit d'aller plus loing. Que si nostre droit se forlonge par retour, chemin sec et hallé de l'ardeur du soleil, mes vieux chiens de chemin vuident ce different plaisament, le nez en terre; alors ce n'est plus aux branches, ils vont doucement par les menus. Que si les chemins sont fangeux, mes chiens consultent ce different, se crottent le mufle jusques aux yeux; et si nous voyons du retour, nous les laissons demesler ce retour, veu que la terre est bonne à chasser. Et si la terre est dure et seiche, je les laisse revenir la teste haute; c'est plaisir à les voir muguetter les branches qui panchent sur les chemins, et lors qu'ils rencontrent la coulée, là où leur droit sort de ceste ruze, ils empaument leurs voyes furieusement comme auparavant. C'est, en ces lieux difficiles, la science à faire rapprocher à des chiens leurs erres evaporées et forlongées. Mais s'il touche tant soit peu aux fors, mes chiens en ont cognoissance entiere, par plussieurs effects et plaisantes actions bien cognues et recognues des bons veneurs, mais tousjours bien incognues à d'autres. Ils ne jugent pas que l'action des chiens est causée par quelque poil de chevreuil, qui, en broussant, s'est attaché aux branches ou à quelques feuilles; l'haleine, aspiration ou respiration, de mesme, estant eschauffée, est plus ardante que non celle d'un chevreuil qui n'at encor courru et est frais; et puis le droit eschauffé laisse, estant humecté de sueur, quelque humidité eschauffée aux branches et aux feuilles. Voilà toutes les causes et raisons, pourquoy nos vrays bons chiens vont muguettant les branches, se levent debout et vont recevoir la cognoissance de leur droit; voilà les actions des chiens qui contentent veritablement le vray veneur qui at l'intellect de cette science. Jeusnes veneurs, ne vous estonnez pas, si mes chiens font ces actions plaisantes. Le divin Platon accomparoit les chiens aux plus doctes des dieux; les Egyptiens faisoient peindre Mercure avec une teste de chien; ils n'entendoient pas pour cela que Mercure soit un chien, ains de la nature du chien, qui est vigilant, sage à discerner, chercher, estimer et juger l'ami ou l'ennemi, le cognu et l'incognu. Voyez Plutarque, au traicté d'Isis et d'Osiris, si vous estes en doute de mon travail. Je parle à ceux qui ne sont pas veneurs, car le vray veneur sçait bien ce que vray bon chien peut faire en forçant son droict; il sçait demesler les vieilles aires, at cognoissance de celles qui se brizent par retours et par doubles. Mais toutes ces actions que j'ay representées, que bons chiens pour chevreuil ont accoustumé de faire, et qui sont imperceptibles en courrant le chevreuil sinon à l'air des chiens, elles ne sont pas incognues, en courrant un cerf, à la veue des veneurs. Si l'on me demande pourquoy mes chiens se levent debout, qu'ils parlent aux branches en courrant un cerf, je monstre aux assistants de chasse le bois tourné de la teste, du corps; je donne raison alors du travail de mon chien, cela est perceptible. Si c'est à la saison que les cerfs ont la teste molle et en sang, je le fais voir de mesme, car je fais voir quelques gouttes de sang sur les feuilles, ou bien le bois est tout ensaigné et tout teint de sang, par la plus part des fors là où le cerf brousse. Et quand il n'y auroit nulle autre cognoissance, sinon à voir les feuilles tournées à leur rebours et hors de leur levant, cela suffiroit pour sauver l'action de mon chien, qu'il ne parle pas à faute, ny hors de temps. Il y a bien d'autres jugements, particulierement

De Mercure.

Difference de chasser cerf ou chevreuil.

si le cerf a la teste entiere, fraiée et brunie; lors qu'il s'en va d'effroy au fort, il escorche le bois, le lime, brise quelques branches et les entraîne droit où il fuit au fort; tout cela sont les cognoissances que vrays bons coureurs de cerfs ont de leur droit, outre les actions de leurs chiens qui seroient suffissantes pour l'asseurance de leur travail; tout cela representé est bien cognu et non incognu à la veue des veneurs pour le cerf. Que si quelque estranger ou autres qui ne sont pas veneurs, sinon par complaisance ou compliment de leurs maistres, s'ils demandent la cause des belles actions de mes vieux chiens, de leur travail, j'ay de quoy à repondre pertinemment par belles demonstrations; la preuve de leur travail peut estre demonstrée à tous les assistants de chasse, mes chiens ne seront pas trouvez menteurs, ny parlants hors des aires de leur droict. Ainsy qu'en geometrie tous les problesmes se justifient par bons fondements et principes, par belles demonstrations, vous, veneurs pour le cerf, comme les geometres, vous avez vos demonstrations asseurées et perceptibles à la veue d'un chascun, par les raisons cy devant dites, et plusieurs autres que je laisse à deduire, et renvoye le lecteur au traicté que j'ay fait de la chasse du cerf: là il en verra d'autres. Mais Messieurs qui courrez le chevreuil, vos chiens et mes chiens font les mesmes actions et effects aux branches, que les chiens pour le cerf; mais les demonstrations sont souvent imperceptibles à la veue des veneurs et de la plus part des assistants. Si les chiens vont aux branches, il n'y at rien de tourné, de brisé; les feuilles sont demeurées au mesme costé de leur levant, elles ne sont nullement tournées à leur rebours, comme le corps ou les jambes d'un cerf les y tournent; les feuilles ne seront pas teintes de sang, vous verrez

Effect imperceptible à plussieurs.

seulement quelques bouts d'herbes brisez, ou quelque peu de la terre esgrattignée. Ceste viande est pour les veneurs universels d'art et de science, et les quels accompagnent le travail du corps de jugement et d'une grande prudence de venerie; et, ainsy me servant de ces exemples geometriques en ces demonstrations, je puis asseurer aux jeusnes veneurs que s'ils ont entiere et bonne cognoissance de ces actions, que bons chiens ont accoustumé de faire chassant un cerf par toutes les difficultez de venerie, ils pourront en leur art et science se servir asseurement de ces problesmes de chasse, et seront universels à faire chasser toutes sortes de meuttes, mesme pour lievre, où il n'y a nulle autre demonstration sinon l'air et les actions des chiens en chassant, sur les quelles actions il faut que le courreur de lievre à force forme et fonde tout son travail et procedé de chasse; c'est le jugement seul au courreur de lievre, et la contemplation de ses chiens en son art, qui luy fournissent des subjects, pour satisfaire les curieux qui l'entretiennent sur les actions des chiens. Voilà, pour lievre et pour chevreuil, ce pourquoy il faut que les hommes et les chiens soyent bien en exercice. Cela estant, j'ose dire le mot de la mode : toutes ces belles actions de venerie sont ravissantes; aussy Agesipolis, roy et fils du roy Cleombrotus, estant en hostage hors de son pays, envoya querir ses chiens par permission, affin qu'en chassant, son exil luy fut plus supportable et les desastres de ses infortunes. Mais les belles actions que mes chiens de change font sont encor plus ravissantes, si nostre droict le fait bondir. J'ay de mes vieux docteurs de chasse qui demeurent court; les uns vont compissants et pissants aux branches, par desdaing de ces nouvelles erres; d'autres regardent les veneurs d'un regard triste, viennent der-

Du roy Agesipolis.

Du change.

riere les chevaux; les plus hardis chasseurs requestent doucement leur chevreuil de la meutte; quelques fois plussieurs chiens haslez et outrez, n'ayants pas le sentiment entier, se laissent emporter loing à ces renouvellements de voyes; en après, s'etants recognuz, ils ne chassent plus et viennent derriere les chevaux. Nous les aydons doucement à requester, à droite ou à gauche, de là où le change est party; quelqu'un de nous va aux chiens qui chassent le change, les rompre, pour voir à les rallier aux autres, les quels rencontrants les voyes de leur droit les poussent avec nos aydes hors de ce different de chasse. Mais si de hazard nos chiens se separoient, que nous n'ayons pas cognoissance à quelle de ces chasses est nostre droit, nous laissons chasser les chiens qu'il nous est advis qui chassent le droit; et mes compagnons vont rompre les autres, et brisent là où ils ont rompu les chiens, affin que, si c'estoit le droict, nous puissions aller reprendre ces brizées-là et les faire chasser à nos chiens par les menus, car à cela il y a du temps perdu. Or, pour avoir cognoissance si les chiens que nous accompagnons chassent le droit, nous nous separons, et, à coupper les devants, nous voyons si c'est nostre droict, ou s'il fuit les eaux, petits sentiers, lieux clairs. L'on cognoist un chevreuil malmenné, non à veue le plus souvent, mais en ses fuittes; s'il rencontre quelque petite coulée ou chemin, il y fuit longtemps, y fait ses ruzes; aux plaines, il vat le long des sillons; s'il trouve quelque fossé, il courre longtemps le long du fossé ou sur le bord. Le seigneur Gaston de Foix dit que quand un chevreuil at esté longtemps courru et ameutté, il court le poil allongé, il ne court plus le poil herissé, comme il faisoit quand il at esté lancé, et n'at la rose si blanche; il faut estre subtil à considerer cela, il est aisé à se

Du change.

mesprendre. Voilà les signes que nous avons de nostre droict, si nous n'avons des chiens qui gardent le change avec nous. Les autheurs que j'ay leus ne parlent pas de leurs chiens de change pour chevreuil, mais ils disent leurs chiens sages.
Du change. Mesme ce livre imprimé en l'an 1560, nommé Modus, il dit qu'au change, il faisoit reprendre les chiens, et requestoit avec deux ou trois chiens sages. Il faut croire qu'ils gardoient le change, puisqu'ils requestoient dans le change : voilà mon opinion. Il faut que la race de ces chiens aye esté race de chiens ardants, comme chiens qui chassent et perchassent, questent et requestent; car de requester avec si peu de chiens, que deux ou trois, si c'estoient chiens froids et paresseux à quester et requester, ils ne faisoient pas grand effect. Mes chiens pour chevreuil sont ardants, race meslée, ou chiens de France qui chassent aux forts furieusement, sautants les brandes et tailles, les quels parlent tousjours de leur droict, à chasque bond et eslant qu'ils font, pour sauter les fenasses et lieux espais et fourrez. J'ay bien aussy dans ma meutte plussieurs chiens d'Angleterre; mais ils ne font pas les advances, ny ne sont les premiers aux pays forts, dessous. Mes chiens, au change, font plussieurs differentes actions, à l'egal de leur naturel : les ardants requestent, portent le nez aux branches, si leur droit y at touché, ils se rescrient hardiment, ils nous donnent la cognoissance de nostre droict; les timides se tiennent derriere nos chevaux ou les derniers de la meutte, ils n'en crient pas, que leurs voyes ne soyent desembarrassées; bref, quelqu'un de mes chiens pousse et presse nostre droict, tellement qu'il trouve peu de lieu de repos. Et avant que perchasser plus loing, il est necessaire que je fortifie et authorize par veneurs dignes de foy plussieurs beaux traicts, que chiens,

gardants change pour chevreuil, ont faits en ces climats, à cause que j'ay conferé avec plussieurs veneurs de chevreuil, qui disoient n'avoir eu cognoissance que d'aucun de leurs chiens gardast le change. Monsieur le comte de Brionne m'at asseuré qu'il avoit un chien, en sa meutte, qui ne chassoit plus, lors que le change estoit party devant ses chiens; ce chien s'en alloit triste le long des routtes et chemins, et, après avoir esté battu ou gourmandé des picqueurs et vallets des chiens pour le faire tirer à la meutte, il s'en retournoit au logis; et à toutes les chasses, si le change estoit devant les chiens, qu'un chevreuil frais soit lancé, il s'en retournoit au chenil. J'ay veu deux chiens de la meutte de Monsieur le comte de Brionne, au change, faire partir deux chevreuils frais, derriere Frouart, en la forest de Hay; incontinent ces deux chiens qui tenoient la teste de la meutte vindrent derriere nos chevaux, et ne chasserent plus. L'un estoit chien d'Angleterre, nommé Turbeau, l'autre nourry en ce pays; cela est justifié par Monsieur le comte de Brionne, qui est l'un des plus excellents veneurs de ce temps, et particulierement en l'art de bien forcer les chevreuils. Monsieur de Bout du Bois, qui fait le mesme exercice de venerie, très excellent veneur, le tesmoigne aussy, comme ayant fait chasser les chiens de Monsieur le comte de Brionne en ceste chasse; ces chiens s'en retournoient au logis, comme ayant honte de n'estre pas secourus au change. C'est pourquoy je ne m'estonne pas, si plussieurs maistres quittent la chasse, s'en retournent au logis, veu que les chiens y ayants desplaisir quittent tout, vont à la retraicte, pour n'estre satisfaits des veneurs en leur travail et de la confusion que l'on leur fait au change. Lors que les chiens pour chevreuil de Sa Majesté Henry le Grand estoient exercez sous la charge de

Du change.

Monsieur de Vitry, capitaine de ses Gardes, j'allois souvent à la chasse avec luy pour apprendre l'art de venerie; et, chassant à la forest de Fontainebleau, j'ay veu les vieux chiens de sa meutte pour chevreuil qui ne chassoient plus au change; d'autres se refroidissoient, ne chassoient que mollement et plus de leurs erres accoustumées. Monsieur d'Artigouty, gouverneur de Marsal, avoit un chien, dans sa meutte, qui ne chassoit pas le change, qu'il n'aye courru demy heure ou une heure, bref qu'il n'aye le pied eschauffé; ce chien avoit donc cognoissance du change, et enfin se laissoit emporter à chasser ce change desja eschauffé. J'ay veu deux lices de la meutte de Son Altesse courre une chevrette à veue, à une taille, à la forest de Hay, luy soufflant le poil; ces lices, ayantes cognoissance que ce n'estoit le chevreuil de la meutte, sans que pas un veneur leur parle, elles demeurent court, comme si un catarre les eut saisies; de mesme j'ay veu plussieurs autres chiens de la meutte pour chevreuil de Son Altesse demeurer au change, en la garenne de Luneville : actions plaisantes à voir et considerer aux bons veneurs. Monsieur de Riancourt m'at asseuré qu'il at veu un viel chien de la meutte de Monsieur le comte de Brionne, courrant un chevreuil avec ses chiens; au bruict de la chasse, trois chevreuils frais partirent au milieu de ces chiens, et tous ces chiens ameutterent le change; mais ce viel chien, Cleraut, demeura ferme et retourna requester son droict, qui fut pris un quart d'heure après. Monsieur de la Brossette me donna un chien, nommé Galhaut, de la race des chiens de Monseigneur d'Espernon; ce chien ne chassoit point pour tout, lors qu'un chevreuil frais croisoit les voyes de son droit, et venoit derriere les chevaux. Il y at plussieurs chiens dans ma meutte, qui se refroi-

Du change.

dissent au change, font des actions differentes; j'en ay un, nommé Saturne; ce chien garde fermement le change de ce qui at le pied eschauffé. Courrant un chevreuil, là où Monsieur le marquis de Coublans estoit present à ceste chasse, et un gentilhomme nommé Monsieur de la Motte, après avoir bien chassé trois ou quatre heures, deux chevreuils frais partirent devant mes chiens; aussitost tous les chiens chasserent le change, mais Saturne demeura court, nous regardant d'une mine triste et desdaigneuse. A ceste action, je fis rompre la meutte, à cause que c'estoit son action accoustumée au change; incontinent nous ouismes forhuer nostre chevreuil de la meutte. Je menna Saturne sur les voyes de son droit, qui les chassa plaisamment; et comme ce chien nous eut donné cognoissance que c'estoit le chevreuil de la meutte, je le fis arrester sur les erres, jusques à ce que la meutte fut arrivée à nous. Incontinent ils empaumerent les voyes de leur droit, qui fut pris, bientost après, de quarante chiens. Toutes ces actions verifient assez la sagesse, que chiens pour chevreuil peuvent avoir, estant bien exercez, dressez et adjustez, selon la science de cest art. Neantmoins je veux appuier et attester tous ces beaux effects de venerie, par une lettre, que très haut et très puissant prince, Monseigneur Henry de Lorraine, m'a fait l'honneur de m'escrire sur plussieurs actions de chasse, qu'une lice qu'il at dans sa meutte at faites, en separant et donnant cognoissance du chevreuil à la chevrette. Je renvoye Messieurs les censeurs des actions des chiens à considerer cest escrit; là ils verront chasser Vergis, lice d'Angleterre, et se signaler au plus haut point que chien peut estre en la perfection de venerie : « Monsieur, ce que Vergis a fait, la derniere chasse et pour la troisiesme fois, merite

Du change.

Lettre escritte au comte de Bey.

d'estre escrit à un des premiers veneurs du monde, pour en juger l'excellence. Puisque vous avez ceste qualité, je vous diray qu'ayant rapport d'un chevreuil, que l'on mescroioit destourner seul, une chevrette, avec ses fans, s'estant recellée dans l'enceinte, mes chiens les sont allez requerir et lancer ensemble, et Vergis en parloit avec les autres. Peu de temps après, la chevrette s'estant separée et toute la meutte l'ayant ameuttée, Vergis, tombant sur les voyes, n'en a point fait de cas et n'at voulu chasser, qui a obligé Sandrin à vouloir rompre, ce que l'on n'a peu faire que demie heure après, pendant la quelle on at veu que c'estoit une chevrette. Après avoir rompu, nous avons esté aux brizées que Riancourt avoit dressées, où il avoit rompu deux chiens. Vergis, venant à ces brizées, en a parlé hardiment, l'est allée requerir, relancer; et deux heures après, nous luy en avons fait curée. Riancourt, Chassoy et Sandrin ont esté de mon advis, pour vous le mander et pour sçavoir de vous ce qu'il vous en semble. Je suis, Monsieur, vostre serviteur, le marquis de Moüy. » Sur le subject de cette lettre touchant les fans, lors que les chevrettes ont faonné, j'ay veu de mes vieux chiens demeurer court, lors qu'il y partoit des fans devant eux ou devant la meutte, et ne les pas chasser ny regarder, encor que les autres chiens les ameuttoient; et quelques fois qu'un fan se jettoit au milieu de la meutte et estoit pris, mes vieux chiens sages se tiroient arriere, et n'en approchoient pas et desdaignoient cela. Vous voyez comme les excellents chiens donnent cognoissance de leur droict, qu'ils le forcent en deux ou trois heures. Je pourrois en alleguer d'autres, mais je crains d'ennuier les lecteurs, et ne puis passer plus outre, sans representer aux veneurs que Plutarque, au traicté qu'il a fait « qu'il faut reprimer la colere », allegue et declare que les orateurs et veneurs, entre autres personnages, font des grandes fautes par colere. Il at raison en ce qui touche les veneurs ; car il faut qu'ils ayent l'esprit present, exempt de sang bouillant et de colere, pour bien considerer les actions de leurs chiens en toutes ces inegalitez et differences de voyes de change, pour les secourir à propos sur tous ces inconvenients de venerie ; la colere trouble et offusque les sens, fait offencer Dieu. Je prends icy ma part et parle à moy-mesme, sans me tirer de la presse, et me tiens du nombre des veneurs impatients à ces grands deffauts qui arrivent quelques fois. J'entend un veneur ou courtisan et autres suivants, lors que les chiens ne peuvent relever un deffaut, emporter les voyes, separer le change, bref relancer leur droict, se prendre de ces desordres aux elements : la terre est trop seiche, aride ou trop spongieuse, c'est tout eau sur la terre, le soleil est par trop ardant, le vent trop furieux, l'air froid ; l'on n'entend que malediction dans les forests, plaines et lieux couverts ; ces elements sont attacquez d'imprecations, maledictions, jurements et blasphemes. Tout cela n'est pas de l'art de venerie, c'est furie plustost, malice et follie ; c'est alors qu'il faut reprimer la colere, retenir ses sens presents, pour secourir ses chiens, et travailler, en ceste science, sur les actions que l'on at veu faire aux chiens de change et de secours aux desordres de chasse. Je ne trouve pas, par les anciens escrits, que les veneurs d'art et de science se soyent emportez en la sorte ; je vois un Silenus parlant de l'immortalité de l'ame, à la chasse et en ces desordres ; un roy Midas de mesme, qui parloit de l'immortalité de l'ame avec ce grand personnage Silenus. Vous voyez cela dans Plutarque, dans la Consolation qu'il envoye à Apollonius sur la mort de

La colere offusque les sens aux veneurs.

Silenus.

Midas.

Immortalité de l'ame.

son fils. Le seigneur Gaston de Foix commence son livre de venerie par ces parolles : « Au nom de Dieu, de la Trinité, de la Vierge Marie, de tous les Saincts. » Le seigneur du Fouilloux, dediant son livre au roy Charles neufiesme, luy represente que « la plus louable science que l'on peut apprendre (après la craincte de Dieu), que c'est la venerie ». Que si ce seigneur du Fouilloux at mis quelques traicts de gausserie et de gayeté en son livre, neantmoins il recommande la crainte de Dieu. Voilà les louables conceptions et discours des anciens, estants à la chasse ou en leurs escrits de chasse. Il n'est pas icy question d'une science mechanique ; ce n'est nullement une passion que cest art de venerie, c'est une vertu. Il faut que tous y soyent reglez, que tout y aille reglement, jusques aux vallets et garçons qui suivent la chasse ; à cause que la chasse du chevreuil est difficile, en ce que l'œil ne pouvant pas tout asseurer du droict, comme il fait en courrant le cerf, si les chiens n'en asseurent, les veneurs, la chasse passent souvent près des garçons et autres qui suivent la chasse ; et le plus souvent que les chiens chassent le droit, ces Messieurs trompent les veneurs ; ils vous tiennent en suspens, tellement que vous ne sçavez à quoy vous resoudre, à laisser perchasser les chiens, ou si vous les devez rompre, pour aller requester ailleurs. Le premier qui se rencontre dira : C'est un chevreuil ; demy quart d'heure de là, un autre dira : C'est une chevrette ; après, il me semble que c'est un chevreuil, il me semble que c'est une chevrette. Il faut reprimer ou chastier cela ; ils doivent dire aux picqueurs : Je ne l'ay pas bien veu, je ne sçais ce que c'est. Et s'ils l'ont bien consideré à leur aise et commodité, ils doivent dire : C'est le droit asseurement ou le change, c'est un chevreuil ou chevrette. Il faut parler en la

Regler les suivans à la chasse.

Regler les suivans à la chasse.

sorte, Messieurs qui suivez les chasses des chevreuils. J'advoüe qu'il est difficile à juger le droit en ceste chasse plus qu'en nulle autre, si ce ne sont personnes subtiles à ce mestier; neantmoins il ne faut parler legerement, il ne faut pas mettre les veneurs et chiens en desordre. Si un garçon ou autre voit le chevreuil de la meutte, qu'il l'aye bien jugé, il doit jetter une brizée là où il l'a veu passer asseurement, en après forhuer les chiens; et si les chiens chassoient ailleurs le change, il faut incontinent advertir les veneurs; car quelques fois les desordres de chasse sont tellement embarassez, que les chiens ne peuvent relever les deffauts, ny emporter leurs erres, ou bien les chiens chassent ailleurs hors du droit. Voilà comme il faut apprendre ceux qui suivent la chasse, les garçons, ou jeusnes veneurs ou autres, qui voyent chasser les chiens. Et me souvient que Plutarque, au traicté qu'il a fait « de la nourriture des enfans », recommande qu'ils ne soyent pas nourris à l'ombrage, qu'ils doivent estre exercez et induits à la chasse et à chasser, que c'est un bon fondement de viellesse. Veritablement cela me satisfait en ceste science, que les graves et braves autheurs approuvent la venerie. Or, pour achever des effects des chiens au change, j'en ay eu des chiens pour chevreuil, les quels, lors que leur droit se faisoit relancer, si c'estoit l'esté, à l'ardeur du soleil, au plus haut du jour, demeuroient court sans chasser, lors que leur droit se faisoit relancer; et ainsy un veneur qui eust esté incognu de telle action, il eust fait rompre les chiens et perdu ceste chasse. La raison pour quoy ces chiens demeurent au change, c'est qu'ayant l'estomac eschauffé, il envoye tant de fumée au cerveau, qu'elle estouffe le sentiment à ces chiens; ils ne peuvent, ayant le sens de l'odorat eschauffé, avoir entiere cognoissance que

Plutarque, des enfants pour la chasse.

Chien eschauffé, plus de sentiment.

c'est le chevreuil que l'on leur at permis d'ameutter, ils vont donc après les autres chiens, des derniers ; à la fin, ils se resoudent de parler, et, si c'estoit le change, ce seroit hazard si ces chiens ne tournoient arriere requester leur droit. D'autres humeurs de chiens ne quittent pas leurs advantages, mais ils courrent longtemps, sans parler de leurs erres; ils ont aussy crainte de se mesprendre aux grandes chaleurs. Il faut travailler de jugement, il ne faut pas violenter l'air ny l'humeur de tous les chiens; au contraire, c'est l'air des chiens qui donne cognoissance aux veneurs de leur travail. Mesme aux retours, si un vieux chien veut retourner ou revenir en arriere, je le laisse faire, car il sçait son mestier ; je juge bien qu'il y at quelque cause qui le retarde. Mais si c'estoit un jeusne chien, je le fairois rejetter au fort de la meutte, de crainte qu'il ne m'apporte quelque confusion de chasse. La craincte que les jeusnes chiens ont d'estre chastiez, les fait plier à la voix et à la parolle des veneurs; il les faut donc chastier, lors qu'ils font faute et qu'ils ne sont pas à commandement. J'ay veu des veneurs qui ne chastioient pas leurs chiens, et disent que les chiens ne se doivent pas battre. J'advoüe que les chiens sages ne se doivent pas battre; mais les chiens qui ne veullent pas obeir à la voix des veneurs, je les fais chastier, affin de les adjuster au fort de la meutte, pour les rendre faciles à rompre, lors qu'ils courrent le change, ou bien lors qu'on les veut arrester pour reprendre haleine, qu'ils ne forcent pas les piqueurs. Xenocrates represente que les philosophes et sages font volontairement ce que les autres hommes font par force, et pour la crainte qu'ils ont des loix et des peines, comme les chiens sont obeissants pour la crainte qu'ils ont des coups des bastons ou houssines. C'est la comparaison de Xenocrates ;

De chastier les chiens.

De Xenocrates.

il y a donc apparence qu'on les chastioit de son temps. Il n'y a nul autre moyen de rendre des chiens à commandement, obeissants et craintifs, sinon à les chastier et bien exercer. Que si les chiens pour chevreuil sont ainsy adjustez et tenus en obeissance, cette chasse est belle et plaisante pour toutes sortes de personnes, et particulierement pour les vieillards, à cause qu'ils font plussieurs ruzes, tournent et retournent souvent sur eux, sur leurs voyes, tellement qu'ils donnent loisir aux picqueurs d'y aborder, et d'estre aux inconvenients et desordres de chasse, pour ayder et secourir les chiens, s'ils s'estonnoient et demeuroient court. La chasse du chevreuil est subtile et bien scientifique pour ceux qui ne courrent que le chevreuil; c'est là où le vray art de venerie se peut bien exercer, non pas l'art du cognoisseur selon les regles du cognoisseur, mais en la science de parfaictement bien faire chasser une meutte ou des chiens en particulier, bien lancer et relancer, chasser et perchasser, quester et requester. En ceste chasse, l'on voit la vraye capacité de celuy qui fait bien chasser, à cause que tout son travail est reglé ou doit estre aux actions des vrays bons chiens. Cela estant, l'intellect ou l'esprit de celuy qui fait chasser est dans la vraye pratique, et dans le vray exercice de l'art de venerie.

Ne chasser que chevreuil.

Ainsy est de mesme, s'il courroit un cerf, bien qu'il y aye quelque difference, à cause des demonstrations cy devant escrites, à cause des portées et autres jugements ja representez; mais le travail du corps n'est pas dans la mesme fatigue, ny dans le mesme travail qu'il est en courrant le cerf. Grande difference des traictes : l'on trouve des cerfs qui fuient à dix lieues et plus de leur laissé-courre; il faut bien jouer des esperons, percer et repercer les forests; ils fuient aux

Difference de chasser cerf ou chevreuil.

buissons, plaines et autres lieux, pour allonger leur vie; c'est alors que l'on les voit, les verds gallants, à bien accompagner les chiens en fort et en foible. En courrant le chevreuil, la plus part ne font que tourner en leurs buissons et meuttes ou pays; et ayant courru quatre ou cincq heures, l'on se trouve en mesme lieu ou ès environs de là où l'on at laissé courre. Voilà l'inegalité de ces chasses et des traictes. Les chiens de grande force et advantageux à courre un cerf, s'ils courrent une saison le chevreuil, ils sont tellement rompuz et accoustumez aux retours et ruzes continuelles, qu'ils diminuent d'ambition et de leurs erres accoustumées; ils courrent en retenant, et plus sagement qu'ils ne faisoient en courrant le cerf. Les chiens pour chevreuil sont tousjours en garde des retours; mais pour le cerf, l'air des chiens en chassant n'est pas si souvent interrompu. Ils chassent egalement d'une furie unie, sautants, sans crainte des ruzes, les tailles et brandes, fenasses et lieux fourrez, de leur vray naturel et inclination, qui est de chasser en avant et non en arriere. Or, si je dis le mesme des bons picqueurs et perce-forests, je seray tancé; il faut en dire un mot, sous esperance de pardon. Je crois que si l'on tire d'une meutte pour cerf un picqueur, un passe-partout, un briseur de forest, un grimpeur de rochers, s'il courre le chevreuil deux ou trois saisons, il ne sera plus dans la mesme furie, dans la mesme ambition d'accompagner les chiens, comme il estoit en courrant un cerf, à cause qu'il espere tousjours quelque retour ou ruze, qui sont si frequents et arrivent si souvent en chassant ces petits animaux; ce picqueur espere tousjours d'y arriver à temps, pour secourir ses chiens. Mais le picqueur pour cerf, s'il perd les chiens, la chasse, c'est un hazard, s'il y arrive plus. Voilà les inegalitez

Des perce-forests.

de chasse. Je conclud que la chasse du chevreuil est une chasse très scientifique à celuy qui ne voudra courre que les chevreuils; mais à courre tout ce qui bondit devant les chiens, chevrettes, fans, tout ce qu'il ameutte, c'est une chasse bien plus aisée, mais on despeuple tout le pays. J'ay veu plussieurs seigneurs, à courre, tout avoir despeuplé les buissons de leur voisinage, trois ou quatre lieues ès environs de leur maison, et après estoient constraints de se deffaire des picqueurs et des meuttes qui causoient cela. Ce n'estoit pas l'inconstance des maistres, mais la faute des veneurs d'avoir courru les chevrettes pleines, les fans, bref tout ce qui part devant une meutte. Que si les maistres commandent de chasser tout, il faut bien obeir et courre ce qu'il leur plaist; mais, à la parfin, ce sera la confusion des veneurs; car, outre cest inconvenient, ne trouvant plus rien, d'oster les meuttes, ces chiens accoustumez à chasser des chevrettes pleines, des fans, qui ne font que tourner, se faire relancer, qui ne courrent qu'une heure plus ou moins, chassant ainsy trois mois, en après courre des chevreuils qui ont force de courre six ou sept heures, vos chiens ne fourniront plus à tel effort. Les hommes ne le trouvent pas moins estrange, ils ne sont plus accoustumez aux vrayes traictes; l'un cherche une fontaine ou ruisseau pour boire de l'eau, se rafreschir; l'autre court en un village, cherche du vin; et ainsy le temps juste se perd, ils retournent au logis avec desplaisir de chasse. Messieurs, vous pouvez juger la source de ces desordres; il faut accoustumer les chiens aux longues traictes, en courrant les chevreuils qui vont loing. Vous aurez plaisir à voir bien chasser des chiens estant ainsy à la voye, se pousseront de l'espaulle à qui aura les erres; les ambitieux d'estre à la teste, à leur tour seront en estat de vous

Desordre de chasser chevrette.

Inconvenient de chasser chevrette.

donner plaisir, neantmoins il faut empescher que leur furie ne trouble les chiens justes, barrant et ondoyant les erres, qui enleve le plaisir de venerie : cette furie, à courre le chevreuil, fait emporter les chiens trop loing aux retours. J'ay veu des chiens aux fors, aux fenasses et lieux espaïs, lors que les autres leur vouloient oster les devants, tirer au collier avec eux, les mordre en passant, et ainsy perdre le temps et rebutter ces pauvres chiens; il faut chastier telle humeur de chien sur la faute. Je ne puis passer sans dire quelque chose des veneurs ambitieux et querelleux; les maistres ou autres doivent empescher ou reprimer les insolents, qu'ils ne troublent pas leurs compagnons à la chasse; car ces humeurs de veneurs insupportables empeschent les autres de travailler, en cette science, de jugement. Il est très aisé de mettre querelle et jalousie entre deux veneurs; les freres mesmes entrent en jalousie, dissention et querelle pour la chasse de leurs chiens, à plus forte raison les veneurs indifferents se peuvent bien embarasser et quereller; il faut eviter cela, soit par la prudence des maistres, ou des veneurs et freres qui sont plus considerez et prudents que les autres du commun. La voye pour nous maintenir bien avec ceux à qui nous sommes obligez ou autres, il faut avoir soing d'eux, et ne nous pas tant fier à la nature ny au naturel, veu que le chien naturellement il ayme son maistre; toutes fois, si le maistre le neglige, s'il n'en at soing tel qu'un bon veneur ou autre doit avoir d'un bon chien, ce chien perdra cette cordiale affection et s'estrange des veneurs ou de son maistre, ainsy que le corps qui est de naissance très conjoint à l'ame; mais si ceste ame mesprise et neglige ce corps, il ne veut plus luy ayder et gaste et empesche ses actions et fonctions : c'est la comparaison de

Des querelleux ; freres mesmes entrent en jalousie pour la chasse.

De l'ame et du corps.

Plutarque sur l'amitié fraternelle. Il est de mesme d'un pauvre veneur, si son maistre le neglige; il est confus en son art, il at les sens assoupis, il ne fait plus les actions de venerie dans une mesme liberté, il est comme un viel chien rebutté et pas tenu en estat de chasser, et se retire de son maistre, feignant estre incognu de ce qu'il at recognu. Allons à mes chiens; je les considere consultants les erres de nostre droict qui sont doublées; il faut les ayder à perchasser, rien n'empesche tant les veneurs et les meuttes que les voyes doublées. Il y at plussieurs veneurs, les quels n'ont jamais eu cognoissance des voyes et erres doublées, ny des actions des vieux chiens sur telle difficulté de venerie. Erres doublées, s'entend et s'explique de plussieurs sortes. Si un chevreuil at passé dans un chemin, plaine, futaye ou fort, et que quelque temps après il refuie, batte et courre de rechef ces mesmes voyes, sur les mesmes aires, coulées et fuittes, cela est appelé proprement voyes doublées; et la meutte arrivant sur ces voyes ja chassées de la premiere fois, les chiens d'advance, ambitieux, jeusnes et esguillonneurs, tous ceux-là s'estonnent et demeurent court : ce double leur est incognu. Alors il faut parler moderement aux vieux chiens de secours qui ont passé trois ou quatre ans dans l'exercice de venerie, et vous les verrez sortir du fort de la meutte, venir appuier le nez sur ces voyes desja chassées, sur les quelles leur droict fuit pour la seconde fois; et ayants posé le nez longtemps sur les aires, à la fin ils reçoivent l'air, et ont cognoissance de leur droit qui fuit le long des doubles, et en crient fermement; et ainsy plussieurs vieux chiens donnent cognoissance du travail que le veneur doit faire sur telles difficultez de venerie. Il faut aller doucement le long de ces vielles voyes; et si les chiens y demeurent sans les pousser, le

Erres doublées.

Voyes doubles.

veneur ira tousjours parlant à eux moderement; à la fin, quelque chien trouvera les erres du chevreuil sorty des doubles; en après, toute la meutte chasse, comme auparavant qu'il arrive sur ceste difficulté. J'ay des chiens qui poussent au pas telles erres; c'est plaisir à leur voir souffler la poudre aux lieux secs, pour resentir du droict; si c'est au fort, ils se levent debout, vont aux branches; enfin ils me donnent cognoissance que les voyes vont en avant. Ceste difficulté de venerie se releve et est chassée par plussieurs chiens subtilement; mais si le chevreuil refuit encor ses mesmes voyes chassées desja deux fois, c'est alors le triple different. J'ay courru plussieurs chevreuils qui passoient par mesmes lieux, par mesmes chemins, par mesmes coulées, cincq ou six fois. Messieurs, vos chiens feront des grandes consultations à leur mode sur ces differents et voyes doublées; souvent les veneurs y perdent leur nord. A telles voyes embarassées tant de fois, il n'y aura que des chiens de cincq ou six ans qui veullent appuier le nez là dessus; tous les autres croient qu'ils ont desja chassé toutes ces erres; encor pour avoir de tels chiens adjustez à cela, il faut qu'ils ayent esté bien exercez dans les doubles, pendant leur temps, par des veneurs subtils sur tels embaras et en l'art de venerie. Et quelques fois que je pousse mes chiens en avant dans des doubles, j'ay des vieux chiens derriere mon cheval, les quels n'osent passer devant moy, craignants de se mesprendre, que leur droit n'y vat pas; neantmoins qu'ils soyent derriere les picqueurs, s'ils ont cognoissance du double, ils en crient. A leurs voix et actions, j'ay cognoissance que le chevreuil fuit encor les voyes doublées; je pousse tousjours en avant, jusques à ce que quelque chien de double me donne cognoissance que les erres sont

Des doubles.

Des doubles.

desembarassées; et ainsy tous mes chiens, chascun à leur tour, vuident un different de chasse. J'ay couru des chevreuils qui passoient des plaines, pour aller des forests aux buissons, ou des buissons aux forests, les quels, estants relancez, revenoient le long des plaines, sur les mesmes voyes qu'ils estoient allez, presque un quart de lieue. Les chiens sont alors fort empeschez, car le chevreuil fuit à bonds, il voit tousjours quelqu'un aux plaines. Ce qui cause que les vieux chiens sont tant empeschez d'emporter les erres dans ces doubles aux plaines, c'est que le chevreuil fuit souvent à bonds, à grands eslans; et en ces sauts, il retombe en terre, les quatre pieds tous ensemble, tellement qu'il y at quelques fois vingt et trente pieds d'intervalle et de distance en ses erres; mais quand il fuit ou vat de son air accoustumé, les vieux chiens en crient aisement. J'ay chassé en temps que les plaines sont couvertes, que les bleds sont encor debout; nostre droit s'ayant fait relancer passoit des plaines, et la meutte abattoit les bleds; ce chevreuil revenoit fuiant aux plaines, par les mesmes erres et coulées qu'il estoit allé à d'autres buissons. C'est alors au veneur à consulter ces differents; les vieux chiens en parlent bien, ils donnent bien cognoissance que les voyes sont doublées; mais bien qu'il refuie et rebatte ses mesmes erres si est-ce que difficilement les pousseront-ils jusques à la fin et au bout d'un tel retour et double, sans l'ayde des veneurs. Quelque jeusne veneur me dira que ce qui fuit devant une bonne meutte, touchant la terre, qu'il doit mourir; je ne cede pas tousjours à cette opinion, car ce chevreuil qui fuit si longtemps au double, il touche bien la terre, mais c'est une terre incognue au sentiment des chiens, et ce double est encor plus incognu à d'au-

Des doubles.

Des doubles. cuns veneurs. Plussieurs, à un tel desordre de chasse, lors que leurs chiens demeurent en deffaut causé par ce double, disent : C'est un sorcier que mes chiens chassent. Rien moins : c'est un chevreuil naturel et de la premiere race, mais ses fuittes sont incognues à ceux qui tiennent de tels discours. Un dira : Le chevreuil volle; encor rien de tout cela, il n'at point d'aisles, mais bien des pieds qui le portent fort legerement; c'est que les chiens ne sont poussez en avant, ny secourrus comme il s'appartient au double, qui est le different de chasse le plus difficile à vuider pour chevreuil. En tel lieu, l'on perd le temps juste, et les voyes se refroidissent totalement, et les chiens qui s'allentissent le courage, ils le laissent forlonger par tels doubles ou voyes doublées; après tout cela, l'on passe le reste du jour quelques fois à prendre des devants, à gauche, à droite. Il suffit aux bons veneurs que les chiens donnent cognoissance que le droict entre aux erres desja chassées; car, en ayant cognoissance, l'on ayde les chiens, l'on les pousse tousjours plus avant sans furie, affin que plus loing, aux actions des chiens, l'on puisse tousjours juger que le droit va à eux; car, dans ces doubles, les grands sauts et eslans que le chevreuil y fait, cela est la cause que
Des doubles. les chiens sages vont si loing, sans se resoudre à crier des erres, pour craincte qu'ils ont de se mesprendre. Il y at quantité de chiens les quels se troublent au double; il faut cognoistre leurs humeurs. D'aucuns parlent sur des vielles erres, se rabattent, comme si le droit y alloit plussieurs fois; ce n'estoit pas double, c'estoit la mesme coulée et piste, ou voyes desja chassées. Il y at des chiens si excellents et sages, ayants esté bien exercez, qui ne parleront point sur telles vielles erres, et ne parlent jamais, que le droit n'aye donné

là où ils se rescrient; en ce temps, si les chiens se treuvent embarassez et empeschez à fournir ses erres, il les faut un peu pousser en avant; mais pour avoir des chiens qui perchassent bien au double, ils doivent estre exercez souvent. Or, je vous ay fait voir les effects que chiens en particulier peuvent faire, estants bien adjustez et à la voye; mais je vous va faire voir les effects qu'une meutte en general et en corps peut faire, par une lettre que Monsieur de Sainct-Ravy m'at fait l'honneur de m'escrire, par la quelle je fairay voir aux incognuz de la force des bonnes meuttes, combien des fois la meutte de Monsieur de Sainct-Ravy a courru en huit jours. « Monsieur, l'homme que vous avez donné à Monsieur d'Albene, m'estant venu trouver icy, j'aurois creu me faire tort, si je ne me donnois l'honneur de vous asseurer de mon très humble service, et vous faire part des chasses que j'ay faites. Je vous diray donc que je manquay la premiere, qui fut il y at aujourd'huy huit jours; je commençay à recourre lundy dernier, et prins un chevreuil en une heure et demie; le mercredy suivant, un autre qui passa toute la forest et dura près de trois heures; le jeudy suivant, un chevreuil qui dura deux heures et demie; et aujourd'huy samedy, un viel chevreuil qui n'a duré qu'une heure et demie; ils l'ont menné si viste, que n'en avons sauvé qu'une espaulle. Je vous rend compte de ce que j'ay fait comme à mon maistre; et ne m'at manqué que l'honneur de vostre compagnie pour estre content et satisfait, vous honorant parfaictement, aussy veritablement que je suis à toutes espreuves, Monsieur, vostre très humble et très affectionné serviteur, de San Ravy. A Fontainebleau, ce 15 mars 1636. » Le lecteur remarquera que ceste meutte at chassé cincq fois en huit jours; il ne place

Lettre escritte au comte de Bey.

point de relays, seulement il garde six ou huit vieux chiens, pour suivre la chasse, et les fait donner, lors qu'un chevreuil est un peu eschauffé et haslé, comme une heure ou demie heure après que le chevreuil est bien ameutté. Mais voyons encor des fort beaux exemplaires de venerie au subject de ceste meutte. Je me donna ces jours passez l'honneur de visiter Monsieur le marquis de Souvray, le quel venoit de voir chasser la meutte de Monsieur de Sainct-Ravy. Ceste meutte prend et force un cerf qui passe entre toutes sortes de hardes de faulves, voit aussy les hardes des dains, et ne bransle pas, et force le cerf au milieu de tout ce change; un autre jour, ces mesmes chiens courrent un dain qui passe dans des hardes de cerfs et ne branslent pas aux hardes de cerfs et de faulves; après, quelque autre jour, il leur fait courre un chevreuil, ils le forcent et prennent dans des hardes de cerfs, de fauves et de dains. Il faut advoüer que voilà une meutte au plus haut point de venerie, dressée dans la perfection de l'art, adjustée par braves et admirables veneurs, comme Monsieur de Sainct-Ravy. Voilà ce que Monsieur le marquis de Souvray m'at asseuré avoir veu faire à ceste meutte. Ne soyons plus en doute que des chiens de bonne race, bien dressez, n'ayent entiere cognoissance du chevreuil à la chevrette; je crois et tiens pour constant que ces chiens ainsy dressez et adjustez, s'ils ne courrent jamais que chevreuil, que la moitié de la meutte separeroit le masle de la femelle, la plus part des chiens tourneroient au chevreuil, lors qu'il se separeroit de la chevrette. Mais c'est le tout premier et dernier traict de venerie, de bien recognoistre toutes les actions de ses bons chiens; je dis de tous, car de ne cognoistre l'action sinon de quelques chiens, cela ne suffiroit pas pour des bons effects de chasse, et pour

Beaux exemplaires de venerie.

Cognoistre les actions des chiens.

bien servir un maistre; de telle cognoissance dependent les belles chasses et le plaisir du maistre. De mesme celuy qui ne cognoist nullement les monnoyes n'est capable d'estre changeur; aussy le veneur qui ne cognoist et recognoist toutes les actions de ses chiens servants à la chasse, et qui ne cognoist la voix de tous ses chiens, il n'est pas capable de les faire chasser à propos, ny de les secourir selon leurs actions aux desordres de chasse : donc cognoistre bien les chiens est chose très necessaire à leur faire bien forcer leur droict à tel different des voyes doublées. Si mes vieux chiens partent, je les secourre subitement, à cause qu'ils ne crient jamais que le droit n'aille et soit à eux ; mais si c'est chien d'un degré moins sage qui crie à tel temps, ou qui at quelque deffaut en sa façon de chasse, je le secourre plus moderement, je luy donne moins de furie, je suis en garde de son humeur ; s'il est furieux en chassant et ardant, je parle à luy doucement, je l'intimide pour luy allentir ceste fougue ; si c'est un chien fort froid en son air et action de chasse, je parle à luy avec plus de violence pour augmenter son courage et son air de chasse. Tout cecy sont longs discours et plussieurs repetitions, neantmoins toutes necessaires aux jeusnes veneurs qui veullent prendre intelligence de venerie, et se rendre capables de servir dignement leurs maistres. Il y en at les quels, après avoir courru le lievre et fait bien chasser pour lievre, qui pensent qu'ils sont universels pour toute autre sorte de chasse ; ils sont bien excellents en la science de faire chasser des chiens ; mais pour les ruzes et fuittes que les autres animaux ont accoustumé de faire, lors qu'ils sont chassez, ils ne sont pas universels ; à cela il y a faute de la pratique, il faut estre exercé, et particulierement pour bien forcer le chevreuil.

Secourrir les chiens moderement.

Il y at difference des ruzes en toutes chasses, et très grande à ceux qui ne sont universels, desliez et subtils à la venerie; tous les chiens font des actions differentes à chascune chasse, qui ne penetrent pas le jugement des mauvais veneurs. J'ay escrit, au traicté du Cerf, de ces differences de chasse; le lecteur y aura recours, s'il n'est satisfait icy. Là, il verra les actions des bons chiens très perceptibles, et admirera avec ce grand autheur Columella les proprietez du chien. Il dit : « Quel homme sçauroit crier plus haut et vivement après une beste ou un voleur qu'un chien? Quelle compagnie plus fidele? Quelle garde plus asseurée? Quel domestique ou serviteur ayme plus son maistre? Qui est celuy qui estant couché est plus vigilant? » Les Egyptiens appellent Anubis le Cercle Orizontal, et le peignent en teste de chien, le comparent à un chien, pour ce que le chien se sert de la veue aussy bien la nuict comme le jour. Les chiens ne sont pas seulement admirables en leurs especes, mais ce mot de chien l'est aussy par les histoires. Je vois un philosophe, Diogene, surnommé le Chien, Senecque de mesme son surnom, des villes qui prennent le nom de « Chien des peuples », de la « Ville du chien ». Du temps des Oracles, les anciens estimoient que, des animaux et des plantes, les bons et utiles estoient à leurs bons Dieux et les mauvais aux demons; ces peuples attribuoient et donnoient le chien à leurs bons Dieux. Plutarque escrit que, de son temps, les Oxirinchites et les habitants de Sinopolis sacrifioient des chiens à leurs Dieux, et les mangeoient comme hosties; les peuples de Hircanie estimoient leur sepulture heureuse d'estre mangez des chiens. Voyez Plutarque, au chapistre, que le Vice rend l'homme miserable. Je vois, par les sainctes Escritures, une Cananée prosternée aux pieds de

Proprietez des chiens selon Columella.

Senecque et Diogene.

De la Cananée.

son Sauveur, la quelle obtient pardon, et ses peschez luy sont remis sous le nom, tiltre et qualité de Chienne. En la vie du pape Leon neufiesme, surnommé sainct Bruno, il est rapporté que, de son regne, il y eut au royaume de la Pouille un chien, le quel, au lieu d'abois, souloit dire continuellement, lors que l'on le faisoit appeller, *Deus meus*, mais si distinctement, que chascun en demeuroit estonné d'admiration. J'ay leu cecy au livre du venerable Jean Ruyre, chantre et chanoine de l'insigne eglise collegiale de Sainct-Dié, autrement Sainct-Dieudonné. Ce pape regna cincq ans, deux mois, neuf jours, et mourut en l'an mil cincquante-cincq, selon le calcul porté au livre second, chapitre quinze, des Sainctes Antiquitez de la Vosge, en la partie troisiesme, contenant l'histoire de sainct Bruno, surnommé Leon, fait par le venerable Jean Ruyre, Charmesien, qui signifie de la ville de Charmes ; je renvoye les lecteurs captieux et censeurs à ce brave autheur. J'apperçois un relay, il est temps de relayer, prendre des chevaux frais ; je fais arrester la meutte jusques à ce que nos vieux chiens soyent descoupplez, que nous ayons changé de chevaux. Alors nous emancipons les chiens qui ont un peu haslé et repris haleine, les quels chassants fermement, nos vieux docteurs de chasse relayez et frais en leur force pressent nostre droit continuellement de quitter les fors et les doubles. Il fuit aux futayes, mais ces vieux chiens trouvent les retours ; s'il ruse, les chiens chassent plaisamment aux futayes, si elles sont herbeuses et non spongieuses et pleines d'eau. Il est fort dangereux pour chevreuil de demeurer en deffaut aux futayes, si le droit est forlongé, à cause des ruzes et retours continuels ; mais aux meuttes bien exercées, tousjours quelque viel chien monstre le chemin aux chiens fols qui barrent et

Des relais.

Des futayes.

balancent. En automne, quand les feuilles sont tombées, il fait mauvais chasser aux futayes, car le droit jette les feuilles esparses en fuiant; neantmoins il ne fait pas si mauvais chasser pour chevreuil que pour lievre. Le lievre jette, en fuiant, les feuilles arriere, elles se tournent et le sentiment est sous les feuilles, ou arriere espars; le chevreuil ne fait pas le mesme effect : la solle, les pinses percent les feuilles, les attachent et collent dans ses fuittes et ses voyes; les os de mesme font pareil effect; par ainsy, le sentiment demeure aux voyes, et les chiens en ont cognoissance plus aisement que pour lievre. Le seigneur Gaston de Foix ne parle pas, en son traicté du Chevreuil, s'il faisoit des relais ; il dit seulement que celuy qui chasse chevreuil peut faire relais, s'il veut. Le livre intitulé, Roy Modus, dit qu'il faut donner tousjours quelques chiens à la voye de la meutte, et ne parle pas des relais. C'est pourquoy je ne puis parler des autheurs veneurs touchant les relais. Je fais un relais, quelques fois deux, mais point de jeusnes chiens, s'ils n'ont esté malades ou effilez; ce sont tous vieux chiens que je mets aux relais, les quels n'apportent nulle confusion et me secourrent aux difficultez de chasse. Que si, hors de ces futayes, nostre chevreuil fuit aux plaines ou ailleurs, qu'il y at eu des trouppeaux et hardes de bestail qui ayent esté là, et que mes chiens ne percent leur droit là où ces bestes ont pasturé, j'ay quelque vieux chien qui pousse le nez dans ceste puanteur, me donne cognoissance que le chevreuil perce; et si mes chiens ne pouvoient emporter leurs erres, je prendrois des devants, loing de là, où ces hardes n'auroient encore esté, et ainsi mes chiens fourniroient les erres et les perchasseroient. Il est très difficile aux chiens à chasser un chevreuil, lors qu'il passe

Hardes de bestail.

là où des hardes de vaches, moutons, pourceaux ont pasturé ; mais il est encor plus difficile aux chiens à perchasser, si le chevreuil avoit passé auparavant, et après que les hardes viennent à croiser les erres du chevreuil. En tel temps, si les chiens demeurent, c'est la prudence du veneur et son intellect à prendre les devants, selon l'art et la science de venerie; en tout cas, quelque viel chien luy donnera cognoissance de la forme qu'il doit travailler, s'il est capable de recevoir l'intelligence des actions des vieux chiens, et qu'il ne les trouble pas. Et lors que nostre droit est poussé et perchassé hors de ce different, s'il courre un pays de vignoble, que les feuilles soyent tombées, que toute la vigne soit despouillée, les chiens y ont difficulté de chasser; mais ayant mes vieux chiens decouplez, il y en at qui perchassent au pas, à l'egal que le sentiment leur permet de gaigner pays, et, comme poulce à poulce, ils espluchent les erres jusques en autre lieu plus aisé. Mais si les vignes sont chargées de leurs feuilles, qu'elles soyent verdes, les chiens y chassent bien : le chevreuil touche aux feuilles, son haleine s'y attache, et par consequent ils y chassent furieusement, et y relancent souvent leur droit; car mes vieux chiens, estants descouplez, ne laissent trouver nul lieu de repos à ce chevreuil. Mais j'entend plussieurs qui se plaignent que le chevreuil courre trop longtemps, que la chasse s'esloigne de la retraicte, que cette chasse dure trop; il est certain, la chasse du chevreuil est de longue haleine, elle dure à l'egal de la force des chevreuils, aussy à l'egal de la bonté des meuttes, force et sagesse des chiens. En trois ou quatre heures ils doivent forcer, porter par terre et prendre leur droit; l'un court plus, l'autre moins, et selon qu'ils sont chassez, à l'egal des deffauts causez par

Chasser aux vignes.

les desordres, selon qu'il arrive, selon les pays qu'ils courrent. Je vois bien que c'est : vous craignez d'estre mal couché, de faire mauvaise chere en la maisonnette d'un pauvre paysan; ce n'est pas tout encor; un autre aura promis de se trouver, ce jour-là, en quelque assemblée où le bal se tient, ou à quelque festin, là où il est convié ou s'est convié de luy-mesme; cela n'est pas estre veneur, vous courrez les ragousts à la mode, les vins muscats. Si vous voulez estre du nombre des bons veneurs, couchez quelques fois aux champs, selon la necessité de chasse, à l'egal de la force des chevreuils que vous rencontrerez. Plus vous serez mal couchez et mal traictez, tant plus tost vous aurez cognoissance de la pauvreté de ces peuples, de ces pauvres paysans, affin que vous en ayez pitié selon les occurrences, pour les assister en leurs necessitez, comme nos freres chrestiens. Le roy Antiochus, celuy qui fit deux voyages contre les Parthes, estant à la chasse à la suitte de ses chiens, se perdit devant tous ses courtisants et veneurs; et, la nuict, estant esloigné de la retraicte et craignant de perdre ses chiens, il fut constraint de gister en une maison bien pauvrement accomodée, selon les facultez et moyens de ce pauvre homme. Le roy feignit estre un estranger passant pays; en souppant avec ce paysan, il luy demanda des nouvelles du roy, de sa court. Il ne manqua de luy dire ce que ses plus familiers n'avoient jamais osé entreprendre de luy dire; il luy dit tous les discours qui se tenoient de sa personne, de ses courtisans, de toutes les oppressions de ses Estats. Et le lendemain matin, lors que sa court et ses gardes l'eurent trouvé, il leur dit : « Depuis que je suis roy, je n'ay pas ouy dire une parolle veritable de moy, sinon hier soir, que mon hoste m'at parlé franchement et à pourpoint debou-

Veneurs qui quittent la chasse.

Du roy Antiochus.

De gister pauvrement.

tonné, comme l'on dit. » Et de là en avant, il se souvient de ce discours qui luy avoit esté fait, et y apporta l'ordre convenable ; la chasse et coucher pauvrement luy firent voir la verité de ses affaires. Messieurs les picqueurs de ragousts, souvenez-vous que les Latins publient que *Panis, aqua, vita beata*. Je vous fais voir que les roys se trouvent bien de gister quelques fois pauvrement ; cela ne diminuera en rien de vos grandeurs. Il y at la plus part des coureurs de chevreuil qui n'attendent pas la fin des chasses. Les chevreuils courrent longtemps, ils ne se chargent point de venaison comme les cerfs et dains ; leur plus grande venaison est quand ils ont les rognons couverts de suif, à ce que rapporte le seigneur Gaston ; leur forte venaison est, suivant d'autres autheurs, en may et juin ; mais cela ne les incommode pas, et ne laissent de demeurer quelques fois debout devánt des meuttes six et sept heures, qui cause que ces Messieurs cherchent les retraictes ; et moy je fais perchasser mes chiens, car nostre droit est en estat de s'affoiblir. Je le cognois à mes vieux chiens ; lors qu'une beste se foule devant eux, ils ne cedent plus aux jeusnes chiens ; il n'y a plus nul temps perdu ; en fort, en foible, ils le chassent par tout esgalement, c'est vray contentement de venerie. Les chiens se pressent, se chocquent, se culbuttent, à qui aura les erres entre les jambes ; il n'y a plus de double qui ne soit relevé, plus de retour que les vieux chiens n'en ayent cognoissance, les quels ne vont pas au bout de la ruze, mais ils se jettent furieusement là où les erres se separent du retour. Que s'il fuit encor aux plaines, que la terre soit seiche, ces vieux chiens sont jaloux de tenir leurs erres. Nous sommes tousjours à costé de la meutte, affin que nul chien ne barre, ondoie ou transporte la meutte trop vio-

Chevreuil courre longtemps.

Venaison du chevreuil.

Courre à costé de la meutte.

lemment, affin que si le chevreuil se relaisse que les chiens ne s'emportent, mais qu'ils le laissent repartir et qu'ils le poussent du muffle hors du relaissé. Quelques fois j'ay fait repartir des chevreuils dans les plaines, aux hayes et petits buissons, qu'ils n'estoient pas entierement à couvert; c'est alors que nous sommes en garde à tous les retours. Mesme dans les ruisseaux, les chevreuils outrez demeurent sous un saulx ou rameaux, qu'ils n'ont que le bout du nez dehors, et les chiens passent à l'entour, tout près, sans qu'ils en ayent l'air ny le sentiment. Il est fort aisé à faillir un chevreuil reduit en tel estat, si les picqueurs ne le voyent; il se cache en fort petit lieu. L'on tient que ce qui est cause que les chiens n'ont pas le sentiment d'un chevreuil ainsy relaissé, que c'est qu'il met les quatre pieds sous luy, qu'il aspire et respire contre terre : voilà les raisons de plussieurs veneurs. Les chiens d'Angleterre, qui chassent poulce à poulce, doucement, le fairoient plus tost relancer que non pas les chiens ardants, pleins de furie, les quels, outrepassants les erres, ils questent furieusement, et laissent souvent leur droict en arriere sous quelque petit couvert. Pour courre le chevreuil, j'ayme les chiens ardants qui chassent sautants les brandes, tailles et bruieres; ils servent mieux aux eslants et grands saults; car les chiens froids demeurent court, s'ils ne sont poussez en avant, et les furieux qui s'emportent, alors ils retombent sur les erres; mais si c'est un retour, ils emportent les chiens loing, alors c'est du temps perdu à revenir si loing en arriere. J'ay des vieux chiens qui, quand les autres s'emportent, ils demeurent sur la ruze attachez, et tournent en arriere reprendre les voyes; et incontinent qu'ils parlent, toute la meutte se rallie et perchasse jusques à quelque autre

Pourquoy les chiens n'ont cognoissance du chevreuil relaissé.

different. Que si nous rencontrons quelque terre bruslée, que les chiens ne l'emportent pas, nous poussons les chiens en avant; quelque chien crie, nous donne asseurance que le chevreuil perce. En après, si les chiens trouvent quelque charbonniere, que les chiens froids demeurent, les ardants qui poussent tousjours plus loing, ils le trouvent passé, et en la sorte nous pressons tousjours nostre droict. Tantost il fait ses ruzes aux plaines, plus loing aux forts, il se fait relancer souvent; alors les chiens qui estoient des derniers, qui estoient renduz, aneantis de la traicte, ils reprennent force et courage; ainsy insensiblement nous les tirons à la mort du chevreuil, et, par cette methode de chasse, une autre fois ils conservent de leur force pour aller jusques au bout. J'ay du plaisir à considerer à veue les ruzes que nostre droict fait estant ainsy affoibly; s'il se trouve aux plaines, il attend quelques fois les chiens de fort près, et les veneurs, s'ils ne branslent pas, qu'ils se tiennent fermes. Les naturalistes et veneurs tiennent que les chevreuils n'ont pas la veue si bonne que les autres animaux que l'on courre à force. Charron, en sa Sagesse, donne au cerf l'ouïr, la veue à l'aigle, au chien l'odorat, au singe le goust, et laisse l'attouchement à l'homme, qui est le sens le plus grossier; et ainsy la nature s'est jouée de ces sens. Or, puisque le chien at l'odorat, il luy appartient donc à discerner et separer, pousser et perchasser son droit hors du change, comme il fait. Les veneurs de chevreuil n'ont pas tant de peine à separer un chevreuil accompagné, car il se separe de luy-mesme; estant chassé deux heures plus ou moins, s'il trouve le change, il ne courre pas longtemps accompagné, et souvent il ne s'accompagne pas; il demeure seulement près de là où le change a bondy, ou bien il barre et croise les erres

En quel temps les chiens reprennent force et courage.

Du change.

du change et fuit ailleurs. C'est pourquoy les chiens pour le change, courrants un chevreuil, ils ont bien plus aisé à maintenir leur droit que les chiens pour cerf; car le cerf fuit quelques fois accompagné un demy quart de lieue, demy lieue, selon le pays de leurs fuittes et refuittes. Je prends grand plaisir à representer les inconvenients de chasse du chevreuil, car c'est la vraye chasse des seigneurs et gentilshommes; le cerf est pour les grands, et, si un gentilhomme courre le cerf toute l'année, c'est de l'hazard s'il preste de l'argent à l'interest. Or, si par ces inconvenients de venerie et desordres de chasse representez, nostre droict s'estoit tellement forlongé que tous les chiens ne parlent plus des erres, bref qu'ils ne chassent plus, je fais recouppler les chiens fols et quatre ou six chiens sages, pour les redonner, lors qu'il sera relancé, à cause que quelques fois l'on est fort longtemps en requeste et deffaut; et si je n'avois gardé des chiens, tous les chiens seroient las d'avoir esté quelques fois quatre ou cincq heures en requeste. Je foule les forts, là où je juge que le chevreuil doit avoir fait ses fuittes, et là où il me semble qu'il doit estre relaissé et demeuré; cela depend du jugement des veneurs, et selon qu'ils cognoissent le pays, de requester à propos. L'on relance les chevreuils par tout, aux plaines, en fort, en foible, aux ornieres des chemins, hayes, buissons, garrests, estoubles, lieux aquatiques, ruisseaux; en tous ces lieux, il faut que les veneurs considerent par tout s'ils le voyent, pour le faire repartir sans que les chiens le voyent, s'il est possible; car ils chasseront plus sagement, sans s'emporter, s'ils ne le voyent pas. J'ay fait recouppler les jeusnes chiens avant que requester, affin qu'ils ne m'apportent point de confusion; car ils auroient branslé à ce qui auroit party devant eux, et cela fait

Des deffauts.

perdre temps et gaste la chasse et les autres chiens, les quels quelques fois s'emportent au bruict. Ces vieux chiens, que j'ay fait recoupler, servent aussy pour maintenir le droict, lors que les jeusnes chiens, que j'avois recoupplez, sont descoupplez et redonnez aux relancez; ils s'attachent aux voyes, si les jeusnes les barrent, outrepassent et balancent; et par le moyen de ces chiens sages qui sont redonnez, nous chassons sagement jusques à la fin. J'ay couru plussieurs fois par les neiges, que mes chiens estoient dans la neige jusques au ventre; il n'y at point de plaisir, lors qu'il y at tant de neige. Quand la terre est seulement couverte de neige, qu'il n'y at que deux doigts, quatre doigts de haut, alors il fait bon chasser. Les premiers jours que la neige est tombée, un chevreuil n'a point de vie; l'on en voit par tout, les retours et ruzes sont à descouvert, l'on se peut garder du change et empescher les chiens de chasser d'autres voyes. Plutarque, sur le subject des curieux, prend cette comparaison des veneurs, qu'ils ne souffrent pas que leurs chiens ou limiers aillent à toute sorte de sentiment, ains ils les retirent en arriere; si c'est un limier, avec le traict; si c'est un chien chassant en meutte, ils le retirent de la voix et l'intimident, affin qu'il ne se desvoye pas, et qu'il aye tousjours le sentiment entier, pur et net, et par consequent plus propre et ardant à suivre leur droit. Que ceste similitude est pleine d'energie, et propre aux veneurs trop curieux, les quels s'esloignent de leur science! Ces curieux devroient s'empescher de s'enquerir de plussieurs choses inutiles et mauvaises, affin qu'ils ayent le jugement et entendement present et entier, pour recevoir les choses qui leur sont utiles, honorables et vertueuses; et par ceste voye leur curiosité se changeroit par habitude en prudence, ainsy que ces vieux chiens par habitude

Des chiens sages.

Des veneurs trop curieux.

deviennent sages au change, et à demesler les erres des doubles et autres difficultez de venerie. Les chiens ne font pas grands effects de venerie aux neiges, sur les doubles; ce sont les hommes, à veue, qui demeslent les retours. C'est aux neiges que l'on voit les formes des fuittes des chevreuils; ces grands sauts et eslans qu'ils ont accoustumé de faire, ils se peuvent mesurer par curiosité à la neige. L'on voit alors qu'en ces grands eslans ils retombent en terre, les quatre pieds ensemble; et souvent l'on ne peut juger si c'est du chevreuil; l'on ne voit quasiment qu'un trou de ses quatre pieds qui font ces voyes. Alors je courre de peu de chiens, de huict, de dix; et lors qu'on en donne d'autres, j'envoye ceux-là à la retraicte, affin qu'ils ne soyent refroidis et gastez. Les premiers jours qu'il at neigé, les chevreuils n'ont point de vie, l'on en voit par tout, les ruses sont à descouvert; mais quand la neige est gelée, qu'il y at une croutte de glace sur la neige, je ne courre plus, à cause que la neige ainsy gelée couppe les pieds aux chiens, ils les ont tous en sang. Or, je trouve que les chevreuils courrent plus longtemps, lors que la terre est molle, que quand elle est fort dure; il est vray que lors que la terre est fort douce à chasser, les chiens chassent mieux et abregent d'advantage. La cause est qu'en ces grands eslans ils retombent en terre plus doucement et ne se foulent pas; mais quand la terre est fort seiche, dure et gelée, ils se donnent des contre-coups, en retombant à terre, en ces grands sauts et eslans; et ces contre-coups les affoiblissent plus tost, leur foulent les membres, leur caillent le sang. J'ay courru souvent, que la terre estoit fort gelée, qu'il faisoit fort rude, tout gelé et glacé; alors les chevreuils ayant courru quelque temps, ils n'alloient plus que comme les chiens les poussoient, soit aux chemins

Chasser aux neiges.

Des neiges et gelées.

et aux plaines. Il y a plaisir, à quelque beau jour d'hyver, de chasser par tel temps; mais lors qu'il fait des froids noirs, exhorbitants, des vents aquilons, il est meilleur de demeurer au logis, pour les hommes et pour les chiens. J'ay de mes chiens que, lors qu'ils chassent aux neiges, ils cognoissent les voyes comme des hommes; ils vont poser le nez dans chasque voye, alors ils en parlent. Bien que les chiens chassent en tous temps et saisons, si est-ce que le plaisir de venerie est de chasser lors que la terre est douce et un peu mouillée; aussy il y at d'excellents chiens et veneurs aux pays temperez. Jules Cæsar souloit dire que les Septentrionaux estoient durs et bien De Jules Cœsar. attentifs à la guerre et à la chasse. J'apperçois nostre droict, le quel en ses fuittes paroist estre malmenné; il y at apparence qu'il n'at pas pour un quart d'heure de force ny de vie devant mes chiens; je fais souvent arrester les chiens aux tailles et recreuttes de deux ou trois ans, aux genetz, bruieres et lieux fourrez, affin que le chevreuil aye moyen de ruzer, doubler ses voyes plussieurs fois, affin que les chiens se dressent au double : en voilà les moyens, et n'y en at nul autre que par l'exercice. Nos chiens chassent plaisament, le chevreuil ne se forlonge plus, les voyes sont fournies esgalement; je considere mes vieux chiens s'attacher à ces doubles, les jeusnes chiens ne sont plus les maistres; et s'il les double plussieurs fois, que toute la meutte ne peut recevoir l'air des erres, je vois quelques vieux chiens qui posent le nez en terre; ils s'allongent, ils n'ont poil en leur corps qui ne travaille; je parle à eux, et les fais resoudre à en crier, ce qu'ils font à ma voix. Le seigneur Gaston de Foix dit qu'il ne faut dire aux chiens que la pure verité, qui veut les avoir de grande croyance; qu'il parle à eux comme à ses hommes, mais aussy que ses chiens ne le trompent jamais. Et lors que mes chiens ont reduit un chevreuil hors de ses forces, qu'il né peut plus courre, j'empesche les veues à mes chiens, s'il est possible; j'envoye quelqu'un qui les suit de loing, si c'est en pays foible et descouvert, affin qu'il voye ses ruzes, et nous laissons demesler à mes chiens tout ce qu'il fait : voilà le moyen d'avoir des chiens de longues traictes et subtils à bien demesler les ruzes. C'est un plaisir royal à considerer une bonne meutte chasser un chevreuil reduit en telle extremité; il n'at nul lieu de repos, il faut qu'il reparte tousjours. Artaxerces, roy de Perse, fut le premier qui permit à ceux qui estoient à la chasse avec luy de frapper et tuer, s'ils pouvoient, les premiers, et ce qu'ils chassoient et ce qui estoit devant ses chiens; auparavant luy, nul n'osoit le faire. Il n'appartenoit, devant le regne d'Artaxerces, sinon au maistre, de tuer et d'affoiblir ce que l'on chassoit. C'est un mauvais ordre à la chasse d'affoiblir et tuer, quand on peut, ce que des chiens chassent pour le prendre à force; cela empesche que les chiens ne se rendent pas si excellents. Ils doivent affoiblir et tirer à terre ce qu'ils preignent d'eux-mesmes, si ce n'est lors que les cerfs ont la teste froyée et brunie; alors l'on les doit tuer, craignant qu'ils ne tuent les chiens. Le roy Artaxerces n'estoit nullement chasseur, il n'alloit à la campagne sinon pour prendre de l'air; aussy le jeusne Cyrus, son frere, pour emouvoir les Lacedemoniens à entrer en ligue avec lui contre son frere, roy de Perse, Artaxerces, l'une des raisons qu'il leur allegua, ce fut qu'il n'estoit pas veneur ni chasseur. Il est donc certain que c'est un accessoire de grandeur d'aymer la chasse; en voilà un reproche entre deux freres, fils d'un grand roy. Je trouve dans Cornelius Tacitus, en ses Annales Romaines, que les Parthes

Du roy Artaxerces.

Cyrus le Jeusne.

chasserent leur roy Vonones pour quatre causes, dont la premiere estoit qu'il n'estoit pas chasseur, qu'il n'alloit pas ou que fort peu à la chasse; çecy est au second livre de Cornelius, chapitre premier; vous voyez en cela qu'aymer la chasse et les veneurs est une action royale et de grandeur. Le Reverend Pere Binet, en ses escrits, m'apprend que Perseus est le premier qui at courru le chevreuil à force; mais je n'ay sceu rien trouver d'escrit de sa façon de chasser; seulement je trouve qu'il est l'autheur de la chasse du chevreuil; il faut croire qu'il forçoit les chevreuils avec un grand ordre. J'ay cherché aussy plussieurs autheurs, affin de faire part aux veneurs de leurs escrits touchant le naturel du chevreuil, mais peu en parlent. Le seigneur Gaston de Foix represente aux veneurs qu'il y a peu de personnes, veneurs ou autres naturalistes, qui cognoissent le naturel de ceste beste, qui est diverse des autres animaux, qu'il ne fait nulle chose des autres bestes; il se mesfie de la capacité des veneurs, touchant la cognoissance des chevreuils en leur façon de faire. Gaston a veu des chevrettes avoir cincq fans au corps; il est d'accord avec Avicene et Modus que la chair et venaison de chevreuil est la plus saine de toutes les autres venaisons et bestes sauvages. J'ay un livre intitulé, le Tresor de la Santé; il rapporte que la chair du chevreuil vaut mieux que les autres venaisons pour la santé, pour cause qu'elle at correspondance au corps humain, et est convenable à ceux qui sont humides et qui abondent en superfluité, pour ce qu'elle est froide et seiche, nourrit beau coup engendre bon suc et fait peu d'excrement. J'ay veu plussieurs chevrettes qui avoient trois fans au corps, mais pas plus. Un tireur de Monsieur de Gorze tua, il y a quelque temps, une chevrette, proche dudit Gorze, qui avoit des ramures comme

Du roy Vonones.

Chevrettes cincq fans au corps.

un chevreuil ; je l'affirme pour l'avoir veu. Et touchant au rut des chevreuils, je passe legerement ; le seigneur Gaston de Foix et Modus ont escrit ce qu'il se peut dire à ce subject. René François, predicateur du roy (son livre est intitulé en la sorte), parlant universellement de ce qui se rencontre aux pays estrangers, il nous fait voir qu'il y a plussieurs sortes de musque. Le meilleur, il le fait naistre en Chorasa, au Levant, le second aux Indes, le troisiesme de Chiny, et le fait naistre du chevreuil, le quel estant au rut ou en amour. Pour le donner à entendre à ceux qui ne sont veneurs, le nombril de ce chevreuil s'enfle de gros sang aduste, qui s'amasse vers cette partie du nombril ; le chevreuil, estant en amour, ne mange que fort peu, et, de rage qu'il at, il se vautre à tous moments contre terre ; par ce moyen l'aposthume et boue se crevent contre terre, et cette boue et lie qu'il jette se cuisent et changent en musque. Le mesme autheur dit que si l'on prend l'animal estant au rut, luy arrachant la vessie qui n'est pas meure, elle put fort ; mais si on la pend en l'air, elle meurit, le musque se cuit et se parfait. Sur le subject du rut, je n'ay sceu avoir encor cognoissance si les vieux chiens peuvent discerner au sentiment un chevreuil d'avec la chevrette, comme j'ay veu des chiens pour le cerf discerner et separer un cerf de plussieurs biches. J'ay eu des chiens pour le cerf qui ne chassoient pas pour tout, en temps du rut des cerfs ; et à d'autres temps que les cerfs n'estoient au rut, si je les eusse laissez aller à une harde de bestes, ils eussent choisy, et ameutté et separé infailliblement un cerf de la harde, sans jamais chasser une biche. Mais pour chevreuil, je n'ay point eu cette cognoissance, car je ne courre pas le chevreuil toute l'année ; je courre lievre six mois, qui est cause que je n'ay peu voir ny avoir

Chevreuil produit le musque.

Chiens sages separent leur droict.

mes chiens en la perfection de la chasse du chevreuil. Mais puisqu'il est permis à un veneur de dire son opinion sur un different de venerie, je crois que des vieux chiens qui seroient exercez toute l'année au chevreuil, lors qu'ils auroient trois ou quatre ans, separeroient le chevreuil d'avec la chevrette, asseurement auroient cognoissance du chevreuil à la chevrette, comme les chiens pour le cerf ont. Mais il faudroit qu'ils soyent exercez deux fois la sepmaine, et ne jamais chasser que des chevreuils et non des chevrettes, que ces chiens chassent quatre-vingts ou cent chevreuils par an, et en la sorte ils seroient dans la perfection. Mes chiens jusques icy n'ont tousjours chassé que six mois, l'année, chevreuil; et quelques fois par plaisir, s'il y at un chevreuil en belle meutte, je l'attacque. Encor que mes chiens soyent en curée et en haleine pour lievre, ils ne laissent pas de le prendre, mais non pas si sagement que lors qu'ils l'ont chassé plussieurs fois, qu'ils l'affoiblissent, comme j'ay cy devant representé; et ainsy malmenné, s'ils l'apperçoivent en foible, ils le prennent de cette veue; s'il se tient au couvert, ils le prennent au repartir ou au gobbet, comme l'on dit. Jeusnes veneurs, n'ayez pas desagreable la part que je vous fais, par ce discours, de mon travail de quarante et cincq ans et plus en l'art, science et pratique de venerie; si vous vous rendez capables de cette science, les roys et grands fairont estat de vos personnes, car la venerie exercée selon ses regles, reglement et prudemment, c'est une vertu, ce n'est pas une passion. Ne revocquez plus en doute les beaux effects que chiens bien exercez font en forçant ce que l'on leur fait ameutter; les plus grands autheurs et naturalistes n'admirent pas seulement le chien en ses actions en veillant; mais en dormant et songeant, ils l'admirent encor plus.

La mort du chevreuil.

Du songe des chiens.

Charron, en sa Sagesse, dit que le chien, en ses songes remuant la queue, conçoit un cerf, chevreuil ou lievre spirituel. Le chien endormy gronde et allonge la queue, halletant, se figure la chasse ou un ennemi: cela tesmoigne assez que le chien ratiocine, qu'il at quelque jugement. Ils s'entre-entendent entre eux, et nous entendent; cela ne se pourroit, s'ils estoient privez de toute faculté spirituelle. Aussy Anaxagoras, Democrite, Gallien, Porphire, Plutarque, plussieurs philosophes stoiciens tiennent que le chien n'est pas privé de ces facultez spirituelles ny de ratiocinations; que plussieurs animaux les ont, principalement le chien, mais beaucoup plus foibles que l'homme. Je trouve dans les Epistres dorées de Guevar, Espagnol, un grand theologien, plussieurs beaux traicts en faveur des chiens; mais ils ne servent pas au subject de la venerie, si non qu'il represente que le Createur at formé les chiens pour le plaisir et service de l'homme, qui est creature raisonnable; il a donné à ce chien des inclinations conformes et convenables à la raison. J'ay non tiré cecy de ces grands personnages, mais retiré, car ils ne pouvoient avoir telle cognoissance des chiens, s'ils ne l'avoient tirée et apprise de nos devanciers vrays veneurs; ou bien peut-estre, comme ils estoient capables de toutes sciences, ils estoient bons veneurs, car de leur temps la venerie estoit en grande estime; et, cela estant, je l'aurois tiré d'eux. Le chevreuil est forcé, il faut parler du droict aux chiens. Faire droict aux chiens, s'entend de les bien faire chasser et perchasser; il se prend aussy pour les curées. Les curées se font de plussieurs façons, les unes au logis, les autres à la campaigne; les uns donnent tout aux chiens, d'autres ne donnent que le sang, le dedans. Le seigneur Gaston de Foix fait descoupper tout le chevreuil, et le

[marginal notes: (De) plussieurs philosophes. — Des curées.]

donne aux chiens avec du pain meslé dans le sang et curée; il n'est pas dans son traicté, s'il fait les curées à la campaigne ou au logis; il garde seulement les cuisses, s'il at envie de manger du chevreuil, ou bien s'il en veut donner. Il represente aux veneurs que ses chiens sont tellement obeissants, que bien que la curée soit preparée, que pas un de ses chiens n'y touchera, s'il ne les emancipe de la manger, et se tirent arriere, qu'ils ne la regardent pas : c'est estre tenu en obeissance par tout, en chassant, à la curée. Les autres que j'ay veus ne disent pas les formes qu'ils observoient touchant les curées des chevreuils. J'ay veu autre fois faire la curée aux chiens de feu Sa Majesté Henry le Grand; l'on leur jettoit des chevreuils tout entiers, sans estre despouillez, ils mangeoient poil et tout. L'on les faisoit un peu haller, après que le chevreuil estoit pris, et comme il estoit un peu refroidy, l'on leur jettoit le chevreuil au milieu de la meutte, et ainsy la curée estoit faite. Monsieur le comte de Brionne faisoit faire curée à ses chiens; il leur fit jetter le chevreuil entier, sans estre despouillé; le meilleur chien de sa meutte mourut d'avoir avallé trop de poil ou bourre : voilà l'inconvenient de cette sorte de curée, la quelle je ne fais faire à mes chiens. Je trouve les curées plus ardantes pour les chiens et meilleures à la campaigne, là où ils l'ont forcé, que non pas au logis; cela tient les chiens plus à la chair, faut qu'ils demeurent plus longtemps debout, taschants d'arriver à la mort. Je fais droict et curée à mes chiens à la campaigne, lors que mes chiens ont forcé un chevreuil. Je le fais prendre à celuy qui faict chasser mes chiens, et va droit le chemin de la retraicte, jusques à ce que mes chiens ne hallent plus, qu'ils soyent un peu plus temperez, craignant qu'ils ne soyent fourbus et refroidis. Et en quelque belle place,

Du droict des chiens.

au bois ou bien à la campaigne, l'on jette le chevreuil à terre, les chiens à l'entour; l'on forhue, s'il y avoit quelque chien perdu ou pas encor arrivé. Je fais ouvrir le chevreuil; l'on jette aux chiens le forhu, l'herbiere, et toute la meutte fait curée de cela; après, l'on leur donne le sang, tout chaud à la main; alors l'on a soing des chiens sages, l'on leur donne à la main du cœur, du foye, tout ce qui est dedans, en les resjouissant. Je ne fais à mes chiens autre curée que cela, et, arrivant au logis, l'on leve la teste. Je fais donner aux chiens qui gardent le change, qui chassent les chemins, les doubles, la moelle, la cervelle du chevreuil, chascun un peu, que l'on leur frotte les nazeaux; je ne fais autre curée à mes chiens que celle-là. Donner tout le chevreuil aux chiens pour curée, cela est excellent, s'il y en avoit suffissamment pour remettre les chiens en corps et les restaurer de la retraicte; mais il n'y a pas de la venaison suffisamment pour les mettre pleins tous, et, n'estant saouls qu'à moictié, ils ne mangent pas si bien leur pain le soir. Ce n'est pas comme à un cerf, là où il y at pour restaurer toutte la meute et la remettre en corps, et luy restablir les forces qu'elle at esvanouies de la traicte qu'ils ont faite; voilà pourquoy je ne donne à mes chiens sinon le sang d'un chevreuil, tout le dedans et le cerveau ou moelle. Après cela, au chenil, l'on les restaure de bon pain; s'ils ne mangent pas bien, l'on leur donne du laict ou du potage, pour les restaurer et restablir leurs forces esvanouies de la traicte et des efforts. La curée est faicte, allons à la retraicte, preparez à satisfaire aux discours qui me seront faits par mes amis, courtisants et autres indifferents. « Que pensez-vous faire d'estre tousjours comme un sauvage dans les forests? Vous vous tuez, vous abbregez vos jours. Aymerez-vous tousjours autant la

[Margin: Restaurer les chiens à la retraicte.]

[Margin: Discours à la retraicte.]

chasse? Quel plaisir pouvez-vous avoir, tout un jour solitaire dans les deserts, à ouïr clabauder des chiens, sequestré la plus part du temps de la cour, de vos amis, des bonnes compagnies? » En voicy les raisons. Quelle compagnie peut avoir un veneur plus agreable que celle de son maistre? S'il est veneur, s'il ayme la chasse, il est souvent dans les forests avec son maistre. J'ayme les forests, les lieux solitaires, les deserts; c'est là où je suis en la contemplation de l'art de venerie; c'est là où j'ay subject d'admirer les œuvres de Dieu. Là, rien ne m'oste la veue de cette voute azurée; je vois au naturel les sources d'eau vive, les torrents bruiants à val des rochers; les cavernes, les antres de la terre me sont manifestées. Vous faites des grottes et rochers artificiels, des inventions d'eau, des degoisements et chants d'oiseaux fort ingenieusement representez; dans les deserts, je vois tout cela au naturel, il n'y at point de cabinet derriere, cabinet qui me soit fermé. Dans ces lieux solitaires, l'on voit par tout, tantost au fort, plus loing aux futayes, dans les vallées. Plus loing, je me trouve sur la cime d'une montaigne; c'est alors que je considere à mon aise ce grand flambeau celeste, le soleil, qui sort de son orient; je le vois au midy, au couchant, au septentrion, bref j'ay entiere cognoissance de ses tours et contours. J'ay mille plaisirs à voir toutes les sortes d'arbres, de plantes, de fleurs; bien qu'elles soyent, les unes au plus creux des vallées, en my coste, sur la crouppe des montaignes, neantmoins tout cela tire à son zenith. Mais si je considere les saincts escrits, j'ay encor plus de subject d'aymer les deserts; car par ces saincts escrits, je vois un bienheureux sainct Jean qui passa sa vie aux deserts; il est dit dans la Bible, en sainct Marc, chapitre I, que la parolle de Dieu fut faite aux deserts sur Jean, fils de Zacharie;

Des saincts aux deserts.

en après il alla prescher le baptesme et la penitence par toutes les contrées du Jourdain; un sainct Hierosme, hermite, le quel at demeuré quatre-vingt-dix-huict ans ou environ aux deserts; la Magdalaine qui fait penitence dans une forest, au creux d'un rocher. Sainct Antoine passe sa vie aux deserts, saincte Marie, Egiptienne, quarante-deux ans aux deserts; sainct Hierosme, en meditation aux deserts, se frappe l'estomac d'un caillou ou d'un morceau de rocher; sainct Eustache est veneur et passe sa vie dans les forests; et vous, bienheureux sainct Hubert, c'est dans ces mesmes deserts là où vous vistes un crucifix entre la ramure d'un cerf, là où Nostre Seigneur s'apparut à vous, en chassant; des legions d'ames bienheureuses ont esté purifiées et fait leur salut dans les forests, au plus creux des deserts et lieux solitaires; c'est aussy aux deserts que la manne, cette viande sacrée, fut envoyée du ciel aux peuple et enfans d'Israel. Puisque tant de personnages relevez en pieté et autres ont choisy les deserts, comme lieux où Dieu s'est plus communiqué à ses mieux aymez et fideles, je prend de là subject de les benir et louer, pour aussy y avoir passé la plus part de mes jours en l'exercice de venerie, exercice tant noble qu'il n'appartient qu'aux roys et princes de l'exercer ou de favoriser ceux qui l'exercent et les aymer. Vous, ô mon Dieu, estes le premier autheur de venerie, ainsy que l'asseure le prophete Isaie : qui, descendant du ciel en terre pour forcer le diable et ses furies, non sans occasion vous vous estes comparé à un veneur, et, pour plus facilement jouir de vostre chasse asseurée, avez voulu estre conduit du Sainct-Esprit, en l'aage de trente ans, au desert de la quarantaine, en la montaigne de Domin, là où vous avez tellement chassé, pressé et forcé ce monstre infernal auparavant indompté, que vous

Dieu au desert.

l'avez reduit dans les enfers, où il est resserré à jamais. Vous m'avez donné donc, Seigneur, l'enseignement d'aymer les deserts, je m'y suis porté selon vostre instinct; aussy y ay-je receu des parfaits contentements, pour avoir recognu, aux deserts et lieux solitaires, les effects de vostre divine puissance, sapience eternelle et infinie providence. Et comme ce qui est dans le monde ne pourra jamais contenter l'esprit humain, je supplie tant d'honorables seigneurs veneurs et autres de considerer ce mien petit œuvre, que j'ay voulu produire en lumiere, premierement à la gloire du Très-Haut, et puis pour leur donner occasion de s'occuper à cest art de venerie, qui ne s'exerce, la plus part du temps, sinon aux deserts et lieux solitaires, là où l'on prend et reçoit mille subjects de quitter tant de vanitez mondaines, et de s'unir avec Dieu, seul contentement des desirs. Seigneur, par les sainctes meditations de ces saincts bienheureux, par leurs merites, pardonnez-moy mes offences, en vertu de vostre Passion. Grand Dieu, faictes-moy misericorde et à tous vrays francs veneurs, affin qu'après avoir tant des fois percé et repercé les forests, deserts et lieux solitaires, lors que nos corps seront sur le point d'estre reduits en cadavres, poudres et cendres, que nos ames vous voient eternellement au ciel. AMEN.

Priere à Dieu.

A Monsieur,

Monsieur PRADIER, Abbé de Nostre-Dame de la Blanche.

MONSIEUR, Il y a quarante-cincq ans que j'ay tiré de defunt Monsieur de Vitry une partie des fondements de mes escrits de venerie, dans la faveur qu'il me faisoit de m'honorer de ses bons advis et maximes infaillibles en ceste science; or, à present, il semble que le destin vous aye placé auprès de Monsieur le mareschal de Vitry, son fils, à l'advantage de mon contentement, pour donner le dernier traict de pinceau à mon travail; ce que je vous convie et vous supplie de faire, affin qu'estant consideré par la prudence et jugement d'un personnage de vostre merite, que les traicts et pointes dont les epistres et chapitres sont enrichis, les quels j'ay tirez de plussieurs bons autheurs, puissent estre à couvert des censeurs, en rayant et biffant ce qui pourroit estre au desavantage des bonnes mœurs, et qui chocqueroit le sens commun ou la raison, et que mes escrits de ceste science, qui est le divertissement familier des roys et grands princes, estans accompagnez d'un mot de vostre main, puissent paroistre avec plus de bienseance dans leurs cabinets et ailleurs. Je sçais que Monsieur le mareschal de Vitry n'aura nullement desagreable que vous m'obligiez, puisque je suis son très humble serviteur, et que cette science de venerie, que plusieurs anciens ont appellée don de Dieu, coule de sa maison hereditairement, avec toutes autres vertus et bienseances, comme les fleuves et torrents tirent leurs sources des rochers, et, que, de temps en temps, de leur science en venerie ils en ont diverti les plus puissants roys de la terre, les quels roys, aux siecles de l'antiquité, n'ont pas seulement voulu estre honorez du tiltre de bons veneurs pendant leur vie, mais aussy après leur mort. Ce grand roy Darius de Perse le justifie, qui voulut que sur son tombeau la superscription fut, qu'il avoit esté bon veneur. Je suis des moindres veneurs de ce temps; mais j'ose vous supplier, en faveur de ces grands autheurs de venerie, de m'obliger, affin que par les effects de mes très humbles services je fasse voir par tout le resentiment que j'en ay, et que l'on voye, ès siècles à venir, imprimé en mon livre le caractere de,

Monsieur,

Vostre très humble et très obligé serviteur,

JEAN DE LIGNIVILLE,
Comte DE BEY.

A Paris, le 12 janvier 1641.

A MONSIEUR,

MONSIEUR le Comte DE BEY.

MONSIEUR, Ayant leu les beaux et sçavants escrits que vous avez faits de la chasse et venerie, et les moralitez que vous y avez adjoustées, et sceu que vostre desir estoit d'avoir l'approbation d'un homme d'Eglise pour ce qui regarde les bonnes mœurs, j'ay creu que ce me seroit un grand honneur que vous la voulussiez aggreer de ma part, vous asseurant, Monsieur, que je n'y ay rien trouvé qui m'ait semblé contraire aux bonnes mœurs, telles que ceux de ma condition doivent professer, en la quelle je voudrois avoir moyen de vous pouvoir tesmoigner combien je vous honore et suis,

Monsieur,

Vostre très humble et obeissant serviteur,

PRADIER,
Prestre et Abbé de la Blanche.

Paris, ce 14 février 1641.

TABLE

DES

MEUTTES ET VENERIES

SECONDE PARTIE

LA MEUTTE ET VENERIE POUR LE LIEVRE

LA VENERIE POUR LE SANGLIER

LA MEUTTE ET VENERIE POUR LE CHEVREUIL

NOTES

NOTES

A

Acosta. Joseph d'Acosta, jésuite espagnol né à Medina del Campo vers 1539, mort recteur du collège de Salamanque, le 15 février 1600. Il avait été employé dans les missions de son ordre aux Indes Occidentales, et fut le second provincial du Pérou. Son *Historia natural y moral de las Indias*, qui eut quatre éditions, de 1590 à 1610, est encore très estimée. Robert Regnault en donna une traduction française, dont trois éditions parurent en 1598, 1606 et 1616.

Acour. Accours (du latin *accursus*), endroits découverts et d'un parcours facile, vers lesquels on dirigeait le gibier, afin qu'il pût facilement y être atteint par les laisses de lévriers ou par les hardes de chiens qu'on y avait préalablement disposées. Robert de Salnove dit *accoures* et même la *courre* (*la Venerie royale, la Chasse du sanglier*, chap. Ier et XIII).

Acteon. Actéon, fils d'Aristée et d'Autonoé, fille de Cadmus. Actéon était donc petit-fils et non neveu de ce prince, comme le dit Ligniville.

Adonis. Né de l'inceste de Cinyre, roi d'Assyrie ou de Chypre, et de Myrrha, sa fille, il fut, d'après la Fable, tué par un sanglier en furie que, présumant trop de ses forces, il avait attaqué seul.

Æneas. Énée. — Pages 24 et 25 de la Ire partie, Ligniville reproduit l'énumération des veneurs troyens donnée par du Fouilloux dans le 1er chapitre de sa *Venerie*.

Afrique (montagne d'). Près Ludres, canton de Nancy.

Agesillaus. Agésilas, roi de Sparte de 400 à 362 avant Jésus-Christ. Xénophon a écrit une très intéressante vie de ce prince.

Agesipolis. Agésipolis II, roi de Lacédémone. Il était fils de Cléombrote, frère d'Agésipolis Ier, auquel il succéda en l'an 371 avant Jésus-Christ, pour ne régner qu'une année.

Agrigentins. Habitants d'Agrigente, colonie de Géla, fondée sur la côte méridionale de la Sicile, vers l'an 582 avant Jésus-Christ. Agrigente s'appelle aujourd'hui Girgenti Vecchio.

Ainville, Parc d'Ainville. Voir *Einville*.

Airres, aires (voir Ire partie, page 395, l'étymologie donnée par Ligniville). Erres, voies.

Alcibiades. Alcibiade, le célèbre général et homme d'État athénien, neveu de Périclès, né en l'an 450 avant Jésus-Christ. D'après Plutarque (*Vie d'Alcibiade*), il acheta le chien, dont il coupa la queue, 70 mines, ce qui, selon un commentateur, équivaudrait, au moins, à la somme de 6500 francs de notre monnaie actuelle.

Allemagne. Bailliage d'Allemagne.

Allet. Alèthe, nom employé autrefois pour désigner un faucon de passage qu'on supposait d'une race distincte de celle du faucon pèlerin.

Alexandre. Alexandre le Grand. Ce prince aimait à chasser le renard et parfois les oiseaux; il terrassa un jour un lion devant un ambassadeur spartiate (Plutarque, *Vie d'Alexandre*). Pline le Naturaliste rapporte qu'Alexandre avait un chien qui dédaignait d'attaquer d'autres animaux que l'éléphant et le lion (*Naturalis Historia*, lib. VIII, cap. xl).

ALEXANDRE NAPOLITAIN. Alessandro Alessandri, jurisconsulte napolitain, né en 1461, mort à Rome, le 2 octobre 1523, abbé commendataire de l'abbaye de Carbonne dans la Basilicate. Il composa un livre d'érudition et de philologie intitulé : *Genialium dierum libri VI*, fait sur le modèle des *Nuits attiques* d'Aulu-Gelle.

ANAXAGORAS. Anaxagore, philosophe né vers l'an 500 avant Jésus-Christ, mort en 428.

ANGOULESME (M. le duc d'). Charles de Valois, fils naturel de Charles IX et de Marie Touchet, né le 28 avril 1573, mort le 24 septembre 1650. Grand prieur de France en 1589, il quitta l'ordre de Malte peu après, prit d'abord le titre de comte d'Auvergne, puis celui de duc d'Angoulême en 1619.

ANGUILLE (étang d'). Probablement Langatte ou Languimbert, et il doit s'agir de l'étang appelé maintenant du Stock, situé entre Rhodes, Languimbert et Langatte (Alsace-Lorraine). Cet étang est à 7 ou 8 kilomètres à l'est de celui de Lindre.

ANTHIOCUS. Antiochus, surnommé Sidétès ou le Chasseur, quatorzième roi de Syrie, qui régna de l'an 140 à l'an 127 avant Jésus-Christ.

ANUBIS. Roi d'Égypte, adoré sous la forme d'un chien. « Quelques-uns disent que c'était un fils d'Osiris, d'autres de Mercure; d'autres croient que c'était Mercure lui-même, car on l'appelle quelquefois Hermanubis. Sa statue était toujours à la porte des temples, comme la garde d'Isis et d'Osiris. On dit qu'Anubis, fils d'Osiris, avait toujours beaucoup aimé les chiens et la chasse, et qu'à la guerre où il avait toujours suivi son père, il avait une figure de chien sur son bouclier et sur ses étendards. D'autres croient qu'Anubis était un des conseillers d'Isis, et qu'on lui a donné une tête de chien pour désigner sa sagacité. » (Noël, *Dictionnaire de la Fable.*) — « Et le cercle qui s'appelle Orizon qui est commun, et disgrege les deux hemispheres, se nomme Anubis, et se compare de figure à un chien, pource que le chien se sert de la veue aussi bien la nuict que le jour, et semble qu'envers les Ægyptiens Anubis a une pareille puissance que Proserpine envers les Grecs, estant et terrestre et celeste. » (Plutarque, *Œuvres morales, de Isis et d'Osiris*, traduction d'Amyot, Paris, Macé, 1588.)

ARIEUS. Ariée, un des lieutenants de Cyrus le Jeune. Il ne tint pas longtemps le serment si solennellement prêté aux Grecs ; car après le meurtre de Cléarque, se joignant au satrape Tissapherne, il ne cessa de les inquiéter dans leur retraite (Xénophon, *Anabase*).

ARTIGOUTY (M. d'). Chrétien d'Artigoity, chevalier, seigneur d'Artigoity et de Gorriteps en Biscaye, baron de Gourgivault et d'Ys en Bassigny, conseiller d'État du duc Charles IV, premier gentilhomme de la chambre du cardinal Nicolas-François de Lorraine et gouverneur de Marsal.

ARTUISONS. Artisons. On donne ce nom aux insectes qui rongent le bois et piquent les étoffes.

ASSEMBLÉE. « Réunion en un lieu désigné d'avance de toutes les personnes convoquées pour prendre part à une chasse à courre. C'est là que les valets de limier viennent ordinairement faire rapport de ce qu'ils ont trouvé dans leur quête, afin que le maître d'équipage choisisse parmi les animaux qui ont été détournés celui que l'on doit attaquer. » (J. la Vallée, *Technologie cynégétique*.)

ASSEURÉ. Assuré. Un oiseau de vol est assuré, quand il est hors de filière, c'est-à-dire quand on peut compter sur son retour au rappel. On dit aussi qu'un oiseau de fauconnerie est assuré, lorsqu'il se tient tranquille sur le poing, sans se débattre.

ATTALANTE. Atalante. Voir *Sanglier de Sicille*.

AULBRY. Aubry de Montdidier, assassiné dans la forêt de Bondy par un chevalier nommé Macaire. Gaston de Foix (*la Chasse de*

Gaston Phœbus, ch. xv) et Bernard de Montfaucon (*Monuments de la Monarchie françoise*, t. III, pag. 69 et suiv.) ont longuement raconté le combat du lévrier d'Aubry contre le meurtrier de son maître. Selon Montfaucon, ce combat aurait eu lieu devant le roi Charles V dit le Sage, en 1371. La victoire du lévrier d'Aubry de Montdidier était représentée au-dessus de la cheminée d'une des salles du château de Montargis; aussi cet animal est-il le plus ordinairement désigné sous le nom de chien de Montargis. (Girault de Saint-Fargeau, *Dictionnaire géographique, historique... de toutes les communes de la France*, v° *Montargis*.)

Autrey. Autrey-sur-Madon, village de l'ancien comté de Vaudemont, aujourd'hui commune du canton de Vezelise (Meurthe-et-Moselle).

Avant-Garde (l'). La forêt de l'Avant-Garde est au nord de celle de Haye (voir *Hay*) et fait partie du même massif.

Avicene. Célèbre philosophe et médecin arabe, dont le vrai nom était Abou-Ali-Hocéïn, né près de Chivaz en Perse, vers l'an 980, mort à Hamadan en 1037.

Azur (mines d'). Azur ou azurite de cuivre, minerai de cuivre carbonaté bleu.

B

Bademeny. Badménil-aux-Bois, commune du canton de Châtel-sur-Moselle (Vosges).

Bandé, ligué. — Lors des guerres des maisons d'Orléans et de Bourgogne sous Charles VI, les partisans de la maison de Bourgogne portaient une croix de Saint-André rouge, et ceux qui suivaient la bannière d'Orléans se distinguaient par une écharpe blanche; le peuple appelait bande cette dernière, et les bandés les soldats qui la portaient. De là vint la vieille expression : se bander contre quelqu'un.

Basile (sainct). Saint Basile, surnommé le Grand, évêque de Césarée, né en 329, dont les *Homélies* et l'*Hexaméron* sont demeurés célèbres. Il mourut en 379.

Basile de Grece (l'empereur). Basile Ier dit le Macédonien, empereur d'Orient en 867, mort en 886 des suites d'un accident de chasse, disent certains historiens. Selon les uns, il reçut d'un cerf un coup d'andouiller; d'après d'autres, un de ses officiers, en voulant le dégager de dessous l'animal qui venait de le terrasser, le frappa mortellement au côté.

Bauzey (M. de). « La famille de Beauzey tirait son nom d'un village du Barrois, aujourd'hui Beauzée, canton de Triancourt, arrondissement de Bar-le-Duc (Meuse). » (*La Meute et Vénerie pour lièvre*, édition de H. Michelant, *Index*.)

Baviere (Son Altesse de). Maximilien Ier, né à Landshut le 17 avril 1573, duc de Bavière de 1596 à 1651.

Beaufort (M. de). Colonel au service du duc Charles IV, « homme d'une haute réputation pour les sièges », dit le marquis de Beauveau (*Mémoires*, p. 106). Il défendit, en 1651, Épinal contre le maréchal de la Ferté, et, en 1670, Châtel-sur-Moselle contre le maréchal de Créquy. La première de ces villes ne fut rendue que sur l'ordre formel de Charles IV, et la seconde qu'après une lutte acharnée.

Beauserville. Voir *Bosserville*.

Bechitter, Pechitter. Le vrai mot allemand est *beschützer*, protecteur, défenseur.

Beheu (bois de). Sur la carte de l'État-Major, on ne trouve aucun bois de ce nom près de la forêt de l'Avant-Garde (voir ce mot). Mais à l'ouest de la forêt dite Entre-deux-Voies, située au nord de l'Avant-Garde et lui faisant suite, on voit, sur la même carte, une remise un peu au-dessous de la ferme de Néleu. Peut-être Beheu est-il mis pour Néleu.

BERLIZE. Village de l'ancien évêché de Metz, aujourd'hui annexe de la commune de Bazoncourt (Alsace-Lorraine).

BEROALDE (Philippe). Béroalde l'Ancien, né à Bologne le 7 décembre 1453, mort le 14 juillet 1505. Il publia divers ouvrages sur l'antiquité, parmi lesquels *Caii Plinii Secundi Historiæ naturalis libri XXVII, cum brevibus notis*, dont les éditions sont : Parme, 1476, in-fol.; Trévise, 1479, id.; Paris, 1516, id.

BEY. Village de l'ancien évêché de Metz, aujourd'hui commune du canton de Nomény (Meurthe-et-Moselle).

BIFONTAIGNE. Biffontaine, commune du canton de Brouvelieures et de l'arrondissement de Saint-Dié (Vosges). La forêt de Mortagne, qui devait comprendre autrefois celle des Bois-de-Champ, est au nord de cette commune.

BILLEBAUDE. Même sens que *trolle* (voir ce mot). « Chasser à la bilbaude, c'est fouler et quêter dans plusieurs enceintes avec tous les chiens, lorsque l'on n'a rien détourné. » (Goury de Champgrand, *Traité de vénerie et de chasses*, *Dictionnaire des termes de vénerie et de fauconnerie*.) J. la Vallée, dans sa *Technologie cynégétique*, dit que le mot *billebaude* est composé de l'ancien français *bille*, morceau de bois, bâton, et du latin *vado*, je vais; d'où *billevader*, *billebauder*, errer à l'aventure, comme un aveugle muni de son bâton.

BINET (le R. P.). Étienne Binet, jésuite, né à Dijon en 1569, mort à Paris le 4 juillet 1639. Il publia sous le nom de René François, en 1621, *Essay sur les merveilles de la Nature*, Rouen, in-4°, livre assez curieux qui eut ensuite de nombreuses rééditions. Dans ce livre, on trouve un chapitre sur la vénerie et un autre sur la fauconnerie, ne manquant pas d'intérêt.

BIONCOURT (M. de). Peut-être Jean de Bioncourt, troisième fils de Martin de Custine, baron de Cons, seigneur de Villy, de Bioncourt, etc... (La Chesnaye-Desbois, *Dictionnaire de la Noblesse*, article *Custine*.)

BLEINVILLE. Blainville-sur-l'Eau ou la Grande, commune du canton de Bayon et de l'arrondissement de Lunéville, au sud-ouest de cette ville, et au-dessous de la forêt de Vitrimont, qu'on appelait probablement autrefois la Garenne de Lunéville.

BOISCUS. L'anecdote relative à ce soldat thessalien est rapportée par Xénophon dans le chapitre VIII du livre V de l'*Anabase.*

BOSSERVILLE. Ancien village de Lorraine, célèbre par la chartreuse qui y existait, aujourd'hui hameau de la commune d'Art-sur-Meurthe (Meurthe-et-Moselle).

BRANDES. Brande, sorte de bruyère qui croît dans les montagnes incultes. On appelle aussi brandes les lieux où pousse cet arbuste. (Littré, *Dictionnaire de la langue française.*)

BRAY. Fange, boue, limon de terre.

BRILLER. Se dit des chiens qui quêtent dans une plaine. (Furetière, *Dictionnaire universel.*)

BRIONNE (M. le comte de). Henri de Lorraine, comte d'Harcourt, d'Armagnac et de Brionne, vicomte de Marsan, grand écuyer de France, sénéchal de Bourgogne et gouverneur d'Anjou, second fils de Charles de Lorraine, duc d'Elbeuf, et de Marguerite Chabot de Pagny, né le 20 mai 1601, mort subitement à l'abbaye de Remiremont le 25 juillet 1666.

BUSSI (buisson de Bussi, près la plaine de Denville). Ce buisson n'existe plus, car on ne voit, sur la carte de l'État-Major, aucun bois de ce nom aux environs d'Einville-au-Jard (voir *Einville*).

C

CAÏN. La Bible ne dit pas que Caïn fût chasseur; mais, selon une tradition hébraïque rapportée par saint Jérôme, il parcourait sans cesse les forêts, pour essayer de se soustraire aux remords que lui causait le souvenir du meurtre d'Abel. Un jour que, fatigué, il reposait au milieu de quelque hallier, Lamech, un de ses descendants, en chassant, passa non loin de là avec son fils Tubalcaïn ; ce dernier entendit du bruit, aussitôt il prévint son père et Lamech, croyant atteindre certaine proie digne de lui, lança une flèche qui transperça le cœur de Caïn.

CAMBIZES. Cambyse, roi de Perse, père de Cyrus le Grand.

CANANÉE. Chananéenne, habitante de la terre de Chanaan. Jésus guérit la fille de cette femme qui était tourmentée du démon. (*Évangile selon saint Mathieu*, chap. XV, versets 21-28.)

CANICULE. La grande et la petite canicule, le Grand et le Petit Chien, constellations de l'hémisphère austral.

CARBIGNAN (de). Robert de Salnove (*la Vénerie royale*, préface) cite, parmi les sous-lieutenants de la grande vénerie de France, un sieur de Carbiniac. Espée de Sélincourt, dans la note de la page 40 de son *Parfait Chasseur*, met aussi au nombre des « vieux connoisseurs » qu'il avait vus un Carbignac. L'un et l'autre doivent être le même personnage dont parle Ligniville.

CASTOR. « Jupiter, amoureux de Léda », femme de Tyndare, roi de Sparte, « s'étant transformé en cygne pour réussir dans ses amours, cette princesse eut deux œufs, dont l'un, de son mari, produisit Castor et Clytemnestre, tous deux mortels ; l'autre, de Jupiter, produisit Hélène et Pollux, qui tenaient l'immortalité de leur céleste origine. » (Noel, *Dictionnaire de la Fable*.)

CASTORS. « On compte deux espèces de chiens : les uns castorides, les autres alopécides. Castor, si connu pour sa passion pour la chasse, s'attachait à la première : voilà l'origine de la première dénomination. Les alopécides ont été ainsi appelés parce que, dans l'origine, ils sont nés de l'accouplement d'un chien et d'une renarde ; avec le temps les deux espèces se sont mêlées et confondues. » (Xénophon, *Cynégétiques*, chap. III.)

CENDRÉE. Eau de lessive. « Leur (aux chiens) faire donner des cendrées », les laver avec de l'eau de lessive.

CEPHALE. Céphale, fils d'Éole ou de Déion, fils de celui-ci, et de Diomède. Céphale était le mari de Procris (voir ce mot).

CERCUEIL. Ancien village de Lorraine, aujourd'hui commune du canton de Saint-Nicolas-du-Port (Meurthe-et-Moselle).

CHAMPDRAY. Ancien village de Lorraine, aujourd'hui commune du canton de Corcieux (Vosges).

CHARLES NEUFIESME. Charles IX, deuxième fils de Henri II et de Catherine de Médicis, roi de France de 1560 à 1574. Il est l'auteur de la *Chasse royale*, qui ne fut publiée qu'en 1625.

CHARLES SIXIESME DE CE NOM, ROY DE FRANCE. Charles VI, dit le Bien-Aimé, roi de 1380 à 1422. — On lit aussi dans les *Croniques de France*, de Robert Gaguin, à l'année 1538 : « En ce temps advint chose digne de cognoissance et memoire. Charles estoit allé à Senlis, pour soy recreer à la chasse. Adoncques par la voy des chiens fut excitez ung cerf et mis en fuyte, que l'on dit porter ung collier d'airain à lentour de son col. De ce le roy adverti deffendit luy toucher de ferrements et l'eschauffer en quelque maniere; ainçoys le fist prendre aux rethz sans aucun mal. Dessus son collier estoit escript en lettres latines : Cecy m'a donné Cesar. Laquelle chose auncuns interpretoient de Jule Cesar. Mais les cerfz ne vivent tant longuement que cestuy eust peu durer depuis Jule Cesar jusques à ce temps. Parquoy fault qu'il se raporte à ung aultre empereur. Car depuis ce premier Cesar l'usaige a toujours gardé que chascun empereur estoit appelé Cesar. Depuis lequel temps Charles tousjours eust pour enseigne ung cerf avec les ailes, que l'on dit cerf volant, portant une couronne d'or à son col et aux armes royalles, èsquelles et à troys fleurs de lictz ont accoustumé estre mis deux cerfz aux deux costez. »

CHARLES TROISIESME (le duc). Charles III, dit le Grand, duc de Lorraine. Charles III, fils du duc François Ier et de Christine de Danemark, nièce de Charles-Quint, naquit à Nancy le 15 février 1543. Il succéda à son père le 18 août 1555 et régna jusqu'en 1608.

CHARMES (forest de). La forêt de Charmes est au nord-est de la petite ville de Charmes-sur-Moselle, chef-lieu de canton de l'arrondissement de Mirecourt (Vosges). Charmes existait déjà au XIIe siècle. Son nom viendrait, suivant certains auteurs, de sa belle situation sur les deux rives de la Moselle, et, selon d'autres, d'une forêt de charmes qui l'avoisinait, ou sur l'emplacement de laquelle elle fut bâtie. (Henri Lepage, *le Département des Vosges, Statistique historique et administrative.*)

CHARON. Charron, avocat, puis prédicateur, ami de Montaigne, né à Paris en 1541 et mort en 1603. Dans son *Traité de la Sagesse*, il voulut reproduire les idées et le style du célèbre moraliste, mais il n'a ni la grâce ni l'originalité du maître.

CHASTELET (Jacques du). Jacques du Châtelet, chevalier, seigneur du Châtelet, souverain de Vauvillars, baron de Châteauneuf, de l'Arbène, seigneur de Sorcy, Passavant, Pompierre, Broussey et Raulecourt, conseiller et chambellan du duc Antoine le Bon, bailli de Saint-Mihiel, grand veneur de Lorraine, mort le 31 mai 1551.

CHASTENAY. Nicolas de Chastenay, seigneur d'Echalot, baron de Rochefort, comte de Lanty, lieutenant de la compagnie d'ordonnance d'Alexandre de Vendôme, grand prieur de France, épousa, par contrat du 6 septembre 1617, Madeleine Bouton, fille d'Erard, seigneur de Chamilly. (*Nobiliaire de Champagne*, manuscrit de la bibliothèque de Reims.) Peut-être est-il l'auteur du sonnet au comte de Bey.

CHERUSIADE. Achérusiade (*Acherusa Chersonesus*), petite péninsule et non port, au nord-est d'Héraclée, en Bithynie.

CHIEN MARIN. Chien de mer, la grande roussette (*Scyllion canicula*).

CHIENS BAUDS. « Chien baud doit estre baud et lie, bien querant et bien requerant, et alant voulentiers tousjours devant, et ardant et voulentiers en sa chasse; et doit estre rade et tost alant et fort durant bien sa chasse et foisonnant tout le jour; bien chassant et bien rechassant; bien criant tout le jour avec le pié, la guele, bien ressentant. » (*La Chasse de Gaston Phœbus*, chap. XIX.)

CHIENS BLANCS. Du Fouilloux les appelle *Greffiers*. Race issue du croisement d'une braque d'Italie, appartenant à un greffier (secrétaire du roi), avec un chien blanc de Saint-Hubert, donné par Louis XI à Gaston du Lyon, sénéchal de Toulouse, puis par celui-ci à Jacques de Brézé, grand sénéchal de Normandie. « Vrays chiens de roy », dit Charles IX (*la Chasse royale*, chap. X), les greffiers composèrent longtemps les équipages royaux et ceux des grands seigneurs. Du Fouilloux (*la Venerie*, chap. II) nous apprend qu'ils étaient « beaux chasseurs, requerans, forcenans et de haut nez ».

CHIENS D'ARTOIS. Jusque dans le courant du XVIIe siècle le nom de chiens d'Artois était donné aux bassets à jambes torses. (Baron Dunoyer de Noirmont, *Histoire de la chasse en France*, t. II, pag. 334.)

CHIENS MERLANTS. Race aujourd'hui disparue, « une des plus fameuses autrefois pour chasser le cerf. Son nom venait d'un chien appelé Merlant, qui vivait au commencement du XVIe siècle... Il est à croire qu'elle venait de la variété blanche des chiens de Saint-Hubert, et qu'avec la robe blanche elle avait la tournure et les formes des Gascons et des Saint-Hubert, donnant des chiens lourds, puissants et trapus, osseux, au rein troussé. Ils étaient célèbres comme chiens de change et passaient pour être hors ligne sur le cerf. » (Le comte le Couteulx de Canteleu, *Manuel de vénerie française*, pag. 38.)

CHIENS NOIRS DE SAINCT-HUBERT ET DE SAINCT-EUSTACHE. Aucun théreuticographe n'appelle les chiens noirs de Saint-Hubert chiens de Saint-Eustache : « Ce sont, dit du Fouilloux, les chiens dont les abbez de Sainct-Hubert ont tousjours gardé de la race, en l'honneur et memoire du sainct qui estoit veneur avec sainct Eustache. » (*La Venerie*, chap. v.) La fin de cette phrase a dû amener une confusion dans l'esprit de Ligniville, car saint Hubert naquit plus de cinq cents ans après le martyre de saint Eustache. (Voir ci-après les mots *Hubert* et *Eustache*.) Du Fouilloux et Charles IX prêtent, chacun, des caractères distinctifs assez différents aux chiens noirs dits de Saint-Hubert, race aujourd'hui disparue de notre continent, mais que le baron Dunoyer de Noirmont croit reconnaître dans les *Bloodhounds* noirs d'Angleterre (*Histoire de la chasse en France*, t. II, pag. 317). Selon du Fouilloux, « ils sont puissans de corsage : toutes fois ils ont les jambes basses et courtes : aussi ne sont-ils pas vistes combien qu'ils soient de haut nez, chassans de forlonge. » (*La Venerie, loc. cit.*) Charles IX écrit, au contraire, dans la *Chasse royale* (chap. VIII) : « Les chiens noirs (de Saint-Hubert) sont de moyenne stature... ce sont chiens longs, peu rablez et qui n'ont grande force : leur façon de chasser est par le menu... Si s'adventure le change bondit, ils demeurent tous estonnez à la queue des chevaux des piqueurs : si bien qu'ils ne chassent, ny le change, ny le droict. » D'après les deux auteurs précités, les chiens noirs de Saint-Hubert servaient plus utilement à la chasse du sanglier et du renard qu'à celle du cerf. On en faisait d'excellents limiers, « principalement pour le noir » ; aussi ceux que les abbés de Saint-Hubert envoyaient chaque année au roi de France étaient-ils généralement dressés à cet usage.

CHIRON. Frère de Jupiter et précepteur d'Achille. Fils de Saturne et de Philyre, ou de la nymphe Naïs selon Apollodore et Xénophon, ce héros, dont la Fable fait un centaure, habitait une grotte au pied du mont Pélion. « La chasse et les chiens sont une invention d'Apollon et de Diane », dit Xénophon, au chapitre 1er de ses *Cynégétiques*. « Ces deux divinités en firent présent à Chiron, pour récompenser sa justice. Il reçut ce don avec joie et en profita. Ses disciples dans cette partie, comme dans d'autres connaissances aussi nobles, furent Céphale, Esculape, Mélanion, Nestor, Amphiaraüs, Pélée, Télamon, Méléagre, Thésée, Hippolyte, Palamède, Ulysse, Ménesthée, Diomède, Castor, Pollux, Machaon, Podalire, Antiloque, Énée et Achille. »

Cisus (mont). Cissus ou Cittus, montagne de l'ancienne Grèce, que certains auteurs placent en Macédoine, près de Thessalonique. (La Martinière, *Grand Dictionnaire géographique et critique*, Paris, 1768.)

Clearieus. Cléarque, général lacédémonien. Condamné à mort pour désobéissance aux éphores, il se réfugia en Perse, auprès de Cyrus le Jeune, et leva pour ce prince, dans la Chersonèse de Thrace, un corps auxiliaire de Grecs, avec lequel il remporta certains avantages sur Artaxercès Mnémon. Après la bataille de Cunaxa où périt Cyrus, Cléarque ayant demandé une entrevue au satrape Tissapherne, celui-ci le fit arrêter, ainsi que cinq autres chefs grecs qui l'accompagnaient. Menés aussitôt devant Artaxercès, ils eurent, tous, la tête tranchée.

Clefmont (M. le baron de). René de Choiseul, baron de Clémont, seigneur d'Audeloncourt, Perusse, Bussières, etc., comte de Martigny, mort, le 25 novembre 1621, au camp devant Juliers, où il commandait une compagnie de 100 chevau-légers pour les États de Hollande.

Cœur (plaine, forêt de). Kœur ou Kœurs. Sur la rive gauche de la Meuse, à 6 kilomètres au sud de Saint-Mihiel se trouvent les deux communes limitrophes de Kœur-la-Grande et Kœur-la-Petite, du canton de Pierrefitte et de l'arrondissement de Commercy (Meuse). La forêt des Kœurs est à l'ouest et près de ces deux villages.

Cognoissable. Connaissable. Voir *Cognoissance*.

Cognoissance. Connaissance, toute marque particulière qui se trouve au pied d'un animal et qui peut aider le veneur à distinguer la bête qu'il chasse des autres individus de la même espèce. (J. la Vallée, *Technologie cynégétique.*)

COGNOISSEUR. Connaisseur. — « Au temps passé il y avoit deux sortes de veneurs, au lieu qu'il n'y en a maintenant que d'une ; car les uns et principaux estoient connoisseurs, qui alloient au bois et laissoient courre les cerfs, et les autres se nommoient piqueurs... En sorte que les piqueurs estans à la queue des chiens, s'ils voyoient bondir le change, ou bien qu'ils reconneussent quelque changement de chasser à leurs chiens, estoient contraincts, et l'art le vouloit, qu'ils les rompissent en brisant aux dernieres voyes qu'ils avoient chassées, et n'osoient passer outre que les veneurs ne feussent arrivez. Eux venus, falloit qu'ils meissent pied à terre, et qu'avec grand jugement demeslassent le cerf d'avec le change, et ainsi le remissent devant les chiens. Tout aussi tost qu'il estoit relancé, les piqueurs faisans leur estat suyvoient les chiens, et les connoisseurs montans sur traquenarts suyvoient la chasse de loin, jusques à ce qu'un autre deffaut vint. » (Charles IX, *la Chasse royale*, chap. XX.) Ligniville cite en partie ce passage, page 289 de la Ire partie. On appelle aussi *connaisseur* le veneur qui juge bien d'un animal.

COLOPHONIENS. Habitants de Colophon, ville de l'Ionie (Asie Mineure), détruite par Lysimaque, un des successeurs d'Alexandre. Pline dit aussi : « *Propter bella Colophonii, itemque Castabalenses, cohortes canum habuere : ex primæ dimicabant in acie nunquam detrectantes. Hæc erant fidissima auxilia, nec stipendiorum indiga.* » (C. Plinii Secundi *Naturalis Historia*, lib. VIII, cap. XL.)

COLUMELLA. Columelle (*Lucius Junius Moderatus Columella*), le plus savant agronome de l'antiquité, né à Cadix, contemporain de l'empereur Claude. Le passage relatif au chien que lui emprunte Ligniville (IIe partie, pag. 382) est tiré du § 12, liv. VII, *de Re rustica.*

COMTY (deffunct M. le prince de). François, prince de Conti, mort en août 1614, troisième fils de Louis Ier de Bourbon, prince de Condé et d'Éléonore de Roye.

CORRES, CORRÉES. Coudriers, noisetiers. — *Corre* vient du wallon *cori* ou plutôt du latin *corylus* qui a la signification de coudrier, noisetier.

CORSEQUE. Corse, île de Corse.

COTIORIENS. Cotyorites ou Cottorites, habitants de Cottora, ville grecque de l'Asie Mineure qui était située dans le pays des Tibaréniens, sur le rivage sud du Pont-Euxin (mer Noire).

COURABLE. On dit qu'un animal est courable, lorsqu'il réunit les qualités d'âge, de vigueur et de santé nécessaires pour assurer au veneur qui veut le courre une chasse agréable.

CYAXARE. Cyaxare II, roi des Mèdes, frère de Mandane, mère de Cyrus le Grand.

CYRUS, FRÈRE D'ARTAXERCES. Cyrus dit le Jeune, second fils de Darius II, roi de Perse. Après la mort de Darius, ayant rassemblé une armée composée de cent mille Barbares et de treize mille Grecs, il se révolta contre son frère Artaxercès Mnémon. Artaxercès marcha au-devant de lui, avec des forces, que Xénophon évalue à douze cent mille hommes. La rencontre eut lieu à Cunaxa, près de l'Euphrate, où Cyrus fut tué (401 avant Jésus-Christ). Xénophon a écrit la vie de Cyrus le Jeune dans le Ier livre de l'*Anabase* ou *Retraite des Dix mille.*

CYRUS LE GRAND. Cyrus, roi de Perse, le conquérant célèbre, fils de Cambyse, roi de Perse, et de Mandane, fille d'Astyage, roi des Mèdes. Né vers l'an 599 avant Jésus-Christ, il régna de 560 à 530, époque où l'on place généralement sa mort. Cyrus le Grand est le héros de la *Cyropédie* de Xénophon.

D

DARIUS. Darius III ou Codoman, dernier roi de Perse, de 336 à 330 avant Jésus-Christ.

DAVID. Avant d'être roi, alors qu'il gardait les troupeaux de son père, David paraît avoir été un assez ardent chasseur. Il ne combattait pas seulement les lions et les ours avec des pierres lancées à l'aide d'une fronde; il luttait corps à corps avec ces animaux. (*Rois*, liv. Ier, chap. XVII, versets 34 et suiv.)

DEMOCRITE. Démocrite, philosophe grec, né à Abdère vers 490 ou 470 avant Jésus-Christ. On dit qu'il vécut 109 ans.

DENVILLE, PLAINE DE DENVILLE. Voir *Einville*.

DIOGENE. Diogène, surnommé le Cynique, né à Sinope (Asie Mineure) en 413 avant Jésus-Christ, mort en l'an 323.

DIOMEDE. Diomède roi d'Étolie, fils de Tydée, après Achille et Ajax le plus brave des Grecs qui se trouvèrent au siège de Troie.

DOMBROT. Il y a dans le département des Vosges deux villages de Dombrot : Dombrot-le-Sec (canton de Vittel), et Dombrot-sur-Vair (canton de Bulgnéville); mais jusqu'en 1715 le premier, seul, avait ce nom, alors que le second s'appelait Bouzey. A cette époque la terre de Bouzey était presque entièrement sortie des mains de la famille de Bouzey, qui par contre possédait la totalité de celle de Dombrot. Afin de préserver la maison de Bouzey de l'ennui d'avoir des comparsonniers étrangers dans la seigneurie portant son nom et ses armes, le duc Léopold, par des lettres-patentes du 20 janvier 1715, supprima et rétablit à l'instant les noms de Bouzey et de Dombrot, donna le nom de Bouzey à Dombrot et celui de Dombrot à Bouzey. Après la révolution de 1789, l'ancien Dombrot devint Dombrot-le-Sec, et le nouveau, Dombrot-sur-Vair. La seigneurie de Dombrot, appartenant à Jean de Ligniville, comprenait donc la totalité ou une partie importante du territoire actuel de la commune de Dombrot-le-Sec. (Henri Lepage, *le Département des Vosges, Statistique historique et administrative*, IIe partie, v° *Dombrot-sur-Vair*.)

DOMIN. Adomim, ville de la tribu de Juda, non loin du désert de la Quarantaine ou de la Tentation.

DONCHERRIBES. Roi de Mauritanie. Du Fouilloux, à qui Ligniville a emprunté le passage relatif à ce prince, écrit Domcherib (*la Venerie*, chap. Ier).

DRAGEES. Grains de plomb.

DRESSER. Un chien dresse, quand il se rabat, trouve la voie après un défaut. — *Dresser la voie*, c'est faire rabattre quelques chiens découplés pour diriger et indiquer la voie à des chiens frais qu'on veut découpler. (D'Yauville, *Traité de vénerie, Vocabulaire général des termes de la chasse du cerf*.)

E

EINVILLE. Einville-au-Jard, commune de l'arrondissement et du canton de Lunéville, située à 7 kilomètres au nord de cette ville, dans un vallon, sur la rive droite du Sanon. Einville était autrefois une ville assez importante. Les ducs de Lorraine y avaient un château entouré d'un beau parc de chasse. Elle fut saccagée, incendiée et entièrement ruinée en 1633, 1635 et 1636.

ENCASTELLER (s'). S'encasteler, se dit d'un cheval dont le talon devient trop étroit et la fourchette trop serrée.

EPITAPHE D'AUSONE OU DE VIRGILE. Ausone (*Decimus Magnus Ausonius*, poète latin né à Burdigala (Bordeaux) vers l'an 309, mort vers 394) dit dans *De Ætatibus animalium, Hesiodion :* « La vie des hommes qui vieillissent se termine à quatre-vingt-seize ans ;

la babillarde corneille vit neuf fois autant ; l'âge du cerf surpasse de quatre fois celui de la corneille ; » ce qui ferait vivre le cerf trois mille quatre cent cinquante-six ans. Le mot *épitaphe* constitue évidemment une faute du scribe copiste du manuscrit de Ligniville, car *De Ætatibus animalium* est une idylle ou une rêverie empruntée à Hésiode, dont Ausone a voulu se jouer en la rapportant.

ERUSANT. Éruçant (érucir venant peut-être de *erosi*, prétérit du verbe latin *erodere*, ronger), prenant entre ses dents, suçant, rongeant.

ESAÜ. Fils aîné d'Isaac et de Rébecca. La *Genèse* (chap. XXV, XXVI et XXVII) dit qu'il était fort habile à la chasse.

ESCALLE, ESCALE (de l'). De l'Escale, ancienne famille souveraine de Vérone, établie sur les confins de la France et de la Lorraine au XVe siècle. Elle possédait en Lorraine les seigneuries de Louppy-le-Château, de Laheycourt et de Noncourt. Adam de l'Escale, dit Scipion, né à Bâle le 15 août 1598, chevalier de l'ordre du Christ de Portugal, capitaine des ville et château de Gondrecourt, seigneur de Rosières-en-Blois, fut envoyé, le 26 juin 1610, par le duc Henri qui l'estimait beaucoup, comme ambassadeur auprès du roi de Pologne Sigismond III. Peut-être faut-il attribuer à Adam de l'Escale la *Synozophie ou cure des chiens*, imprimée selon Ligniville vers 1634 (voir *Lettre du comte de Bey à Sainct-Ravy*, Ire partie, pag. 31), mais que nous avons vainement cherchée. Dans quelques passages des *Meuttes et Veneries* on trouve de l'Escaille, ce doit être une faute du copiste. Les de l'Escaille de Lorraine descendaient d'Antoine Scaglia, moine défroqué de Bar-le-Duc, chassé de Bâle où il s'était réfugié. Il paraît peu vraisemblable que Ligniville, si religieux, eût qualifié de « très brave gentilhomme » l'auteur de la *Synozophie*, s'il avait eu pareille origine.

ESCARBOT (l'). Marc l'Escarbot ou Lescarbot, avocat, littérateur et voyageur, né à Vervins dans le XVIe siècle, qu'on suppose mort vers l'an 1630. Il s'embarqua sur une flottille destinée pour la Nouvelle-France, et contribua à former les premiers établissements dans le Canada. On a de lui plusieurs ouvrages, parmi lesquels *Histoire de la Nouvelle-France contenant les navigations, découvertes et habitations faites par les Français ès Indes Occidentales*, etc., Paris, 1609, 1611 et 1618.

ESCLAME. « Esclame (terme de fauconnerie), c'est le nom d'un oiseau qui n'est point trop épaulé et dont la longueur n'est pas défectueuse ; on appelle, au contraire, goussauts ceux qui sont trop courts ; et les fauconniers disent : les esclames sont meilleurs pour le vol que les goussauts. » (*Dictionnaire théorique et pratique de chasse et de pêche*. Paris, Musier, 1769.) — Furetière, dans son *Dictionnaire universel*, dit qu'esclame est aussi un terme de vénerie et signifie grêle, menu.

ESCOURGÉE. Fouet fait de plusieurs lanières de cuir.

ESGROUS. Mottes de terre.

ESGUAIL. Aiguail (de l'ancien français *aigue*, eau), rosée, petites gouttes d'eau qui demeurent sur les feuilles.

ESOPE. La citation relative aux chiens d'Ésope, empruntée à Montaigne, est tirée du chapitre XIII du livre III des *Essais* et non du livre II, comme le dit Ligniville.

ESPERNON (M. le duc d'). Jean-Louis de Nogaret de la Valette, duc d'Épernon, duc et pair, amiral de France, etc., né en Languedoc en mai 1554, mort à Loches le 13 janvier 1642, un des mignons de Henri III et un des favoris de Marie de Médicis.

ESTRAMASSON. Estramaçon, épée droite, longue et à deux tranchants. — On dit aussi *estramaçon* pour coup d'estramaçon, coup de taille.

ESTREFFURE. Étruffure.

ESTRIGNÉ (estrigner, du latin *stringere*, serrer, presser). Ayant le ventre et les flancs resserrés, rentrés. Phœbus, au chapitre *Du chien courant et de toute sa nature,* dit : « Biau chien courant doit estre... *estrillé* par le ventre. » (*La Chasse de Gaston Phœbus comte de Foix*, chap. XIX.)

EURISTÉE. Eurysthée, roi de Mycènes, qui imposa à Hercule ses douze travaux, parmi lesquels le quatrième était de prendre à la course, dans le Ménale, montagne d'Arcadie, une biche aux pieds d'airain et aux cornes d'or. Hercule l'atteignit, comme elle traversait le fleuve le Ladon, et l'emporta sur ses épaules à Mycènes.

EUSTACHE (sainct). Placidas ou Placide, avant sa conversion, martyrisé, ainsi que Théopiste, sa femme, et Agapius et Theopistus, ses fils, sous l'empereur Adrien, vers l'an 120 ou 130. L'authenticité des *Actes* de ce saint, sur lesquels repose la célèbre légende, transmise d'âge en âge et rééditée par le capucin Philippe d'Angoumois (*les Triomphes de l'amour de Dieu en la conversion d'Hermogène*, combat VI, *de la Venerie*, Paris, Buon, 1625) a été très vivement contestée. Les Bollandistes, en reproduisant les *Actes* de saint Eustache, les accompagnent de commentaires qui résument d'une façon très savante la discussion (*Acta Sanctorum*, t. VI, pag. 106 et suiv.).

F

FACTEURS. Commis, employés préposés à la dépense de la maison.

FAULCOMPIERRE. Faucompierre, village de l'ancien duché de Lorraine, au versant de la montagne de l'Encerf, sur le ruisseau de Barbey, aujourd'hui commune des canton et arrondissement de Remiremont (Vosges). Ce village était autrefois le chef-lieu, d'un ban comprenant partie de Saint-Jean-du-Marché et du Boulay. Durival (*Description de la Lorraine et du Barrois*, Nancy, Leclerc, 1779) dit que de son temps on voyait « sur la montagne voisine de Faulcompierre un vieux château ruiné ».

FAULCONCOURT. Fauconcourt, ancien village de Lorraine, aujourd'hui commune du canton de Rambervillers (Vosges).

FENASSES. Feinasses ou fainasses, bois plantés d'arbres portant faînes, de hêtres. — P. Tarbé, dans ses *Recherches sur l'histoire du langage et des patois de Champagne*, cite le mot *feinasse*, auquel il donne la signification de Temps de la récolte des faînes.

FEZEAU. Faisceau.

FILLIERE. Filière, créance ou tiens-le-bien, ficelle de dix à quarante mètres de longueur, s'attachant aux jets de l'oiseau de fauconnerie et lui permettant une certaine étendue de vol.

FOIX (Gaston de). Gaston III, comte de Foix, vicomte de Béarn, surnommé Phœbus, né en 1331, succéda à son père Gaston II, étant à peine âgé de douze ans et mourut en 1391. Ce fut un rude batailleur en même temps qu'un chasseur passionné pour son art. Il a laissé un livre justement renommé, intitulé : *Phebus des deduiz de la chasse des bestes sauvaiges*, dédié à Philippe de France, duc de Bourgogne. La dernière édition de cette œuvre, donnée sous le titre, *la Chasse de Gaston Phœbus*, Paris, *Journal des chasseurs*, 1854, fut publiée par J. la Vallée; comme elle est la plus connue, c'est à elle que nous nous reportons dans les présentes notes.

FOUILLOU (du). Jacques du Fouilloux, seigneur dudit lieu, gentilhomme du pays de Gastine en Poitou, né vers 1521 et mort le 5 août 1580, un des plus illustres veneurs du XVIe siècle. Il dédia sa *Venerie* à Charles IX.

FOURCHU. Fourchet, abcès qui se forme entre les doigts du pied du chien.

FRANÇOIS II, DUC DE LORRAINE. François, comte de Vaudemont, troisième fils de Charles III et de Claude de France, né le 27 février 1572, mort le 15 octobre 1632, un instant duc de Lorraine sous le nom de François II (1625). Il avait épousé, en 1597, Christine de Salm, fille de Paul, comte de Salm, et de Marie le Veneur de Tillières.

FREDETERRE. Le bois de Froide-Terre est à l'est de Cercueil (voir *Cercueil*), vers le château de Romémont.

FRONTENAC. Antoine de Frontenac, un des compagnons de chasse habituels de Henri IV et un de ses lieutenants de vénerie (Sully, *Mémoires*, liv. XXII, et Baron de Noirmont, *Histoire de la chasse en France*, t. I, pag. 420, *État de la vénerie et de la fauconnerie de Henri IV pour l'année 1592*). Sur l'état de 1592, on trouve aussi parmi les lieutenants, gentilshommes et aides de la vénerie royale : François de la Bertaudière, Sr de Rouet, lieutenant; François de Raguier, Sr de Migennes, id.; Hiérome du Monstier (ou Moustier), sous-lieutenant; J. le Faure dit la Combe, id.; Antoine du Joussieur, Sr de Saint-Bon, id.; N... Sr de la Neuville; Jacques Jorre, Sr de la Motte. Robert de Salnove, qui avait été page de Henri IV et de Louis XIII, met au nombre des veneurs les plus habiles qu'il ait connus dans sa jeunesse, « défunts Messieurs de Frontenac, de Beaumont, de l'Isle-le-Roy, de la Comble, de Grissac, la Molliere et du Moustier ». (*La Venerie royale*, préface.) D'autre part, René de Maricourt, dont le *Traicté et abrégé de la chasse du lièvre et du chevreuil* fut composé en 1627, cite, dans son *Épître au roy*, M. de l'Isle Rouet, en Poitou, son cousin, comme un des meilleurs veneurs du commencement du XVIIe siècle.

FROUART. Frouard, ancien village de Lorraine, commune du canton de Nancy.

G

GALIEN. Célèbre médecin grec, né à Pergame en l'an 131 de notre ère.

GALLAND. Galant, rusé.

Mais le *galland* qui fuit
Semble narguer le chien qui de plus près le suit.
(Claude Gauchet, *le Plaisir des champs, Chasse du lievre aux levriers.*)

GALLES (Mgr le prince de). Charles, troisième fils de Jacques VI d'Écosse et premier d'Angleterre, né à Dumferling (Écosse), le 29 novembre 1600, prince de Galles en 1616, après la mort de ses deux frères aînés, Henri et Charles, roi d'Angleterre le 6 avril 1625, décapité à White-Hall le 30 janvier 1649.

GARAMANTES. Peuple de l'Afrique ancienne dont le pays comprenait le Fezzan actuel. Leur capitale était Garama, aujourd'hui Gherma ou Germa dans le Maroc. « *Garamentum regem canes ducenti ab exilio reduxere, prœliati contra resistentes.* » (Caii Plinii Secundi *Naturalis Historia*, l. VIII, cap. XL.)

GELLENONCOURT (de). Grand veneur de Lorraine et de Bar, prédécesseur de Jean de Ligniville dans cette charge. Nous ne pouvons mieux faire, en ce qui touche ce personnage, que d'emprunter la note suivante mise par M. Michelant dans l'*Index* de son édition de la *Meute et Vénerie pour lièvre* (Paris, 1865) : « François de Beaufort, seigneur de Pulligny en partie et de Gellenoncourt, grand veneur, obtint de changer le nom de Beaufort en celui de Gellenoncourt et de changer également ses armes qui étaient d'azur au lion d'argent, armé et lampassé d'or, contre celles des Gellenoncourt qui sont d'or, au léopard de gueules, par lettres du 9 octobre 1588, en récompense de ses services, et de ceux de feu le sieur de Pulligny, son père. Gellenoncourt est un village de l'ancien duché de Lorraine, annexe de Drouville, situé dans une plaine à droite de la Rouanne, à 18 kilomètres est de Nancy, canton de Saint-Nicolas, arrondissement de Nancy. »

GEST (du wallon *gaiete*, venant du latin *gagates*). Jais.

GIBOYER. Chasser.

GOBRIAS. Gobryas. Le fait relatif au fils de Gobryas, rapporté, du reste, d'une façon peu exacte par Ligniville, est consigné au chapitre VI du livre IV de la *Cyropédie*. Le fils du roi d'Assyrie, d'après Xénophon, frappa mortellement celui de Gobryas, non pas parce qu'il avait enfreint un ordre donné, ou les règles cynégétiques de l'époque, mais parce que plus adroit il avait tué un ours et un lion manqués par lui. La jalousie du prince fut seule le mobile du crime.

GOROPIUS. Van Gorp ou Jean Bécan, plus connu sous le nom de Goropius Becanus, voyageur, philologue et médecin, né en Brabant en 1518, mort en 1572. On a de lui : *Origines Antwerpianæ...* Anvers, 1569, in-fol., et *Opera Joannis Goropii Becani hactenus in lucem non edita, nempe hermatena, hieroglyphica, Vertumnus, Gallica, Francisca, Hispanica*, ibid., 1570, in-fol.

GORZE (M. de). Gorze, ancien bourg de Lorraine, aujourd'hui de l'Alsace-Lorraine, avait une abbaye importante de l'ordre de Saint-Benoît. M. de Gorze était l'abbé du monastère, le prince Charles de Lorraine, fils naturel du duc Charles III, qui détint ce bénéfice de 1607 à 1645.

GOUSSAU. « Goussaut, épithète que donnent les fauconniers à un oiseau trop court et peu estimé. » (*Dictionnaire théorique et pratique de chasse et de pêche.*) — « Goussaut, terme de manège. C'est une épithète qu'on donne à un cheval court de reins, qui a l'encolure épaisse et charnue et les épaules grosses. Les chevaux goussauts sont bons pour faire des limoniers. » (Furetière, *Dictionnaire universel.*) — Voir aussi plus haut v° *Esclame.* — Ire partie, page 224, Ligniville dit : « Quels chiens chassent le plus longtemps...? Ce sont les goussaux espais et mieux fournis et rablez. »

GRIMONBOIS. Bois à l'est et près de Bar-le-Duc, du côté de Resson.

GRISONS (montagnes des). La partie méridionale du canton des Grisons (Suisse) est couverte par les Alpes Lépontiennes et Rhétiennes.

GUARDE (bois de la). Auprès de la Garde, ancienne commune de la Meurthe, aujourd'hui dépendant de l'Alsace-Lorraine, il ne paraît plus y avoir de bois; peut-être Ligniville parle-t-il du bois de la Garenne situé non loin et à l'est de celui du Tillot.

GUEVAR. Antonio Guevara, évêque de Mondonedo (Espagne), prédicateur et historiographe de Charles-Quint, mort en 1544. On a de lui les *Epîtres dorées* et *Discours salutaires, traduits d'espagnol par Guttery*, 1565, 1577, 1585, in-8°.

GUISE (deffunct M. le cardinal de). Louis III de Lorraine, cardinal de Guise, archevêque de Reims, né en 1575, mort à Saintes le 21 juin 1621, un des plus célèbres veneurs du XVIIe siècle. Le jour de la Sainte-Croix de l'année 1614, les habitants de Reims le virent, pendant la procession, rentrer d'une longue chasse « le cornet au côté ». (Manuscrits de la bibliothèque de Reims, *Mémoires* de Pierre Cocquault.)

H

HARAUCOURT. Il y avait en Lorraine deux villages du nom de Haraucourt : l'un, Haraucourt-lès-Saint-Nicolas, aujourd'hui commune du canton de Saint-Nicolas-du-Port (Meurthe-et-Moselle); l'autre, Haraucourt-sur-Seille, au-dessus de Marsal, depuis 1871 faisant partie de l'Alsace-Lorraine.

HAY, HEY (forêt de). Haye. La forêt de Haye est à l'ouest de Nancy.

HÉE (milord de). Jacques, baron de Hay, comte de Carlisle, pair d'Angleterre, maître de la grande garde-robe et chambellan des rois Jacques Ier et Charles Ier, mort en 1636. Il fut envoyé plusieurs fois, comme ambassadeur, auprès de Louis XIII.

HENRY (le duc). Henri surnommé le Bon, fils de Charles III, duc de Lorraine, et de Claude de France, né à Nancy en 1563. Il succéda à son père en 1608, et régna jusqu'au 31 juillet 1624. Étant duc de Bar, il épousa en 1599 Catherine de Bourbon, sœur de Henri IV, et, en 1604, Marguerite de Gonzague, fille de Vincent Ier, duc de Mantoue.

Herbeviller. Erbéviller, ancien village de Lorraine, aujourd'hui commune du canton de Saint-Nicolas-du-Port (Meurthe-et-Moselle), au nord-est de cette ville.

Hippolite. Hippolyte, fils de Thésée dixième roi d'Athènes et d'une amazone, dont la passion de Phèdre, sa belle-mère, causa la mort si tragique. Les auteurs anciens le représentent uniquement occupé de l'étude de la sagesse et des amusements de la chasse.

Hircanie. Hyrcanie. On appelait Hyrcaniens deux peuples ou deux branches d'un même peuple de l'Asie. Les premiers habitaient au midi de Babylone, entre le Tigre et l'Euphrate; les seconds occupaient la côte orientale de la mer Caspienne.

Houdreville. Village de l'ancien comté de Vaudemont, aujourd'hui commune du canton de Vezelise (Meurthe-et-Moselle).

Houssiers. Buissons de houx.

Howard (milord). Charles Howard, comte de Nottingham, grand amiral d'Angleterre, né en 1536, mort en 1624.

Hubert (sainct). Le patron des chasseurs. Fils de Bertrand, duc d'Aquitaine, né vers 658, il fut évêque de Maëstricht en 708 et mourut le 30 mai 727. La date de la vision, qui amena sa conversion et donna lieu à la légende, est fixée par M. Charles Diguet au vendredi saint de l'année 683 (*Vision de saint Hubert*, Paris, Pairault, 1884).

Hubert d'Autrey (abbaye de Sainct-). Autrey ou Autrey-sur-Mortagne est une commune du canton de Rambervillers (Vosges). L'abbaye, placée sous le patronage de la Vierge et de saint Hubert, fut fondée, vers 1150, par Étienne de Bar, évêque de Metz, et donnée aux chanoines réguliers de Saint-Augustin. Ces religieux prétendaient posséder l'article d'un doigt du célèbre évêque de Liège, ce qui attirait dans leur monastère un grand nombre de pèlerins, surtout de ceux qui avaient été mordus par des chiens enragés.

Hubert la Motte ou Humbert la Mothe. Est porté, comme piqueur, sur l'état de la grande vénerie de Lorraine pour l'année 1613.

Huet de Nantes. Seigneur breton, cité par du Fouilloux (*la Venerie*, chap. III), à propos de l'antiquité de la race des chiens fauves, d'après un vieux manuscrit de vénerie dont il n'indique pas l'auteur. Selon le baron Dunoyer de Noirmont (*Histoire de la chasse en France*, t. II, pag. 324), Huet était un des veneurs du roi Jean II dit le Bon, et il s'appelait non pas Huet de Nantes, mais Huet des Ventes.

I

Inbost. Pour *embost*, participe passé du verbe anglais *to emboss* qui, en termes de chasse, signifie forcer la bête courue.

Insignes progrès de la religion au Paraguay... *Relation des insignes progrez de la religion chrestienne, faits au Paraquai, province de l'Amérique méridionale, et dans les vastes regions de Guair et d'Yruaig, nouvellement découvertes par les Pères de la Compagnie de Jésus, ès années* 1626 *et* 1627, *envoyée au R. P. Mutio Vitelesci, général de la mesme Compagnie, par le R. P. Nicolas Duran, provincial en la province du Paraquai, et traduite du latin en françois, par un Père de la mesme Compagnie.* Paris, Sébastien Cramoisy, 1638. — D'après la *Description de tout l'Univers...* par Sanson, Amsterdam, François Halma, 1700, Quair ou Guayr était une des provinces du Paraguay.

Isarius. Isard ou chamois.

J

Jacques sixiesme d'Escosse et premier d'Angleterre. Jacques, fils de Marie Stuart et de Henri Darnley, né le 19 juin 1566, roi d'Écosse en 1567, d'Angleterre, sous le nom de Jacques Ier, le 3 avril 1603, mort le 27 mars 1625.

JETTES. Pousses, taillis. Voir *Recreuttes.*

JOURNALIER. Provisions. — Journalier est encore aujourd'hui usité dans la marine, où il signifie « les vivres frais qui se renouvellent tous les jours, par opposition aux vivres de campagne composés de viandes salées ou en daube, de légumes, etc. Ce bâtiment est au journalier, se dit quand, n'ayant pas encore ses provisions ou ne voulant pas les entamer, il achète au jour le jour. » (Littré, *Dictionnaire de la langue française.*)

JULIAN CÆSAR. Julien dit l'Apostat (*Flavius Claudius Julianus*), empereur romain de 360 à 363.

L

LAY (hault de). Lay-Saint-Christophe, ancien village de Lorraine, aujourd'hui commune de Meurthe-et-Moselle, canton de Nancy. On le divisait autrefois en Lay-le-Haut et Lay-le-Bas. (Durival, *Description de la Lorraine et du Barrois.*)

LELLEY (le comte de). Probablement Leslie. La famille de Leslie, une des plus illustres d'Écosse, était originaire de Hongrie. (Moréri, *Grand Dictionnaire historique.*)

LENONCOURT. Ancien village du duché de Lorraine, aujourd'hui commune du canton de Saint-Nicolas-du-Port (Meurthe-et-Moselle).

LEON NEUFIESME SURNOMMÉ SAINCT BRUNO. Brunon, fils de Hugues, comte d'Egisheim, né en Alsace le 21 juin 1002, évêque de Toul en 1026, élu pape sous le nom de Léon IX le 12 février 1049, mort le 19 avril 1054. L'Église l'a placé au nombre des saints et célèbre sa fête le 19 avril. Léon IX dirigea une expédition contre les Normands qui ravageaient la Pouille (pays correspondant actuellement à la Capitanate, à la Terre de Bari et à la Terre d'Otrante).

LEURE. Leurre. — *Leurrer*, rappeler un oiseau de vol, à l'aide, soit d'un pigeon attaché à la filière, soit du leurre (planchette recouverte sur ses deux côtés par les ailes et le manteau d'un pigeon).

LEVRIER D'ATTACHE. Dans le *Plaisir des champs*, Claude Gauchet appelle *levriers d'attache* ceux qui doivent saisir, coiffer, porter à terre le loup.

Pendant voilà qu'on lasche
A l'encontre de luy deux grands levriers d'attache.
(*L'Esté, Chasse du loup.*)

LIGNIVILLE (Charles de). Dans l'église de Tantonville (Meurthe-et-Moselle) se trouve l'inscription suivante, qu'a bien voulu nous communiquer M. l'abbé Vernier, curé de cette paroisse : « Ici repose le corps d'honoré seigneur Charles de Ligniville, seigneur de Tantonville, etc., jadis bailly du comté de Vauldemont, qui trépassa le 22e jour d'aoust 1610. Priez Dieu pour le repos et salut de son âme. »

LIGUORNES. Livourne. En anglais, Livourne se dit *Leghorn*.

LINDRE (lac de). L'étang de Lindre est à 6 kilomètres au nord de Maizières-lès-Vic (Alsace-Lorraine). — *Tarquinpol*, aujourd'hui simple village situé dans une île de cet étang, fut autrefois une ville assez importante, surtout à l'époque romaine.

LIVRE IMPRIMÉ EN 1560. *Le Roy Modus, des deduitz de la chace, venerie et fauconnerie*. Paris, Gilles Corrozet, 1560, in-8°. Voir *Modus*.

LOCRES. Locrie ou plutôt Locride, division de l'ancienne Grèce correspondant à peu près à la nomarchie de la Phocide et de la Locride de la Grèce moderne.

LONGE. Lanière de cuir, longue de près d'un mètre, servant à attacher les oiseaux de vol à la perche ou à la cage.

LOUIS (sainct). Louis IX, roi de France de 1226 à 1270. Lors de sa première croisade, il fut fait prisonnier, en Égypte, entre Mansourah et Damiette, avec toute son armée, le 5 avril 1250. Les descendants des chiens gris qu'il ramena d'Orient composèrent longtemps les meutes royales.

LYCURGUE. Le législateur de Sparte, afin de préparer ses compatriotes aux fatigues de la guerre, ordonnait de conduire les jeunes Lacédémoniens à la chasse, aussitôt après leur lever; les hommes dans la force de l'âge devaient partir presque en même temps. Il ne dispensait de cet exercice que les magistrats chargés des affaires publiques. (Xénophon, *République de Sparte*, chap. IV; Robinson, *Antiquités grecques*, t. I, pag. 353.)

M

MAGDELAINE. Sainte Marie-Madeleine, sœur de Lazare et de Marthe. Selon une tradition très accréditée, la Madeleine, après avoir fait de nombreuses conversions à Marseille, se serait retirée dans une grotte d'une montagne mystérieuse, couverte de bois, appelée aujourd'hui la Sainte-Baume, située près de Saint-Maximin (Var), et y aurait passé trente-trois ans de sa vie. (L. Rostan, *Notice sur la Sainte-Baume*.)

MAISTRE DES TOILLES. Officier de la vénerie commandant l'équipage des toiles.

MAISTRES CORDEAUX. Cordes bordant le haut et le bas des filets ou panneaux et servant à les tendre.

MALGRANGE (la). Autrefois château des ducs de Lorraine, actuellement maison de campagne et écart de Jarville, commune du canton de Nancy.

MARGEVILLE. Marchéville, commune du canton de Fresnes-en-Woëvre (Meuse).

MARQUET. Margate, ville et port de mer du comté de Kent (Angleterre), à l'embouchure de la Tamise.

MARSAL. Ancienne ville fortifiée de Lorraine, sur la Seille, aujourd'hui de l'Alsace-Lorraine.

MEZIERES. Maizières-lès-Vic (Alsace-Lorraine).

MODUS. Le *Livre du roy Modus et de la royne Racio*, un des plus anciens traités de chasse français, fut écrit au commencement du XIVe siècle par un auteur anonyme. Ligniville dit dans la *Meutte et Venerie pour le chevreuil*, IIe partie, pag. 329 : « J'ay veu un livre nommé *Modus;* il y a 160 ans qu'il est imprimé. » La première édition parut sous ce titre : *Le Livre du roy Modus et de la royne Racio*, Chambéry, Anthoine Neyret, 1486, in-fol. goth., fig. sur bois. Plus loin, dans la même partie (pag. 362), le grand veneur de Lorraine cite aussi l'édition de 1560. C'est celle in-8°, qui parut avec titres au nom de Gilles Corrozet, de Guillaume le Noir et de Vincent Sertenas.

MONT GIBEL. Le mont Etna ou Gibel (*Gibello*), en Sicile. Gibel est pour *Djebel*, qui signifie montagne en arabe. Lors de la conquête de la Sicile, les musulmans donnèrent à la plus haute montagne de l'île le nom de Djebel, que les habitants ont transformé en Gibel ou Gibello.

MONTAIGNE (le seigneur de). Michel de Montaigne, le philosophe moraliste auteur des *Essais*, né en 1533, mort en 1592.

MORMA (bois de). Peut-être le bois actuel de Mort-Mare, situé entre Essey et Limey, dans le canton de Thiaucourt (Meurthe-et-Moselle).

MORTAGNE (forêt de). Voir *Bifontaigne*.

MOÜY (le marquis de). Henri de Lorraine, fils de Nicolas de Lorraine, duc de Mercœur, et de Claude de Lorraine-Aumale, sa troisième femme, né le 30 avril 1570, comte de Chaligny, marquis de Moüy, mort en 1601. Il épousa, par contrat du 19 septembre 1585, Claude, marquise de Moüy, veuve de Georges de Joyeuse, seigneur de Saint-Dizier, fille et unique héritière de Charles, marquis de Moüy, et de Catherine de

Susanne, comtesse de Cerny. Il prit le titre de marquis de Moüy, à la suite de ce mariage et en vertu du traité de Blamont qui supprimait le titre de comte de Vaudemont dans sa branche. Le marquis de Moüy était le frère de la reine Louise de Lorraine, femme de Henri III, et de Marguerite de Lorraine qui épousa le duc de Joyeuse.

MUSQUE. Musc. — Le passage relatif à ce parfum (IIe partie, pag. 396) est emprunté au chapitre XXX de l'*Essay des merveilles de Nature*, de René François (le R. P. Binet). — *Chorasa.* Coranza, un des royaumes de Guinée, sur la Côte d'Or. — *Chiny.* Sin-Ye, ville chinoise de la province de Hô-Nam. — Le musc le plus estimé est encore le musc Tonkin, venant soit de Chine, soit du Tonkin. — Le musc ou porte-musc (*Moschus moschiferus*), espèce du genre chevrotain, ressemble assez au chevreuil. Il habite les montagnes de l'Asie Orientale; on le trouve en Chine, au Tonkin, au Thibet et au Bengale.

MYDAS. Midas, fils de Gorgias et de Cybèle. Il était roi de la grande Phrygie.

N

NICE (mont). Mêros ou Mérus, montagne de l'Inde, consacrée à Bacchus, près de laquelle était située la ville de Nisa ou Nysa. Μηρός, en grec, signifie cuisse; aussi dit-on que Bacchus était né dans cette montagne, de la cuisse de Jupiter. Xénophon, à qui Ligniville a emprunté l'énumération de la page 246 de la IIe partie, dit Nysa (*Cynégétiques*, chap. XI).

NONSARD (futayes de). Le bois de Nonsard est situé au nord-ouest de la commune du même nom, dans le canton de Vigneulles (Meuse), et fait partie d'un massif de bois encore important actuellement.

NOUIBLES. « C'est une chair et une gresse avecque les rongnons qui est par dedans, en droit les longes. » (*Le Livre du roy*

Modus et de la royne Racio, fol. 22 r°.) Du Fouilloux dit « les *nombles* qui se prennent entre les cuisses ». (*La Venerie*, chap. XLIV.)

O

OLYMPE EN MISSIE (mont). Aujourd'hui Kechich-Daghy (montagne du Moine), montagne de la Turquie d'Asie, Sandjak de Khodavenkiar. L'Olympe n'était pas en Mysie, mais dans la Bithynie Occidentale, sur les confins de la Phrygie et de la Mysie.

ONZAINES (bois d'). Probablement le Grand-Bois, au-dessus de Verrières-d'Onzaines, hameau de Hadigny-lès-Verrières, commune du canton de Châtel-sur-Moselle (Vosges).

ORAS PINTAS. Horatio Pinthasso, créat (sous-écuyer) de Pignatelli. Voir ce mot.

ORION. Un des plus grands chasseurs de l'antiquité, fils de Neptune et d'Euryale, fille de Minos, que le dieu avait séduite. Il mourut à Délos, selon certains poètes, de la piqûre d'un scorpion, que Diane fit sortir de terre, et, selon d'autres, sous les flèches de la déesse. Après sa mort, Diane, désolée de lui avoir enlevé la vie, obtint de Jupiter de le placer au ciel où il forme la plus brillante des constellations. — Homère montre, aux Enfers, Orion chassant « encore dans la prairie d'Asphodèle les bêtes fauves que jadis il a tuées dans les montagnes incultes » (*Odyssée*, chant XI).

OXIRINCHITES. Habitants d'Oxirinche (*Oxirinchus*) ou Oxyrrynche, ancienne ville d'Égypte, aujourd'hui Behnésé.

P

PADOUX. Commune du canton de Bruyères (Vosges).

PANGEON (mont). Pangée, actuellement monts Castagnia ou Pounar-Dagh, petite chaîne de montagnes de la Thrace et de la Macédoine.

PARADIN. Claude Paradin, et non Guillaume, comme le dit Ligniville, composa les *Devises heroïques et Emblêmes*, Lyon, 1557, in-8°; Paris, 1514; ibid., 1621. Claude Paradin, chanoine de Beaujeu, était le frère de Guillaume Paradin, doyen de ce chapitre, le savant auteur de nombreux ouvrages d'histoire, notamment sur la Bourgogne.

PARER UN CHEVAL. L'arrêter.

PAROY (forest de). Parroy. La forêt de Parroy est au nord-est de Lunéville.

PHALZBOURG (le prince de). Louis de Guise, baron d'Ancerville, fils naturel du cardinal de Guise tué à Blois le 24 décembre 1588, et d'Aimerie de Lecheraine, dame de Grimaucourt. L'empereur d'Allemagne Ferdinand II ayant, à la demande du duc Henri II, érigé en principauté la terre de Lixheim, appartenant au baron d'Ancerville, celui-ci prit le titre de prince de Phalsbourg et de Lixheim. Il épousa, le 22 mai 1621, Henriette de Lorraine, sœur de Charles IV, et mourut à Munich en 1631.

PELEUS. Pelée, fils d'Éaque, roi d'Égine, et père d'Achille.

PERSEUS. Persée, fils de Jupiter et de Danaé, qui combattit les Gorgones et coupa la tête de Méduse. La citation de Ligniville (IIe partie, pag. 395) n'est pas conforme au texte de l'*Essay des merveilles de Nature*, de René François (le R. P. Binet), car on y lit, pag. 2 : « Ce sont des contes de dire que Persée fut le premier qui fit la conqueste des chevreux... »

PHILIPPE D'ANGOUMOIS. Né dans la religion protestante, vers 1570 ou 1575, il se convertit, grâce à l'influence du cardinal François de la Rochefoucauld, alors évêque de Clermont, dont il semble avoir été le familier, se fit capucin et devint le confesseur de Marie de Médicis. Le P. Philippe d'Angoumois, mort à Paris dans le couvent de son ordre de la rue Saint-Honoré, le

23 décembre 1638, après trente-neuf ans de vie religieuse, a laissé de nombreux ouvrages de piété, aujourd'hui fort rares : 1° *Occupation continuelle pour s'unir à Dieu*, Lyon, 1618, in-12; 2° *Sept Fontaines de méditations sur les attributs divins*, Lyon, Muguet, 1620, in-8°; 3° *les Triomphes de l'amour divin en la conversion d'Hermogène*, Paris, Buon, 1625, 2 vol. in-4; 4° *la Florence convertie à la vie dévote par la victoire de douze bataillons de l'amour de Dieu obtenue sur douze escadrons de la vanité*, Paris, du Nay, 1626, in-8°; 5° *Élans amoureux et saints entretiens d'une âme dévote*, Paris, v^ve Buon, 1629, petit in-12; 6° *les Royales et divines Amours de Jésus et de l'âme, sujet des méditations d'Hermogène*, Paris, 1631, in-8°; 7° *le Noviciat d'Hermogène*, Paris, v^ve Chevalier, 1633, in-4°; 8° *Adresse à la grâce*, connue seulement par un mot d'éloge de Camus, évêque de Belley, dans son *Acheminement à la dévotion civile* (Toulouse, 1625), liv. II, p. 404. (Note communiquée par le R. P. Fulgence de Carcassonne, capucin à Toulouse.)

PIED DE NASSELLE. Pied de nacelle. « Les pays marécageux conservent le pied (du cerf), font même renfler la corne; les côtés ne s'usent pas, ils restent tranchans; on appelle ces pieds pieds de gondole, parce que les côtés rentrent vers la sole, qui est très creuse. » (D'Yauville, *Traité de vénerie*, article 1er, chap. v.)

PIERIUS. Joannes Pierius ou Valeriano Bolzani, littérateur, né, en 1477, à Bellune, dans la marche Trévisane, mort à Padoue en 1558. Parmi de nombreux ouvrages sur l'antiquité, il composa *Hieroglyphica, sive de sacris Ægyptiorum...*, dont la première partie fut imprimée à Bâle en 1566.

PIGNATELLE. Jean-Baptiste Pignatelli, écuyer napolitain, sous lequel Bassompierre commença à apprendre à monter à cheval. (Maréchal de Bassompierre, *Mémoires*, Cologne, Sambix, 1703, pag. 30.)

PINDES. Le Pinde, montagne qui, dans la géographie ancienne, séparait la Thessalie de l'Épire.

Placidas. Voir *Eustache.*

Plau. Pour pelaut ou pelaud (du latin *pilus*, poil), poilu, velu, revêtu de poil. Claude Gauchet, dans le *Plaisir des champs, la Chasse du blereau*, dit aussi à propos du lièvre :

> Des lesses des levriers la meilleure est choisie,
> Pour courir le *pelault* par la campagne unie.

Pollier. Probablement pouliot (*Mentha pulegium*), plante aromatique du genre des Menthes.

Pollux. Voir *Castor.*

Pompée. Pompée le Grand (*Cneius Pompeius Magnus*), le rival de César, né en l'an 106 avant Jésus-Christ, égorgé en l'an 48, après la bataille de Pharsale, sur l'ordre de Ptolémée XII, roi d'Égypte, chez lequel il allait se réfugier.

Porphire. Porphyre, philosophe, né à Tyr ou à Batanea, colonie tyrienne de Syrie, en 233, et mort à Rome en 304.

Pradier. Jacques Pradier, prêtre et chanoine de Clermont en Auvergne, abbé de la Blanche, monastère de cisterciens, fondé en 1172 dans l'île de Noirmoutier et dépendant de l'évêché de Luçon. Il mourut à la Blanche, le 12 janvier 1669. Pradier avait été le précepteur de Louis II de la Trémouille, duc de Noirmoutier, né le 25 décembre 1612, mort à Châteauvillain, le 12 octobre 1666, puis des enfants du maréchal de Vitry, qui épousa, en 1617, Lucrèce Bouhier de Beaumarchais, mère de Louis II de la Trémouille. Les la Trémouille étaient au xviie siècle seigneurs de l'île de Noirmoutier; la nomination de Pradier comme abbé de la Blanche dut être la récompense des soins donnés par celui-ci à l'éducation du duc de Noirmoutier et de ses frères utérins, François-Marie de l'Hospital, duc de Vitry, et Nicolas-Louis de l'Hospital, marquis de Vitry.

Procris. Fille d'Erechthée, roi d'Athènes, et femme de Céphale, qui la tua par mégarde à la chasse. Selon Xénophon (*Cynégéti-*

ques, chap. XIII), Diane aurait enseigné à Procris l'art de la chasse.

PURON DE LAIT. Petit-lait épuré ou clarifié.

Q

QUINTE EN QUATORZE (de). Jamais, très rarement ou à contretemps.

QUITTER LA VOLERIE. Être assuré, hors de filière.

R

RANZEY. Ancien fief dépendant de la communauté de Serres, actuellement ferme à l'est de la forêt de Bezange-la-Grande, dans le canton d'Arracourt (Meurthe-et-Moselle).

RECREUTTES. Recrus. — En termes d'eaux et forêts, on appelle recru « ce qui a poussé de nouveau dans une forêt après la coupe sombre ». (Littré, *Dictionnaire de la langue française.*)

REHAINCOURT. Commune du canton de Châtel-sur-Moselle (Vosges).

REJETTON. Malgré toutes les recherches, il a été impossible de trouver aucune indication relative à cette localité où Henri IV courait le lièvre.

REMBERVILLER. Rambervillers, chef-lieu de canton de l'arrondissement d'Épinal (Vosges). Au sud de Rambervillers se trouve la forêt de Romont et de Rambervillers.

REMEREVILLE. Réméréville, ancien village de Lorraine, commune aujourd'hui du canton de Saint-Nicolas-du-Port (Meurthe-et-Moselle), au nord-est de cette petite ville et au sud d'Erbéviller. Le « Haut-Bois de Remereville » dont parle Ligniville, Ire partie, pag. 71, n est pas marqué sur la carte de l'État-Major; il devait se trouver entre Réméréville et Erbéviller et toucher la forêt de Champenoux.

REMOVILLE (M. le marquis). « Georges-Afriquain de Bassompierre, marquis de Removille, baron du Chastelet, bailli et gouverneur de Vosge, grand écuyer de Lorraine, mort en 1632. Le village de Removille (aujourd'hui commune du canton de Chatenois, Vosges) était le chef-lieu d'une terre qui portait le titre de marquisat et comprenait Vouxey, Balleville, Darney-aux-Chênes, Viocourt, Aouze, Longchamp, Menil-sur-Vair, Tilleux et Certilleux, dans l'ancien duché de Lorraine. » (*La Meute et Vénerie pour lièvre*, éd. Michelant, *Index*.)

REPPELLONS. En espagnol, *repelon* a parfois le sens de courte carrière qu'on fait fournir à toute bride à un cheval.

RIDER. Se dit des chiens qui suivent le gibier sans crier.

ROHAN (de). Hercule de Rohan, duc de Montbazon, comte de Rochefort en Iveline, pair de France, lieutenant général de Paris et de l'Ile-de-France, né en 1567. Pourvu de la charge de grand veneur de la couronne en 1602, il la conserva jusqu'à sa mort (16 octobre 1654). Claude Gauchet lui dédia la seconde édition du *Plaisir des champs* (Paris, Abel l'Angelier, 1604). Si, comme le prétend Gauchet, M. de Montbazon était

maistre veneur passé,

il jouissait à la cour de la réputation de l'homme le plus simple et le plus naïf du monde; sa bonhomie même, suivant Tallemant des Réaux (*les Historiettes*, chap. CXC et CXCI), allait souvent jusqu'à la sottise.

ROMEMONT. Le bois de Romémont, qui semble ne plus exister aujourd'hui, devait faire suite à celui de Froide-Terre (voir *Frede-terre*). Peut-être aussi Ligniville entend-il par Bois de Romémont la forêt Saint-Paul, remontant près de là vers le nord, entre Velaine-sous-Amance et Réméréville.

ROMERSBERG. Bois sur le bord nord-est de l'étang de Lindre (voir ce mot). Il devait autrefois, d'après le récit de certaine chasse de Ligniville, s'étendre vers Guermange.

ROUELLE. Extrémité du boutoir du sanglier qui est comme taillée en rond.

RUYR (Jean). Antiquaire, né en 1560 à Charmes-sur-Moselle; fut successivement secrétaire, chanoine et doyen du chapitre de Saint-Dié. On le suppose mort vers 1645. Ses *Recherches des sainctes antiquités de la Vosge*, imprimées en 1625, 1633 et 1634, sont encore de nos jours justement appréciées.

S

SAINCT-CER (de). Lieutenant de la grande vénerie de France. Il est aussi cité par Salnove (*la Venerie royale*, préface) parmi les meilleurs veneurs du XVIIe siècle. René de Maricourt, qui écrivait en 1627, parle d'un « Monsieur de Sincere au païs de Bray en Normandie » (*Traicté et abregé de la chasse du lievre et du chevreuil*, pag. 31), comme d'un des plus habiles chasseurs de son temps. Ce dernier devait être le lieutenant de la grande vénerie.

SAINCT-DIÉ (bois de). Le bois de Saint-Dié se trouve au sud de Rehaincourt, entre Moriville et les Frénots.

SAINCT-FELIN. Saint-Flin, anciennement Saint-Félix, prieuré dépendant de l'abbaye de Saint-Clément de Metz, actuellement ferme sur le territoire d'Arth-sur-Meurthe, canton de Saint-Nicolas-du-Port (Meurthe-et-Moselle).

SAINCT-HUBERT EN ARDENNE. Bourg et commune du Luxembourg belge, célèbre par son abbaye, où fut transféré le corps de saint Hubert en 817.

SAINCT-JEAN (bois). Probablement le bois Morel, entre Erbéviller (voir *Herbeviller*) et la ferme actuelle de Saint-Jean.

SAINCT-NICOLAS. Saint-Nicolas-du-Port, petite ville de l'ancien duché de Lorraine, située sur la Meurthe à 13 kilomètres de

Nancy, aujourd'hui chef-lieu d'un des cantons de Meurthe-et-Moselle.

SAINCT-RAVY ou SAN-RAVY (de). Très habile veneur, un de ceux que Henri IV envoya, en Angleterre, à Jacques Ier, pour apprendre aux officiers de ce prince à chasser autrement que dans des parcs. Saint-Ravy resta en Angleterre, devint gentilhomme de la chambre de Charles Ier et grand veneur de la reine Henriette, fille de Henri IV. Son fils fut gentilhomme de la vénerie sous Louis XIII, et commandant de la meute pour chevreuil. (Robert de Salnove, *la Venerie royale*, préface, et *la Chasse du cerf*, chap. XIII. Baron Dunoyer de Noirmont, *Histoire de la chasse en France*, t. II, pag. 474.) De Sélincourt, dans une note de la page 40 de son *Parfait Chasseur*, indique, parmi « les vieux connoisseurs » de son temps, un Saint-Ravis, sans dire si c'est celui d'Angleterre ou celui de France.

SAINCTE-CROIX (la). « Fleuranges (Robert de la Marck, maréchal de), rapporte (dans ses *Mémoires*) que jusqu'au règne de François Ier, quand arrivait la Sainte-Croix de mai (3), qu'il est temps de mettre les oiseaux en mue, les veneurs du roi, tous habillés de vert, venaient avec leurs trompes mettre les fauconniers hors de la cour. A son tour, le grand fauconnier venait chasser les veneurs le jour de la Sainte-Croix de septembre (14), car les cerfs ne valent rien. » (Baron de Noirmont, *Histoire de la chasse en France*, t. II, pag. 450.)

SANGLIER DE SICILLE. Sanglier de Calydon. Les poètes prétendent qu'Œnée, roi de Calydon en Étolie, offrant des sacrifices à tous les dieux, négligea d'en faire sur les autels de Diane, et que la déesse, pour se venger, envoya un monstrueux sanglier qui répandit la terreur dans le pays. Méléagre, fils d'Œnée, convoqua alors les princes voisins à une chasse de cet animal; plusieurs furent blessés. Un trait lancé par Atalante, fille de Jasius roi d'Argos, atteignit le sanglier près de l'oreille; Méléagre acheva l'horrible bête, et fit hommage de la hure à la belle chasseresse. Ligniville cite plus ou moins exactement les noms des veneurs, compagnons de Méléagre.

SAULSURE. Saulxures-lès-Nancy, commune de l'arrondissement de Nancy. Les bois de Saulxures sont à l'est de cette commune vers Cercueil.

SEBONDE (Raimond de). Philosophe, médecin et théologien, né à Barcelone. Il professa à l'Université de Toulouse vers 1430, et mourut dans cette ville en 1432. Montaigne a écrit son *Apologie* (chapitre XII du second livre des *Essais*).

SEILLE. Seau. — *Seille* est une forme normande venant du latin *situla*.

SERGUE. Pour Cercueil (voir ce mot). Le bois de Sergue ou de Cercueil devait faire suite à ceux de Saulxures.

SERTORIUS. Quintus Sertorius, général romain, sorti de la classe plébéienne, né à Norcia, ville du pays des Sabins, environ 121 ans avant notre ère, un des chefs de l'armée de Marius. Après la mort de celui-ci (86 avant J.-C.), il alla en Espagne et y établit une sorte de république à l'instar de celle de Rome. Sertorius se faisait suivre partout par une biche apprivoisée, qu'il disait lui avoir été donnée par Diane, et dont les dieux se servaient pour lui transmettre d'importants avis. Il fut assassiné dans un banquet, à Osca (aujourd'hui Huesca), par des conjurés dirigés par Perpenna, un de ses lieutenants, en l'an 73 avant Jésus-Christ.

SILENUS. Silène, le père nourricier et le compagnon de Bacchus. Il était, selon la Fable, fils de Mercure ou de Pan et d'une nymphe. Certains auteurs le peignent comme un philosophe.

SILLONTE. Scillonte, ancienne ville de l'Élide, dans le Péloponèse.

SINOPOLIS. Cynopolis ou Cynospolis, ancienne ville d'Égypte, dont on voit les ruines près de Minyeh.

SINOZOPHIE. Sinosophie (de σῖνος, défectuosité, blessure, maladie, et σοφία, science, art), science des maladies, médecine.

SOISSONS (deffunct M. le comte de). Charles de Bourbon, comte de Soissons et de Dreux, fils de Louis Ier de Bourbon, prince de Condé, et de Françoise d'Orléans-Longueville, né le 13 novembre 1556, mort au château de Blandy dans la Brie, le 1er novembre 1612.

SONNER UN SON OU DEUX. « C'est quand le piqueur donne le signal à quelqu'un de ses compagnons pour le faire venir à lui. » (Salnove, *la Venerie royale, Dictionnaire des chasseurs.*)

SOUVRAY (M. le marquis de). Jean II de Souvré, marquis de Courtenvaux, chevalier des Ordres du Roi, premier gentilhomme de la chambre de Louis XIII, gouverneur de Touraine, mort le 2 novembre 1656 dans sa 72e année.

SPLUGUE (monts de). Splügen, montagne des Alpes, dans le sud du canton des Grisons (Suisse), près du mont Bernardino.

SURIAUVILLE. Ancien village de Lorraine, aujourd'hui commune du canton de Bulgnéville (Vosges).

T

TARQUINPOL. Voir *Lindre*.

TARTES BOURBONNOISES. Tartes bourbonnaises, bourbiers dangereux et profonds, dont le dessus se dessèche au soleil, alors que le fond demeure humide.

TIBE. Antibes.

TIBERE. Le second empereur romain (14-37 après Jésus-Christ), doué d'un tempérament vigoureux et d'une grande activité, aimait peut-être la chasse; néanmoins aucun historien ne renseigne sur ce point. Le fait consigné par Ligniville (Ire partie, pag. 26), d'après le chevalier de l'Escale, qui avait copié Suétone, eut lieu sous Auguste, lors de la deuxième expédition de Tibère en Germanie, à la suite de la défaite de Varus. « Il (Tibère) maintint sévèrement la discipline, remettant en activité toutes les peines et toutes les flétrissures de l'antiquité. Il dégrada même ignominieusement un chef de légion, pour avoir envoyé quelques soldats chasser au delà du fleuve (probablement le Rhin) avec son affranchi. » (Suétone, *Vie des douze Césars*, Tibère, § 19.)

TIGRANES. Tigrane ou Dikran Ier, roi d'Arménie de 565 à 520 avant Jésus-Christ. Il eut pour successeur son fils Vahakn, que Xénophon appelle aussi Tigrane.

TITE. Titus, fils de Vespasien, né en 40, empereur romain de 79 à 81.

TOMBELAINE. Tomblaine, ancien village de Lorraine, aujourd'hui commune de l'arrondissement de Nancy.

TRAYAN. Trajan, né en 52, empereur romain de 98 à 117. Ce prince était grand chasseur, au dire de Pline le Jeune. « S'il arrive que vos actes souverains soient au pair avec l'immense courant des affaires, vous regardez le changement de travaux comme un délassement. Quelles récréations connaissez-vous en effet, sinon de parcourir les forêts, de lancer les bêtes fauves, de franchir le sommet des plus hautes montagnes, de marcher sur les pointes hérissées, sans que personne vous soutienne ou vous trace le chemin... César joint la peine de chercher la proie à celle de la prendre ; et son plus grand travail qui est aussi le plus agréable, c'est de la trouver. » (*Panégyrique de Trajan*, n° 81.)

TRESOR DE LA SANTÉ (le). Probablement *il Tesoro della sanità*, Venise, 1586, de Castor Durante, médecin italien, né à Gualdo, mort à Viterbe en 1590.

TRICTRAC. Triquetrac, traque, battue. — « Et osent au mepris de nous et de nos ordonnances, aucunes personnes non nobles et roturieres... jusqu'à battre et faire un triquetrac pour faire aller et passer le gibier à l'endroit où ils l'attendent avec lesdites arquebuses. » (*Ordonnance de Henri III sur les chasses*, du 10 décembre 1581.) — Triquetrac est une « onomatopée qui a été employée en parlant d'un bruit confus de choses qu'on heurte l'une contre l'autre ». (Littré, *Dictionnaire de la langue française.*) — L'espagnol a *triquitraque*, qui a la signification de bruit de plusieurs coups répétés, cliquetis.

Trolle (de l'allemand *trollen*, trotter, trôler). « C'est ce qui se fait quand on n'a pas esté au bois pour y destourner les bestes dont je traitte; et ce terme veut dire, découpler des chiens courans dans un grand pays de bois pour quester et lancer la beste que vous voulez courre. » (Robert de Salnove, *la Venerie royale*, *Dictionnaire des chasseurs.*)

U

Ulysse. Roi d'Ithaque, fils de Laërte et d'Anticlée, un des héros d'Homère. Le poète a immortalisé le nom d'Argos, le fidèle animal qui expira au moment où il apercevait enfin son maître, après de si longues années d'absence. (*Odyssée*, chant XVII.)

V

Valere le Grand. Valère Maxime (*Valerius Maximus*), historien vivant du temps de Tibère et auteur de *Factorum dictorumque memorabilium libri novem*.

Vaubecourt (M. de). « Thomas de Vaubecourt, seigneur de Berniqueville, lieutenant de la vénerie de Lorraine, demeurant à Blanzey, obtint, par lettres du 9 janvier 1609, déclaration d'écuyer et de noble et ancienne extraction de nom et d'armes, comme n'ayant pas eu connaissance de la maison ni de la noblesse de ses père et mère qui l'avaient laissé orphelin en bas âge. » (*La Meute et Vénerie pour lièvre*, éd. de H. Michelant, *Index*.) Sur l'état de la grande vénerie de Lorraine de 1608, un Thomas de Vaubecourt, évidemment le même que le seigneur de Berniqueville, est porté le premier des trois « picqueurs de la mute ». Vaubecourt, ancien village du Barrois, aujourd'hui commune du canton de Bar-le-Duc (Meuse).

Vaudemont (comté de). Situé dans la partie sud du bailliage de Nancy, entre la Meuse et la Moselle, le comté de Vaudemont comprenait environ vingt villages. Il était l'apanage des fils puînés de la maison de Lorraine.

Veaucourt. Vaucourt, commune du canton de Blamont (Meurthe-et-Moselle), au nord-est de la forêt de Parroy. Au nord et près de cette commune, en allant sur la Garde, se trouve le bois du Tillot, reste probablement d'un massif plus important.

Vellaine. Velaine-sous-Amance, commune de l'arrondissement de Nancy.

Vendosme (M. le duc de). César, duc de Vendôme, fils aîné de Henri IV et de Gabrielle d'Estrées, né en juin 1594, à Coucy, en Picardie, mort à Paris le 22 octobre 1665.

Vespasian. Vespasien, né en l'an 7 de Jésus-Christ, proclamé empereur en 69 et mort en 79.

Viande. Viandis, nourriture que prennent les bêtes douces (celles qui n'ont pour toute défense que leurs bois, leur ruse et la rapidité de leur course).

Vic. Petite ville sur la Seille, de l'ancien évêché de Metz ; avant 1871, un des chefs-lieux de canton du département de la Meurthe ; actuellement appartenant à l'Alsace-Lorraine.

Ville du Chien. Cynopolis. Voir *Sinopolis*.

Vitry (M. de). Louis de l'Hospital, marquis de Vitry, qui, après avoir servi la Ligue, se rallia à Henri IV et devint capitaine de ses gardes. Chasseur fort expert, Vitry était, en 1596, lieutenant de la vénerie du roi, capitaine du vol pour le milan dans la grande fauconnerie, capitaine de la forêt de Fontainebleau et grand vautrayeur de France (commandant du vautrait de la couronne). Henri IV lui donna encore la charge de ses chiens pour chevreuil. (Baron de Noirmont, *Histoire de la chasse en France*, t. I, pages 179-191, et *État de la vénerie et de la fauconnerie de Henri IV*, donné par cet auteur aux pages 420 et suivantes du même volume.) Le marquis de Vitry mourut en 1611.

VITRY (M. le mareschal de). Nicolas de l'Hospital, marquis, puis duc de Vitry, fils aîné du précédent, né en 1581, maréchal de France après l'assassinat du maréchal d'Ancre (1617), mort à Paris le 9 mai 1679.

VOLERIES. Équipages de basse volerie. — La haute volerie (fauconnerie) est celle du faucon sur le héron, la grue; du gerfaut et du sacre sur le milan. La basse volerie est celle de l'autour, du lanier et du tiercelet de faucon sur le faisan, la perdrix, la caille, la pie, la corneille, le lièvre et le canard.

VONONES. Vonon Ier, fils de Phrahate IV roi des Parthes, roi lui-même en l'an 14 de Jésus-Christ, tué en l'an 19. Les Parthes le remplacèrent par Artaban III, parce qu'il ne suivait pas les usages du pays. Il ne chassait pas, n'aimait pas les chevaux, se promenait en litière dans les villes et dédaignait les repas publics (Tacite, *Annales*, l. II, § 2).

X

XANTHIPUS. Xanthippe, général athénien, contemporain de Miltiade et de Thémistocle. Le fait le concernant, relaté à la page 106 de la Ire partie, est emprunté au chapitre XI du livre II des *Essais* de Montaigne.

XENOCRATES. Xénocrate, philosophe, disciple de Platon, né à Chalcédoine vers 406 avant Jésus-Christ, mort vers l'an 314.

XENOPHON. Xénophon, le disciple de Socrate, le capitaine célèbre, l'écrivain renommé, né vers l'an 445 avant Jésus-Christ à Erchie, dême ou bourgade de la tribu Égéide en Attique, mort à Corinthe en l'an 354 ou 355.

Z

ZAGA (mont). Probablement Zagara ou Zagora-Vouni, noms modernes de l'Hélicon, montagne de l'Hellade.

IMPRIMÉ

PAR

CHAMEROT ET RENOUARD

19, rue des Saints-Pères, 19

PARIS

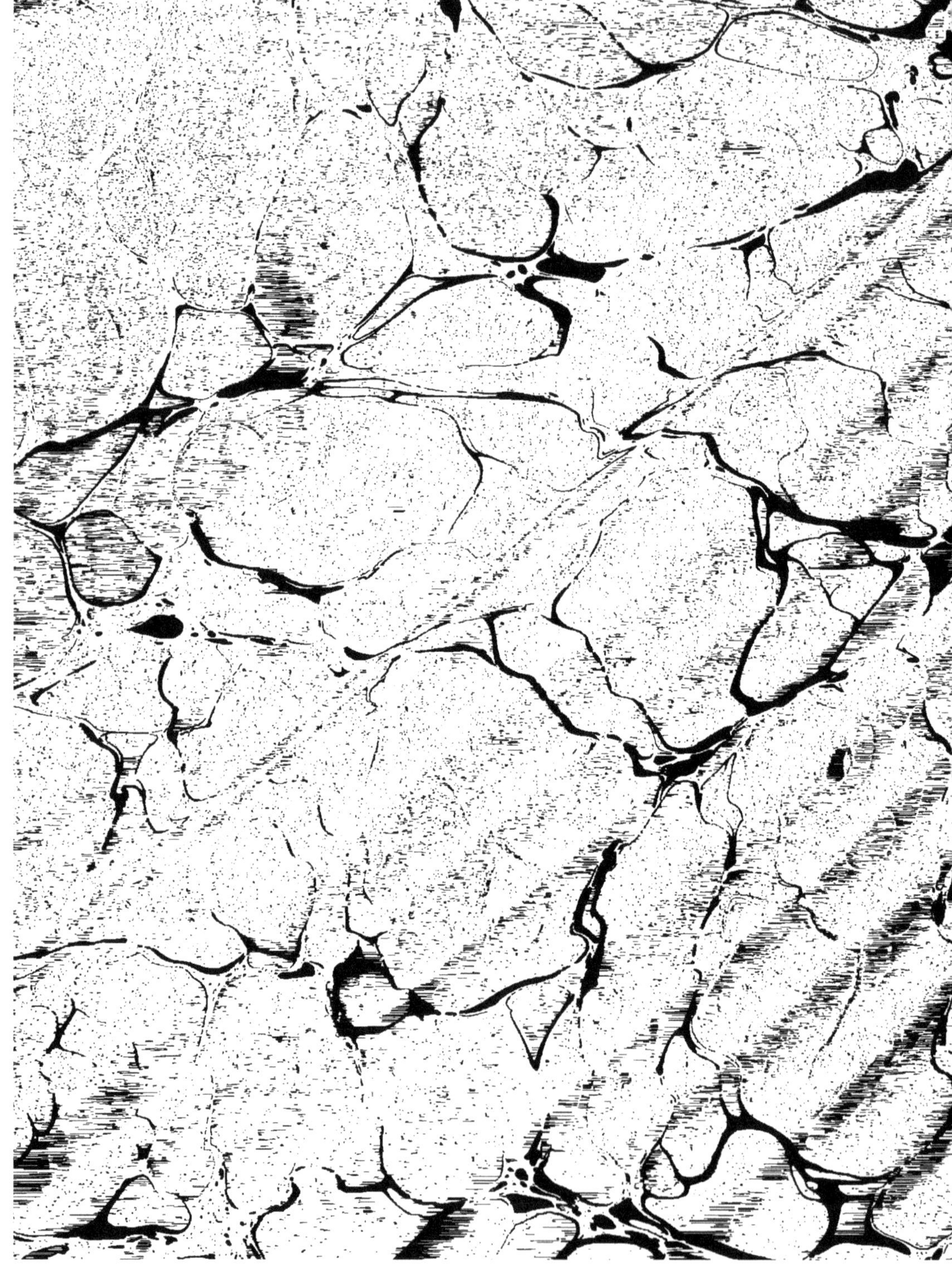

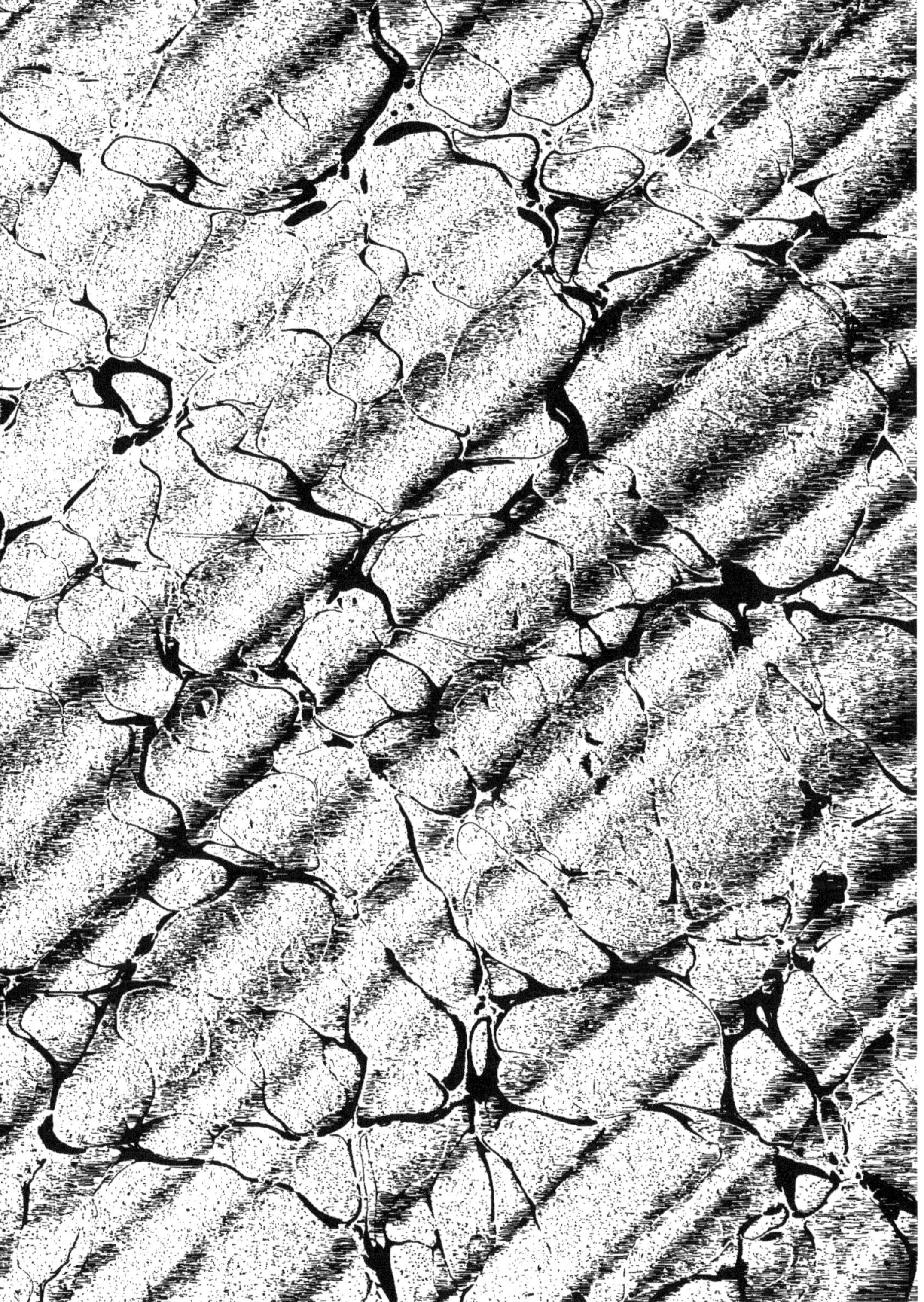

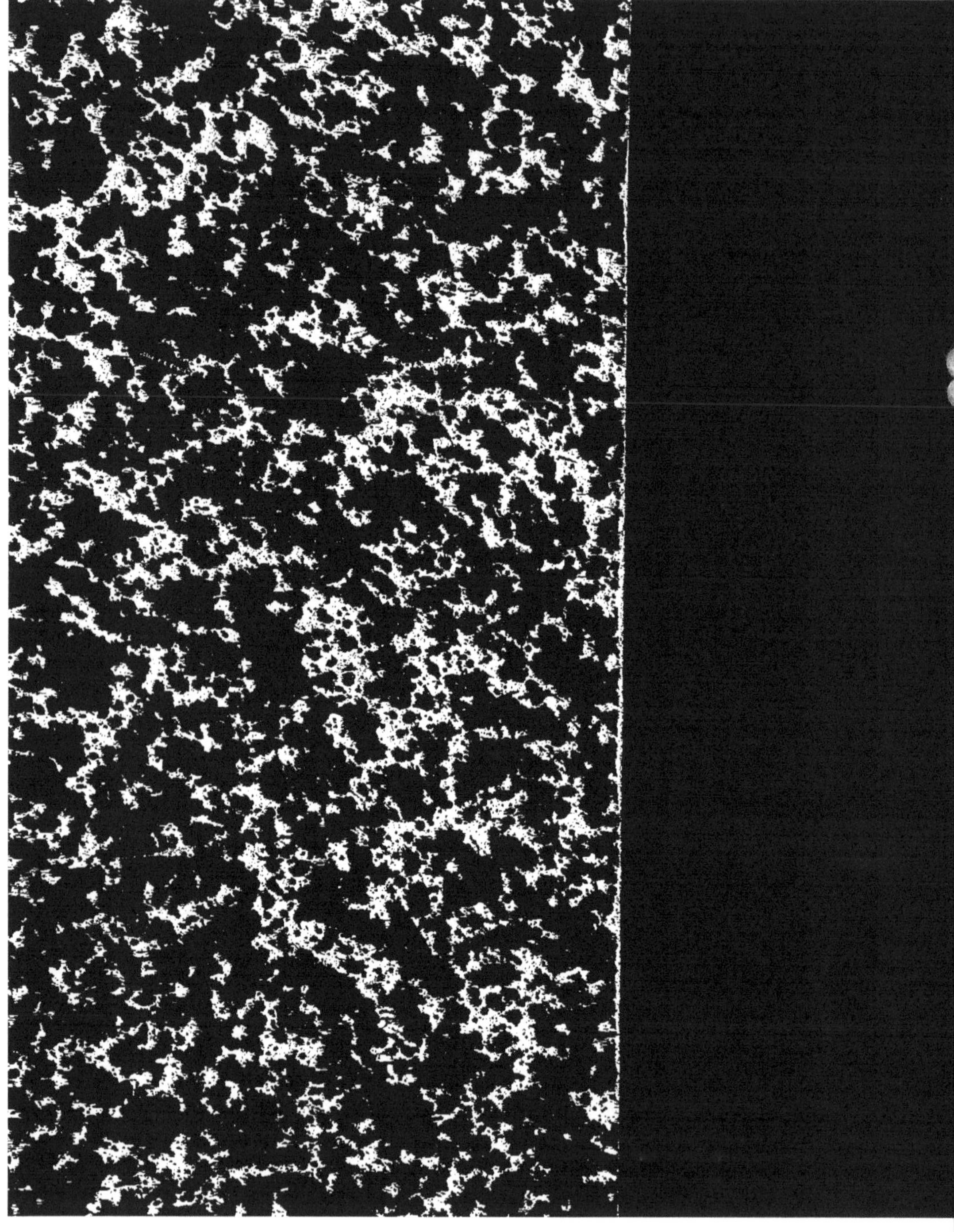

www.ingramcontent.com/pod-product-compliance
Ingram Content Group UK Ltd.
Pitfield, Milton Keynes, MK11 3LW, UK
UKHW012144240726
13966UKWH00001B/150

9 782012 897946